Angelo Gilles
Sozialkapital, Translokalität und Wissen

ERDKUNDLICHES WISSEN

Schriftenreihe für Forschung und Praxis

Begründet von Emil Meynen

Herausgegeben von Martin Coy, Anton Escher und Thomas Krings

Band 158

Angelo Gilles

Sozialkapital, Translokalität und Wissen

Händlernetzwerke zwischen Afrika und China

 Franz Steiner Verlag

Gedruckt mit freundlicher Unterstützung der Deutschen
Forschungsgemeinschaft

Umschlagabbildung:
Geldtransfer zwischen Afrika und China:
Western Union Filiale in Xiaobei, Guangzhou
© Angelo Gilles

Bibliografische Information der Deutschen Nationalbibliothek:
Die Deutsche Nationalbibliothek verzeichnet diese Publikation in der Deutschen
Nationalbibliografie; detaillierte bibliografische Daten sind im Internet über
<http://dnb.d-nb.de> abrufbar.

© Franz Steiner Verlag, Stuttgart 2015
Druck: Laupp & Göbel GmbH, Nehren
Gedruckt auf säurefreiem, alterungsbeständigem Papier.
Printed in Germany.
ISBN 978-3-515-11169-0 (Print)
ISBN 978-3-515-11171-3 (E-Book)

INHALTSVERZEICHNIS

ZUSAMMENFASSUNG

Relationale Räume werden in der geographischen Migrationsforschung bereits seit den 1990er Jahren im Kontext des Transnationalismusansatzes als neue Netzwerkperspektive auf gesellschaftliche, grenzüberschreitende Verflechtungszusammenhänge verhandelt. Dabei werden die Lebens- und Wirtschaftsweisen von Migranten im Zusammenspiel globaler und lokaler Raumbezüge und einem „sowohl-als-auch" von *space* und *place* begriffen und als transnationale soziale Räume, transnationale Netzwerke oder transnationale Gemeinschaften konzipiert. Mit der Frage nach dem *Wie* des Ausgestaltungsprozesses jener Räume, Netzwerke oder Gemeinschaften werden die sozialen Verbindungen beziehungsweise Austauschbeziehungen der Migranten als analytischer Schwerpunkt der transnationalen Perspektive festgelegt. Durch die Einbettung der Migranten in die transnationalen, sozialen Verbindungen und Beziehungen werden schließlich Rückschlüsse für den Rückgriff auf inhärente Sozialkapitalien formuliert, die im weitesten Sinne als Teil eines sozialen Sicherheitssystems und Unterstützungsnetzwerk betrachtet werden. Dieses System und Netzwerk strukturiert und organisiert den Migrationsprozess sowie damit verbundene Lebens- und Wirtschaftsweisen.

Kaum berücksichtigt wird jedoch, dass diese Systeme und Netzwerke auch durch Momente der Unordnung, Unsicherheit und Situativität gekennzeichnet sind, die es den Mitgliedern dieser Kollektivkonstrukte erschweren, eine stabile, ökonomische Basis im Ankunftskontext aufzubauen. Unter Zuhilfenahme des Sozialkapitalansatzes als ersten Baustein der relationalen Perspektive der vorliegenden Arbeit soll diesem Aspekt nachgegangen werden. Durch das Konzept der Translokalität, dem zweiten Baustein, erfährt der Transnationalismusansatz eine konzeptionelle Erweiterung, indem zum einen konkrete Orte und zum anderen Austauschbeziehungen von Migranten außerhalb geschlossener Räume, Netzwerke oder Gemeinschaften in den Blick genommen werden. Durch den Einbezug unterschiedlicher Lokalitäten können zudem diverse Strukturmomente in die Analyse mit einbezogen werden, die sich zwischen und innerhalb dieser Lokalitäten aufspannen. Als dritter Baustein der relationalen Perspektive der vorliegenden Arbeit wird eine praktikentheoretische Perspektive formuliert, die sich der situativen, prozessualen Anwendung, Generierung und Veränderlichkeit von unterschiedlichen Wissensformen in Austauschbeziehungen sowohl innerhalb als auch außerhalb geschlossener sozialer Formationen zuwendet.

Diese drei Ansätze und Perspektiven dienen der vorliegenden Arbeit als theoretische Basis für die Analyse translokaler Händlernetzwerke afrikanischer Migranten, die sich in der südchinesischen Handelsmetropole Guangzhou „dauerhaft" niedergelassen haben und im sino-afrikanischen Handel als Zwischenhändler zwischen afrikanischen Kunden und chinesischen Anbietern agieren. Das zentrale Forschungsinteresse gilt dabei den Organisationsmechanismen und Strukturmomenten, die zur Entstehung, Aufrechterhaltung und Transformation der translokalen Händlernetzwerke beitragen. Die zentrale Fragestellung zielt darauf ab zu verstehen, wie es den afrikanischen Migranten gelingt, den sino-afrikanischen Handel zu organisieren und wie sich innerhalb dieser Organisation eine unternehmerische Handlungsfähigkeit unter sich konstant verändernden Rahmenbedingungen und über räumliche Distanzen hinweg generiert, aufrechterhält und verändert.

Diese relationale Perspektive auf soziale Formationen und unternehmerisches Handeln (in der Migration), die sowohl individualistisch-handlungstheoretische als auch kollektivistisch-praktikentheoretische Erklärungsmodelle in sich vereint, liefert eine Vielfalt an Ergebnissen, die unter den folgenden Gesichtspunkten zu einer Erweiterung theoretischer Bezüge beitragen: Aus einer ressourcenorientierten Perspektive wurde deutlich, dass etablierte Räume, Netzwerke und Gemeinschaften für den Migrationsprozess afrikanischer Migranten ihre Bedeutung als Sicherheitssystem und Unterstützungsnetzwerk weiterhin besitzen. Zugleich wurde durch einen kritischen Blick auf den Nutzen inhärenter sozialer Beziehungen sichtbar, dass sich die Netzwerke für den Aufbau einer langfristig angelegten ökonomischen Basis als Zwischenhändler in Guangzhou als Mobilitätsfalle erweisen, die die Migranten dazu zwingt, sich Kontakten außerhalb geschlossener Gemeinschaften im Sinne einer *mixed economy* zuzuwenden. Aus einer translokalen Perspektive heraus zeigte sich die Notwendigkeit einer Berücksichtigung multipler lokaler Strukturmomente und ihr sich gegenseitig bedingendes Verhältnis, um einerseits die (Differenz-)Potenziale im grenzüberschreitenden sino-afrikanischen Handel deutlicher herauszustellen zu können und andererseits neuen globalen und lokalen Strukturmomenten nachzuspüren, die sich auf die Organisation des sino-afrikanischen Handels auswirken. Zugleich konnte damit deutlich gemacht werden, dass diese (trans)lokalen Strukturmomente nicht als determinierende strukturelle Zwänge von außen wirken, sondern durch eine multilokale Einbettung der Migranten in diverse Lokalitäten, Handlungszusammenhänge und Beziehungskonstrukte und der damit verbundenen Generierung neuer Handlungsalternativen in einer grenzüberschreitenden *economy of synergy* überwunden werden können.

Aus einer praktikentheoretischen Perspektive konnte schließlich deutlich gemacht werden, dass es trotz der individuellen Ressourcenausstattung eines Zwischenhändlers und seiner translokalen Organisation des Handels in einer grenzüberschreitenden *mixed economy* und *economy of synergy* weiterhin der Notwendigkeit von *face-to-face*-Kontakten bedarf, um den ökonomischen Austausch zum Erfolg zu führen. Hierbei wird der Generierung einer kosmopolitischen Fähigkeit der situativen Aushandlung in multikulturellen, ökonomischen Handlungszusammenhängen eine bedeutende Rolle zugeschrieben. Zugleich wird mit dem Hinweis auf den situativen und dynamischen Charakter der Aushandlung darauf hingewiesen, dass die Fähigkeit der Aushandlung zwar die Aufrechterhaltung einer unternehmerischen Handlungsfähigkeit ermöglichen kann, das Ergebnis der Aushandlung jedoch offen bleibt.

SUMMARY

Already since the 1990s relational spaces are seen as a new network perspective on social cross-border relations in geographical migration research and transnationalism approaches. The ways of life and existence of migrants are conceived as interaction between global and local spatial references within a „both-and-logic" of *space* and *place* and are conceptualized as transnational social spaces, transnational networks or transnational communities. By focusing on *how* these spaces, networks and communities are constantly shaped, the social or, more precisely, the exchange relations of migrants constitute the analytical focal point of the transnational perspective. Based upon the embeddedness of migrants in transnational social relations, conclusions are made for the use of inherent social capitals, which are broadly defined as part of a social security system and a network of support. This system and network structures and organises both the process of migration and the ways of life and existence involved.

However, it is hardly recognised that such systems and networks are characterised by moments of disorder, uncertainty and situativity. Thus, being part of such collective constructs, these moments make it difficult for migrants to establish a stable economic livelihood in the context of arrival. The first component of the relational perspective of this study refers to the social capital approach and focuses on these moments as mentioned above. The concept of translocality, as a second component, will conceptionally broaden the transnationalism approach by focusing on both specific places and exchange relations of migrants outside of bounded spaces, networks or communities. In addition, by taking into account different localities, diverse structural properties across and within these localities will be analysed. The third component of the relational perspective of this study is represented by a practice theory perspective. While looking at exchange relations both within and outside of bounded social formations, the practice theory perspective focuses on the situational, processual implementation, creation and mutability of different forms of knowledge.

These three components represent the theoretical basis to analyse translocal trading networks of African migrants, living as long-term residents in the commercial metropolis of Guangzhou in South China and acting as intermediaries between African customers and Chinese suppliers within the Sino-African trade. The main focus of this research is on the organisational mechanisms and structural properties that contribute to the emergence, maintenance and transformation of the translocal trading networks. The central research question is to apprehend how African migrants succeed in organising the Sino-African trade and how the ability to act within this context is generated, maintained and transformed under constantly changing conditions and across geographical distances.

    This relational perspective on social formations and entrepreneurial action (in
the context of migration) combines both individualistic-action theory and collec-
tivistic-practice theory models. Thus, this study delivers a variety of findings that
broadens the theoretical references regarding the following aspects: From a re-
source-orientated perspective it became clearly evident that established spaces,
networks and communities continue to play a key role as security and support
systems during the migration process. At the same time a critical approach towards the benefit of inherent social relations evidenced a mobility trap consider-
ing the long-term establishment of an intermediary business in Guangzhou. This
trap forces migrants to contact people outside of bounded communities in the
sense of a *mixed economy*. In order to highlight the (differential) opportunities of
the cross-border Sino-African trade as well as to trace new global and local structural properties of the Sino-African trade organisation, it has been necessary to
consider multiple local structural properties and their mutually dependent relations following a translocal perspective. In so doing, it could be shown that these
(trans-)local structural properties do not „act" as determinant structural constraints
from outside but can be overcome by a multilocal embeddedness of migrants in
diverse localities, practices and relationships and the associated creation of new
alternatives for action in a cross-border *economy of synergy*.
    Finally, the practice theory perspective illustrated the continuing need of *face-
to-face* interactions to succeed in economic exchange relations despite intermediaries' resources and their translocal trade organisation in a cross-border *mixed
economy* and *economy of synergy*. In this context, the cosmopolitan capacity of
situational negotiation in multicultural, economic practices plays a key role. In
addition, the situational and dynamic character of the negotiation act illustrates
that the capacity of negotiation may lead to an ongoing entrepreneurial agency.
However, the outcome of the negotiation still remains unclear.

VORWORT

Am Anfang war das Netzwerk! In etwa so ließe sich der theoretisch-konzep-
tionelle Ausgangspunkt der vorliegenden Arbeit in Worte fassen, die im Rahmen
des DFG-Projektes „Konstituierung transnationaler Händlernetzwerke. Sozioökonomische Organisation afrikanischer Migranten in Guangzhou/China" unter
der Leitung von Prof. Dr. Rainer Wehrhahn gefördert wurde. Am Ende des Forschungsvorhabens stellte sich dieses Netzwerk als ein dynamisches, prozessuales,
multiples, variationsreiches und fruchtbares Konzept zur Analyse des Untersuchungsphänomens heraus. Zeitweilig glich es jedoch auch einem krakenähnlichen
Fabelwesen, dessen sich windende und nachwachsende Fangarme beständig neue
Theorieansätze und konzeptionelle Ideen einfingen, die in ihrer perspektivischen
Vielfalt und mit zum Teil paradigmatischer Widersprüchlichkeit ein zunächst un-
überschaubares Experimentierfeld (scheinbar) theoriegeleiteter Forschung schu-
fen.

Dieses Fabelwesen zu bändigen – um in der Metapher zu bleiben – und dabei
trotz aller Theorieansprüche die Perspektive der Praktizierenden selbst nicht aus
den Augen zu verlieren, ist der Unterstützung einer Vielzahl von Personen und
Wegbegleitern zu verdanken. Ein großer Dank richtet sich zuerst an die eigentlichen Protagonisten dieser Arbeit – die afrikanischen Migranten in China. Ich danke ihnen für die Herzlichkeit und Offenheit, mit der sie mich in ihrer Lebenswelt
empfangen und auf meine Fragen geantwortet haben, sowie für das Vertrauen und
die Bereitschaft, mich als Mitglied in ihre Gemeinschaft aufzunehmen und/oder
als ständiger Begleiter im Alltag willkommen zu heißen.

Ferner richtet sich mein tiefster Dank an Prof. Dr. Rainer Wehrhahn für seine
anhaltende Unterstützung bei der Durchführung meiner Promotion, den kritisch-
konstruktiven Gedankenaustausch, die zahlreichen, oftmals pragmatischen aber
nicht weniger hilfreichen Hinweise für die wissenschaftliche Arbeit, die kontinuierliche Bestärkung und Hilfe bei der Erarbeitung und Weiterentwicklung eigen-
ständiger Ideen sowie seine Bereitschaft und Offenheit, sich diesen Ideen immer
wieder neu zu öffnen. Insbesondere möchte ich mich bei ihm für das mir entgegengebrachte Vertrauen in meine Arbeit aber auch für die mir entgegengebrachte
Freundschaft bedanken.

Ein weiterer Dank gilt Prof. Dr. Florian Dünckmann für die freundliche Übernahme des Koreferates und die stetige Bereitschaft für ausschweifende und intensive Theoriediskussionen, die dieser Arbeit oftmals neue und hilfreiche Impulse
gaben. Für die ebenso inspirierenden Impulse, aufmunternden Gespräche, den beständigen Rückhalt, die Korrektur des Manuskripts und nicht zuletzt für die
Freundschaft danke ich Dr. Verena Sandner Le Gall (und ihrer Familie).

In gleicher Weise bestärkend und unterstützend sei an dieser Stelle die teils
aus Ehemaligen bestehende und um die „Kulturgeos" erweiterte Arbeitsgruppe

genannt, die im großem Maße und in vielfältiger Weise zum Erfolg der Promotion beigetragen hat. Mein tiefer Dank geht an: Anna Lena Bercht, Jan Dohnke, Zine-Eddine Hathat, Dominik Haubrich, Benno Haupt, Michael Helten, Christopher Hilmer, Monika Höller, Juliane Kasten, Tobias Laufenberg, Frederick Massmann, Gunnar Maus, Sergei Melcher, Samuel Mössner, Jesko Mühlenberend, Sylvie Rahm, Katrin Sandfuchs, Ina v. Schlichting, Marco Schmidt, Petra Sinuraya und – last but not least – Sören Weißermel.

Ferner danke ich dem Franz Steiner Verlag für die Aufnahme des Manuskripts und die reibungslose Zusammenarbeit in der Vorbereitung der Drucklegung sowie der DFG für einen großzügigen Druckkostenzuschlag.

Meiner Frau Anita und meinen Kindern Luzie und Vito gilt mein ganz besonderer Dank. Ihnen widme ich diese Arbeit.

San Diego, im Juni 2015   Angelo Gilles

1. EINLEITUNG

Die Volksrepublik China erfährt in den letzten vier Dekaden einen beispiellosen Transformationsprozess, der mit der Öffnungs- und Reformpolitik Ende der 1970er Jahre und der darauf folgenden Umstrukturierung des Wirtschaftssystems in eine sozialistische Marktwirtschaft chinesischer Prägung eingeleitet wurde. Extrem rasche Industrialisierungs- und Urbanisierungsprozesse, rasante Anstiege im internationalen Handel sowie massive ausländische Direktinvestitionen veränderten die soziale und ökonomische Realität des Landes nachhaltig. Besonders deutlich wird dies in den urbanen Zentren der ostchinesischen Küstenprovinzen, die aufgrund der Fokussierung der chinesischen Wirtschaftsstrategie auf regionale Entwicklungs- und Sonderwirtschaftszonen und einer exportorientierten Wirtschaftsstrategie zu Knotenpunkten nationaler und globaler Waren- und Kapitalströme avancierten. Insbesondere die Stadt Guangzhou, Hauptstadt der südchinesischen Provinz Guangdong im Herzen des Perlflussdeltas, profitierte von dieser Öffnungs- und Reformpolitik und entwickelte sich zu einem Zentrum des weltweit größten Clusters exportorientierter Industrien und zu einer der am schnellsten wachsenden Metropolen der Welt.

Als eine Folge aber auch als Triebkraft dieser Entwicklung nehmen Migrationsphänomene einen immer bedeutenderen Teil in der urbanen Realität Guangzhous und der VR China insgesamt ein. Während intra-nationale Land-Stadt-Migrationen das Wanderungsgeschehen beherrschen, führen aber auch zunehmend internationale Migrationsströme dazu, dass sich die städtische Bevölkerung in China immer weiter diversifiziert. Lange Zeit konzentrierten sich Studien, die sich im Rahmen internationaler Migrationen in Richtung China mit dieser wachsenden Diversität auseinandersetzten, vor allem auf temporär angelegte Arbeitsmigrationen ausländischer Personalfachkräfte und ihrer Familien oder innerasiatischer Wanderungsbewegungen. Der Fokus dieser Studien lag dabei insbesondere auf lokalräumlichen Entstehungsprozessen sozialräumlicher Konzentrationen von Migrantengemeinschaften, die entweder im Kontext stadtplanerischer, stadtökonomischer und stadtgeographischer Fragestellungen analysiert oder im Hinblick auf die Herausbildung ethnischer Enklaven und lokaler Migrantenökonomien konzipiert und untersucht wurden. Weniger thematisiert wurde die Tatsache, dass die zunehmende Präsenz internationaler Migranten[1] in der VR China als Teil ei-

---

1   Im Rahmen dieser Arbeit werden unter dem Begriff Migranten sowohl jene Personen männlichen und weiblichen Geschlechts gefasst, die sich für einen längeren Zeitraum in der VR China aufhalten oder diesen Aufenthalt anstreben, als auch Personen, die sich über längere Zeiträume wiederholt im Land aufhalten – etwa im Kontext periodischer, zyklischer Wanderungsbewegungen und mehrere Wochen andauernder Aufenthalte im Rahmen von Handelstätigkeiten. Diese Definition ist damit stark an die untersuchte Zielgruppe der afrikanischen Migranten in Guangzhou angepasst – deren Wanderungsverhalten eine hohe translokale Mo-

nes neuen Migrationsregimes angesehen werden muss, in dem sich die Volksrepublik zunehmend von einem reinen Emigrations- zu einem wenn auch gemäßigten (temporären) Immigrationsland nicht nur für Migranten aus traditionellen Industrienationen und/oder den asiatischen Nachbarstaaten entwickelt hat.

Erst in jüngerer Zeit widmete sich eine zunehmende Anzahl an Autoren auch jenen Migrationen in Richtung China, die sich aus den sogenannten Entwicklungsländern außerhalb des asiatischen Raumes speisen und dabei insbesondere jene Migranten umfassen, die nicht in die Kategorie einer Migration hoch qualifizierter Arbeitskräfte eingeordnet werden können. Besondere mediale und akademische Aufmerksamkeit erlangte dabei die Präsenz afrikanischer Migranten, die ab den späten 1990er Jahren in stetig zunehmender Anzahl in ausgewählten chinesischen Städten – insbesondere Hong Kong, Guangzhou und Yiwu – anzutreffen sind. Während der Großteil dieser Migranten mehrmals im Jahr zwischen ihren Heimatländern und China hin und her pendelt und als Handelsreisende die VR China lediglich zum Erwerb chinesischer Konsum- und Industriegüter für mehrere Tage oder Wochen bereist, haben sich im Laufe der letzten eineinhalb Dekaden zahlreiche afrikanische Migranten „dauerhaft" in China niedergelassen. Die überwiegende Mehrheit dieser (Im)Migranten ist ebenfalls im Handel tätig. Als Zwischenhändler zwischen afrikanischen Kunden und chinesischen Anbietern haben sie sich sukzessive eine Marktnische im sino-afrikanischen Handel erschlossen. Auch wenn die Stadt Guangzhou durch den innerchinesischen, interurbanen Wettbewerb seine führende Rolle als Handelsmetropole in der VR China mittlerweile eingebüßt hat, wirkt sich dies nur geringfügig auf die Anziehungskraft der Stadt als internationales Zentrum exportorientierter Industrien und als ökonomische Operationsbasis eben dieser afrikanischen Zwischenhändler aus. Als südliches Tor Chinas zur Welt verzeichnet Guangzhou seit jeher den größten Zuwachs afrikanischer Migranten, die vor dort ausgehend ihre grenzüberschreitenden Händlernetzwerke zwischen Afrika und China aufspannen.

Autoren, die sich aus unterschiedlichen Wissenschaftsdisziplinen mit dieser afrikanischen Migration in Richtung China auseinandergesetzt haben (für eine umfassende Übersicht siehe Kap. 3.5), sind sich weitestgehend darüber einig, dass es sich hier um eine neue Form der Süd-Süd-Migration handelt, die im Kontext zunehmender wirtschaftlicher Beziehungen zwischen Afrika und China sowie rasant steigender Handelsvolumina zwischen diesen beiden Regionen gelesen werden muss (u.a. Bodomo 2010; Bredeloup 2012; Lyons et al. 2012; Mathews & Yang 2012). Dem folgend wird dieses Migrationsphänomen in der vorliegenden Arbeit zugleich als ein Phänomen des grenzüberschreitenden sino-afrikanischen Handels begriffen und als solches analysiert. Das zentrale Forschungsinteresse gilt dabei den Organisationsmechanismen und Strukturmomenten, die zur Entstehung, Aufrechterhaltung und Transformation dieses Phänomens beitragen. Die zentrale Fragestellung zielt darauf ab zu verstehen, wie es den afrikanischen Händlern gelingt, diesen sino-afrikanischen Handel zu organisieren und wie sich innerhalb

---

bilität aufweist – und folgt zudem neueren Definitionen, die diese steigende Mobilität internationaler Migranten mit berücksichtigt (Cresswell 2006; Verne & Doevenspeck 2012).

dieser Organisation eine unternehmerische Handlungsfähigkeit unter sich konstant verändernden Rahmenbedingungen und über räumliche Distanzen hinweg generiert, aufrechterhält und verändert.

Bisher veröffentlichte Studien zur afrikanischen Präsenz in China, die im Zentrum ihrer Analyse ebenfalls die Frage nach den Organisationsmechanismen und Strukturmomenten stellen, die zur Entstehung, Aufrechterhaltung und Transformation des hier fokussierten grenzüberschreitenden sino-afrikanischen Handels (und inhärenter Migrationsprozesse) beitragen, bedienten sich bislang solchen sozialräumlichen Perspektiven, die entweder auf einer lokalräumlichen oder einer globalumspannenden Ebene zu verorten sind. So werden entweder spezifische Standortofferten von Handelsmetropolen, nationalpolitische Gesetzgebungen oder ethnische Kongregationen zu wesentlichen Erklärungsmaximen erhoben, oder die afrikanische Präsenz in China lediglich als Teil eines globalen Wirtschaftssystems konzeptionalisiert. Aber auch wenn global-lokale Verflechtungszusammenhänge fokussiert werden, bilden lokale, als Container konzipierte Räume den konzeptionellen Ausgangspunkt jeweiliger Erklärungsansätze. Mehr noch: Diese lokalen Containerräume werden lediglich als verräumlichter Ausdruck und untergeordnetes Element globaler Systeme konzipiert, in denen die Anziehungskraft der jeweiligen Lokalitäten für afrikanische Migranten einzig und allein über *push*-und-*pull*-Logiken ökonomischer Marktmechanismen bestimmt wird. Zudem werden die afrikanischen Migranten in den meisten Studien überwiegend als machtlose Akteure konzipiert, die sich scheinbar passiv diversen lokalen oder globalen Strukturmomenten ergeben müssen, so dass sie zur Aufgabe ihrer einstmals anvisierten unternehmerischen Zielsetzung gezwungen werden.

Die vorliegende Arbeit möchte den hier beschriebenen konzeptionellen Dualismus globaler versus lokaler Raumkonstrukte überwinden und durch eine relationale, sozialräumliche Perspektive auf das Untersuchungsphänomen ersetzen (Kap. 2), die im Sinne einer „new geography of migration" (Hillmann 2010) Phänomene und Prozesse nicht mehr nur als global oder lokal, als ein „entweder-oder" sondern als ein „sowohl-als-auch" von *space* und *place* begreift. Eingeordnet in eine strukturationstheoretische, translokale Netzwerkperspektive (zusammenfassend in Kap. 3.1) nimmt die Arbeit dabei die sozialen Formationen und Austauschbeziehungen afrikanischer Migranten in den Blick, die als Verbindungsglieder lokaler und globaler Raumordnungen konzipiert werden, sich in Form flächenraumübergreifender, translokaler Sozialräume manifestieren und innerhalb derer die Migranten den sino-afrikanischen Handel organisieren.

Dabei ist die Idee, soziale Formationen und Austauschbeziehungen im Sinne einer Netzwerkperspektive als analytischen Ausgangspunkt und als Verbindungsglieder relationaler und zugleich skalenübergreifender Raumkonzepte zu verwenden, in der geographischen Migrationsforschung grundsätzlich nichts Neues (Kap. 2.1 bis 2.3). Im Rahmen transnationaler Ansätze wird seit den 1990er Jahren zudem in vielfältiger Weise auf die Bedeutung dieser Verbindungsglieder und inhärenter Sozialkapitalien für die Ausgestaltung und Organisation grenzüberschreitender Lebens- und Wirtschaftsweisen aufmerksam gemacht (Kap. 2.5.1). Unter Zuhilfenahme des Sozialkapitalansatzes und der daraus formulierten ressourcenorientierten Perspektive als ersten Baustein der relationalen Raumkonzeption der vorliegenden Arbeit (Kap. 2.4) soll jedoch eine kritische Auseinandersetzung mit diesen inhärenten Sozialkapitalien erfolgen, die sich durch die Einbettung in bestehende Netzwerkstrukturen erschließen lassen. Zugleich erfährt der Transnationalismusansatz durch das hier verwendete Konzept der Translokalität als zweiten Baustein der relationalen Raumkonzeption (Kap. 2.5) eine konzeptionelle Erweiterung, indem zum einen konkrete Orte und zum anderen Austauschbeziehungen außerhalb geschlossener und grenzüberschreitender Migrantennetzwerke in den Blick genommen und auf ihre Bedeutung für die Ausgestaltung der Organisation des Handels hin analysiert werden. Mit dem Blick auf die gleichzeitige Einbettung untersuchter Akteure in unterschiedliche Lokalitäten und Raumbezüge ermöglicht die translokale Perspektive zudem den Einbezug diverser Strukturmomente, die sich zwischen und innerhalb dieser Lokalitäten und Raumbezüge aufspannen. Eine zusätzliche Erweiterung erfährt das hier konzipierte relationale Raumkonzept durch den dritten Baustein, der sich über eine praktikentheoretische Perspektive auf das Untersuchungsphänomen erschließt (Kap. 2.6). Mit dem Blick auf die situative, prozessuale Anwendung, Generierung und Veränderlichkeit von unterschiedlichen Wissensformen in Austauschbeziehungen soll dabei noch einmal kritisch beleuchtet werden, ob es über die translokale, grenzüberschreitende Lebens- und Wirtschaftsweise und der damit verbundenen individuellen Ressourcenausstattung noch weiterer, spezifischerer Erklärungsfaktoren bedarf, die Rückschlüsse auf den Prozess der Generierung, Aufrechterhaltung und Transformation einer unternehmerischen Handlungsfähigkeit in den Organisationsformen untersuchter Akteure zulassen.

Wird in Kapitel 3.1 das relationale Raumkonzept noch einmal aufgegriffen und die darin enthaltenen handlungs- und praktikentheoretischen Ansätze zu einer methodisch-analytischen Perspektive auf soziale Formationen und unternehmerisches Handeln in der Migration zusammengefasst, werden in Kap. 3.2 bis 3.5 das Forschungsdesign und die Konkretisierung der forschungsleitenden Fragestellungen im Detail vorgestellt. Der qualitativ-ethnographisch angelegte Forschungsansatz und die Anwendung des methodischen Instrumentariums im Feld werden zudem in allen Einzelschritten erläutert.

Indessen ordnet das Kapitel 4 das Untersuchungsphänomen zunächst in diverse makro-strukturelle Prozesse ein, indem die bestehenden sino-afrikanischen Handels- und Wirtschaftsbeziehungen, die afrikanischen Migrationen in Richtung China sowie bestehende informelle internationale Handelsnetzwerke afrikanischer Händler im Sinne einer zusammenfassenden, aktuellen Momentaufnahme dargestellt werden.

In Kapitel 5 werden schließlich die afrikanischen Händler und deren jüngste Wanderungsbewegungen in Richtung China in den Blick genommen. Neben einer generellen Unterscheidung zwischen etablierten (Kap. 5.2) und neuen afrikanischen Akteuren (Kap. 5.3) im sino-afrikanischen Handel wird mit Kapitel 5.1 zunächst eine historische Einordnung des Untersuchungsphänomens vorgenommen und dabei wesentliche Stationen etablierter afrikanischer Händler auf dem Weg nach China bzw. Guangzhou skizziert. Kapitel 5.2 gibt einen differenzierten Blick auf den Haupterwerbszweig dieser Händler. So werden hier die wesentlichen Aufgabenbereiche eines afrikanischen Zwischenhändlers in Guangzhou beschrieben und auf die Bedeutung dieser Zwischenhändler im sino-afrikanischen Handel aufmerksam gemacht. Kapitel 5.3 widmet sich den neuen afrikanischen Akteuren im sino-afrikanischen Handel, die sich im Gefolge der etablierten Händler im Sinne einer Kettenmigration ebenfalls als Zwischenhändler in der Handelsmetropole Guangzhou niedergelassen haben. Eine differenzierte Auseinandersetzung mit entscheidungsrelevanten Faktoren sowohl für eine Migration nach als auch für eine Handelstätigkeit in China soll aufzeigen (Kap. 5.3.2), dass sich der Migrationsprozess dieser neuen Akteuren nicht ausschließlich über ökonomisch-rationale Erklärungsansätze im Kontext globaler Marktmechanismen begreifen lässt, sondern sich erst über die multilokale Einbettung der Akteure und ihrer Motive in diverse gesellschaftliche Ordnungen erschließt. Kapitel 5.4 beschäftigt sich aus einer ressourcenorientierten Perspektive auf soziale Formationen mit der Einbettung der Akteure in bestehende grenzüberschreitende Netzwerke und in spezifische lokale Organisationsformen afrikanischer Migranten. Dabei wird der Frage nachgegangen, welche einschränkenden und ermöglichenden Eigenschaften sich aus dieser Einbettung und dem Rückgriff auf inhärente Sozialkapitalien erschließen lassen und welche Rückschlüsse sich daraus für die Generierung und Aufrechterhaltung einer unternehmerischen Handlungsfähigkeit in der Migration ergeben.

Kapitel 6 erweitert nun im Sinne einer translokalen Perspektive auf das Untersuchungsphänomen den Blick auf diese Netzwerke und Austauschbeziehungen, die sich nicht mehr ausschließlich co-ethnischen oder co-nationalen Netzwerken und Migrantenorganisationen zuordnen lassen. Werden zunächst die wesentlichen Strukturmomente vorgefundener unternehmerischer, grenzüberschreitender Netzwerke beschrieben und auf ihre Bedeutung für die Organisation des Handels innerhalb der translokalen Geschäftsarrangements afrikanischer Zwischenhändler hin untersucht (Kap. 6.1), soll mit dem anschließenden Blick auf spezifische Formen von Netzwerkpraktiken dargestellt werden, wie sich diese Geschäftsarrangements einerseits manifestieren und andererseits zu neuen multilokalen Geschäftskooperationen transformieren (Kap. 6.2). Ein Blick auf den lokalen Herstellungsprozess von Netzwerkkontakten soll zudem die Bedeutung spezifischer Orte oder *places* innerhalb der Handelsmetropole Guangzhou für die Herstellung, Aufrechterhaltung und Transformation von Händlernetzwerken herausstellen. Kapitel 6.3 konzipiert diese Orte im Sinne der translokalen Perspektive schließlich als Orte des Austausches und der Zusammenkunft, die über die Alltags- und Netzwerkpraktiken afrikanischer Händler reproduziert werden. Als Brückenköpfe des sino-afrikanischen Handels verbinden diese Orte diverse Lokalitäten und Akteure miteinander, die über den Fokus auf die organisationalen Geschäftsarrangements afrikanischer Zwischenhändler bzw. auf deren translokale Sozialräume sichtbar werden.

Kapitel 7 soll mit einer praktikentheoretischen Perspektive auf das Untersuchungsphänomen die Möglichkeit eröffnen, nach weiteren Strukturmomenten zu fahnden, die sich auf die Organisation des Handels und der Herstellung, Aufrechterhaltung und Transformation einer unternehmerischen Handlungsfähigkeit beteiligter Akteure auswirken. Dabei soll der Blick auf die situative, prozessuale Anwendung, Generierung und Veränderlichkeit von unterschiedlichen Wissensformen in Austauschbeziehungen und der Fokus auf die Herstellung von sozialen Räumen der Verständigung in multikulturellen Handlungszusammenhängen entscheidende Erklärungsansätze liefern (Kap. 7.2 und 7.3).

Schließlich erfolgt in Kapitel 8 eine Darstellung und Diskussion der Ergebnisse, die sich aus der Empirie und den drei eingenommenen Perspektiven auf soziale Formationen und dem unternehmerischen Handeln afrikanischer Migranten ergeben haben. Ausgewählte Gesichtspunkte werden hier in Form eines zusammenfassenden Querschnitts der Ergebnisse noch einmal aufgegriffen und im Hinblick auf die zentrale Fragestellung der vorliegenden Arbeit diskutiert. Eine sich anschließende Diskussion der Ergebnisse im Kontext raumspezifischer Fragestellungen in der geographischen Migrationsforschung soll zudem aufzeigen, welchen Beitrag die vorliegende Arbeit zur Diskussion um die Bedeutung unterschiedlicher (Sozial-)Raumkonzepte für die Analyse sozialer Phänomen liefern kann.

2. SOZIALE NETZWERKE – EINE RELATIONALE PERSPEKTIVE AUF UNTERNEHMERISCHES HANDELN IN DER MIGRATION

2.1 EINE KURZE HISTORISCHE EINORDNUNG DER NETZWERKPERSPEKTIVE

Der Begriff des Netzwerkes ist in verschiedensten theoretischen Kontexten, Wissenschaftsdisziplinen und thematischen Auseinandersetzungen um Globalisierung, Migration oder Unternehmertum allgegenwärtig. Mit dieser Allgegenwart geht jedoch auch eine scheinbare Beliebigkeit in der Nutzung des Begriffes und der Zuschreibung von Charaktereigenschaften und deren Funktionen einher. Das vorliegende Kapitel gibt zunächst einen Überblick über die Verwendung des Netzwerkbegriffes in ausgewählten, für diese Arbeit relevanten Wissenschaftsdisziplinen. Zugleich werden Grenzen und Forschungslücken jeweiliger Netzwerkansätze aufgezeigt, um anschließend eine eigene Perspektive auf unternehmerische Netzwerke in der Migration zu formulieren.

Georg Simmel (1858–1918) wird als einer der Väter des Netzwerkansatzes in den Sozialwissenschaften betrachtet. Als einer der ersten Wissenschaftler bestimmte er die soziale Interaktion als Basiselement der Soziologie und untersuchte anhand der Relationen zwischen Akteuren Formen der Wechselwirkung und Vergesellschaftung zwischen Akteuren und ihren jeweiligen Beziehungsgeflechten (Simmel 1908). Für die Geographie sind insbesondere die Arbeiten von Peter Haggett (Haggett 1965; Haggett & Chorley 1969) richtungsweisend. Ausgehend von topologischen und geometrischen Strukturmerkmalen untersuchte der Autor vor allem Verkehrs- und Transportnetze der regionalen Organisation und prägt mit seinen Überlegungen zu Distanz, Erreichbarkeit und Konnektivität von Objekten, Personen und Orten bis in die heutige Zeit die humangeographische Raumstrukturanalyse (Barnes 2003; Charlton 2008). Aufbauend auf den theoretischen Arbeiten von Mark Granovetter (1983; 1985; 1995), Ronald Burt (1980; 1992) und Michael Polanyi (1958; 1966; 1978) entwickelte sich ab den 1980er Jahren die Neuere Wirtschaftssoziologie (e.g. Beckert 1996; Collins 2007; Portes 1995; Smelser & Swedberg 1992), die mit ihrer Kritik an rein ökonomisch-institutionellen Ansätzen auf die Relevanz sozialer Beziehungen, deren Interaktionen und Netzwerke für die Erklärung wirtschaftlichen Handelns und Strukturen hinwiesen[1]. Ausgehend von individuellen Akteuren, der Qualität ihrer interpersonellen Verbindungen sowie ihrer Einbettung in soziale Netzwerke analysier(t)en die Au-

---

[1]   Einen aktuellen Überblick zur Neueren Wirtschaftssoziologie bieten Andrea Maurer (2008) sowie Jens Beckert und Christoph Deutschmann (2010).

toren die Zirkulation von Informationen und Ressourcen innerhalb ökonomischer Organisationsformen.

Mit dem Fokus auf gesellschaftliche Transformationsprozesse legten in den 1990er Jahren insbesondere die Arbeiten von Manuel Castells (2010, 1997, 1998) sowie David Held, Anthony McGrew und David Goldblatt (1999) den Grundstein für jene Studien, die fortan – statt einer Hierarchie – die Struktur des Netzwerkes als die dominante Organisationsform moderner (Informations-)Gesellschaften betrachten (e.g. Amin 2004; Coe et al. 2010; Hughes 2006; Koehn & Rosenau 2002; Nicholls 2009; Taylor 2004; Taylor et al. 2001). Begriffe wie *Network Society* (Castell 1996), *Global Transformations* (Held et al. 1999) oder *Transnationalism* (vgl. Kap. 2.6.1) stehen für jene Perspektive, die auf die Extensivierung, Intensität, Geschwindigkeit und die Bedeutung globaler Netzwerke für gesellschaftliche Transformation aufmerksam machen (Vertovec 2009a: 22f.). Peter Koehn und James Rosenau (2002: 106) stellen fest, dass die „explosion of interpersonal interactions across territorial boundaries provides the energy that drives the transformative efforts of civil-society networks". Globale Ströme und soziale Formationen bilden somit häufig die Kernelemente neuerer Studien – insbesondere im Zusammenhang globaler Ökonomie und Migration (e.g. Fielding 2010; Mathews et al. 2012; Smith & Favell 2008). Dabei fokussiert die sogenannte *social network analysis* vor allem die Beziehungen individueller Akteure und deren strukturelle Effekte auf soziale Kollektive und Institutionen (Vertovec 2009a: 33), während *Governance*-Ansätze Netzwerke primär als organisationale Form unterschiedlichster Formationen und Ressourcenflüsse konzeptualisieren:

> „Global networks increasingly give organizational expression to corporations, ethnic diasporas, professional bodies, non-governmental organizations, criminal groups, terrorists, and social and political movements" (Rogers et al. 2001: iv).

Damit eng verwoben lassen sich jene Ansätze nennen, die jegliche Form globaler Vernetzung sowie deren räumliche Dimension in den Blick nehmen und dabei eine generelle Netzwerk-Sichtweise auf die Welt etablieren. In der Geographie sind dies insbesondere Arbeiten, die die Verbindung zwischen und die Vernetzung von urbanen Zentren analysieren (e.g. Beaverstock et al. 2006; Sassen 2012; Taylor et al. 2011; Smith 2003; 2005). Dabei wird der Fokus entweder auf die Bewegungen und die Vernetzung von Menschen (e.g. Beaverstock 2004), Waren (e.g. Dicken 2011) und Wissen (e.g. Faulconbridge 2006; Hughes 2007) gelegt oder eine Globalisierung kultureller Werte und Praktiken im Zusammenhang einer „new world space economy" (Faulconbridge & Beaverstock 2009: 334) untersucht (e.g. Amin & Thrift 2007).

Die Vielfalt innerhalb der Netzwerkansätze und der jeweiligen thematischen sowie analytischen Schwerpunktsetzung hat nicht erst in den letzten Jahren zu einer verstärkten Kritik an der Netzwerkperspektive und dem Vorwurf einer „conceptual elasticity" (Grabher 2006: 164) oder einer „loose federation of approaches" (Emirbayer & Goodwin 1994: 1414) geführt, in denen „any entity that is connected to a network of other such entities will do" (ebd.: 1417). Bereits der Sozialanthropologe John A. Barnes bemerkte in den 1970er Jahren, dass die Idee eines sozialen Netzwerkes zu einem „terminological jungle" (Barnes 1972: 3) führen würde, in den jeder Neuankömmling einen Baum pflanzen könne. Und tatsächlich scheint die inflationäre Verwendung des Netzwerkbegriffes seit den 1990er Jahren immer mehr zu einer losen Metapher für jedwede Art von Verknüpfung herhalten zu müssen, sei sie nun menschlicher oder nicht-menschlicher Natur (Vertovec 2009a: 33). So werden beispielsweise im Rahmen poststrukturalistischer Ansätze wie der Akteur-Netzwerk-Theorie (ANT) Menschen, Objekte, Praktiken, semiotische Systeme und die (materielle) Ausstattung der Umwelt in einer sich gegenseitig konditionierenden Anordnung konzipiert und als Aktionsnetz bzw. Operationskette von Aktanten und ihren Handlungen begriffen (e.g. Latour 2010; Law 2009; Murdoch 2005). Der Begriff *Aktant,* der durch den Semiotiker Algirdas J. Greimas (1917–1992) in die Akteur-Netzwerk-Theorie eingeführt wurde, bezeichnet dabei all diejenigen Einheiten, die in einer Erzählung als Handlungsträger (menschlicher und nicht-menschlicher Art) auftauchen und die Position von Subjekten oder Objekten, Sendern oder Empfängern, Gegnern oder Helfern annehmen können (Greimas 1971: 165).

2.2 EINE PROZESSUALE PERSPEKTIVE AUF SOZIALE FORMATIONEN

Geht man zurück zu den Ursprüngen der Netzwerkanalyse, so offerieren Netzwerkansätze eine relationale Sichtweise auf soziale Formationen, in denen es vor allem um die sozialen Beziehungen zwischen Akteuren und der Rückwirkung dieser Relationen auf die einzelnen Akteure und ihren Handlungen bzw. Handlungsmöglichkeiten geht (Mitchell 1969: 1; Simmel 1908). John A. Barnes formuliert die Idee der Netzwerkanalyse als eine Suche nach der kausalen Verbindung der „configuration of cross-cutting interpersonal bonds […] with the actions of these persons and with the social institutions of their society" (Barnes 1972: 2). Damit erhalten die Strukturmerkmale eines Netzwerkes als erklärende oder zu erklärende Variablen für soziales (und ökonomisches) Handeln und für die Einbettung von Akteuren und Interaktionen in Netzwerkbeziehungen ihre Bedeutung in Erklärungsmodellen der jeweiligen Disziplinen. „[T]he basic idea was, and is, that network structures provide both opportunities and constraints for social action" (Vertovec 2009a: 33).

Insbesondere die *social network analysis* modelliert anhand morphologischer und interaktionaler Charakteristika von Netzwerken auf der Basis komplexer mathematischer Analyseverfahren soziale Beziehungen als Graphen, Soziomatrizen oder algebraische Strukturen und macht auf die Bedeutung der Akteurspositionen (positionaler Ansatz) und/oder dem Grad der sozialen Konnektivität (relationaler Ansatz) für die strukturelle Bestimmung von Macht, Hierarchie, etc. aufmerksam (Trappmann et al. 2011; Wassermann & Faust 2009). Beispielsweise identifiziert Betina Hollstein (2010: 93f.) in Anlehnung an Georg Simmel (1908) sieben Charakteristika bzw. Strukturmerkmale mit jeweils verschiedenen Unteraspekten: Anzahl der Akteure, räumliche Distanz, Dauer einer Beziehung, Grad des Wissen über den Anderen, Wahlfreiheit, verschiedene Formen der Gleichheit der Beziehungspartner sowie der Institutionalisierungsgrad einer Beziehung. Trotz einer systematischen Berücksichtigung der Beziehungen zwischen Akteuren und des dadurch gestifteten Netzwerkes bei der Analyse sozioökonomischer Phänomene sowie einer Erweiterung klassischer strukturfunktionalistischer Ansätze[2] unterliegt die Betrachtung von Beziehungsmustern durch die konzeptionelle Brille der sozialen Netzwerkanalyse nach wie vor einem strukturalistisch-deterministischem Verständnis sozialer Phänomene (Bair 2008; Emirbayer & Goodwin 1994; Häußling 2009). So werden Beziehungsnetze etwa als gegeben angesehen und die Handlungsmöglichkeiten von Akteuren lediglich auf der Grundlage der Muster von Beziehungen, in die sie eingebettet sind, betrachtet (Windeler 2002: 120). Die Position oder Zentralität von Akteuren, die in der sozialen Netzwerkanalyse als (Netzwerk-)Struktur des Beziehungsgeflechts verstanden werden – man stelle sich z.B. die bildliche Darstellung des sozialen Netzwerkes eines *Facebook*-Mitglieds vor –, sagt jedoch wenig über die qualitative Eigenschaft von Netzwerkbeziehungen aus (Vertovec 2009a: 35; s.a. Dicken et al. 2001; Massey 1999).

> „Was man bestenfalls aus [diesen] Netzwerkstrukturen vorsichtig schließen kann, ist, dass sie einige Interpretationen über Handlungsmöglichkeiten und -restriktionen und über Zusammenhänge zwischen Handlungsweisen und anderen sozialen Merkmalen eher nahelegen als andere […]" (Windeler 2002: 120).

Strukturelle Netzwerkanalysen können somit zwar als nützliches Werkzeug angesehen werden, um Akteure, ihre Beziehungen und strukturellen Eigenschaften zu identifizieren. „These tools, however, by themselves fail ultimately to make sense of the mechanisms through which these relationships are reproduced and reconfigured over time" (Emirbayer & Goodwin 1994: 1447).

Damit sprechen Mustafa Emirbayer und Jeff Goodwin (1994) (ein, wenn nicht) das grundlegendste Problem der sozialen Netzwerkanalyse und *Governance*-Ansätze an: das Unvermögen, die relationalen Netzwerkbeziehungen als dynamischen und transformativen Prozess zu modellieren und dabei sowohl den Akteur und seine Handlungen als auch die Struktur und deren (Re-)Produktion in Erklärungsansätze mit einzubeziehen (s.a. Dicken et al. 2001: 91; Windeler 2001: 119). Statt jedoch eine dynamische, prozessuale Perspektive auf soziale Formationen unter Einbezug der Handlungsbeiträge von Akteuren sowie sozialkultureller Aushandlungs- und Transformationsprozesse einzunehmen, werden Netzwerke auch in neueren, qualitativen Studien häufig immer noch als statische und gegebene Entitäten konzeptualisiert, in den Akteure entweder einem strukturalistischen Determinismus unterworfen werden oder mit einem eingeschränkten utilitaristischen, handlungsorientierten Akteursmodell gearbeitet wird (Emirbayer & Goodwin 1994: 1425f.; Hollstein 2008: 92; Leitner et al. 2002: 283; Vertovec 2009a: 36).

---

2   Nach Talcott Parsons (1973; 1976) – als ein Vertreter der strukturfunktionalistischen (Handlungs-)Theorie – lassen sich Strukturen als ein institutionalisiertes System von Normen und Werten, sozialen Rollen und den dazugehörigen Rechten und Pflichten konzipieren, die beispielsweise die Zugehörigkeit zu Gruppen oder die Weitergabe von Eigentum, Gütern oder Ämtern maßgeblich organisieren.

Insbesondere in der Migrationsforschung und in Studien zu Migrantenökonomien werden Netzwerke als „Struktur der Einbettung des Handelns in soziale
Beziehungen und damit soziale Struktur schlechthin" (Bommes & Tacke 2006:
39) konzipiert. Diese soziale Struktur eines Netzwerkes wird dabei als eine universelle und in den meisten Fällen positiv konnotierte Ressource angesehen, auf
die jeder Akteur zurückgreifen kann, der in diese Struktur eingebunden und somit
Teil der Netzwerkgemeinschaft ist (Haug & Pointner 2007). Dabei strukturieren
und organisieren Netzwerke den Migrationsprozess, indem sie beispielsweise Informationen über das Migrationsziel, verschiedene Beförderungs- und Transportmöglichkeiten oder Hilfe bei der Unterkunft- und Arbeitsplatzsuche bereithalten.
Hierdurch reduzieren sie Kosten und Risiken von Migrationsprozessen „und machen einen positiven Nutzen kalkulierbar und wahrscheinlicher" (Pries 2001: 35).
Zudem beeinflussen soziale Netzwerke „the nature of migration by influencing
selection of migrants, the availability of destinations, and the conditions of employment" (Goss & Lindquist 1995: 329). Zahlreiche Studien über *branch communities* (e.g. Durand & Massey 2005), *ethnic economies* (e.g. Light & Gold
2000; Light 2011) oder *chain occupation* (e.g. Connell 2009) machen auf diese
ressourcenbezogene Bedeutung von Netzwerkbeziehungen bzw. Netzwerkstrukturen für die sozioökonomische Organisation von Migrationsprozessen aufmerksam.
Ab einer bestimmten Anzahl von Netzwerkbeziehungen, so die Grundthese dahinter, üben die Eigenschaften eines Netzwerkes einen eigenständigen, sich selbst
reproduzierenden Stimulus aus, der die Migration in Gang hält (Portes & Rumbaut 2007). Wanderungsgründe, individuelle Motivationen oder gar Migrations-
hindernisse treten als Erklärungsfaktoren in den Hintergrund – allein die Existenz
des Netzwerkes oder vielmehr die soziale Struktur desselben und die Eingebundenheit der Akteure in diese Struktur habe schließlich migrationsauslösenden
Charakter und wird so zur absoluten Maxime der Argumentationslogik (Massey et
al. 1993: 199). So werden Netzwerke in Migrationsstudien häufig als informelles
soziales Sicherheitssystem und Unterstützungsnetzwerk konzipiert, in denen sich
das sozioökonomische Handeln der Akteure (ausschließlich) an gemeinsamen
Normen und Werten der Solidarität und Reziprozität orientiert und so kooperative
Sozialstrukturen hervorruft (e.g. Miles 2001; Riccio 2002; Portes 1998). Nicht
(oder kaum) berücksichtigt wird in diesen Studien, dass die Sozialstruktur und
ihre inhärenten Beziehungsmuster auch durch „gegenläufige Tendenzen (wie At-
traktion und Abstoßung) und konträre Elemente (wie Kooperation und Kompetiti-
on, Konflikt und Harmonie)" (Windeler 2001: 121) und damit durch Momente der
Unordnung, Unsicherheit und Situativität gekennzeichnet sind.

Diese Momente aber sind Teil des Konstitutionsprozesses sozialer Netzwerke
und sie machen darauf aufmerksam, dass Netzwerke und Netzwerkstrukturen
nicht an sich einfach existieren und somit als etwas Gegebenes – wie etwa eine
universelle Ressource – angenommen werden können. Vielmehr muss berücksichtigt werden, dass Netzwerke als soziale Formationen das Ergebnis eines Prozesses
und das Ergebnis von Handlungen individueller Akteure sind (Steinbrink 2009:
127). Das bedeutet zum einen, dass solche sozialen Formationen erst über die jeweiligen Handlungen und Selektionen der (Inter)Akteure „als Produzentinnen und

Trägerinnen jeweiligen sozialen Geschehens" (Greshoff 2009: 446, Fußnote 4) zustande kommen. Soziale Netzwerkbeziehungen werden erst durch die Akteure „geknüpft, erhalten und reproduziert, und sie sind nur so lange da, wie sie auch genutzt werden" (Steinbrink 2009: 127). Mit dem zweiten Teil des Zitates wird auf jenen anderen Aspekt aufmerksam gemacht, der für die (Re-)Produktion und die Aufrechterhaltung sozialer Beziehungen von entscheidender Bedeutung ist: Ohne die konkrete Operation, also die jeweiligen Handlungen und Selektionen, unterliegen soziale Netzwerke einer „Verkümmerungsdynamik" (Haug 1997: 11), wenn sie nicht aufrechterhalten werden (Coleman 2000: 417). Dies bedeutet wiederum, dass soziale Beziehungen zunächst zwar als potentielle Ressource für Akteure und Kooperative betrachtet werden können. Aber erst durch die Investition in diese Ressource, also erst durch die Erschließung und den Nutzen sozialer Beziehungen – für unternehmerisches Handeln in der Migration – kann Kapital geschlagen werden. Eben diese Erkenntnis macht deutlich, dass es zur Erforschung sozialer Netzwerke und der ökonomischen Organisation in Netzwerkbeziehungen zunächst einer Fokussierung auf die Konstruktion sozialer (ökonomischer) Beziehungen bedarf. Es muss also um die Aufdeckung des Prozesses der Netzwerkherstellung gehen bzw. der Praktik(en) des Netzwerkens auf der Basis der zugrunde liegenden individuellen Operationen *und* kollektiven Mechanismen – und zwar nicht Operationen und Mechanismen im Allgemeinen, sondern um solche sozialer Formationen im Kontext des unternehmerischen Handelns in der Migration. Es sei an dieser Stelle darauf hingewiesen, dass es über die individuellen Handlungsoperationen weiterer Erklärungsschritte bedarf,

> „[…] um etwa aneinander anschließendes Zusammenhandeln, vor allem aber die Strukturen sozialer Gebilde sowie solche Gebilde als ein ‚Gesamt' erklären zu können, wie sie oftmals als unintendierte Folge aus dem sozialen Selegieren und Handeln jeweiliger Akteure resultieren" (Greshoff 2009: 446).

2.3 DIE „LOGIK DER SITUATION" IM PROZESS DER NETZWERKHERSTELLUNG

Soziale Netzwerke „stellen die Gesamtheit der informellen dyadischen *Gabe- und Austauschbeziehungen* dar, in die ein Individuum eingebunden ist" (Steinbrink 2009: 127). Dabei kann das, was innerhalb dieser Beziehungen transferiert und ausgetauscht wird, recht unterschiedlich und je nach Perspektive – sei es die Funktion, der Nutzen oder der Wert von Beziehungen oder seien es soziale Mechanismen, die aus bestimmten Beziehungskonstellationen entstehen – entweder materieller oder symbolischer Natur oder beides zugleich sein (Bourdieu 1983: 191). Sprechen wir von sozialen Netzwerken in der Migration, so ist entscheidend zu begreifen, dass die Netzwerkbeziehungen in der Regel als interpersonelle Verbindungen konzipiert und der Austausch von materiellen und symbolischen Gütern grundlegend als Transaktionen außerhalb des formellen Gütermarktes betrachtet werden (Massey et al. 1998: 42).

Wie bereits im vorherigen Kapitel angedeutet, wird der Aspekt des Tausches und der Transaktion in solchen Netzwerkbeziehungen meist aus einer strukturalistisch-deterministischen Erklärungsperspektive betrachtet, wobei der Akteur und sein Handeln ethnisch-kulturellen und sozial-ökonomischen Strukturmechanismen und Kollektiven untergeordnet wird. Insbesondere in der (nordamerikanischen) Forschung zu ethnischen Ökonomien, die primär der Frage nach dem unternehmerischen Erfolg von Migranten nachgeht, wird dem handelnden Subjekt i.d.R. unterstellt, nicht über jene Ressourcen und Informationen zu verfügen, „welche die ökonomische Theorie normalerweise als Voraussetzung erfolgreichen Unternehmertums betrachtet" (Kontos 2005: 219). Als Folge dessen seien das Individuum und der Erfolg seines wirtschaftlichen Handelns auf die Einbettung in soziale Netzwerke angewiesen, wobei scheinbar allein der Rückgriff auf spezifische Eigenschaften einer (ethnischen) Gruppe zur Bewältigung von Krisensituationen und zur Existenzsicherung und damit zum unternehmerischen Erfolg in der Migration führt. Dieses Konzept der *embeddedness* wirtschaftlichen Handelns in sozialen Netzwerkbeziehungen, welches maßgeblich durch Mark Granovetter (1985) im Anschluss an Karl Polanyi (1978) geprägt ist, wurde von Roger D. Waldinger et al. (1990a; s.a. Waldinger 1993) zu einem interaktionistischen Modell weiterentwickelt. Neben den Eigenschaften der Gruppe führten die Autoren die marktspezifischen Gegebenheiten der Aufnahmegesellschaft als weiteren Erklärungsfaktor hinzu und beschrieben den unternehmerischen Erfolg der Migranten als Ergebnis der Interaktion zwischen den Gruppencharakteristika und der Einbettung in die vorhandenen lokalen Marktstrukturen. Robert C. Kloosterman (2000) und Jan Rath (2000b) (s.a. Kloosterman & Rath 2001) entwickelten schließlich das interaktionistische Modell zum Konzept der *mixed embeddedness* der ethnischen Ökonomien weiter, in dem sie neben der Einbettung in den lokalen Markt auch die sozio-ökonomischen und politisch-institutionellen Rahmenbedingungen des Aufnahmelandes als Einflussgröße auf das unternehmerische Handeln und den Erfolg von Migrantenökonomien mit einbezogen.

So folgerichtig es ist, soziale, ökonomische, kulturelle und politische Einflussgrößen und den Stellenwert institutioneller Rahmenbedingungen und gesellschaftlicher Ordnungen im Strukturierungsprozess des Handlungskontextes von Tausch- bzw. Netzwerkbeziehungen mit einzubeziehen – bereits Erving Goffman (1977) hat mit dem Begriff des *frame* die Bedeutung der Kontextabhängigkeit handelnder Akteure herausgestellt und damit die Grundlage geschaffen für jene Ansätze, die später unter dem Begriff der *embeddedness* bzw. *mixed embeddedness* den Einfluss ethnisch-kultureller sowie sozial-ökonomischer Strukturmomente auf die Handlungsebene des Akteurs in den Vordergrund ihrer Erklärungsmodelle gestellt haben (vgl. Kap. 2.6.3) –, so wenig werden die Handlungsorientierungen, Motivationen und Zielsetzungen individueller Akteure im Prozess der Netzwerkherstellung sowie der Aufrechterhaltung und Transformation von Netzwerkbeziehungen mitgedacht. Nicht nur die *embeddedness* in soziale Formationen und damit der Rückgriff auf Netzwerkbeziehungen als Bewältigungs- und Überlebensstrategie sowie die *mixed embeddedness* in lokale Marktstrukturen und politisch-institutionelle Rahmenbedingungen bestimmen die Praktik des Netzwerkens mit. Auch der Frage nach der teleologischen Ausrichtung und des Nutzens sozialer Beziehungen (unter Berücksichtigung der prozessualen Abhängigkeit von jeweiligen Netzwerkbeziehungen), also dem strategisch-instrumentellen Aspekt, im Prozess der Netzwerkherstellung muss nachgegangen werden.

Diese handlungstheoretische Perspektive auf unternehmerisches Handeln in der Migration und den Prozess der Netzwerkherstellung darf jedoch nicht dazu verleiten, jegliches soziale Handeln als einen rationalen Denk- und Entscheidungsprozess zu modellieren, in dem der Akteur ausschließlich zweckorientiert und zielgerichtet und nach ökonomischer Nutzenmaximierung strebend handelt. Solch eine Rational-Choice-Logik, die das egoistische Motiv des wirtschaftenden Subjektes zur ausschließlichen Handlungslogik erklärt, muss zwangsläufig in eine Sackgasse führen. So hat bereits Max Weber[3] (1976) in seinem Grundriss der verstehenden Soziologie festgestellt, dass soziale Formationen über wechselseitiges soziales Handeln sowie über ein „Mindestmaß von Beziehungen des *beider*seitigen Handelns *aufeinander*" (Weber 1976: 13) bestimmt sind. Auch George H. Mead (1968) stellte mit seiner Theorie symbolvermittelter Interaktion diese wechselseitige Orientierung im Handlungsprozess heraus und verstand diese als Ergebnis eines Kommunikationsprozesses, in dem fortlaufend das „sich-auf-etwas-verstehen" also eine gemeinsame geteilte Kommunikationssymbolik entsteht, die wiederum Einfluss auf das Handeln der Interakteure besitzt (Mead 1968: 120) (vgl. Kap. 2.7.3). Es soll nun aber nicht die Aufgabe dieser Arbeit sein, die kollektivistische Handlungslogik sozialer Systeme und Strukturen dem ökonomisch begründeten individualistischen Paradigma gegenüberzustellen, um etwa darauf aufbauend ausschließlich der Handlungslogik eines *homo sociologicus* oder eines *homo oeconomicus* zu folgen. Diese klassische, soziologisch-analytische Konfliktlinie zwischen dem normativen und individualistischen Paradigma, zwischen kollektivistischen und individualistischen Erklärungsmodellen, macht im Kontext des Prozesses der Netzwerkherstellung unternehmerisch agierender Akteure in der Migration keinen Sinn. Vielmehr muss der Frage nachgegangen werden, woran sich die Akteure in konkreten Situationen orientieren, welche Zwecke und individuellen (auch nichtökonomischen) Motive dem zugrunde liegen (Kap. 2.4), und wie die jeweilige Situationsdefinition des Akteurs durch diese wechselseitigen Orientierungen bzw. durch gesellschaftliche Ordnungen (Kap. 2.7.3) sowie durch Modi der Verständigung (in multikulturellen Handlungszusammenhängen) (Kap. 2.7.4) beeinflusst wird. Erst wenn diese „Logik der Situation" (Esser 2002: 387) im Prozess der Netzwerkherstellung mitgedacht wird – und hierzu gehört eben auch der strategisch-instrumentelle Aspekt sozialer Netzwerkbeziehungen, dem im folgenden Kapitel nachgegangen wird –, ergibt sich ein vollständiges Bild einer für den außen stehenden Betrachter (rational) nachvollziehbaren Handlungslogik.

---

3   Max Weber repräsentiert mit seinem Postulat der Rückführung kollektiver Begriffe auf das individuelle Handeln (1976: 6) das individualistische Paradigma in der Soziologie und gilt als ein Mitbegründer des Methodologischen Individualismus (Udehn 2002: 497).

2.4 EINE RESSOURCENORIENTIERTE PERSPEKTIVE
AUF UNTERNEHMERISCHES HANDELN IN DER MIGRATION

Ein Konzept, welches den strategisch-instrumentellen Aspekt sozialer Netzwerke abbildet und dabei im Sinne der Logik der Situation sowohl die individuellen Handlungsorientierungen als auch die kollektiven Mechanismen sozialer Formationen berücksichtigt, ist das Konzept des Sozialen Kapitals (s.a. Steinbrink 2009: 129). Es wurde erstmals vom Ökonomen Glenn C. Loury (1977) in die Sozialwissenschaften eingeführt, später durch Pierre Bourdieu (1983; 1986), James S. Coleman (1988; 2000) und Robert D. Putnam (1993; 1995; 2000) maßgeblich weiterentwickelt und findet bis heute in unterschiedlichen Disziplinen mit zum Teil unterschiedlicher Begriffsbestimmung und Perspektive seine Anwendung (für einen Überblick siehe Fine 2010; Franzen & Freitag 2007; Haug 1997). Generell lassen sich dabei zwei Lesarten und damit letztlich auch zwei Analyseebenen des Sozialkapital-Ansatzes unterscheiden: So kann soziales Kapital zum einen als individuelle Ressource interpretiert werden, welche „aus konkreten persönlichen Beziehungen in Form von Dyaden, Triaden usw., innerhalb von (egozentrierten) sozialen Netzwerken" (Haug 1997: 39) entweder als Nebenprodukt aus der Beziehungsarbeit oder als Folge direkter Investition in Beziehungen entsteht. Zum anderen kann soziales Kapital als Kollektivgut verstanden werden, wobei hier insbesondere der Wirkung von Beziehungsstrukturen und Interaktionsmechanismen „auf die Bereitstellung einer gesellschaftlich notwendigen Institution [e.g. Vertrauen, Normen, etc.] im Sinne eines Kollektivgutes […] als Nebenprodukt" (Haug 1997: 40) nachgegangen wird.

Während also bei der erst genannten Lesart der Ressourcencharakter sozialen Kapitals bzw. der individuelle Nutzen sozialer Beziehungen hervorgehoben wird, steht bei der insbesondere von Robert D. Putnam vertretenen Perspektive der Kollektivgutcharakter von Beziehungsstrukturen bzw. der (gesamt)gesellschaftliche Nutzen sozialer Beziehungen im Vordergrund. Für Putnam bezieht sich Sozialkapital dabei vor allem auf „features of social organization such as trust, norms, and networks, that can improve the efficiency of society by facilitating coordinated actions" (Putnam 1993b: 167). Dabei bezieht er sich jedoch auf eine ganz bestimmte Art von sozialen Organisations- bzw. Beziehungsstrukturen, nämlich auf Netzwerke von staatsbürgerlichem Engagement wie etwa Vereins-, Verbands- und Parteistrukturen (Putnam 1995: 665). Zudem nimmt er dort auch nur eine ganz spezifische Art von Ressourcen in den Blick, nämlich das durch diese Netzwerke produzierte soziale Vertrauen, welches für soziale Kooperation unter den Netzwerkmitgliedern als evident konzipiert wird (Putnam 1995: 665). Diese Netzwerke, und dies ist das zentrale Anliegen von Putnams' Ansatz, fördern durch ihr gestiftetes kooperatives Organisationsnetz und dem Vertrauen in die Geltung allgemeiner sozialer Normen den Gemeinsinn und das Gemeinwohl von (demokratischen) Gesellschaften. Das Fehlen dieser zivilgesellschaftlichen Netzwerke bzw. ein geringer Grad an staatsbürgerlichem Engagement führe jedoch zum Niedergang einer Zivilgesellschaft (Putnam 1995; 2000).

Die Doppeldeutigkeit des sozialen Kapitals bzw. die unterschiedliche Begriffsverwendung – entweder eine Überbetonung funktioneller oder kausaler Elemente – führen bis heute zu einer grundlegenden Kritik an der Konzeption des Ansatzes und seiner analytischen Umsetzung. So charakterisieren etwa Gordon Johnston und Janie Percy-Smith (2003) das Konzept als „chaotic, while at times it operates as little more than a warm metaphor or a vaguely suggestive heuristic device" (Johnston & Percy-Smith 2003: 332). Alejando Portes (1998: 2) bezeichnete es einmal als *cure-all*-Konzept und Michael Taylor (2010: 81) geht sogar so weit zu behaupten, „[that] it can be argued that the meaning of ‚social capital' is so vague that it is, in fact, meaningless". Neben dieser grundlegenden Kritik an der theoretischen Konzeptionalisierung wird vor allem die allzu häufige Betonung (und Überbewertung) der handlungsermöglichenden Eigenschaften sozialen Kapitals – wie etwa sozialintegrative Leistungen, soziale Kooperation oder zur Lösung sozialer Dilemmas – kritisiert und vor einer „Sozialkapitalromantik" (Diekmann 1993: 31) gewarnt. Dennoch, oder gerade aufgrund dieser Elastizität, bietet das Konzept des Sozialkapitals den Vorteil, dass es Brücken zwischen theoretischen Ansätzen, zwischen mikro- und makro-analytischen Perspektiven schlägt und so eine Verknüpfung von strukturellen und handlungsorientierten Argumentationslinien ermöglicht. Nach James S. Coleman (2000; 1988) zielt das Konzept dabei vor allem auf die Einbettung der mikro-sozialen Modelle des rationalen Akteures in mikro- und makro-strukturelle Zusammenhänge, wobei das Hauptaugenmerk auf der Dynamik von sich selbst organisierenden sozialen Gruppen und ihrer Netzwerke liegt, welche die Inter- und Transaktionen der Akteure formen und von diesen zugleich geformt werden.

Um diese Verknüpfung analytisch zugänglich zu machen und dabei sowohl der Handlungslogik eines *homo sociologicus* als auch eines *homo oeconomicus* in Tausch- bzw. Netzwerkbeziehungen gerecht zu werden, bietet es sich – in Anlehnung an Malte Steinbrink (2009) – an, eine ressourcenorientierte Sichtweise des Sozialkapitals einzunehmen und dabei der Definition von Pierre Bourdieu (1983: 190f.) zu folgen:

> „Das Sozialkapital ist die Gesamtheit der aktuellen und potentiellen Ressourcen, die mit dem Besitz eines dauerhaften Netzes von mehr oder weniger institutionalisierten *Beziehungen* gegenseitigen Kennens oder Anerkennens verbunden sind; oder, anders ausgedrückt, es handelt sich dabei um Ressourcen, die auf der *Zugehörigkeit zu einer Gruppe* beruhen" (Bourdieu 1983: 190f.).

Dem folgend stellt auch Alejandro Portes den Ressourcencharakter sozialer Beziehungen heraus und definiert Sozialkapital als

> „the capacity of individuals to command scarce resources by virtue of their membership in networks or broader social structures. […] The resources themselves are *not* social capital; the concept refers instead to the individual's *ability* to mobilize them on demand" (Portes 1995: 12; vgl. Bourdieu & Wacquant 1992: 119).

Entscheidend ist also, dass sich soziales Kapital nicht per se im Besitz individueller Akteure befindet, sondern inhärenter Bestandteil von Beziehungen und Beziehungsstrukturen ist und somit nur über und die Investition in Beziehungen akkumuliert und/oder genutzt werden kann (Haug 1997: 10; Kriesi 2007: 24). Damit begreifen Pierre Bourdieu und Alejandro Portes das Sozialkapital als ein Produkt der Einbettung in soziale, interpersonelle Beziehungen (Portes 1995: 13) – es können hier auch rein dyadische Beziehungen gemeint sein (Haug 1997: 39) –, wobei sich aus Sicht des Individuums (mikroanalytische Perspektive) durch die Einbettung in die soziale Beziehungen bzw. durch den Rückgriff auf die jeweils eingebetteten Ressourcen positive ökonomische Effekte ergeben können[4] (s.a. Coleman 1988: 100). Gleichzeitig, und hier kommt den Arbeiten von Alejandro Portes und Kollegen ein großer Verdienst zu (e.g. Portes 1995; 1998; 2000; Portes & Landholt 1996; Portes & Sensenbrenner 1993), stellt das Konzept auch die handlungseinschränkenden Eigenschaften sozialen Kapitals heraus, indem aus einer mesoanalytischen Perspektive heraus auch jene Elemente und Prozesse fokussiert werden können, die der Produktion und Erhaltung von sozialem Kapital für ein Kollektiv dienen (makroanalytische Perspektive).

2.4.1 Ermöglichende und einschränkende Eigenschaften sozialer Netzwerke

Um die für das Individuum handlungsermöglichenden sowie handlungseinschränkenden Eigenschaften sozialen Kapitals erfassen zu können, ist es sinnvoll, sich in Anlehnung an Alejandro Portes (1995) den Handlungsmotiven innerhalb von Tauschbeziehungen zuzuwenden. Portes unterscheidet einmal zwischen einem altruistischen und einem instrumentellen Motiv des Tausches aus der Sicht des Ressourcen gebenden Akteurs (Portes 1995: 15; Portes & Sensenbrenner 1993: 1326). Diese Motive erlauben einen Aufschluss über mögliche, den sozialen Netzwerkstrukturen inhärente Handlungserwartungen, die an den Ressourcen nehmenden Akteur gestellt werden. Für Tauschbeziehungen außerhalb des formellen Gütermarktes werden die Handlungserwartungen bzw. die Einlösung von Verpflichtungen und Erwartungen vom Vertrauen und vom Grad der Geschlossenheit in sozialen Beziehungen bestimmt. Das Vertrauen kann dabei als eine Erwartung über das zukünftige Verhalten des Gegenübers definiert (Haug 1997: 16) und der Grad der Geschlossenheit als eine Sanktionsmacht des Kollektivs, Verpflichtungen und Erwartungen auch durchzusetzen, konzipiert werden (Portes 1995: 13) – da es sich hier i.d.R. um moralische Verpflichtungen handelt, ist die Sanktionsmacht von Kollektiven allerdings nur bedingt mächtig (Smart 1993: 394). Verpflichtungen im formellen Gütermarkt hingegen können aufgrund institutionell abgesicherter, vertraglicher Vereinbarungen eingeklagt und durchgesetzt werden. Diese Handlungserwartungen außerhalb des formellen Gütermarktes beeinflussen schließlich die individuellen ökonomischen Zielsetzungen des Ressourcen nehmenden Akteurs und bestimmen zudem den Nutzen bzw. die Art von Ressource,

---

4   Alejandro Portes lehnt sich in seinem Sozialkapital-Ansatz explizit an Mark Granovetters Konzept der *embeddedness* (1985) an. Demnach fördert die *embeddedness* in konkreten persönlichen Beziehungen und Netzwerken die Vertrauensbildung, die Etablierung von Erwartungen sowie die Verstärkung von Normen (Granovetter 1985: 491).

auf die (strategisch) zurückgegriffen werden kann. Die Handlungserwartungen sind aber nicht nur für den Rückgriff auf bereits bestehende soziale Netzwerke und ihre inhärenten Ressourcen bedeutend, sondern auch für die Motivation eines Akteurs zum Aufbau und Erhalt von sozialen Beziehungen – also für die Praktik des Netzwerkens – und damit dem Potenzial, diese inhärenten Ressourcen nutzen zu können. Als Voraussetzung des Transfers aktueller und potentieller Ressourcen unterscheiden Alejandro Portes und Julia Sensenbrenner (1993: 1323ff.; s.a. Portes 1995: 15) vier Typen von (ökonomisch relevanten) Handlungserwartungen bzw. vier Quellen sozialen Kapitals.

Wertverinnerlichung

Die Wertverinnerlichung als erster Typus meint jene moralische Orientierung und Disziplinierung von Mitgliedern eines Kollektivs an Norm- und Wertvorstellungen, die durch den Prozess der Vergesellschaftung erworben und verinnerlicht werden. Die Autoren lehnen sich hier an die Arbeiten von Max Weber und Émile Durkheim an, demnach die Tauschbeziehungen und der Aufbau und Erhalt dieser Beziehungen einen intrinsischen Wert besitzen, der sich an der Sozialethik kapitalistischer Kulturen zur Einhaltung von Verträgen orientiert (Weber 1934: 37; Durkheim 1984: 162). Die enge Verknüpfung der Wertverinnerlichung an gesellschaftliche Normen weist zudem die Nähe zur Habitus-Theorie von Pierre Bourdieu (1982; 1983) auf, demnach ein Akteur sich in seinen individuellen Alltagspraktiken am (klassenspezifischen) Habitus bzw. an Wahrnehmungs-, Denk- und Handlungsschemata und den damit verbundenen Wert- und Normvorstellungen orientiert, die er durch den Prozess seiner (familiären) Sozialisation internalisiert hat (Bourdieu 1982: 120f; 1983: 197). Diese Orientierung verleiht den Mitgliedern eines Kollektivs/Netzwerkes bzw. ihren Handlungen eine altruistische Motivation zur Aufrechterhaltung gesellschaftlicher Ordnung, was unter Umständen den Handlungszielen einzelner Gesellschaftsmitglieder zuwider laufen kann (Coleman 1988: 105). Andererseits stellt aber das durch die Wertverinnerlichung gestiftete kollektive Vertrauen auf soziale Normen und Werte eine Möglichkeit dar, die moralische Orientierung als strategisch einsetzbare Ressource zu nutzen (Portes & Sensenbrenner 1993: 1324).

Begrenzte Solidarität

Einen weiteren Typus von Handlungserwartungen stellt die begrenzte Solidarität dar, die ebenso wie bei der Wertverinnerlichung eine moralische Gruppenorientierung umschreibt (Portes & Sensenbrenner 1993: 1328). Im Unterschied zum ersten Typus entsteht diese Orientierung jedoch nicht aus einem generellen Sozialisationsprozess heraus, bei dem der Rückgriff auf die Ressource der moralischen Orientierung allen Gesellschaftsmitgliedern prinzipiell möglich ist. Vielmehr handelt es sich um eine Gruppenidentität, die auf ein Wir-Gefühl aufbaut, welches durch das gemeinsame Erleben schwieriger Situationen entsteht und der Rückgriff auf diese moralische Ressource somit nur den Mitgliedern dieser Gruppe zugänglich ist. Alejandro Portes und Julia Sensenbrenner (1993: 1324f.) beziehen sich hier auf Karl Marx' (1894) Analyse zur Entstehung einer Arbeiterklasse in der Industriegesellschaft, die sich als Reaktion auf Erlebnisse der Ausbeutung und Diskriminierung zu einer solidarischen Gemeinschaft, einer „higher form of consciousness" (Portes & Sensenbrenner 1993: 1325) zusammenschließen – die Autoren sprechen an anderer Stelle auch von einer *reactive solidarity* (1993: 1328f.). Dieses Bewusstsein führt innerhalb des Kollektivs zur Einhaltung von Normen der gegenseitigen Unterstützung, was den Mitgliedern einen privilegierten Zugang zu unterschiedlichen Ressourcen des Netzwerkes ermöglicht und zugleich von den Individuen selbst als strategisch einsetzbare Ressource genutzt werden kann. Diese kollektive Unterstützungsfunktion verliert jedoch ihren Sinn, sobald ein Mitglied von der Unterstützung mehr profitiert und (ökonomisch) erfolgreicher ist als der Rest des Netzwerkes:

> „The mechanism at work is the fear that a solidarity born out of common adversity would be undermined by the departure of the more successful members. Each success story saps the morale of a group, if that morale is built precisely on the limited possibilities for ascent under an oppressive social order" (Portes & Sensenbrenner 1993: 1342).

Reziproker Austausch

Dass die gegenseitige Unterstützung auf Basis der Gruppenzugehörigkeit nicht immer nur altruistischen Motiven folgt, sondern auch von Seiten des Gebenden mit bestimmten Erwartungen an den Nehmenden verknüpft ist, drückt sich im Begriff des „reziproken Austausches" aus. Gemeint ist hier eine Norm der Gegenseitigkeit (Portes & Sensenbrenner 1993: 1324) dyadischer oder triadischer Transaktionsbeziehungen, die den instrumentellen Aspekt im Sinne einer *Tit-for-Tat*-Strategie (Haug 1997: 18) aus Sicht des Gebenden herausstellt. Dabei werden Gefälligkeiten, Informationen, etc. nur dann gewährt, wenn mit einer zukünftigen Gegenleistung zu rechnen ist. Zwei Aspekte dieser Norm der Gegenseitigkeit sind entscheidend: Zum einen handelt es sich nicht in erster Linie um den Austausch monetärer oder materieller Güter, sondern um immaterielle Erlöse der Transaktion wie etwa die Herstellung sozialer Verbindlichkeiten, auf die im Bedarfsfall zurückgegriffen werden kann (Portes & Sensenbrenner 1993: 1324). Da es sich nicht um vertraglich und damit formell justiziable Transaktionen handelt, ist die Voraussetzung für den Rückgriff auf bzw. die Einlösung von Verbindlichkeiten eine gemeinsame Vertrauensbasis der Transaktionspartner. Diese schließt zum einen die Vertrauensvergabe bzw. den Vertrauensvorschuss des Gebenden sowie zum anderen die Wahrscheinlichkeit der Vertrauenswürdigkeit des Nehmenden mit ein. Vertrauen wird hier konzipiert als ein

> „bestimmter Grad der subjektiven Wahrscheinlichkeit, mit der ein Akteur annimmt, dass eine bestimmte Handlung durch einen anderen Akteur oder eine Gruppe von Akteuren ausgeführt wird, und zwar sowohl *bevor* er eine solche Handlung beobachten kann (oder unabhängig von

seiner Fähigkeit, sie jemals beobachten zu können) *als auch* in einem Kontext, in dem sie Auswirkungen auf *seine eigene* Handlung hat" (Gambetta 2001: 211).

Diese subjektive Wahrscheinlichkeit bestimmt also letztlich, ob sich ein Akteur auf eine Art von Transaktion bzw. Kooperation einlässt[5]. Damit wird der zweite Aspekt der Reziprozitätsnorm sichtbar, nämlich das Risiko des Vertrauensbruchs. So hält Sonia Haug zu recht fest, dass sich

> „[a]us dem Vorhandensein persönlicher Beziehungen [...] sowohl Vertrauen als auch die Ausnutzung von Vertrauen zum eigenen Nutzen ableiten [lässt], da die ‚Verlockung' der Defektion auch mit der sicheren, vertrauensseligen Kooperation der Partner steigt. Soziale Beziehungen sind deshalb noch keine Garantie für das dauerhafte Funktionieren eines Vertrauenssystems" (Haug 1997: 16).

Es besteht also immer die Gefahr, dass der Nehmende entgegen der Handlungserwartungen seinen zukünftigen Gegenleistungen nicht nachkommt. Aber auch auf Seiten des Gebenden kann es zum Vertrauensbruch kommen, wenn er die sozialen Verbindlichkeiten bzw. die Abhängigkeit des Anderen zu seinen Gunsten ausnutzt. Die Tauschbeziehungen sind somit geprägt durch ein Abhängigkeitsverhältnis, bei dem beide Seiten durch Missachtung der Reziprozitätsnorm mit negativen Konsequenzen zu rechnen haben.

Erzwingbares Vertrauen

Dass dieses Abhängigkeitsverhältnis sich nicht ausschließlich auf dyadische Beziehungen, sondern vor allem auf die Abhängigkeit des Individuums vom sozialen Netzwerk selbst (und den eingebetteten Ressourcen) bezieht, wird im Konzept des „erzwingbaren Vertrauens" sichtbar, welches Alejandro Portes und Julia Sensenbrenner (Portes & Sensenbrenner 1993: 1325) als vierte und letzte Quelle sozialen Kapitals ausmachen. Gemeint ist hier ein sozialer Mechanismus innerhalb eines Kollektivs, bei dem das Risiko des Vertragsbruchs durch die Sanktionsmacht des Kollektivs gemindert bzw. die Einhaltung der sozialen Verbindlichkeiten durch diese Macht regelrecht erzwungen wird. Die Sanktionsmacht drückt dabei nichts anderes als die Fähigkeit eines Kollektivs zur sozialen Kontrolle seiner Mitglieder aus, also der Fähigkeit, das Verhalten der Mitglieder entsprechend einer kollektiven Handlungserwartung zu steuern. Diese informelle Kontrolle basiert auf dem „Schatten der Zukunft" (Axelrod 2009: 115), also auf der Erwartung, das nichtkooperatives Verhalten durch Vergeltungsakte wie etwa dem Ausschluss aus dem Kollektiv oder durch einen Reputationsverlust sanktioniert werden kann. Im Bewusstsein dieser Vergeltungsakte ordnet das Individuum seine Ziele, Bedürfnisse und Motive den kollektiven Handlungserwartungen unter bzw. wägt darauf aufbauend die langfristigen Folgen seiner Handlungen im Sinne einer strategisch-instrumentellen Handlungslogik ab (Portes & Sensenbrenner 1993: 1332). Dass

---

5   Eine differenzierte Auseinandersetzung der Indikatoren für die Vergabe und den Erhalt von Vertrauen bietet Sonia Haug (1997: 16ff.).

sich trotz dieser Unterordnung Vorteile im Sinne einer individuellen ökonomischen Strategie ergeben können, belegen zahlreiche Studien, die sich mit rotieren-
den Kreditsystemen und anderen Formen der Kapitalakquirierung innerhalb geschlossener Migrationsnetzwerke auseinandergesetzt haben (e.g. Light & Gold
2000; Light 2004; Portes & Guarnizo 1991; Ricopurt 2002; Wilson & Portes
1980).

2.4.2 Grenzen kollektiver Sanktionsmacht

Die Sanktionsmacht eines Kollektivs ist jedoch abhängig von der Art der Netz-
werkbeziehung, oder wie James S. Coleman (1988: 107f.) es ausdrückt, von der
Geschlossenheit von sozialen Strukturen:

> „Closure of the social structure is important not only for the existence of effective norms but
> also for another form of social capital: the trustworthiness of social structures that allows the
> proliferation of obligations and expectations".

Die Geschlossenheit von sozialen Strukturen, so die Argumentation, erhöht also
die Vertrauenswürdigkeit und damit die Effektivität kollektiver Erwartungen und
Sanktionen. Die soziale Schließung eines Kollektivs wird zumeist über die Bezie-
hungsstärke – in Anlehnung an Mark Granovetter (1973: 1361), der hierbei eine
Kombination aus der Beziehungsdauer, der emotionalen Intensität, der Intimität
(des beiderseitigen Vertrauens) sowie der reziproken Dienstleistung vorschlägt –
seiner Mitglieder bestimmt. Dabei stellen vereinfacht gesagt familiäre Bindungen
und Beziehungen zu engen Freunden die starken Beziehungsnetze (*strong ties*)
dar, während schwache Bindungen (*weak ties*) eher oberflächliche, nichtver-
wandtschaftliche Beziehungen verknüpfen[6]. Ob der jeweilige Kontakt jedoch tatsächlich als schwach oder stark gelten kann, und ob sich immer aus der recht
simplen Unterscheidung zwischen familiären und nicht-familiären Beziehungen
bestimmte Mechanismen ableiten lassen, ist in der Sozialforschung nach wie vor
strittig (Haug & Pointner 2007: 384). Steven J. Gold (2005: 271) gibt beispielsweise zu bedenken, dass

> „[f]amilies are not simply cooperative economic units. Rather, they are made up of men and
> women and generational groups with different interests, needs, orientations and resources.
> Consequently, families are locations of conflict and negotiation among members with regard
> to the allocation of prestige, responsibility, assets, decision-making, group identity and moral
> credibility [...]. Family earnings are not always shared equally among family members".

So werden dann auch zur Bestimmung der sozialen Schließung weitere Faktoren
herangezogen, wie etwa die Kontakthäufigkeit und Kommunikationsdichte innerhalb eines Netzwerkes sowie die individuelle Abhängigkeit vom jeweiligen
Netzwerk. Die Kommunikationsdichte wird hier verstanden als

---

6   Thomas Faist (1997: 200) führt neben den schwachen und starken Verbindungen noch die
     symbolischen *ties* hinzu, die auf ethnisch und religiös begründeten Gemeinsamkeiten basie-
     ren.

„[…] the group's ability to monitor the behavior of its members and its capacity to publicize the identity of deviants. Sanctioning capacity is increased by the possibility of bestowing public honor or inflicting public shame immediately after certain deeds are committed" (Portes & Sensenbrenner 1993: 1337).

Je höher also die Kommunikationsdichte und Kontakthäufigkeit in sozialen Netzwerken ausgeprägt ist, desto effektiver gestaltet sich die Sanktionsmacht des Kollektivs.

Die individuelle Abhängigkeit vom jeweiligen Netzwerk bestimmt zudem den individuellen Nutzen von den aktuellen und potentiellen Ressourcen eines Kollektivs: Befindet sich ein Individuum etwa in einer existentiellen Notsituation, in der es auf die Hilfe des sozialen Netzwerkes angewiesen ist, ist es wahrscheinlich, dass sich das Individuum entsprechend den kollektiven Handlungserwartungen verhält und damit der Sanktionsmacht des Netzwerkes beugt. Individuen hingegen, deren sozialökonomischer Status als „stabil" gelten kann, sind weniger auf die Unterstützungsleistung eines Kollektivs angewiesen. Vielmehr (noch) kann es dazu kommen, dass die Einbindung in das soziale Netzwerk für diese Akteure eher ein Hindernis bei der Verfolgung ihrer persönlichen (ökonomischen) Ziele darstellt (Düvell 2006: 100; Faist 1997: 75; Portes & Sensenbrenner 1993: 1338). Insbesondere in Studien zu ethnischen Migrantenökonomien und ihren Netzwerken, in denen Unterstützungsleistungen häufig einem sozialökonomischen Konformitätsdruck unterliegen, zeigt sich jene Kehrseite des sozialen Kapitals, die sich zu einer (ethnischen) Mobilitätsfalle (Gold 2005) für Netzwerkmitglieder entwickeln kann (e.g. Portes & Rumbaut 2007; Waldinger & Lichter 2003; Zhou & Cho 2010; Zhou 2009) – Robert Waldinger (1995) spricht hier auch von „the other side of embeddedness" und Alejandro Portes (1998) betitelt es als „negative social capital". Alejandro Portes und Julia Sensenbrenner (1993: 1338) schreiben hierzu:

„It is important, however, not to lose sight of the fact that the same social mechanisms that give rise to appropriable resources for individual use can also constrain action or even derail it from its original goals".

Daraus folgt, dass sich die zuletzt genannten Akteure sowohl beim Erhalt bestehender Netzwerkkontakte als auch beim Aufbau neuer Kontakte eher den Beziehungen und Akteuren außerhalb der eigenen (ethnischen) Netzwerk-Gemeinschaft zuwenden, die für die Verfolgung eigener ökonomischer Ziele erfolgsversprechend(er) scheinen (vgl. Kap. 2.6.4). Robert D. Putnam (2000: 22f.) spricht hier auch von den brückenschlagenden Formen von Sozialkapital, die im Gegensatz zu den bindenden Eigenschaften geschlossener sozialer Formationen den Zugang zu externen Ressourcen – die für das jeweilige unternehmerische Handeln und den Erfolg entscheidend sein können (Woolcock 2001) – erleichtern. Noch treffender, wenn auch sehr verkürzt dargestellt, formulieren es Michael Woolcock und Deepa Narayan (2010: 418):

„The poor, for example, may have a close-knit and intensive stock of ‚bonding‘ social capital that they can leverage to ‚get by‘ […], but they lack the more diffuse and extensive ‚bridging‘ social capital deployed by the nonpoor to ‚get ahead‘".

Diese Unterscheidung zwischen *bridging* und *bonding social capital* basiert (einmal mehr) auf den Arbeiten von Mark Granovetter (e.g. 1983; 1995; 2005), der mit seinem Konzept der *weak* und *strong ties* bereits schon früh auf die einschränkenden und ermöglichen Eigenschaften geschlossener sozialer Formationen aufmerksam gemacht hat. Während beispielsweise *strong ties* zu größerem Gruppenzusammenhalt und effektiverer Normdurchsetzung führen, sind es nach Mark Granovetter (e.g. 2005) vor allem die *weak ties* sozialer Netzwerke, die als Austauschkanäle von Informationen, Ideen und Einflüssen fungieren und einen entscheidenden ökonomischen Wettbewerbsvorteil generieren können:

> „More novel information flows to individuals through weak than through strong ties. Because our close friends tend to move in the same circles that we do, the information they receive overlaps considerably with what we already know. Acquaintances, by contrast, know people that we do not and, thus, receive more novel information. [...] Moving in different circles from ours, they connect us to a wider world. They may therefore be better sources when we need to go beyond what our own group knows, as in finding a new job or obtaining a scarce service" (Granovetter 2005: 34).

Interessant in diesem Zusammenhang ist auch der von Ronald Burt (1992) eingeführte Begriff der *structural holes* ökonomischer Märkte, deren Besetzung durch Individuen einen privilegierten Zugang zu strategisch wichtigen Informationen und Ressourcen wie Wissen, Macht und Einfluss sichert – und dadurch die Entstehung neuer Nischenökonomien befördern kann (s.a. Liefner & Schätzl 2012: 140). Nan Lin (2003) gibt jedoch zu bedenken, dass der Zugang zu externen Ressourcen und Informationen für sich alleine noch nicht ausreicht, um daraus ökonomisches Kapital zu schlagen. So braucht es mehr als nur Informationen über potentielle Märkte, um beispielsweise ein erfolgreiches Handelsgeschäft durchzuführen. Bestehende Netzwerkkontakte sollten nicht nur die bloßen Informationen über Märkte wie Produkte, Preise, Lokalitäten, etc. weitergeben, sondern auch zugunsten des nachfragenden Akteurs aktiv werden – beispielsweise durch die Vermittlung eines lukrativen Kundenkontaktes. In diesem Zusammenhang schlägt Nan Lin (2003) zusätzlich die Unterscheidung zwischen dem zugänglichem und dem aktiviertem Sozialkapital von Tausch- bzw. Netzwerkbeziehungen vor. Die aktive Unterstützung in Tauschbeziehungen außerhalb des formellen Gütermarktes, wie bereits erläutert, hängt aber im Wesentlichen von der gegenseitigen Vertrauensbasis ab, die wiederum auf starken Beziehungen bzw. auf geschlossenen sozialen Formationen und der Einhaltung der Reziprozitätsnorm beruht. Andernfalls führt die Missachtung gegenseitiger Verpflichtungen zu Misstrauen und unkooperativen Handeln in Netzwerkbeziehungen.

2.4.3 Potenziale (und Grenzen) einer ressourcenorientierten Perspektive

Insgesamt kann festgehalten werden, dass das Konzept des Sozialen Kapitals dafür geeignet ist, sowohl die einschränkenden als auch ermöglichenden Eigenschaften der Einbettung in soziale Netzwerke bzw. Organisationsformen herauszustellen. Insbesondere aus der Perspektive individueller Akteure kann die Anwendung

des Konzeptes den strategisch-instrumentellen Aspekt sozialer Beziehungen her-
ausstellen, indem der Rückgriff auf Netzwerkbeziehungen als wichtige soziale
Ressource zur Erreichung individueller ökonomischer Ziele konzipiert wird. Zugleich verweist das Konzept aber auch auf die Grenzen dieses Rückgriffs, indem
zum einen die mit der Reziprozitätsnorm verbundenen sozialen Verpflichtungen
und kollektiven Handlungserwartungen nicht immer mit den jeweiligen individuellen Zielsetzungen übereinstimmen müssen. Gerade geschlossene soziale Netzwerke, die auf der moralischen Orientierung der begrenzten Solidarität beruhen,
tendieren dazu, ihre Mitglieder einem sozialökonomischen Konformitätsdruck zu
unterwerfen, so dass individuelle Aufstiegsmöglichkeiten aktiv behindert werden
(Portes & Sensenbrenner 1993: 1342).

Zum anderen verweist das Konzept mit der Diskussion um *weak ties* und den
brückenschlagenden Eigenschaften sozialen Kapitals auf die begrenzte Ressourcenverfügbarkeit geschlossener, sozialer Netzwerke bzw. ihrer informellen
Tauschbeziehungen. So kann es für bestimmte ökonomische Tätigkeitsfelder und
individuelle Karrieren, insbesondere im Tätigkeitsfeld des grenzüberschreitenden
Handels, strategisch nützlicher sein, sich beim Aufbau und dem Erhalt von Netzwerkkontakten zusätzlich den Beziehungen außerhalb fest umgrenzter, wie z.B.
ethnischer Gemeinschaften und ihrer ökonomischen Organisationsnetze zuzuwenden (vgl. Kap. 2.6.4). Damit wird offensichtlich, dass die Bestimmung des Ressourcencharakters sozialer Beziehung und damit die Bedeutung sozialer Netzwerke für den Erfolg unternehmerischen Handelns in der Migration letztlich eine Frage des Einzelfalls ist (Waldinger et al. 1990b: 41), und dabei ganz wesentlich von
der individuellen prozessualen Abhängigkeit vom jeweiligen Netzwerk in unterschiedlichen Phasen der Migration und der unternehmerischen Karriere bestimmt
wird. Veronika Deffner (2007) und Hans-Georg Bohle (2005) haben ihren Studien
zu vulnerablen Bevölkerungsgruppen in Entwicklungsländern verstärkt Bezug auf
das *Konzept des Sozialen Kapitals* genommen und dabei die soziale Vulnerabilität
der Akteure – als Indikator dieser individuellen Abhängigkeit von sozialen Netzwerken – über die individuelle Kapitalausstattung, den Handlungsspielräumen als
auch der Erreichbarkeit sozialer Positionen in einem spezifischen Sozialraum
bzw. in einem sozialräumlichen Netzwerk definiert (s.a. Bohle & Glade 2008;
Wisner et al. 2010).

Es soll an dieser Stelle darauf hingewiesen werden, dass es neben dieser prozessualen Abhängigkeit und dem Rückgriff auf Netzwerkressourcen noch weiterer
Erklärungsfaktoren für den unternehmerischen Erfolg und für die unternehmerische Handlungsfähigkeit in der Migration bedarf, auf die in den folgenden Kapiteln noch eingegangen wird. Nur so viel sei an dieser Stelle vorweggenommen:
Über die „capacity of individuals to command scarce resources by virtue of their
membership in networks or broader social structures" (Portes 1995: 12) hinaus,
sind dies vor allem das Erkennen translokaler Opportunitätsstrukturen (Kap.
2.6.3), die Organisation in gemischten Ökonomien (Kap. 2.6.4), sowie die Fähigkeit der Akteure über die Potenziale und Opportunitäten hinaus organisationale,
unternehmerische Kompetenzen in einem grenzüberschreitenden und kulturell
divers geprägten Handelsnetzwerk zu generieren (Kap. 2.7.3 und Kap. 2.7.4).

Die sozialen Netzwerke, und dies wurde mit dem Konzept des sozialen Kapitals deutlich, wirken als strukturelle Momente (Giddens 1997: 78) der Meso-Ebene sozialer Systeme auf die Handlungsebene des Akteurs, indem sie sowohl einschränkende als auch ermöglichende Opportunitätsstrukturen erzeugen, die sich aus der Einbettung in soziale Netzwerkbeziehungen ergeben. Dorothea Jansen und Andreas Wald (2007: 189) fassen in Anlehnung an Coleman (1988), Portes (1998) und Lin et al. (2001) insgesamt sechs Ressourcen zusammen, die durch den strategisch-instrumentellen Rückgriff auf soziale Netzwerke bzw. aufgrund sozialer Mechanismen von Netzwerkstrukturen erschlossen werden können: Dabei stellen Gruppensolidarität, Selbstorganisationsfähigkeit von Kollektiven und Vertrauen in die Geltung allgemeiner sozialer Normen jene Ressourcen dar, die in erster Linie einem Kollektiv zugutekommen; Information, Macht im Sinne struktureller Autonomie bzw. Wettbewerbsposition und Macht im Sinne sozialen Einflusses werden hingegen als individuelle Ressource verstanden, bei dem der individuelle Nutzen im Vordergrund steht.

Diese Dualität der Opportunitätsstrukturen erfordert für die vorliegende Untersuchung den Fokus auf die jeweiligen sozialen Mechanismen und ihre Auswirkungen auf das strategisch-instrumentelle Handeln der Akteure. Gleichzeitig muss aber bedacht werden, dass alle strukturellen Momente immer auch „Mittel und Ergebnis kontingent ausgeführter Handlungen situierter Akteure" sind (Giddens 1997: 246). Das bedeutet, dass die Akteure einerseits auf Strukturmomente als Mittel zugreifen, die ihnen Handlungsmöglichkeiten eröffnen (können). Andererseits stellen die Strukturmomente sozialer Netzwerke, wie bereits erläutert (vgl. Kap. 2.2), das Ergebnis eines Prozesses und das Ergebnis von Handlungen individueller Akteure dar, indem bestehende Strukturmomente bestätigt oder neue Strukturmomente eingeführt werden. So können sich beispielsweise Normen und Werte eines Kollektivs, die bisher scheinbar unumstößlich schienen, aufgrund von Dissonanzen innerhalb des Kollektivs oder durch den Zugang neuer Akteure verändern. Auch der Austausch mit Akteuren außerhalb des Kollektivs bzw. mit anderen Gruppen in der Gesellschaft, der insbesondere internationale Markt- und Handelsnetzwerke prägt, kann zu Veränderungen des Ressourcencharakters von Netzwerkmitgliedern führen und Neubeurteilungen über Erfolg und Misserfolg bestehender Organisationsstrukturen nach sich ziehen. Wir haben es also nicht nur mit der Dualität von Opportunitätsstrukturen bzw. den kollektiven Mechanismen sozialer Netzwerke zu tun, sondern auch mit jener Giddenschen Dualität von Strukturen, welche die jeweiligen Handlungen und Handlungsmotivationen für den Aufbau und Erhalt von Netzwerkstrukturen berücksichtigt. Für die vorliegende Untersuchung bedeutet dies: Erst über die individuellen Motivationen und den strategisch-instrumentellen Nutzen im Prozess der Netzwerkherstellung kann auf die sozialen Mechanismen bzw. auf vermeintlich universelle Ressourcen geschlossen werden, die den jeweiligen Netzwerkstrukturen und Organisationsformen im Kontext des unternehmerischen Handelns in der Migration zugrunde liegen. Die Berücksichtigung und das Aufspüren neuer Strukturmomente für das unternehmerische Handeln in der Migration liefert dabei entscheidende Erklärungsfaktoren für die Generierung unternehmerischer Handlungsfähigkeit.

Mit der Diskussion zur begrenzten Ressourcenverfügbarkeit geschlossener, sozialer Netzwerke und dem Potential der brückenschlagenden Eigenschaften sozialen Kapitals gibt das Konzept des sozialen Kapitals schließlich jene Hinweise, die es für seine Anwendung über eine rein soziologisch relationale Perspektive bzw. über eine rein soziologische Netzwerkperspektive auf unternehmerisches Handeln hinaus anschlussfähig macht. Dabei spielt die Berücksichtigung externer Ressourcen außerhalb geschlossener Netzwerke und damit zusammenhängend die multiple Ausrichtung der Akteure beim Aufbau von Netzwerkbeziehungen, der multilokale bzw. translokale Charakter heutiger unternehmerischer Netzwerke in der Migration und damit zusammenhängend die *multilocal embeddedness* (Schmoll 2012: 226) von Akteuren in grenzüberschreitenden Netzwerken und Strukturen bzw. sozialen Verflechtungszusammenhängen eine Schlüsselrolle. Indem der Netzwerkperspektive als „relationales Raumkonzept" (Hühn et al. 2010: 32) die Idee des Sozialraumes als Verbindungsnetz verschiedener Akteurs- und Interaktionsbeziehungen zugrunde liegt (vgl. Kap. 2.2), ermöglicht sie durch und über den Blick auf soziale Mechanismen der Organisation hinaus den Einbezug dieser räumlich-geographischen Grenzen überschreitenden „soziale[n] Verflechtungszusammenhänge" (Pries 2001a: 53). Mehr noch, die Netzwerkperspektive als Gegenentwurf zum konzeptionellen Containerraumdenken fordert als relationale, sozialräumliche Perspektive auf gesellschaftliche Verflechtungszusammenhänge (Levitt & Glick Schiller 2004) die Berücksichtigung geographischer, politischer, kultureller und sozialer Grenzen überschreitender Organisationsformen. Demzufolge müssen eine Analyse der (Re-)Produktion von Netzwerkstrukturen sowie eine Analyse des Rückgriffs auf soziale Ressourcen immer mit der Analyse flächenraumübergreifender Sozialräume und entsprechender Interaktionszusammenhänge einhergehen. Zugleich darf solch eine relationale Perspektive jedoch nicht die Verortung und Eigebundenheit der beteiligten Akteure in lokal spezifische Kontexte und den sich daraus ableitenden Rückschlüsse auf die Strukturation unternehmerischen Handelns in der Migration außer Acht lassen.

2.5 EINE TRANSLOKALE PERSPEKTIVE AUF UNTERNEHMERISCHES HANDELN IN DER MIGRATION

Die Berücksichtigung beider Raum-Dimensionen – einmal die grenzüberschreitenden Verbindungen und einmal deren lokale Verortung – sowie ihr sich gegenseitig bedingendes Verhältnis findet sich im Konzept der Translokalität wieder, auf das im Folgenden insbesondere im Hinblick auf den strategisch-instrumentellen Aspekt sozialer Netzwerke sowie auf die Generierung unternehmerischer Opportunitäten eingegangen wird. Als relationales Raumkonzept sozialer Verflechtungszusammenhänge verstanden (vgl. Pries 2001a: 53; Brickell & Datta 2011: 10), ordnet sich das Translokalitäts-Konzept in die der vorliegenden Untersuchung eingenommene Netzwerkperspektive auf unternehmerisches Handeln in der Migration ein.

2.5.1 Der „transnational turn" in der Migrationsforschung

Mit dem sogenannten *transnational turn* (King 2012) in der internationalen Migrationsforschung werden seit den 1990er Jahren verstärkt jene Verflechtungszusammenhänge in den Blick genommen, die sowohl in ihrer sozialen als auch räumlichen Ausprägung nationalstaatliche Grenzen überschreiten und dabei zur Entstehung

> „relativ dauerhafte[r], auf mehrere Lokalitäten verteilte[r] bzw. zwischen mehreren Flächenräumen sich aufspannende[r] verdichtete[r] Konfigurationen von sozialen Alltagspraktiken, Symbolsystemen und Artefakten" (Pries 2001a: 53)

beitragen. Aufbauend auf den Arbeiten von Nina Glick Schiller, Linda Green Basch und Cristina Szanton Blanc (1992; 1995; Basch et al. 1994) werden diese Konfigurationen als transnationale Sozialräume konzipiert, wobei unter Transnationalisierung ein Prozess verstanden wird, bei dem Migranten „develop and maintain multiple relationships – familial, economic, social, organizational, religious, and political – that span borders" (Basch et al. 1994: 8). (Trans-)Migration wird dabei nicht mehr als unidirektionaler Wechsel zwischen zwei Orten und auch nicht mehr ausschließlich als Wanderungsbewegung verstanden, sondern vielmehr als eine Daseinsform, bei der die Transmigranten ihr Leben zunehmend zwischen mehreren geographischen Räumen aufspannen und ihre Sozialräume so die exklusive Bindung an einen Ort verlieren (Pries 2001a: 49)[7]. Es kommt zu einer „‚Aufstapelung' unterschiedlicher Sozialräume im gleichen Flächenraum" (Pries 2008: 117), was unter den Begriffen wie Transkulturalität, Multikulturalität oder Pluriethnizität diskutiert wird. Zum anderen findet eine Ausdehnung sozialer Räume über mehrere geographisch getrennte Räume statt.

Diese definitorischen Setzungen machen deutlich, dass die transnationale Perspektive und ihre Konzeption von Sozialraum grundsätzlich auf der Idee sozialer Beziehungen und somit auf der Netzwerkperspektive aufbaut (Portes et al. 1999: 219; Smith 2005: 235; Vertovec 2009a: 38): Indem Transmigranten durch ihre zirkulären Wanderungsbewegungen, Alltagspraktiken und Institutionen multiple und multilokale Netzwerkbeziehungen zwischen ihrem Herkunfts- und Ankunftsland sowie anderen Lokalitäten aufbauen und erhalten – und dabei Personen, Güter, Werte, Symbole und Informationen transportieren –, verbinden sie dauerhaft Akteure, Märkte und Gesellschaften unterschiedlicher Staaten und Lokalitäten miteinander. Durch dieses Netz von sozialen Beziehungen und anderen durch das Netz gestiftete Relationen entstehen nach Auffassung von Peggy Levitt und Nina Glick Schiller (2004) neue und dabei deterritorialisierte, transnationale soziale Felder, die ein hybrides Produkt aus identifikativen und sozialstrukturellen Elementen unterschiedlicher Gesellschaften darstellen, definiert

---

7 Ludger Pries (2008: 132) grenzt das Konzept der Transnationalität von jenem der Internationalität dahingehend ab, dass er ersteres über gesellschaftliche Verflechtungen konzipiert, die in mehreren nationalen Territorien verankert sind; das Konzept der Internationalität hingegen fokussiert Beziehungen zwischen souveränen Nationalgesellschaften.

„as a set of multiple interlocking networks of social relationships through which ideas, practices, and resources are unequally exchanged, organized, and transformed" (Levitt & Glick
Schiller 2004: 1009).

Damit drückt sich auch eine geänderte Vorstellung von Gesellschaften aus, die
nun nicht mehr als Container, sondern über multiple und multilokale Verflechtungen als Netzwerkgesellschaften konzipiert werden (Castells 2010; Pries 2008).
Begünstigt wird das Entstehen und Aufrechterhalten solcher sozialen Felder durch
immense Fortschritte in der Kommunikations- und Transporttechnologie sowie
neuer globaler Produktions-, Vertriebs- und Konsumstrukturen der letzten Dekaden. Steven Vertovec (2009a: 14f.) spricht hier auch von einer neuen *technology
of contact*, die im Vergleich zu früheren Wanderungsbewegungen den heutigen
(Trans-)Migranten neue, intensivere, zahlreichere, günstigere und schnellere Möglichkeiten grenzüberschreitender, sozialer und ökonomischer Organisation bietet
(s.a. Kellermann 2010; Smith & King 2012). Zudem lässt sich der direkte persönliche Kontakt zumindest kurzfristig ersetzen (Düvell 2006: 109; Portes et al. 1999:
125, 223f.). In Bezug auf Unternehmernetzwerke lässt sich insbesondere der Wa-
rentransfer wesentlich schneller sowie kostengünstiger organisieren und der
Transport größerer Warenmengen, in vielfältigerer Auswahl und über größere
Distanzen ist möglich (MacGaffey & Bazenguissa-Ganga 2000). Durch die Ein-
beziehung neuer Gebiete in den globalen Waren- und Kapitalstrom bieten sich
zudem vielfältigere Möglichkeiten für die Ausübung unternehmerischer Tätigkeiten, wie zahlreiche Studien zu Migrantenökonomien belegen (e.g. Portes et al.
1999; Gold 2001; Hillmann 2005; 2007; Light 2010; Light et al. 2002; Schmiz
2011). Das Zurückgreifen auf transnationale Ressourcen, transnationale Netzwerke und die Transmigration an sich bieten den Individuen somit eine Wahlmög-
lichkeit, die im Vergleich zu früheren Migrationen nicht möglich war[8]. Sie stellt
aber auch gleichzeitig eine Triebfeder heutiger, globaler und insbesondere ökonomischer Verflechtungszusammenhänge dar:

„[T]ransmigrant entrepreneurs [...] *caused* some of the last half century's increase in international trade [...]. That is, because more people had access to the requisite ethnic resources,
the world sprouted more international entrepreneurs, and more world trade ensued" (Light
2010: 93).

Die Idee deterritorialisierter, transnationaler sozialer Felder führte in der Vergangenheit häufig dazu, transnationale Migranten, ihr Alltagsleben, ihre Aktivitäten
und Netzwerke im Zusammenhang globaler Vernetzungslogiken losgelöst von
jeglicher Lokalität zu konzipieren und dabei die Expansion sozialer Räume und
Beziehungen fast ausschließlich in einem *space of flows* (Castells 2010) – anstatt
eines *space of places* – zu begreifen (s.a. Appadurai 2010; Giddens 2008; Ohmae
1995). Solch eine Konzeption der *dis-embeddedness* transnationaler Migranten
und ihrer alltagsweltlichen Beziehungsgeflechte wurde jedoch schon früh von
mehreren Autoren kritisiert – insbesondere aus dem Bereich der Geographie (vgl.

---

8   Eine Gegenüberstellung und kritische Diskussion alter und neuer Aspekte internationaler
     Migration bietet Steven Vertovec (2009a: 14ff.) sowie Felicitas Hillmann (2007, 2010).

King 2012). So forderte Katharyne Mitchell (1997) bereits zum Ende der 1990er Jahre, die Geographie wieder stärker in den transnationalen Diskurs mit einzubringen und kritisierte damit zugleich die allzu vage Vorstellung eines transnationalen Raumkonzeptes, in dem Hypermobilität und Deterritorialisierung die bestimmenden Determinanten darstellen. In ähnlicher Weise kritisiert Ludger Pries (2001b: 29) die Überbetonung der Deterritorialisierungs-Idee und stellt fest, dass „the mainstream of globalization [respectivley transnationalization] discourse puts the spatial dimension on the agenda merely to demonstrate that it is no longer relevant". Der physische Raum löst sich jedoch nicht einfach auf und verschwindet genauso wenig wie sich die Bedeutung des Lokalen in Zeiten globaler Vernetzung für transnationale Lebensprojekte und Netzwerke in der Migration auflöst. Transnationale Migranten existieren nicht einfach in einem grenzenlosen Zwischenraum ohne jegliche Bodenhaftung (Ley 2004; Pries 2005). Vielmehr sind sie in simultaner Weise eingebettet in sozialkulturelle und identifikative Einheiten unterschiedlicher Lokalitäten und Zugehörigkeiten (Glick Schiller 2010; Levitt & Glick Schiller 2004) und artikulieren dabei „complex affiliations, meaningful attachments and multiple allegiances to issues, people, places and traditions" (Cohen 2006: 189)[9]. Dies bedeutet zugleich, dass transnationale Migration nicht losgelöst von lokalen Kontexten konzeptualisiert werden kann. So stellen Luis E. Guarnizo und Michael P. Smith (2006) fest, dass

> „transnational practices cannot be construed as if they were free from the constraints and opportunities that contextuality imposes. Transnational practices, while connecting collectivities located in more than one national territory, are embodied in specific social relations established between specific people, situated in unequivocal localities, at historically determined times" (Guarnizo & Smith 2006: 11; vgl. Smith 2005; Smith & Eade 2008).

Diese „Wiederentdeckung" des Lokalen sollte aber wiederum nicht dazu verleiten, transnationale Migration oder transnationale Migrantenökonomien als ein Produkt einer bestimmten Lokalität oder eines Raumausschnittes zu verstehen. Vielmehr muss die Lokalisierung des Transnationalen (Guarnizo & Smith 2006) über das global Umspannende *und* über das lokal Verortete erfolgen und dabei sowohl grenzüberschreitende Bewegungen und Formationen als auch deren (multi)lokale Verortung in den Blick nehmen (Lazăr 2011; Levitt & Glick Schiller 2004; Kivisto 2003). Die Berücksichtigung dieser beiden Raum-Dimensionen und ihr sich gegenseitig bedingendes Verhältnis fand in den letzten zwei Dekaden verstärkt Einzug in geographische und migrationsspezifische Studien und äußerte sich in der Formulierung einer „new geography of migration" (Hillmann 2010). Begriffe und Konzepte wie Glokalisierung, Hybridisierung, Kreolisierung oder Dritter Raum stehen für jene (analytische) Sichtweise, die Prozesse nicht mehr nur als global oder lokal, als ein „entweder-oder" sondern als ein „sowohl-als-auch" von *space* und *place* begreifen (e.g. Bhabha 1994; Cohen & Toninato 2010; Hannerz 2009; Nederveen Pieterse 2003; Robertson 1998). In gleicher Weise versteht

---

9   Mit dieser Rückbindung an nationale oder lokale Territorien grenzt sich die Transnationalisierungsperspektive entscheidend gegen die Perspektive einer unaufhaltsamen Globalisierung aller Lebensbereiche ab (Hühn et al. 2010: 26).

sich die transnationale Perspektive in ihrer Konzeption von transnationalen sozialen Feldern als „situated between a ‚space of flows' and a ‚space of places'" (Faist
2006: 7) oder „als eine Synthese zwischen systemischen und lebensweltlichen
Ansätzen" (Hühn et al. 2010: 26). Der „relevante" Raum in heutigen Migrationsstudien stellt somit nicht mehr der Nationalstaat oder andere als Container konzipierte Räume dar, sondern wird über Alltagspraktiken, multiple Orientierungen,
multilokale Beziehungsnetze und die Mehrfachverortung von Akteuren konzipiert. Damit legt die transnationale Perspektive den Fokus auf die organisationalen Formationen, also jene Verbindungsglieder, die sich zwischen und innerhalb
verschiedener Lokalitäten aufspannen und verknüpft so vertikale (lokal-lokal) und
horizontale (lokal-global) Raum- und Gesellschaftsordnungen in ihrem Konzept
der transnationalen sozialen Felder.

2.5.2 Das Konzept der Translokalität

Der Blick auf die Alltagspraktiken, multiplen Orientierungen, multilokalen Beziehungsnetze und Mehrfachverortungen von Akteuren schließt dabei aber nicht nur
Migranten als Akteure dieser Verbindungsglieder mit ein. Vielmehr erweitert und
fordert das Konzept der transnationalen sozialen Felder den Blick auch auf jene
Personen, die nicht migrieren oder Teil einer homogenen (ethnischen oder nationalen) Gruppe sind, dennoch aber Mitglieder eines grenzüberschreitenden, sozialökonomischen Netzwerkes darstellen:

> „The new insights gleaned from studying migration through a transnational lens – namely, the
> need to include nonmigrants as well as migrants, consider the multiple sites and levels of
> transnational social fields beyond just the sending and receiving country" (Levitt & Jaworsky
> 2007: 142; s.a. Glick Schiller 2010; Wimmer 2007; Pécoud 2010).

Diese perspektivische Erweiterung um nicht migrierende Akteure außerhalb klassischer Ankunfts- und Herkunftsbezüge, fest umgrenzter Migrantengemeinschaften sowie geschlossener Raumkonstrukte schlug sich in der Formulierung einer
translocal geography (Brickell & Datta 2011) nieder, „[which try] to ground the
discourse of the ‚transnational' in the place-making practices of the ‚translocal'"(Smith 2005: 243). Das Konzept der Translokalität fokussiert und konzipiert
damit das Lokale selbst – und damit auch Nicht-Mobilität oder Sesshaftigkeit –
als ein Produkt sozialer Formationen und fordert „to understand translocality in
other spaces, places and scales beyond the national" (Brickell & Datta 2011: 3f.;
s.a. Appadurai 1995; Brickell & Datta 2011a&b; Featherstone et al. 2007; Freitag
& von Oppen 2010a&b; Gielis 2009; Smith & Eade 2008).
    Es sei an dieser Stelle darauf hingewiesen, dass die translokale Perspektive
keineswegs die Bedeutung des Nationalstaates und nationalstaatlicher Grenzen
missachtet. Vielmehr berücksichtigt Translokalität

> „a multitude of possible boundaries which might be transgressed, including but not limiting
> itself to political ones, thus recognising the inability even of modern states to assume, regu-

late or control movement, and accounting for the agency of a multitude of different actors"
(Freitag & von Oppen 2010b: 12)

und ihrer Fähigkeit, Grenzen und Hindernisse zu überwinden. Somit umfasst diese
Perspektive

> "many different possible spatial orders as its starting point, and most notably pays close atten-
> tion to the notions of the relevant historical and present actors. Transnationalism in this per-
> spective appears more as a special case of translocality than as its equivalent" (Freitag & von
> Oppen 2010b: 12).

In der Geographie formulierte Doreen Massey (1994; 1999; 2012) diesen Gedan-
ken bereits in den 1990er Jahren und forderte, dass

> "‚places' may be imagined as particular articulations of […] social relations, including local
> relations within the place and those many connections which stretch way beyond it" (Massey
> 1999: 22; s.a. Steinbrink 2009: 90).

Orte, Nachbarschaften, Städte, Regionen, etc. werden so zu „meeting places"
(Massey 1999: 22), zu Raum-Konstruktionen „defined by the ways the (people in
the) place interacts with places and social processes beyond [and within it]"
(Gielis 2009: 277). Mit anderen Worten: „[P]lace is no longer a single locality,
but becomes a complex of localities or […] a translocality" (Gielis 2009: 280).
Mit dem Rückbezug auf die multilokalen Beziehungen, Interaktionen und All-
tagspraktiken von Akteuren als konstitutives Element von Orten im Sinne eines
Herstellungsprozesses über Praktiken des Netzwerkens ermöglicht die translokale
Perspektive sowohl Momente der (globalen) Bewegung als auch der (lokalen)
Bindung in einer Raumkonzeption zu vereinen und betont damit eine sozialräumliche Perspektive auf gesellschaftliche Verflechtungszusammenhänge (Levitt &
Glick Schiller 2004). Indem die Produktion des Lokalen aber nicht als etwas Ge-
gebenes sondern als ein „process of actual everyday relations" (Brickell & Datta
2011: 10) verstanden wird, eröffnet die translokale Perspektive zugleich ein rela-
tionales und dynamisches Verständnis von (Sozial-)Raum (Jones 2009; Murdoch
2005), wobei die Überwindung und Überschreitung von Grenzen und damit die
Abkehr von containerräumlichen Konstrukten und Begriffen die maßgeblichen
Kriterien der zugrunde liegenden Raumkonzeption darstellen (vgl. Brickell &
Datta 2011: 3; Freitag & von Oppen 2010b: 12; Petzold 2010: 247).

Translokalität beschreibt aber nicht nur ein plurilokales Phänomen diverser
Relationen und dynamischer Verbindungen – welches über mehrere Maßstabsebenen ausgreift –, sondern verweist zugleich auf „new modes of being-in-the-
world, by which […] people are able to be co-present in more than one place [and
space]" (Gielis 2009: 281; s.a. Smith 2005). Diese Kopräsenz von Akteuren lässt
sich in Anlehnung an die Definition von Knut Petzold (2010) zunächst unter dem
Oberbergriff der Multilokalität fassen, was erst einmal nichts anderes aussagt, als
dass spezifische Lebens-, Wirtschafts- oder Mobilitätsformen mehrere Orte um-
schließen können. Diese Arrangements werden erst dann zu translokalen Formationen (translokale Multilokalität), wenn sich die Akteure mit jedem der beteiligten
Orte gleichermaßen verbunden fühlen, „in diese sozial eingebettet sind, sodass

neue Handlungsstrukturen entstehen" (Petzold 2010: 249). Davon zu unterscheiden sind interlokale Formationen (interlokale Multilokalität), in denen „emotionale und soziale Bindungen und damit einhergehende Handlungen auf einen der
Orte beschränkt bleiben" (Petzold 2010: 249). Translokalität meint also mehr als
nur die Beteiligung mehrerer Orte und die multilokale Eingebettetheit der Akteure
innerhalb einer organisationalen Formation bzw. innerhalb eines ortsübergreifen-
den Netzwerkes. Es beschreibt v.a. einen Strukturationsprozess, der über die multilokale Eingebettetheit von Akteuren und ihren Alltagspraktiken initiiert, neue
translokale Strukturen entstehen lässt, die wiederum die Handlungen bedingen.
Demnach sind translokale Netzwerke, Formationen, Lebens- und Wirtschaftsweisen und Translokalität an sich zugleich als Folge und Voraussetzung translokaler
Handlungen zu verstehen und als solche auch zu untersuchen (Steinbrink 2009:
92). In gleicher Weise definiert Malte Steinbrink (2009: 115) translokale Migration als eine

> „Handlung, die zur Expansion sozialräumlicher Zusammenhänge über flächenräumliche
> Grenzziehungen hinweg führt, oder als räumliche Bewegung innerhalb dieser expandierten
> Sozialräume, die gleichzeitig zu deren Reproduktion beiträgt".

Translokalität als Strukturationsprozess zu begreifen, ermöglicht es zudem, mehrere Analyseebenen wie Handlung und Struktur, Handlung und Praktik, Individuum und Netzwerk, Akteur und Kollektiv, individuelle Strategie und kollektive
Mechanismen, etc. – und ihr sich gegenseitig bedingendes Verhältnis – zu berücksichtigen und diese in unterschiedliche (maßstabsübergreifende) Raumbezüge und
-relationen zu setzen (s.a. Brickell & Datta 2011: 10; Freitag & von Oppen 2010b:
6). Diese Diversität an Analyse- und Maßstabsebenen erlaubt es beispielsweise,
Akteure je nach Kontextbezug und Situationslogik zugleich als machtvolle und
machtlose, als agierende und reagierende, als inkorporierte und ausgeschlossene,
als mobile und immobile, oder auch als individuelle und kollektive Akteure in
simultaner Weise darzustellen.

Der Blick auf die Entstehung neuer translokaler Strukturen fordert einmal
mehr den Blick auf den Prozess der Herstellung dieser Strukturen. Es wird also
einmal mehr nach den Praktiken des Netzwerkens gefragt (vgl. Kap. 2.2), anhand
derer die Akteure diese *new modes of being-in-the-world* also die translokale Le-
bens- und Wirtschaftsweise innerhalb mehrerer Lokalitäten umfassender organisationaler Formationen erst herstellen. Es geht somit um den Entstehungsprozess
von Verbindungen, ihrer Dynamiken und ihrer Transformativität aus einer handlungsorientierten Perspektive heraus[10]. Diese Verbindungen sind es schließlich,
welche die Knotenpunkte eines Netzwerkes – hier die verschiedenen Orte eines
Handelsnetzwerkes – erst entstehen lassen und immer wieder neu erschaffen (s.a.
Verne 2012b: 188). Orte oder Lokalitäten werden in der translokalen Perspektive
also in erster Linie als Produkt dieser Verbindungen und damit als ein Ergebnis

---

10 Schließlich sind es die Akteure, die über ihre jeweiligen Handlungen und Selektionen sowie
    anhand ihrer individuellen Situationsdefinition dem Netzwerk – also den Verbindungen *und*
    Knoten – fortlaufend neue Funktionen und Ressourcen zur Erreichung unternehmerischer
    Ziele zuschreiben, darauf zurückgreifen, es neu entstehen oder gar verkümmern lassen.

von translokalen Handlungen begriffen. Über diese handlungsorientierte Perspektive hinaus bedarf es jedoch zusätzlich noch einer praktikentheoretischen Perspektive auf unternehmerisches Handeln in der Migration, um den Herstellungsprozess von Handlungserwartungen innerhalb und außerhalb geschlossener sozialer Formationen nachzuspüren und dabei jene sozialkulturellen (lokalen) Aushandlungs- und Lernprozesse in den Blick zu nehmen, die zur Generierung unternehmerischer Kompetenzen in der Migration mögliche Wettbewerbsvorteile für die Organisation spezifischer Handelsnetzwerke bzw. für spezifische Handelsakteure hervorbringen (vgl. Kap. 2.7).

Jedem Ort ist aber auch eine spezifische lokale Eigenheit inhärent, die sich nicht direkt als ein Produkt translokaler Strukturen oder translokaler Handlungen begreifen sondern (analytisch) primär lokal verorten lässt. So profitieren beispielsweise Unternehmen von spezifischen Standorteigenschaften wie günstigen Produktionskosten, staatlichen Subventionen, lokaler Infrastruktur, Produktions- und Industrieclustern, etc. die es ihnen ermöglichen, im überregionalen oder globalen Wettbewerb konkurrenzfähig zu sein. Peter Weichhart (2009) verwendet hier den Begriff der Standortofferten und meint damit „spezifische Konfigurationen von Nutzungs- und Aneignungspotenzialen" (Weichhart 2009: 8) konkreter Orte. Dabei sind es aber nicht nur harte Standortfaktoren, ihr Erkennen und der Rückgriff darauf, aus dem sich Potenziale für unternehmerisch tätige Akteure ergeben. Auch die Eingebettetheit in lokale Interaktions- und Bindungsstrukturen und soziale Netzwerke und den sich daraus ergebenden Opportunitäten erweist sich hier als Wettbewerbsvorteil im internationalen Handel (vgl. Kap. 2.7.3 und Kap. 2.7.4). Zur gleichen Zeit gilt es aber auch, Differenzpotentiale zwischen verschiedenen Orten und Märkten zu entdecken und diese gewinnbringend auszuschöpfen (vgl. Kap. 2.6.3). Das bedeutet, dass es einer strategischen Auseinandersetzung mit mehreren Lokalitäten und ihren materiellen wie immateriellen Ressourcen sowie der Fähigkeit von Akteuren bedarf, aus dem „was dazwischen liegt" Neues zu erschaffen und Kapital zu schlagen. Es gilt also, über eine multilokale Eingebettetheit Differenzpotentiale zu erkennen, diese unternehmerisch strategisch-instrumentell zu erschließen und zu einer translokalen Wirtschaftsweise und einem translokalen Handelsnetzwerk auszubauen.

In diesem Sinne ermöglicht die translokale Perspektive auf unternehmerisches Handeln in der Migration Netzwerke zunächst sowohl als Verbindungsglieder globaler Organisation als auch als Verbindungspfade zwischen verschiedenen Orten zu konzipieren. Diese Netzwerke werden damit zu Brücken, Schnittstellen und Kristallisationspunkten unterschiedlicher Orte, Ökonomien und Gesellschaften. Der Blick auf die Prozesse und Dynamiken von Netzwerkverbindungen ermöglicht es darüber hinaus, konkrete Orte nicht als statische Entitäten zu betrachten, sondern sie als Konstrukte dynamischer und damit transitorischer Netzwerkbeziehungen zu konzipieren (vgl. Amelina & Faist 2012: 1714; Smith 2005: 18; Featherstone et al. 2007: 383f.). Orte und die an diesen Standorten agierenden Akteure bzw. die Knotenpunkte von Netzwerken erhalten damit eine ständig neue Bedeutung für translokale Lebens- und Wirtschaftsweisen und für unternehmerisches Handeln in der Migration im Sinne des oben skizzierten Strukturationspro-

zesses. Trotz dieses transzendentalen Charakters einer translokalen Raumkonzeption – im Sinne einer Konzeption des Lokalen jenseits des einzelnen Ortes anhand
grenzüberschreitender sozialer Netzwerkbeziehungen – umfasst die translokale
Perspektive zugleich auch lokal gebundene Elemente, die insbesondere für unternehmerisches Handeln in der Migration sowie für die Herstellung und den Erfolg[11] translokaler Wirtschaftsweisen entscheidende Erklärungsansätze liefert.
Dabei wird der „über unsere Körperlichkeit verwirklichte[n] Bindung an das physische Substrat der Orte und ihrer [lokalen] ‚Standortofferten‘“ (Weichhart 2010:
60) eine bedeutende Rolle zugeschrieben. Wie in Kap. 2.7 noch erläutert wird,
geht es hier nicht nur um marktspezifische Strukturmerkmale eines Standortes,
sondern insbesondere um die Bedeutung der Partizipationsmöglichkeit an Interak-
tions- und Aushandlungsprozessen innerhalb ein und desselben soziokulturellen
Kontextes und den daraus entstehenden Lernprozessen bzw. den daraus entstehenden Kompetenzen für unternehmerisches Handeln in der Migration.

2.5.3 Translokale Opportunitätsstrukturen von Migrantenökonomien

Diese lokalen Standortofferten erlangten in Studien zu Migrantenökonomien insbesondere ab den 1990er Jahren verstärkte Aufmerksamkeit, in denen eine generelle Zunahme, Spezialisierung und Etablierung migrantengeführter Unternehmen
in urbanen Zentren westlicher Gesellschaften das Interesse zahlreicher Wissenschaftler weckte. Häufig mit der Konnotation „ethnisch“ versehen, widmeten sich
Konzepte wie „ethnische Enklaven“, „ethnische Nische“, „ethnische Ökonomien“
oder „ethnisches Unternehmertum“ dem Entstehungsprozess von Migrantenökonomien und gingen dabei der Frage nach, wieso Migranten im Aufnahmekontext
eine spezifische ökonomische Tätigkeit wählen und wie sie es schaffen, diese zumeist selbständige Arbeit im kompetitiven und zugleich restriktivem Kontext einer Mainstream-Ökonomie erfolgreich zu etablieren (e.g. Light & Gold 2000; Min
& Bozorgmehr 2000; Portes & Wilson 1980; Waldinger 1994; Zhou 2010). Neben
der Heranziehung ethnisch-kultureller Argumentationslogiken – demnach einige
Migrantengruppen erst über den Rückgriff auf ethnische Unterstützungsnetzwerke, gruppeninterne Loyalitäts- und Abhängigkeitsverhältnisse, Informationskanäle
oder (vermeintlich geteilte) kulturelle Werte (Solidarität, bindende Familienstruk-
turen, kollektives Wohlbefinden) in der Lage sind, unternehmerische Strategien
zu entwickeln, die ihnen Wettbewerbsvorteile gegenüber einheimischen Unternehmern aber auch anderen unternehmerisch tätigen Migrantengruppen verschaffen (vgl. Boyd 1990; Light & Bonacich 1988; Portes & Zhou 1992; Waldinger et
al. 1990b) – sollte der Blick auf die lokale Verortung von Migrantenökonomien
entscheidende Erklärungsansätze liefern.

---

11 Der Erfolg translokaler Wirtschaftsweisen wird hier aus der Binnenperspektive unternehme-
    risch tätiger Akteure heraus bewertet, wobei monetäre Kriterien wie etwa monatliche Ge-
    winnmargen nur eins von vielen Erfolgskriterien darstellt.

Roger D. Waldinger, Howard Aldrich und Robin Ward (1990a; Waldinger 1993) entwickelten mit ihrem interaktionistischen Modell ein brauchbares Analysewerkzeug, welches basierend auf dem ökonomischen Modell des Marktgleichgewichts die marktspezifischen Strukturen der Aufnahmegesellschaft und den Zugang zu (Geschäfts-)Eigentum als elementare Erklärungsfaktoren für die Etablierung und den Erfolg migrantengeführter Unternehmen anführt. Demnach ist das Vermögen von Migranten, ein Geschäft zu eröffnen, maßgeblich durch ermöglichende und einschränkende Opportunitätsstrukturen des lokalen Arbeitsmarktes bestimmt, die sich u.a. aus der Nachfrage nach bestimmten Produkten und Dienstleistungen, aus geschäftsbezogenen Rechtsbestimmungen, der Steuerung von Migration sowie aus den sich verändernden sozioökonomischen Charakteristika jener Nachbarschaften ergeben, in denen sich Migranten niederlassen. Der unternehmerische Erfolg von Migranten wird im interaktionistischen Modell folglich als Ergebnis der Interaktion zwischen diesen marktspezifischen Opportunitätsstrukturen und den Gruppencharakteristika bzw. zwischen der Reaktion auf vorgegebene lokale Marktstrukturen und der Mobilisierung ethnischer Ressourcen konzipiert (vgl. Boissevain et al. 1990: 131). Über die Bestimmung struktureller Elemente urbaner Quartiere – insbesondere auf Nachbarschaftsebene – nimmt das Modell zudem lokale Marktanalysen vor, die eine bevorzugte Etablierung und Konzentration migrantengeführter Geschäfte in bestimmten Quartieren voraussagt (Waldinger et al. 1990: 106ff.; Light & Gold 2000). Diese Auseinandersetzung mit raumspezifischen Fragestellungen von Migrantenökonomien bietet durchaus Anknüpfungspunkte zur Analyse des Entstehungsprozesses translokaler Handelsorte und migrantengeführter Unternehmen. Allerdings verwehrt der eingeschränkte Blick auf den lokalen Kontext bzw. auf die Nachbarschaftsebene den Einbezug grenzüberschreitender Zusammenhänge, die sowohl auf die Entstehung als auch die Transformation dieser Handelsorte und damit in Verbindung stehend auf die Strategien und die Organisation migrantengeführter Unternehmen Einfluss nehmen.

Der begrenzte Fokus auf den lokalen Kontext sollte durch eine Erweiterung struktureller Erklärungsfaktoren auf mehreren Skalenniveaus überwunden werden. So führten Robert C. Kloosterman und Jan Rath (Kloosterman & Rath 2001; Rath 2000a) in ihrem Konzept der *mixed embeddedness* neben der Einbettung in den lokalen Markt auch die ökonomischen, politischen und rechtlich-institutionellen Rahmenbedingungen auf regionaler und nationaler Ebene als weitere strukturierende Faktoren von Migrantenökonomien ein. Trotz dieser Erweiterung verharrt jedoch auch dieses Konzept ausschließlich im „lokalen" Kontext des Nationalstaates, indem es die einschränkenden und ermöglichenden Opportunitätsstrukturen für die Entstehung von Migrantenökonomien anhand der Angebotsseite von Märkten des Aufnahmelandes potentiell unternehmerisch tätiger Migranten konzipiert (Kloosterman & Rath 2001: 191). Die Autoren betonen zwar, dass die Einbettung der Unternehmer in soziale Netzwerke in ihrem Ansatz ebenfalls Berücksichtigung findet,

> „but we do this by explicitly relating this to the opportunity structure in which these entrepreneurs have to find possibilities to start a business and subsequently maintain or expand that business" (Kloosterman & Rath 2001: 190).

Nicht berücksichtigt werden jene Opportunitäten, die sich erst aus dem Zusammenspiel lokal disperser Strukturen sowie der Fähigkeit von Akteuren ergeben, unternehmerische Potentiale aus den Differenzen dieser Strukturmerkmale zu generieren und darauf aufbauend neue organisationale Strategien zu entwickeln bzw. neue translokale Strukturen im Sinne des im vorherigen Kapitel beschriebenen Strukturationsprozesses entstehen zu lassen. Zwar wird davon ausgegangen, dass Unternehmer als Akteure nicht einfach auf statische Opportunitätsstrukturen reagieren, sondern durchaus in der Lage sind, „to change and mould [these opportunity structures] through innovative behaviour and thereby create opportunities that up till then did not exist" (Kloosterman & Rath 2001: 192). Diese Innovationsleistung wird jedoch nur einer Minderheit von Akteuren – in der Regel den Pioniermigranten – zugeschrieben, wobei die Mehrheit unternehmerisch tätiger Migranten schlicht als „followers" oder „copy-cats" eines aufbereiteten Marktes konzipiert werden (Kloosterman & Rath 2001: 192). Das Vermögen, sich innerhalb dieses Marktes gegen eine zunehmende Konkurrenz heimischer und nichtheimischer Akteure durchzusetzen, individuelle unternehmerische (und Überlebens-)Strategien zu entwickeln und sich dadurch eine eigene Marktnische zu erschaffen, wird im *mixed embeddedness* Konzept nicht berücksichtigt.

Die Berücksichtigung translokaler Opportunitäten und individueller Strategien in Konzepten zu Migrantenökonomien ist jedoch notwendig, um das ganze Spektrum unternehmerischen Handelns in der Migration zu erfassen. So ist gerade im internationalen Handel die Ausnutzung von Marktdifferenzen zwischen Staaten aber auch zwischen Handelsorten innerhalb eines Staates evident, um profitable bzw. ausreichende Gewinnmargen für die Existenzsicherung unternehmerisch tätiger Migranten zu generieren. Je nach Unternehmensmodell können diese Gewinnmargen aus den Differenzen lokaler Preisstrukturen, unterschiedlicher Ein- und Ausfuhrzölle auf gehandelte Güter oder durch günstige Produktions- und Investitionskosten an spezifischen Standorten entstehen. Aber auch durch das Fehlen eines funktionierenden Produktionssektors, durch einen erschwerten Marktzugang zu neuen Absatzmärkten oder durch die Entstehung neuer Klientelgruppen in bestimmten Regionen lassen sich unternehmerische Potentiale – insbesondere im internationalen Handel – schöpfen. Es reicht also nicht aus, lediglich die Opportunitätsstrukturen eines spezifischen Ortes über mehrere Skalenebenen zu berücksichtigen, wie dies Robert C. Kloosterman und Jan Rath vorgeschlagen haben. Vielmehr ist es wichtig zu begreifen, dass die einschränkenden und ermöglichenden Strukturen für unternehmerisches Handeln in der Migration multilokal verankert sind und erst in ihrer Relation zueinander ein Gesamtbild ergeben. Mit anderen Worten sind es unterschiedliche Lokalitäten auf unterschiedlichen Skalenniveaus, die durch die Zirkulation von Migranten, Waren und Informationen und durch die grenzüberschreitende, sozioökonomische Organisation miteinander verbunden sind und neue translokale Opportunitätsstrukturen entstehen lassen.

2.5.4 Zwischen ethnischem Unternehmertum und gemischten Ökonomien

Diese Forderung nach einer translokalen und zugleich strukturationstheoretischen Perspektive auf Migrantenökonomien wird durch die Tatsache untermauert, dass heutige Handels- und Geschäftsaktivitäten von Migranten zunehmend von der Organisation in grenzüberschreitenden, globalen Netzwerken bestimmt werden (e.g. Guarnizo 2003; Harney 2007; Light 2010; Poros 2011; Zhou 2010). In der Mehrheit der Studien wird dabei die globale Ökonomie verstanden

> „as a thoroughly historicised set of political, economic, and cultural practices that can best be understood by a social imaginary capable of ‚locating' globalisation in the discursive and practical intersections of social [and economic] relations" (Smith 2003: 98).

Diese Netzwerkbeziehungen beschreibt Henry W.-C. Yeung (1998: 59) als eine „integrated and coordinated structure of ongoing economic and non-economic relations embedded within, among and outside business firms". Dabei eröffnet die multilokale Einbettung in grenzüberschreitende Netzwerke den strategisch-instrumentellen Rückgriff auf lokal disperse Ressourcen – in der Literatur häufig als transnationale Ressourcen beschrieben (Hillmann 2005; Schmiz 2011; Sommer 2011)[12] –, deren Nutzung ohne den Besitz solcher Beziehungen nicht möglich wäre. Der Rückgriff auf diese Ressourcen als Grundlage und Voraussetzung unternehmerischer Tätigkeiten und ihres Erfolges wurde in zahlreichen klassischen Studien zu Migrantenökonomien lange Zeit auf die Einbettung in ethnisch-kulturell homogene Gruppen zurückgeführt. Dabei zeichneten diese Studien das Bild von in sich abgeschlossenen, klar definierten Migrantenökonomien, die sich erst durch ihre gruppenspezifischen (ethnischen, kulturellen, religiösen, klassenspezifischen etc.) Charakteristika und der sich daraus ableitenden unternehmerischen Organisation der „Übermacht" und dem verwehrten Zugang zu einer nicht-ethnischen Mainstream-Ökonomie erwehren können (e.g. Kim 2003; Light & Rosenstein 1995; Rajman & Tienda 2000; Waldinger 1995; Zhou 1992). Ein grundlegendes Problem dieser Studien besteht jedoch darin, dass über die Frage, ab wann und wieso ein Unternehmen unter die Kategorie „ethnisch" fällt und inwiefern das Konzept der Ethnizität eine spezifische Wirtschaftsweise impliziert – die zum Erfolg führe – bis heute weitestgehend Uneinigkeit besteht (Pécoud 2010: 60f.).

Nach Ivan H. Light und Stavros Karageorgis (1994) definiert sich eine ethnische Ökonomie über die co-ethnische Herkunft von Arbeitskräften in einem Unternehmen, namentlich „the ethnic self-employed and employers, and their co-ethnic employees" (Light & Karageorgis 1994: 648) sowie, in einer späteren Auflistung hinzugefügt, „their unpaid family workers" (Light 2011: 101). Diese *eth-*

---

12 Emmanuel Ma Mung (2004) konzeptualisiert transnationale Ressourcen zunächst als räumliche Ressourcen, die auf dem Arrangement einer sozialräumlichen Dispersion sozialer Einheiten wie Familien, Migrantengruppen, etc. beruhen. Dieses Arrangement kann zugleich als funktionales Arrangement angesehen werden, indem die Mitglieder solch einer sozialen Einheit durch den Rückgriff auf eben diese Einheit individuelle (ökonomische) Erlöse generieren können (Ma Mung 2004: 211).

nic ownership economy unterscheidet Ivan H. Light (2011: 101) noch einmal von der *ethnic-controlled economy*:

> „In contrast, an *ethnic-controlled economy* requires ethnic control, not ownership, and addresses employees who collectively influence hiring and wages in their workplaces. Such employees may *control* a business without actually owning it".

Diese marktspezifische Machtposition von co-ethnischen Arbeitnehmern ohne unternehmerisches Eigentum führt Ivan H. Light in einer früheren Version seines Beitrages (Light 2005: 650) auf unterschiedliche Faktoren zurück: entweder basierend auf der mehrheitlichen Anzahl, des räumlichen Zusammenschlusses oder einer spezifischen Organisation des ökonomischen Sektors, oder basierend auf externe politisch-ökonomische Institutionen wie Gewerkschaften. Hier tatsächlich von Kontrolle zu sprechen, ist jedoch problematisch. So lässt sich vielleicht noch erklären, dass sich durch ethnische Netzwerke bzw. durch kumulative Verursachung ethnische und räumliche Konzentrationen von Arbeitnehmern in einem bestimmten Sektor ergeben. Dass diese Konzentration tatsächlich Kontrollmacht generiert bzw. Einfluss auf die Lohnentwicklung zugunsten der Arbeitnehmerschaft besitzt, wäre anzuzweifeln – insbesondere wenn es sich um informelle Ökonomien handelt. Aber selbst im formellen Sektor bedarf es zunächst einer institutionellen Interessensvertretung, die unter der Voraussetzung staatlicher Legitimation in Tarifverhandlungen zugunsten ihrer Mitglieder tritt.

Robin Ward (1987) hingegen konzipiert ethnische Ökonomien sowohl über die Angebots- als auch die Nachfrageseite und spricht nur dann von ethnischen Ökonomien, wenn auch der Abnehmer angebotener Dienstleistungen oder Waren derselben Ethnie wie der des Anbieters angehört. In ähnlicher Weise argumentiert Jeffrey G. Reitz (1980), indem er ethnische Ökonomien anhand desjenigen Arbeitszusammenhangs konzipiert, in dem sich co-ethnische Akteure einer anderen Sprache bedienen als die der Mehrheit der Gesellschaft. Während bei den genannten Definitionen die gemeinsame ethnische Herkunft eines wie auch immer definierten Akteurskollektiv das Abgrenzungskriterium gegenüber einer Mainstream-Ökonomie darstellt, beziehen sich Howard Aldrich und Roger D. Waldinger (1990) auf die gemeinsame nationale Herkunft oder eine geteilte Migrationserfahrung:

> „We assume that what is ‚ethnic' about ethnic enterprise may no more than a set of connections and regular patterns of interaction among people sharing common national background or migratory experiences" (Aldrich & Waldinger 1990: 112).

Die Zugehörigkeit zu diesem *set of connections* leitet sich dabei nicht ausschließlich über (scheinbar eindeutig) objektiv definierte Kriterien wie etwa der geographischen Herkunft, der Zugehörigkeit zu einer Religionsgemeinschaft (e.g. Menzies et al. 2003) oder kulturell kontingent konzipierter Kollektive (e.g. Zhou 2010) ab, sondern kann auch über Formen der Selbstidentifikation erfolgen. Ethnizität definieren die Autoren folglich als „self-identification with a particular ethnic group, or a label applied by outsiders" (Aldrich & Waldinger 1990: 131; s.a. Menzies et al. 2003: 128). Demzufolge können auch Arbeitnehmer anderer ethnischer Herkunft als Teil einer ethnischen Ökonomie konzipiert werden:

„The term ‚ethnic economy' is used to describe enterprises from the same ethnic group, without assuming that they only have employees drawn from their own community" (Strüder 2003: 187).

Während sich die oben genannten Autoren auf deskriptive Elemente in der Zusammensetzung von Migrantengruppen beziehen, stellen andere Autoren das funktionalistische Element als analytisch-kategoriales Abgrenzungskriterium von (ethnischen) Migrantenökonomien heraus. „Ethnic economy is then any situation in which common ethnicity provides economic advantage" (Morales 2004: 14; s.a. Logan et al. 1994). Ethnizität wird hier zur universellen, kollektiven Ressource, zum „welfare-capitalism" (Modell 1977: 94) und zur „Ideologie der Solidarität" (Light & Rosenstein 1995: 19) unter Seinesgleichen hochstilisiert. Ethnische Ressourcen sind demnach

„social features of a group which co-ethnic business owners utilise in business or from which their business passively benefits. Ethnic resources include values, knowledge, skills, information, attitudes, leadership, solidarity, an orientation to sojourning, and institutions [such as trust]" (Light & Bonacich 1988: 18f.).

„Typical ethnic resources include *predisposing factors* – cultural endowments, relative work satisfaction arising from nonacculturation to prevailing labor standards, and a sojourning orientation – and modes of *resource mobilization* – ethnic social networks and [as a business owner] access to a pool of underemployed coethnic labor" (Boissevain 1990: 132).

Ethnische Unternehmer „are intrinsically intertwined in particular social structures in which individual behavior, social relations, and economic transactions are constrained" (Zhou 2010: 219). Diese Logik des Gruppismus und eines essentialistisch anmutenden Kulturalismus (Lazăr 2011: 76; Pécoud 2010: 65) bzw. der Rückgriff auf dieses Kollektivgut wird zur entscheidenden Erklärungsmaxime für unternehmerisches Handeln und unternehmerischen Erfolg in der Migration, während das unternehmerische Subjekt mit seinem individuellen Handlungsvermögen, seinen individuellen Strategien und seinen Handlungsmotivationen hinter den ethnischen und anderen sozio-kulturellen Strukturen verschwindet (Kontos 2005: 219). Der Rückgriff auf dieses Kollektivgut als Abgrenzungskriterium zu nicht-ethnischen Ökonomien ist darüber hinaus nicht haltbar. Denn dies würde implizieren, dass alle anderen unternehmerischen Akteure nicht auf gruppeninterne Netzwerke und deren inhärente Ressourcen zurückgreifen. Tatsächlich würde dies aber auf zahlreiche Unternehmen einer Mehrheitsgesellschaft zutreffen – man stelle sich z.B. ein junges StartUp-Unternehmen vor, welches aus universitätsinternen Netzwerken hervorgegangen ist, den Wissenstransfer über diese Netzwerke aktiv fortführt und davon unternehmerisch profitiert und zudem nur co-nationale Angestellte beschäftigt, die sich aus diesen Netzwerken generieren. Ivan H. Light und Steven J. Gold konstatieren denn auch folgerichtig, „[that] every group has an ethnic economy, including white ethnic groups" (Light & Gold 2000: 9).

Diese Kritik an der sogenannten „ethnischen Linse" (Amelina & Faist 2012: 1710) klassischer Ansätze zu Migrantenökonomien sollte jedoch nicht dazu verleiten, die Bedeutung ethnischer Netzwerkbeziehungen für die Entstehung und den Erfolg unternehmerischer Aktivitäten in der Migration gänzlich auszublenden. So sind es gerade in der Ankunftsphase einer Migration häufig ethnische oder co-nationale Netzwerkbeziehungen, die Informationen über Migrationsziele, ökonomische Tätigkeitsfelder oder Unterstützungsleistungen bereithalten (e.g. Chelpi-den Hamer & Mazzucato 2010). Jedoch sollten die Einbettung in ethnische Netzwerke und der scheinbar universelle Zugriff auf gruppenspezifische bzw. ethnische Ressourcen nicht per se als unabdingbare Voraussetzung für unternehmerisches Handeln und unternehmerischen Erfolg in der Migration bzw. zur ausschließlichen Logik unternehmerischen Handelns in der Migration konzipiert werden (vgl. Kapitel 2.2). Neuere Studien zu Migrantenökonomien zeigen, dass gerade die Diversifizierung sozialökonomischer Beziehungen und die Interaktion mit Akteuren außerhalb der eigenen „Community" vorteilhaftere Opportunitätsstrukturen im Sinne eines unternehmerischen Wettbewerbsvorteils entstehen lassen – dies gilt insbesondere für den internationalen Handel, (e.g. Kim 1999; Light & Gold 2000; Light 2010; Pécoud 2010; Schmoll 2012; Wimmer 2007). Antoine Pécoud (2010) verweist in diesem Zusammenhang auf die Grenzen geschlossener, ethnisch konzipierter Netzwerke und stellt fest, dass

> „the search for business opportunities and for profit is a powerful force behind the redefinition of traditional forms of loyalties and belongings and may incite entrepreneurs to leave their group. [...] Ethnic ties may become a burden once the business grows; access to non-ethnic customers is often central to entrepreneurs and further motivates strategies to open up" (Pécoud 2010: 66)[13].

In ähnlicher Weise formuliert es Robin Cohen (2006; s.a. Vertovec & Cohen 2011), indem er eine zunehmende multiple Orientierung internationaler Migranten in Zeiten der Intensivierung globaler Verflechtungen attestiert:

> „[M]any individuals now seem to be more than ever prone to articulate complex affiliations, meaningful attachments and multiple allegiances to issues, people, places and traditions that lie beyond the boundaries of their resident nation-state" (Cohen 2006: 189).

Mit anderen Worten, die zunehmende Mobilität von Menschen im globalen Zeitalter fördert die Entstehung neuer, multipler und zugleich multilokaler Beziehungen über traditionelle Zugehörigkeiten hinaus und ermöglicht dadurch die Loslösung von ethnisch-kulturellen Dependenzen.

Antoine Pécoud (2010: 66) schlägt vor, den Rückgriff auf ethnische Ressourcen als ein Kontinuum zu begreifen, bei dem einige Migrantenökonomien und ihre Akteure gänzlich in ethnische Milieus eingebunden sind, während andere die ethnischen Verflechtungen und kollektiven Abhängigkeiten sukzessive aufgelöst haben. Neben der klassischen Grenzziehung zwischen einer ethnischen und nicht-ethnischen Ökonomie weist der Autor zudem darauf hin, dass wir es insbesondere im internationalen Handel mit jenem Typus des unternehmerischen Akteurs zu tun haben, der bezüglich seiner Unternehmensorganisation permanent ethnische Grenzen überschreitet und dabei sowohl auf ethnische als auch nicht-ethnische Netz-

---

13 Bereits Mark Granovetter (1983) und Ronald S. Burt (1992) machten auf die Potenziale dieser sogenannten *weak ties* in Netzwerkbeziehungen mit Blick auf das unternehmerische Handeln in der Migration aufmerksam.

werkbeziehungen in simultaner Weise zurückgreift, oder wie Andreas Wimmer es treffend formuliert:

„[E]thnic categories [do not] *always* and *necessarily* cross-cut zones of shared culture; some ethnic categories *do* correspond to communities of bounded social interaction; and some ethnic categories are *not* contested […] but widely agreed upon" (Wimmer 2007: 12).

Victor Nee und Kollegen (Nee et al. 1994) haben in ihren Untersuchungen zu asiatischen Immigranten in Los Angeles bereits in den 1990er Jahren auf diese Heterogenität von Netzwerkbeziehungen aufmerksam gemacht und forderten eine stärkere Berücksichtigung der *mixed economy* und den sich daraus ergebenden Opportunitäten. Jan Nederveen Pieterse formuliert daraus eine generelle Kritik an klassischen Ansätzen zur Migrantenökonomien: „A shortcoming of the ethnic economy approach is that, like most approaches that deal with ethnicity, it ignores the hybrid, the inbetweens" (Nederveen Pieterse 2003: 36). Der Hinweis auf die Existenz dieser *mixed economies* (Nee et al. 1994) und hybriden Formen unternehmerisch tätiger Akteure in der Migration und der sich daraus ableitenden Opportunitäten – Steven Vertovec (2007) spricht hier auch von einer *super-diversity* und bezieht sich dabei auf eine generelle Diversifizierung und zunehmende Komplexität sozialer Formationen in der Migration – führt somit zu zwei Aspekten, die in der Analyse unternehmerischen Handelns und unternehmerischer Netzwerke in der Migration bedacht werden sollten: Zunächst macht es wenig Sinn, die bisher vorgenommene Grenzziehung ethnischer Gruppen und Akteure gegenüber einer nicht-ethnisch konzipierten Mainstream-Ökonomie weiterzuführen. Neben der skizzierten Problematik bei der begrifflichen Konzeption von Ethnizität als deskriptive und analytische Kategorie besteht insbesondere die Gefahr, all jene Netzwerkbeziehungen und Organisationsformen und daraus ableitenden Opportunitäten für unternehmerisches Handeln in der Migration in der Analyse auszublenden, die sich nicht dem Label Ethnizität zuordnen lassen. Darüber hinaus würde sich solch eine klassische Konzeption der Gefahr der Romantisierung ethnischer Netzwerke aussetzen, ohne auf die Grenzen co-ethnischer oder conationaler Kollektivkonstrukte bzw. Solidaritätsbeziehungen für individuelles unternehmerisches Handeln aufmerksam zu machen. Um beiden Aspekten entgegen zu wirken, schlägt Andreas Wimmer vor

„[to focus on] unmeasured individual level characteristics […]that might be unequally distributed across ethnic categories, for variation in contexts and timing of settlement, or for the selection effects of different channels of migration […]" (Wimmer 2007: 23; s.a. Light 2011: 106).

Übersetzt bedeutet dies, dass es einer prozessualen und dynamischen Perspektive auf die Entstehung, Etablierung und Transformation von Netzwerkbeziehungen bedarf, die über die Bestimmung des Ressourcencharakters aktueller und potentieller Beziehungen den strategisch-instrumentellen und motivationalen Aspekt der Netzwerkherstellung in der jeweiligen Phase der Migration und der unternehmerischen Karriere des jeweiligen Akteurs nachgeht. Wie bereits erläutert, bietet sich hier das Konzept des Sozialen Kapitals an, da es mit seiner handlungstheoretischen Perspektive zum einen auf die individuelle prozessuale Abhängigkeit von jeweiligen Netzwerkbeziehungen aufmerksam macht – gemeint ist hier explizit der Blick auf die Handlungsmotive und Handlungserwartungen, die dem Aufbau und Erhalt von Tauschbeziehungen bzw. der Praktik des Netzwerkens zugrunde liegen und im Wesentlichen die handlungseinschränkenden und handlungsermöglichenden Eigenschaften von Netzwerkbeziehungen im Sinne des Sozialkapitalansatzes bestimmen (vgl. Kap. 2.4.1). Zum anderen verweist das Konzept mit den brückenschlagenden Eigenschaften sozialen Kapitals bereits auf die oben beschriebene *mixed economy* und auf die Diversifizierung sozial-ökonomischer Beziehungen und den sich daraus ableitenden potentiellen Ressourcen für unternehmerisches Handeln in der Migration.

Damit sind ein Großteil der grundlegenden Elemente einer prozessualen, translokalen Perspektive auf sozialräumliche Organisationsformen/Netzwerke benannt, die in die Analyse der sozioökonomischen Organisation und der Herstellung unternehmerischer Handlungsfähigkeit afrikanischer Migranten in China einbezogen werden müssen: (1) Die Berücksichtigung translokaler Opportunitätsstrukturen; (2) der Einbezug gemischter Ökonomien; (3) ein Fokus auf die multilokale Einbettung und die multiple Orientierung innerhalb von Netzwerkpraktiken, aus denen (4) mögliche Synergieeffekte für die unternehmerische Organisation generiert werden können; (5) die Berücksichtigung prozessualer Abhängigkeiten in der jeweiligen Phase der Migration bzw. der unternehmerischen Karriere; (6) und damit einhergehend der Blick auf den strategisch-instrumentellen Rückgriff auf aktuelle und potentielle Ressourcen. Die Existenz von und der Rückgriff auf Ressourcen innerhalb gemischter Ökonomie im Sinne des Sozialkapitalansatzes sowie das explizite Wissen um translokale Opportunitäten, Differenzpotenziale und Synergieeffekte eines grenzüberschreitenden Marktes aufgrund translokaler Lebens- und Wirtschaftsweisen sagt jedoch noch nichts über das individuelle Vermögen (7) aus, wie aus diesen bestehenden Ressourcen, Marktinformationen und Organisationsformen unternehmerisches Kapital geschlagen werden kann. Anders ausgedrückt: Die Frage nach dem unternehmerischen Erfolg der Migranten bzw. ihrer unternehmerischen Handlungsfähigkeit, nach „the capacity of individuals to command scarce resources [...] [or] the individuals *ability* to mobilize them on demand" (Portes 1995: 12) bleibt bislang unbeantwortet.

2.6 EINE PRAKTIKENTHEORETISCHE PERSPEKTIVE AUF UNTERNEHMERISCHES HANDELN IN DER MIGRATION

Insbesondere in der Organisations- und Managementliteratur, die sich explizit mit der Frage nach dem Erfolg, der Effektivität und der Innovationsleistung von Unternehmen auseinandersetzt, besteht weitgehend Einigkeit darüber, dass

> „selten die initiale Ressourcenausstattung, das explizite Wissen oder die einzelnen Fähigkeiten [...] den Ausschlag für den Erfolg oder Misserfolg geben, sondern durchaus komplexe, interdependente Bündel von organisatorischen Routinen und Fähigkeiten" (Nippa 2007: 24).

Diese Erkenntnis wirft die Frage auf, was genau unter dem Begriff einer organisatorischen Fähigkeit gemeint ist bzw. was Akteure – über den Rückgriff auf bestehende Ressourcen und explizite Marktinformationen hinaus – im organisationalen Kontext des grenzüberschreitenden Handels und der Migration befähigt, über zeitliche, geographische, politische, kulturelle, technische und soziale Grenzen und Hindernisse hinweg unternehmerisch (kompetent/angemessen) zu agieren bzw. unternehmerische Handlungsfähigkeit zu erlangen.

Während der Sozialkapital-Ansatz die Handlungsfähigkeit von Akteuren – im Sinne von „Intentionen in die Tat umzusetzen", „Ziele zu erreichen" und/oder „Hindernisse zu überwinden" – im Wesentlichen über den *Besitz* von Ressourcen konzipiert, auf die durch die Einbindung in soziale Beziehungsnetze zurückgegriffen werden kann, haben sich insbesondere in der Organisations- und Managementliteratur ab den 1990er Jahren jene Ansätze herausgebildet, die dem ressourcenbasierten Ansatz eine praktikentheoretische Perspektive auf unternehmerische Handlungsfähigkeit entgegenstellen (u.a. Cook & Brown 1999; Nicolini et al. 2003; Orlikowski 2002; s.a. Gertler 2003) – die sich dabei jedoch nicht in Konkurrenz sondern vielmehr als komplementär zu bestehenden Theorieansätzen verstehen. Die Handlungsfähigkeit von Akteuren, in konkreten Situationen kompetent und angemessen zu handeln, wird aus einer praktikentheoretischen Perspektive im Sinne einer Fähigkeit oder eines Könnens über handlungsinhärente Wissensprozesse konzeptionalisiert, die in der alltäglichen Interaktion mit der sozialen und physischen Umwelt stattfinden (Cook & Brown 1999: 382; Gherardi & Nicolini 2003: 206; Wagenaar 2004: 650f.) – oder wie Anthony Giddens (1984: 4) es formuliert als „ability to ‚go on' within the routines of social life". Handeln wird dabei zuallererst als wissensbasierte Tätigkeit begriffen, die sowohl in einem intersubjektiven als auch einem interobjektiven Handlungszusammenhang stattfinden kann (Reckwitz 2003: 292). Damit erhält der Wissensbegriff zentrale Bedeutung in der praktikentheoretischen Perspektive auf soziale Organisationsformen und soll im Folgenden mit Blick auf die Herstellung der unternehmerischen Handlungsfähigkeit in der Migration näher erläutert werden.

2.6.1 Wissen als Ressource – eine Einordnung

Der Begriff Wissen (*knowledge)* oder vielmehr dessen Konzeption als Handlungsressource erfährt insbesondere in ökonomisch orientierten Ansätzen seit den 1990er Jahren reichhaltige Resonanz. So argumentiert Peter F. Drucker (1993), dass die entscheidende Ressource – im Sinne eines wirtschaftlichen Produktionsfaktor – moderner Ökonomien und Gesellschaften nicht mehr Kapital, natürliche Ressourcen oder Arbeit darstellt: „*It is and will be knowledge.* [...] Value is now created by ‚productivity' and ‚innovation', both applications of knowledge at work" (Drucker 1993: 8; s.a. Machlup 1980). Auch innerhalb des strategischen Managements bzw. der Organisations- und Managementliteratur wird der Ressource Wissen, hier insbesondere der impliziten Dimension des Wissens, ein besonders hohes Potential zugesprochen, etwa wenn es um das Generieren anhalten-

der Wettbewerbsvorteile geht oder als bedeutendes Element unternehmerischer
Entscheidungsfindungen (Grant & Baden-Fuller 2004; Hansen et al. 2004; Nonaka & Takeuchi 1995). Im Bereich der Geographie erfährt der Wissensbegriff besondere Aufmerksamkeit in territorialen Innovationsmodellen, in denen räumliche
Phänomene wie Industrielle Cluster oder Innovative Milieus aus den Eigenschaften von Wissen und den sozialräumlichen und institutionellen Anforderungen
einer Wissensproduktion – im Sinne einer *knowledge-based theory of spatial clustering* (Malmberg & Maskell 2002) – interpretiert werden (Maskell & Malmberg
2007; Malliat 1998). Demgegenüber können jene noch als relativ jung bezeich-
nende Ansätze der „cultural economy" (Amin & Thrift 2007) gestellt werden, die
aus einer praktikentheoretischen Perspektive Wissen als situierte Praktik[14] (Ibert
2006: 103; Wagenaar 2004: 648) verstehen und dabei Formen der Wissensproduktion und des Wissenstransfers als einen im weitesten Sinne „interaktiv-
interpretativen Prozess der Herstellung intersubjektiver Sinnhaftigkeit und Legitimation" (Martin 2012: 113) fokussieren. Für die Organisations- und Manage-
mentforschung, die v.a. handlungsinhärente Lernprozesse in organisationalen
Kontexten untersuchen, lassen sich hier unter anderem die Arbeiten von Frank
Blackler (2002; Blackler & Regan 2009), Gessica Corradi et al. (2010), Scott
D.N. Cook und John S. Brown (1999), Silvia Gherardi (2000; 2001; 2008; Nicolini et al. 2003), Fritz Machlup (1980) oder Wanda Orlikowski (2002) nennen. Für
die Geographie, die v.a. zur wirtschafts- und kulturgeographischen Theoriebildung auf Ideen zu Wissenspraktiken und -kulturen zurückgreifen, lassen sich die
Arbeiten von Ash Amin und Patrick Cohendet (2004; Amin 2005; Amin & Thrift
2007), Meric S. Gertler (2003; 2004), Peter Meusburger et al. (2011; 2013), Oliver Ibert (2006; 2007; Ibert & Kujath 2011; Grabher & Ibert 2011), Al James
(2007), Klaudia Klaerding (2011) oder Henrik Mattsson (2006) heranziehen.

So einig sich all diese genannten Ansätze und Perspektiven über die zentrale
Stellung der Ressource Wissen in einer wissensbasierten Ökonomie oder einer
postindustriellen Informations- und Wissensgesellschaft sind, so divers sind die
Konzeptionalisierungen und definitorischen Setzungen des Wissensbegriff in den
jeweiligen Forschungsdisziplinen bzw. Paradigmen. Peter Meusburger (1998: 59)
hält fest, dass es „[ü]ber den Begriff des Wissens [...] hunderte von verschiedenen
Auffassungen und Definitionen" gibt, so dass eine umfassende Explikation der
diversen Definitionen und Taxonomien den Rahmen dieser Arbeit sprengen würde (einen Überblick liefern u.a. Amin & Cohendet 2004 sowie die Sammelbände
Ibert & Kujath 2011 und Meusburger et al. 2013). Infolge dessen soll das Konstrukt Wissen insbesondere auf seine Aussagekraft für die unternehmerische
Handlungsfähigkeit und den unternehmerischen Erfolg im Kontext der Migration
hin untersucht werden, um darauf aufbauend weiterführende Erklärungsansätze
für die Entstehung, Etablierung und Transformierung translokaler, unternehmerischer Organisationsformen (bzw. Handelsnetzwerke afrikanischer Akteure in
China) zu erhalten. In Bezug auf die unternehmerische Handlungsfähigkeit lassen

---

14 Zur Konkretisierung des Begriffes ‚Praktik' sowie eine Abgrenzung zu ähnlichen Konstruk-
    ten wie Verhalten und Handeln siehe Kap. 2.7.3.

sich dabei grundlegend zwei erkenntnistheoretische Perspektiven auf das Konstrukt Wissen unterscheiden (vgl. Cook & Brown 1999; Ibert 2007), die im Folgenden näher erläutert werden: Eine Epistemologie des Besitzes, die aus einem rationalistischen Ansatz heraus Wissen als objektive Entität betrachtet, und eine Epistemologie der Praktik, die als performativer Ansatz Wissen als situierte Praktik konzeptionalisiert.

2.6.2 Wissen im Sinne einer „Epistemologie des Besitzes"

Zunächst kann Wissen – anknüpfend an ein traditionelles, rationalistisches Verständnis von Wissen – als eine Entität bzw. ein Objekt verstanden werden, als „that which is known" (Machlup 1980: 27) und welches Akteure *besitzen*, in Handlungsakte *a priori* mit einbringen und sie schließlich befähigen, zu handeln (Ibert 2007: 105). Diese „Epistemologie des Besitzes" (Cook & Brown 1999: 383) konzeptionalisiert damit Wissen als eine Form des theoretischen Denkens und somit als eine rein kognitive Eigenschaft von Individuen, die sie sich über bewusste und unbewusste Lernprozesse aneignen und dessen Besitz ihre unternehmerische Handlungsfähigkeit erst ermöglicht. Ein prominentes Konzept, auf welches im Rahmen dieser erkenntnistheoretischen Perspektive zurückgegriffen wird, ist die Unterscheidung des besitzbaren Wissens nach Michael Polanyi (1958, 1966) – welches u.a. Aufschluss darüber geben kann, wie dieses Wissen angeeignet wird.

Nach Michael Polanyi lässt sich das besitzbare, individuelle Wissen in zwei Grundformen unterteilen. Explizites Wissen (*explicit knowledge*) ist als kodifiziertes Wissen (*codified knowledge*) zu verstehen und liegt in artikulierter und/oder dokumentierter Form vor und ist damit als ein theoretisches Wissen oder auch ein „knowing what" (Polanyi 1966: 7) von Individuen reproduzier- und erlernbar – etwa über das Lernen aus Büchern oder in Lehrer-Schüler-Beziehungen. Demgegenüber lässt sich implizites Wissen (*tacit knowledge*) als eine Fähigkeit oder auch ein intuitives Können begreifen – Michael Polanyi (1958: 62) spricht beim impliziten Wissen auch von Können (*skill*) oder Könnerschaft (*connoisseurship*) –, welches nicht (oder nur sehr unvollständig) formalisier- und kommunizierbar ist und sich damit nicht durch Sprache oder mathematische Formeln ausdrücken oder quantifizieren lässt (Polanyi 1966: 7). Ein Zitat, welches zur Beschreibung dieses impliziten Wissens häufig herangezogen wird, ist der Satz von Michael Polanyi (1966: 4): „We know more than we can tell". Demnach liegt implizites Wissen dem Handeln von Individuen unbewusst zugrunde, als eine Art lebenspraktische, körperliche Fähigkeit, welche als Voraussetzung für jede erfolgreiche Handlung angesehen wird (Polanyi 1966: 20; Schreyögg & Geiger 2003: 12). Dieses Wissen kann nur durch Übungs- und Imitationsvorgänge erworben werden, nicht aber durch explikative Beschreibungen:

> „An art, which cannot be specified in detail cannot be transmitted by prescription, since no prescription for it exists. It can be passed on example from master to apprentice. This restricts the range of diffusion to that of personal contacts […]" (Polanyi 1958: 53).

Aufgrund der Betonung der Körperlichkeit und damit der Gebundenheit an das Individuum wird dieses Wissen bzw. diese Fähigkeit auch als körperliches Wissen (*embodied knowledge*) oder persönliches Wissen (*personal knowledge*) beschrieben (Blackler 2002: 48; Polanyi 1966: 20; Schreyögg & Geiger 2003: 12). Es manifestiert sich und ist damit beobachtbar in dem, was Individuen tun. Das implizite Wissen darf jedoch nicht mit dem Akt des Tuns selbst verwechselt werden – ein wichtiger Punkt, auf den im Folgenden noch eingegangen wird.

Folgt man Michael Polanyi (1966: 10) Definition des impliziten Wissens, demnach es sich also um eine Wissensform handelt, die sich nicht in Worte fassen lässt und damit nicht kodifizierbar ist (*uncodified knowledge*), so wartet implizites Wissen nicht auf eine Transformation oder Konversion in explizites Wissen. Vielmehr handelt es sich bei explizitem und implizitem Wissen um zwei strukturell verschiedene Wissenskategorien (Cook & Brown 1999: 383ff.; Polanyi 1966: 10), die allerdings aufeinander bezogen bzw. im Handlungsprozess eng miteinander verknüpft sind:

> „Even the most theoretical form of knowledge, such as pure mathematics, cannot be a completely formalized system, insofar as it is based for its application and development on the skills of mathematicians and how such skills are used in practice [...]. To put it differently, theoretical [resp. explicit] knowledge necessarily contains a ‚personal coefficient' [...]" (Tsoukas (2011: 454).

Um überhaupt handlungswirksam zu werden, bedarf das explizite Wissen demzufolge der Hilfe des impliziten Wissens (Cook & Brown 1999: 385). Im Umkehrschluss gilt dies jedoch nicht notwendigerweise für das implizite Wissen. So benötigt man beispielsweise kein abstraktes Wissen über die Gesetze der Schwerkraft oder der Funktionsweise des Gleichgewichtsorgans, um „erfolgreich" Fahrrad fahren zu können (Schreyögg & Geiger 2003: 14).

Der impliziten Dimension des Wissens wird sowohl in der Organisations- und Managementliteratur als auch in der handlungs- und praktikentheoretischen Literatur ein besonders hohes Potential für die unternehmerische Handlungsfähigkeit und den unternehmerischen Erfolg zugesprochen – beispielsweise für das Generieren anhaltender Wettbewerbsvorteile oder als das herausragende Element, welches Handlungen in sozialen Praktiken anleitet (vgl. u.a. Gertler 2003; Giddens 1997; Grant & Baden-Fuller 2004; Reckwitz 2003; Schatzki 2002). Scott D.N. Cook und John S. Brown (1999) zufolge gibt es jedoch weder privilegierte Formen von Wissen noch evolutionäre Beziehungen zwischen diesen, wie dies etwa Ikujiro Nonaka und Hirotaka Takeuchi (1995; s.a. Nonaka 1994) in der Idee der Wissensspirale postulierten – demnach durch die Transformationsmodi der Internalisierung und Externalisierung eine Wissensform in eine andere umgewandelt werden könne (vgl. zu der Kritik am Konzept der Wissensspirale u.a. Cook & Brown 1999; Schreyögg & Geiger 2003). Vielmehr stehen alle Wissensformen gleichberechtigt nebeneinander, wobei „in practice each does work that the others cannot" (Cook & Brown 1999: 383). Internalisierung beschreibt vielmehr einen Prozess, in dem mithilfe von explizitem Wissen implizites Wissen generiert werden kann, wobei das explizite Wissen jedoch nicht umgewandelt wird sondern bestehen bleibt. Gleiches gilt für den Prozess der Externalisierung, bei dem mithilfe des impliziten Wissens artikulier- und formalisierbares Wissen generiert wird, wobei das implizite Wissen jedoch nicht umgewandelt wird und damit verloren ginge. Scott D.N. Cook und John S. Brown (1999: 385) schreiben hierzu:

> „If you ride around using your tacit knowledge as an aid to discovering which way you turn, when you ultimately acquire the explicit knowledge you still possess the tacit knowledge, and you still use it in keeping upright. When we ride around with the aim of acquiring the explicit knowledge, we are not performing an operation on our tacit knowledge that turns it into explicit knowledge; we are using the tacit, within the activity of riding, to generate the explicit knowledge. The explicit knowledge was not lying inside the tacit knowledge in a dormant, inchoate, or hidden form; it was generated in the context of riding with the aid of what we knew tacitly. Likewise, if you know explicitly which way to turn but cannot ride, there is no operation you can perform on that explicit knowledge that will turn it into the tacit knowledge necessary to riding".

Eine neue Wissensform, so die Schlussfolgerung, kann stattdessen unter Zuhilfenahme einer bereits bestehenden Wissensform (explizit oder implizit) nur innerhalb einer erneuten, tatsächlichen Interaktion oder eines Handlungszusammenhangs mit anderen Individuen oder Objekten generiert werden (Amin & Cohendet 2004: 62ff.; Berndt 2005: 42; Cook & Brown 1999: 395; Nicolini 2003: 22). Damit erhalten besitzbare (explizite wie implizite) Wissensformen innerhalb dieser Interaktionskontexte und zur Generierung neuen Wissens bzw. zur Generierung spezifischer Fähigkeiten „lediglich" unterstützende jedoch nicht alleinige Wirkung:

> „In the bicycle example we argued that tacit and explicit knowledge alone are insufficient in acquiring the ability to ride; what has to be added is the actual act of riding (or trying to)" (Cook & Brown 1999: 386).

2.6.3 Wissen im Sinne einer „Epistemologie der Praktik"

Mit dieser Forderung nach einem zusätzlichen Blick auf den tatsächlichen Handlungsakt bzw. auf die Interaktion mit Individuen oder Objekten machten Scott D.N. Cook und John S. Brown (1999) darauf aufmerksam, dass es eine Art der Erkenntnis gibt, die zum einen untrennbar mit menschlicher Handlung verknüpft ist und die zum anderen unabdingbar mit in die Analyse unternehmerischer Handlungsfähigkeit und einer Konzeption von Wissen mit einbezogen werden muss. Aufbauend auf ihrer Distinktion zwischen einer *Epistemologie des Besitzes* und einer *Epistemologie der Praktik* (Cook & Brown 1999) entwickelte sich – zunächst innerhalb der Organisations- und Managementliteratur und später auch in anderen Wissenschaftsdisziplinen – das Konzept des *knowing in practice* (u.a. Orlikowski 2002; Ibert 2007; Gagnon & Lirio 2012), welches Wissen nicht mehr als eine besitzbare Eigenschaft von Individuen konzeptionalisiert, die diese in unterschiedliche Handlungsakte einbringen und befähigen (unternehmerisch) zu handeln. Vielmehr geht es um eine Form des Wissens im Sinne einer „ability to act" (Ibert 2007: 105; s.a. Giddens 1984: 4), die erst im Handlungsakt selbst bzw. in der Interaktion des Individuums mit seiner sozialen und physischen Umwelt generiert und konstruiert wird „by practising in a context of interaction" (Corradi et al. 2010: 274). Damit wird der Fokus der Analyse unternehmerischer Handlungsfähigkeit im Konzept *knowing in practice*[15] auf den Handlungsakt selbst (auf das, was Individuen in tun) sowie auf die dazugehörigen Interaktions- und Lernprozesse gelegt, oder wie es Oliver Ibert (2007: 105) formuliert:

> „Knowing reveals and constitutes itself in knowledgeable action and in purposeful intervention, it is ‚situated in practice' […] in the sense that it only becomes meaningful in relation to a distinct social practice".

In der deutschen Sprache gibt es kein begriffliches Äquivalent für den Terminus *knowing*. Während in der deutschsprachigen Literatur die Dimensionen von *knowing* – Stefan Meinsen (2003: 51) verweist hier auf die situativ-zweckbezogene sowie prozess- und handlungsinhärente Dimension von Wissen – häufig unter der Thematik „Wissen" diskutiert werden, etablierte sich in der englischsprachigen Literatur der Begriff *knowing*. Im weitesten Sinne kann *knowing* der von Stefan Meinsen verwendeten Konstruktion „Wissen/Handeln" zugeordnet werden[16].

Damit wird zum einen deutlich, dass die erkenntnistheoretische Perspektive des *knowing* über die Konzeptionalisierung einer Eingebundenheit in Praktiken auf die Generierung kollektiver Wissensformen in Interaktionsprozessen abzielt, während der rationalistische Wissensansatz im Wesentlichen eine individualistische Perspektive auf besitzbare Wissensbestände favorisiert. Zum anderen weist das zuvor genannte Zitat darauf hin, dass es innerhalb der Interaktionsprozesse um ganz bestimmte Praktiken bzw. zielgerichtete Aktivitäten in Praktiken geht, nämlich solche, die ein Individuum im Sinne seiner unternehmerischen Handlungsfähigkeit befähigen, Intentionen in die Tat umzusetzen, Ziele zu erreichen oder Probleme zu lösen (Meinsen 2003; Price et al. 2012). Scott D.N. Cook und John S. Brown (1999: 388) sprechen hier auch von einer produktiven Suche und meinen damit jenen Aspekt „of any activity where we are deliberately (though not always consciously) seeking what we need, in order to do what we want to do". Es wird somit ein teleologisches, absichtsvolles Handeln in den Blick genommen, bei dem im Moment des Handlungsaktes zur Lösung eines Problems, zur Beantwortung einer Frage, oder zur Überwindung von Hindernissen besitzbare Wissensformen als Werkzeug fungieren können, aber nicht per se zur Lösung allein beitragen oder beitragen müssen. So geben Scott D.N. Cook und John S. Brown

---

15 Der englische Begriff *practice* wird im Deutschen sowohl mit Praxis als auch Praktik übersetzt. Um jedoch eine Assoziation zum Dualismus „Theorie und Praxis" zu vermeiden – indem einerseits mit „Theorie" die Idee des Erfassens und der Rekonstruktion der Wirklichkeit primär durch Denken und andererseits mit „Praxis" die Rekonstruktion der Wirklichkeit primär durch Handeln/Tun gemeint ist, wird in der vorliegenden Arbeit der Begriff Praktik verwendet. Denn im Rahmen des Konzeptes *knowing in practice* beziehunsweise im Rahmen einer praktikentheoretischen Perspektive auf die Generierung einer (unternehmerischen) Handlungsfähigkeit sind Denken und Handeln untrennbar miteinander verbunden (Nicolini et al. 2003: 26).

16 Einen Überblick zur historischen Einordnung und ontologischen Abgrenzung des Begriffs *knowing* von *Wissen* siehe auch Amin & Cohendet 2004, Machlup 1980, Polanyi 1958, Neuweg 2004.

(1999: 385) zu bedenken, dass sich explizites und implizites Wissen im Handlungsakt auch gegenseitig behindern können:

> „[I]n learning a skill like dancing or tennis many people experience a period when explicit knowledge about how to move one's feet or hold one's shoulders can actually impair one's ability to acquire the tacit knowledge necessary to performing the skill in a fluid or masterful way".

Vielmehr disziplinieren oder systematisieren explizites und implizites Wissen – in Form von Theorien, Faustregeln, Konzepten, etc. – die produktive Suche in dem Sinne, als dass sie die Komplexität des Sozialen in Form eines (vorläufigen) Ordnungsrahmens reduzieren können (Katenkamp 2011: 61). Sie sind jedoch nicht als solche Elemente zu verstehen, die einen Handlungszusammenhang im Sinne einer passiven Reaktion des Individuums auf seine soziale und physische Umwelt determinieren: „As a tool, knowledge disciplines knowing, but does not enable it any more than possession of a hammer enables its skillful use" (Cook & Brown 1999: 388).

Um dieses Ordnungsprinzip einer Disziplinierung von Handlungsakten bzw. einer Disziplinierung wissensbasierter Tätigkeiten „situiert in Praktiken" (Corradi et al. 2010: 274; Gherardi 2008: 521; Sole & Edmondson 2002: 18) zu konkretisieren, ist es sinnvoll, den Begriff der Praktik gegenüber ähnlichen Konstrukten wie Verhalten und Handlung abzugrenzen. In einem allgemeinen Verständnis beschreibt der Begriff Verhalten jedes Tun oder jedwede Tätigkeit, „einerlei ob äußeres oder innerliches Tun, Unterlassung oder Duldung" (Weber 1976: 1). Der Begriff Handlung hingegen beschreibt nur solches Verhalten, welches von Bedeutung durchdrungen ist, also solches Tun, mit dem „der oder die Handelnden […] einen subjektiven Sinn verbinden" (Weber 1976: 1). Der Begriff Praktik beschreibt wiederum nur solche Handlungen, deren Bedeutung einem bestimmten Gruppenkontext oder einem Interaktionskontext entspringen (Everts et al. 2011: 330f.; Schatzki 2002: 38). Das Konzept *knowing in practice* versteht damit ein als Praktik tituliertes Tun, oder vielmehr ein Tun innerhalb einer Praktik, als die „coordinated activities of individuals and groups in doing their ‚real work' as it is informed by a particular organizational group context" (Cook & Brown 1999: 387; s.a. Schatzki 2010: 129). Damit wird solches Handeln in den Blick genommen, welches in einem sehr allgemeinen Verständnis zunächst als soziales Handeln bezeichnet werden kann, ähnlich der Definition nach Max Weber (1976: 1)[17], demnach es ein Handeln beschreibt, „welches seinem von dem oder den Handeln-

---

17   Max Webers Blick auf soziales Handeln in Organisationen beziehungsweise auf die Orientierung von Akteuren in sozialen Handlungszusammenhängen (als Form der Vergesellschaftung) kann als grundlegend zweckrationalistisch beschrieben werden (vgl. Weber 1976: 13, 21). Aus praktikentheoretischer Perspektive wird jedoch davon ausgegangen, dass Handlungszwecke i.d.R. weder eindeutig formuliert vorliegen, noch dass diese von allen Praktizierenden in einem kollektiven Handlungszusammenhang vollständig geteilt werden. Vielmehr konstituieren sich Zwecke, Mittel und Handeln gegenseitig, so dass Zwecke (Mittel, Normen, Werte, etc.) im Handeln fortlaufend angepasst werden (vgl. Joas 2012).

den gemeinten Sinn nach auf das Verhalten anderer bezogen wird und daran in seinem Ablauf orientiert ist".

Sich in einem bestimmten Handlungszusammenhang am Handeln anderer zu orientieren und dabei absichtsvoll und kompetent zu handeln, setzt im Sinne des Konzeptes *knowing in practice* jedoch nicht voraus, dass Akteure – Everts et al. (2011: 330) sprechen hier von Praktizierenden im Gegensatz zu Akteuren, um die praktikentheoretische Perspektive deutlicher von denen der Handlungs- und Akteurstheorien abzugrenzen – ein bestimmtes Wissen darüber besitzen, welche Folgen eine bestimmte Handlung unter gegebenen Handlungsbedingungen hervorbringt oder anders ausgedrückt, dass eine spezifische Handlung im Sinne eines *best practice* oder einer Formel[18] (Giddens 1997: 72) zu einem bestimmten Ergebnis führt. Die Fähigkeit zu handeln, so die praktikentheoretische Perspektive, hängt also nicht ausschließlich von dem Giddenschen Vermögen der reflexiven Steuerung ab, im Moment des Handlungsaktes implizit und routinemäßig auf das praktische Bewusstsein[19] (Giddens 1997: 56f.) zurückzugreifen bzw. auf die implizite Kenntnis von Regeln des gesellschaftlichen Lebens verstanden als „Techniken oder verallgemeinerbare Verfahren […], die in der Ausführung/Reproduktion sozialer Praktiken angewendet werden" (Giddens 1997: 73). Dieses praktische Bewusstsein im Sinne eines impliziten besitzbaren Wissens wird damit aber nicht obsolet oder von den Autoren praktikentheoretischer Ansätze geleugnet. Es wird lediglich als mögliches Hilfsmittel angesehen, den situativen Interaktionskontext bzw. die Aktivitäten und das Verhalten der anderen partiell/vorläufig einzuordnen und zu verstehen (Bourdieu 1993: 101; Cook & Brown 1999: 381; Reckwitz 2008a: 121; Schatzki 2010: 129). Allerdings muss dieses implizite Wissen im Sinne Giddens' praktischen Bewusstseins aber nicht immer mit der Realität übereinstimmen. So können insbesondere in multikulturellen Handlungszusammenhängen aufgrund unterschiedlicher sozialer und kultureller Biographien/ Sozialisierungsprozesse der Interaktionspartner unterschiedliche Interpretationsund Deutungsweisen über spezifische Situationen, Verhaltensweisen, Körpersprachen, etc. bestehen (vgl. Argyle 2005; Scholz 2000; Trautmann-Voigt et al. 2012).

---

18 Anthony Giddens (1997) konzeptionalisiert die Handlungsfähigkeit von Akteuren – hier als ein Verstehen gesellschaftlichen Lebens formuliert – v.a. über den Besitz und die Kenntnis von Formeln, auf die sich Akteure in ihrem Alltagshandeln beziehen und die „für die Strukturierung eines großen Ausschnitt des Alltagslebens verantwortlich sind" (ebd. 1997: 74): „Es bedeutet einfach, fähig zu sein, die Formel im richtigen Kontext und auf die richtige Art anzuwenden, um die Reihe fortzusetzen" (ebd.: 72). Nach Anthony Giddens (1997: 99) greift der Akteur resp. sein praktisches Bewusstsein (in Form von Regeln und Taktiken des Alltagshandelns) im konkreten Handeln im Zuge der Erinnerung auf das Gedächtnis und somit auf größtenteils inkorporierte Wissensbestände zurück, um handlungswirksam zu werden. Aufgrund dieser Inkorporiertheit erhält der Akteur damit Freiräume in seinem Bewusstsein zur Reflexion und Gestaltung seines Handelns.

19 Das praktische Bewusstsein beschreibt Anthony Giddens (1997: 36) als „all dass, was Handelnde stillschweigend darüber wissen, wie in den Kontexten des gesellschaftlichen Lebens zu verfahren ist, ohne dass sie in der Lage sein müssten, all dem einen direkten diskursiven Ausdruck zu verleihen".

Diese Erkenntnis macht darauf aufmerksam, dass das Bewusstsein bzw. das Wissen darüber, was in einer spezifischen Situation oder einem Interaktionskontext angebracht ist, um kompetent zu handeln, erst noch ausgehandelt werden muss (Everts et al. 2011: 331). Das entscheidende Wissen befindet sich also nicht im Besitz von Individuen im Sinne einer intrinsischen Eigenschaft, sondern in den intersubjektiven (oder gar interobjektiven) Praktiken selbst:

> „Beim Vollzug einer Praktik kommen implizite soziale Kriterien zum Einsatz, mit denen sich die Akteure in der jeweiligen Praktik eine entsprechende ‚Sinnwelt' schaffen, in denen Gegenstände und Personen eine implizit gewusste Bedeutung besitzen, und mit denen sie umgehen, um routinemäßig angemessen zu handeln. Die Praxistheorie […] betont schließlich auch, dass das Wissen nicht als ein ‚theoretisches Denken' der Praxis zeitlich vorausgeht, sondern als Bestandteil der Praktik zu begreifen ist. […] Dies hat zur Konsequenz, dass […] das Wissen und seine Formen nicht ‚praxisenthoben' als Bestandteil und Eigenschaften von *Personen*, sondern immer nur *in Zuordnung zu einer Praktik* zu verstehen und zu rekonstruieren sind" (Reckwitz 2003: 292).

Diese *Fähigkeit der Aushandlung* kann ebenfalls als ein reflexiver Prozess ähnlich dem der reflexiven Steuerung verstanden werden. John Dewey (2001: 223) spricht hier auch von einer sogenannten Distanzerfahrung,

> „in der der Handelnde sich fragt, was da passiert ist und das Geschehen zu rekonstruieren beginnt, setzt Reflexion ein, die in Umorientierungen einmünden können. In diesem Handlungsmodell sitzt der ‚Stachel des Zweifels' im Handeln selbst: Die Handlungsgewohnheiten prallen an den Widerständigkeiten der Welt ab, der Ablauf des Handelns wird unterbrochen, Irritation tritt auf, denken setzt als ‚verzögerte Handlung' ein".

Das Wissen im Sinne von *knowing* in solch einer reflexiven Aushandlung zwischen zwei oder mehreren Praktizierenden beruht somit auf die situative im Moment der Interaktion stattfindende Interpretation von Wahrnehmungen, Deutungen, Sinngebungen und der direkten Anwendung dieser Interpretation im Moment des Handlungsaktes (Hörning 2004: 29ff.; Jones & Murphy 2011: 283; Katenkamp 2011: 61). Die praktikentheoretische Perspektive des Konzeptes *knowing in practice* setzt somit den Blick einerseits auf den situativen Moment der Aushandlung (Wagenaar 2004: 648). Andererseits wird im Hinblick auf die Generierung einer Handlungsfähigkeit *knowing* als ein Lernprozess verstanden, in dem Akteure durch kontinuierliche Interaktion ihre Umwelt in einem „system of ongoing negotiations" (Howard-Grenville 2005: 629) aushandeln – zwar in großen Teilen gewohnheitsmäßig und routinisiert, jedoch mit offenem Ausgang (Reckwitz 2008a: 120f.; Wagenaar 2004: 648). Der Begriff der Routine wird aus praktikentheoretischer Sicht ebenfalls als ein Prozess verstanden, in dem sich ein Akteur in regelmäßiger Wiederholung an seine soziale und physische Umwelt anpassen muss, als ein Prozess der Innovation im Sinne einer konstanten Adaption an sich verändernde Bedingungen. In Anlehnung an Nicholai A. Bernstein (1996) sprechen Gessica Corradi et al. (2010: 278) von einer „(repitition without repitition) as the dynamic of innovation and as a possible area of intervention for practice development".

Dieser Innovations- bzw. Lernprozess in der Aushandlung deutet bereits an, dass aus praktikentheoretischer Perspektive eine aktive Dimension des Handelns mitgedacht und analysiert werden muss, um den Prozess der Herstellung einer Handlungsfähigkeit in Gänze zu begreifen. Während behavioristische oder utilitaristische Handlungsmodelle im Hinblick auf konkrete Problemlösungssituationen vor allem kognitive Prozesse der Reflexion (Reiz-Reaktions-Schema; Kosten-Nutzen-Kalküle) zur Erklärung heranziehen und dabei Aushandlung mehr oder weniger als Anpassung an prerequisite Handlungsgewohnheiten und Umweltbedingungen bzw. an paradigmatisch gedachte Strukturen (Regeln und Ressourcen) verstehen (Keller 2012), konzeptionalisiert eine praktikentheoretische Perspektive Denken und Handeln als gegenseitig aufeinander bezogen (Nicolini et al. 2003), um darauf aufbauend die Entwicklung neuer Handlungsweisen – zur Herstellung einer Handlungsfähigkeit – bzw. den Wandel sozialer Praktiken erklären zu können (Marshall 2008; Blackler & Regan 2009)[20]. Angelehnt an den Denkanstößen des Pragmatismus (Dewey 2001; Cohen 2007; Joas 2012; Simpson 2009) als „Philosophie der Nützlichkeit" (Keller 2012: 34) kann der Aushandlungsprozess dabei als ein kreativer Akt der Rekonstruktion von Wirklichkeit verstanden werden, in dem Akteure aufgrund von Irritationen (zwischen Wissensbeständen und situativer Problemlage) fortlaufend Anpassungen und Veränderungen unterworfen sind (Joas 2012: 190). Um ihr Handeln anschlussfähig zu halten, sind die Akteure aufgrund dieser Irritationen dazu gezwungen, ihre Handlungsgewohnheiten oder ihr praktisches Bewusstsein ständig und im Hinblick auf konkrete Problemlösungssituationen in einem bewusst-reflexiven Akt der Handlungssteuerung zu verändern (Martin 2012: 123, 128). Zwar ist dabei der Ausgangspunkt der kreativen Problemlösung zunächst ein unreflektiertes Handeln in dem Sinne, dass „alle Wahrnehmung der Welt und alles Handeln in ihr in unreflektiertem Glauben an selbstverständliche Gegebenheiten und erfolgreiche Gewohnheiten verankert [ist]" (Joas 2012: 190). Sobald diese Gewohnheiten jedoch an der „Widerständigkeit der Welt" (ebd.) abprallen, bedarf es einer interpretativ-kreativen und bewussten Leistung der Akteure, um im Handeln anschlussfähig und kompetent zu sein (s.a. Dewey 2001; Reckwitz 2003). Dabei wird die Lösung von Problemen allerdings nicht als ein individueller Akt begriffen, bei dem der Rückgriff auf bestimmte Ressourcen, auf ein praktisches Bewusstsein oder ein theoretisch-abstraktes Wissen Handlungsfähigkeit hervorruft. Vielmehr wird die Rekonstruktion von Wirklichkeit als ein Prozess einer „kooperativen Wahrheitssuche" (Joas 2012: 189) und als ein kommunikativer, interaktiver Lernprozess zwischen ver-

---

20 Auch Anthony Giddens (1997: 55ff.) betont, dass Akteure durch ihre Fähigkeit der reflexiven Handlungssteuerung Strukturen gleichzeitig verwirklichen und gestalten können. Stoßen Akteure jedoch auf Irritationen ihres praktischen Bewusstseins oder auf strukturelle Zwänge des sozialen und materiellen Kontextes, so spricht Giddens nicht etwa von der Entwicklung neuer Handlungsalternativen sondern betont, dass es in bestimmten Situationen keine gangbaren Handlungsalternativen entsprechend einer Zweck-Mittel-Rationalität gäbe (ebd.: 365). Die einzige Lösung zur Herstellung einer Handlungsfähigkeit bzw. einer prinzipiellen Handlungsfreiheit (ebd.: 60) besteht seiner Meinung nach darin, seine Motive respektive seine Zwecksetzung den strukturellen Zwängen anzupassen (ebd.: 232f.). Eine dynamische Reproduktion beziehungsweise eine Veränderlichkeit handlungsanleitender Regeln wird damit (zumindest partiell) ausgeschlossen.

schiedenen Akteuren verstanden (Keller 2012: 37; Otten 2009: 53), in dem sinnhafte Wissensordnungen und kollektive Formen des Verstehens und Bedeutens als Basis der Problemlösung erst noch ausgehandelt werden müssen (Reckwitz 2003: 287).

Damit geht auch ein ganz spezifisches Verständnis sozialen Handelns einher, welches der vorliegenden Arbeit zugrunde liegt: Soziales Handeln wird hier als kollektives Handeln begriffen, welches

> „das in und durch soziale Praktiken koordinierte und aufeinander bezogene Handeln (Interaktion) einzelner Akteure *innerhalb eines bestimmten Handlungszusammenhangs* [beschreibt]. Kollektives Handeln ist hierbei als eine zu einem bestimmten Zeitpunkt auf der Basis von direkten wie indirekten Prozessen der Kommunikation und Aushandlung koordinierte wie wiederholte Bezugnahme auf Struktur [resp. auf Ordnungsprinzipien des Sozialen] zu verstehen und wird in *Interaktionsprozessen* zwischen verschiedenen *mehr oder weniger* heterogenen Teilnehmern und Artefakten beständig hervorgebracht" (Martin 2012: 145f.).

Mit Bezug auf den Aushandlungsprozess zur Rekonstruktion der Wirklichkeit wird zudem deutlich, was aus praktikentheoretischer Sicht – trotz der theoretischen Vielfältigkeit im Feld der Theorien sozialer Praktiken[21] – unter einer sozialen Praktik zu verstehen ist und welche zentralen Bestandteile oder „Strukturmerkmale" einer Theorie sozialer Praktiken bzw. einer *knowing in practice* Perspektive zugrunde liegen: Eine soziale Praktik ist als eine routinisierte, beobachtbare körperliche und interaktive Handlungsweise zu verstehen, die auf sozial vermitteltem und in Teilen inkorporiertem Alltagswissen beruht (vgl. Reckwitz 2003; Martin 2012).

Die zentralen Bestandteile der praktikentheoretischen Perspektive sind (Sandberg & Dall'Alba 2009: 1352f.; Reckwitz 2003: 289ff.) (1) ein Anti-Dualismus, der die Relativität und Rekursivität zwischen verschiedenen Entitäten (Subjekt und Objekt, Handlung und Struktur, Emotion und Wahrnehmung, etc.) hervorhebt; (2) Praktiken als eine Anordnung habitualisierter menschlicher Aktivitäten; (3) eine allgemeine Betonung von Handeln/Handlungsakten (in Praktiken als Ort des Sozialen); (4) Praktiken als ein soziales Konstrukt, welches (5) auf einem kollektiv geteiltem Verstehen und Wissen beruht; (6) der Einbezug nicht-menschlicher Artefakte[22]; (7) die Betonung der körperlichen Performance als Verbin-

---

21 Einen guten Überblick liefern Andreas Reckwitz (2003), Jörgen Sandberg und Gloria Dall'Alba (2009) sowie Alexander Martin (2012: 90ff.).

22 Innerhalb praktikentheoretischer Ansätze beziehungsweise innerhalb der Theorien sozialer Praktiken wird die Materialität des Sozialen, die sich zum einen auf den menschlichen Körper und zum anderen auf physische Artefakte bezieht, unterschiedlich stark betont. Dabei bezeichnet die körperliche Dimension der Materialität des Sozialen ‚nach innen' die Verinnerlichung oder Inkorporierung von praktischem Wissen und nimmt dabei Prozesse der Wahrnehmung, des Denkens, des Fühlens, etc. als körperliche Aktivität in den Blick; ‚nach außen' sind diese Prozesse durch den Akteur selbst und durch andere Akteure als körperliche Performance beobachtbar (Reckwitz 2003: 290). Physische Artefakte nehmen im Sinne eines vermittelten Charakters zwischen sozialem Handeln und der physischen Umwelt eine konstituierende Rolle ein, indem sie einerseits ein bestimmtes Handeln ermöglichen und andererseits aufgrund ihrer Beschaffenheit ein bestimmtes Handeln nahe legen respektive einschränken. Sie sind damit, so die praktikentheoretische Perspektive, für ein Verständnis sozia-

dungsglied zwischen Individualität und Sozialität bzw. zwischen Handeln und Struktur; (8) trotz einer Geschlossenheit der Wiederholung eine relative Offenheit von Praktiken als Verständnis der (Re-)Produktion von Routinen und Kompetenzen.

Damit besitzen Praktik und *knowing*, kollektives Handeln als auch der Interaktionskontext – Kontext wird hier verstanden als „the relationally situated ingredients through which knowing occurs" (Thompson & Walsham 2004: 735; s.a. Lave 1988: 150) – immer einen provisorischen Charakter. Der Fokus auf die situative, prozessuale Anwendung, Generierung und Veränderlichkeit von Wissensformen führt somit auch zu einem prozessualen, dynamischen Verständnis der Handlungsfähigkeit und der Organisation unternehmerischen Handelns von Akteuren in der Migration (Everts et al. 2011: 330f.; Ibert 2007: 106). Mit Verweis auf die in und durch routinierte Interaktion erfolgte Bezugnahme auf Struktur im Sinne eines „interaktiv-interpretativen Prozess der Herstellung intersubjektiver Sinnhaftigkeit und Legitimation" (Martin 2012: 113) als bestimmendes Ordnungsprinzip wird ein soziales System der Organisation reproduziert, welches in seinem Wesen einem ständigen organisationalen Wandel unterworfen ist. Organisationaler Wandel ist nach Haridimos Tsoukas und Robert Chia (2002: 567) zufolge gekennzeichnet durch ein beständiges „reweaving of actors' webs of beliefs and habits of action to accommodate new experiences obtained through interactions". Anders ausgedrückt, die Organisation unternehmerischen Handelns „entsteht immer wieder neu aus den konkreten Interaktionsprozessen, durch die die Betroffenen ein Minimum an Initiative und autonomer Handlungsfähigkeit [gegenüber strukturellen Hindernissen] zurückzugewinnen versuchen" (Friedberg 1995: 2). Wanda Orlikowski (2002: 249) bringt den prozessual, dynamischen Charakter folgendermaßen auf den Punkt:

> „[K]nowing is not a static embedded capability, or stable disposition of actors, but rather an ongoing social accomplishment, constituted and reconstituted as actors engage the world of practice".

Aufgrund des Praktikenbezugs wird anstelle des Begriffs *knowing* häufig auch von einem praktischen Wissen (*practical knowledge*), einem praktischen Verstehen (*practical understanding*) oder von sogenannten Wissenspraktiken (*knowledge practices/practices of knowing*) gesprochen (Amin & Cohendet 2004; Jones 2008; Maller & Strengers 2013; Reckwitz 2003; Schatzki 2005). Nach Andreas

---

len/kollektiven Handelns unbedingt mit zu berücksichtigen. Nach Theodore R. Schatzki (2006: 1864) können physische Artefakte jedoch auch als menschliche Akteure eines spezifischen Handlungszusammenhangs begriffen werden, und zwar wenn handelnde Akteure über andere Akteure im Sinne ‚autoritativer Ressourcen', d.h. aufgrund einer hierarchischen Positionierung in einem Netzwerk, eines Besitzes spezialisierten Wissens oder aufgrund der Organisation von Aktivitäten, Macht ausüben können: „[D]rawing on this authoritative ressource (in order to secure a desired outcome) is then exercising these commands (in order to get people to perform the needed actions). Drawing on authoritative ressource is, in short, coercing people" (Schatzki 2010: 94).

Reckwitz (2003: 292) umfasst das praktische Wissen, das in einer sozialen Praktik mobilisiert wird, folgende Elemente:

> „[…] ein Wissen im Sinne eines interpretativen Verstehens, d. h. einer routinemäßigen Zuschreibung von Bedeutungen zu Gegenständen, Personen, abstrakten Entitäten, dem ‚eigenen Selbst' etc.; ein i.e.S. methodisches Wissen, d.h. *script*-förmige Prozeduren, wie man eine Reihe von Handlungen ‚kompetent' hervorbringt; schließlich das, was man als ein motivational-emotionales Wissen bezeichnen kann, d.h. ein impliziter Sinn dafür ‚was man eigentlich will', ‚worum es einem geht' und was ‚undenkbar' wäre. Durch die Zuordnung zu einzelnen, historisch und kulturell spezifischen Praxiskomplexen setzt die Praxistheorie diese Wissensformen dabei nicht als ‚universal', sondern als historisch-spezifisch, als ein letztlich kontingentes ‚local knowledge' […] voraus".

Erst dieses praktische Wissen, das im fortlaufenden sozialen Prozess der Aushandlung, im Lernprozess des „sich auf etwas verstehen" (Reckwitz 2008a: 111) oder der produktiven Suche (Cook & Brown 1999) generiert wird, ermöglicht es, dem in organisationale Kontexte eingebundenem Akteur über zeitliche, geographische, politische, kulturelle, technische und soziale Hindernisse hinweg (erfolgreich/kompetent) zu agieren bzw. handlungsfähig zu sein (Orlikowski 2002: 256; Gherardi & Nicolini 2003: 206) – „[…] it is in and through practice that many of our human *potentia* are realized" (Archer 2000: 190). Damit kann das praktische Wissen im Sinne von *knowing* als eine Fähigkeit und Kompetenz zur Koordination und Kooperation verstanden werden (Katenkamp 2011: 61), aus der mögliche Wettbewerbsvorteile gegenüber jenen Akteuren generiert werden können, die nicht Teil des Interaktionskontextes bzw. nicht Teil der Praktik oder des kollektiven Handlungszusammenhangs sind.

2.6.4 Ein kosmopolitischer Blick auf praktisches Wissen

Innerhalb sozial- und kulturwissenschaftlicher Ansätze, die einem sozialkonstruktivistischen Verständnis von Kultur folgend das Aufeinandertreffen unterschiedlicher Deutungsformen und Lebensmuster im Rahmen zunehmender globaler Verflechtungszusammenhänge thematisieren, werden die oben genannten Aushandlungs- und Lernprozesse und das daraus resultierende (kulturelle) Wissen als eine individuelle Fähigkeit interpretiert „to make one's way into other cultures through listening, looking, intuiting and reflecting" (Hannerz 2010: 237). Diese Fähigkeit ermöglicht die Generierung einer kulturellen Kompetenz im Sinne eines „personal repertoire comprising varied values and potential actions-sets drawn from diverse cultural configurations" (Vertovec 2009a: 69). Steven Vertovec (2009a&b) betont, dass insbesondere translokale Lebens- und Wirtschaftsweisen ein hohes Potential zur Generierung solch eines Repertoires bzw. solch einer Kompetenz besitzen (s.a. Mau et al. 2008). Zugleich verweist er darauf – in Anlehnung an Ulf Hannerz' (2010; 2009) Lesart des Kosmopolitismus und Peter H. Koehn und James N. Rosenau' (2002) definitorischer Auflistung transnationaler Kompetenzen (bestehend aus analytischen, emotionalen, kreativen und verhaltensorientierten Fähigkeiten – vgl. Vertovec 2009a: 70f.) –, dass es neben multikultureller Erfahrungshorizonte der Notwendigkeit einer kosmopolitischen Geisteshaltung im Sinne einer „Offenheit gegenüber Differenzen und dem Anderssein" (Roudometof 2005) sowie einer „Kompetenz zum Managen kultureller Differenzen" (Hannerz 2010) bedarf, um das jeweilige kulturspezifische Bedeutungssystem zu handhaben und effektiv in multikulturellen Interaktionszusammenhängen zu agieren. Knut Petzold (2013: 56) hält fest, dass der

> „Kosmopolit [...] damit nicht nur der mobile, sondern auch Angehöriger der Intelligenz [ist], die gerade die Fähigkeit hat, ihr dekontextualisiertes [kulturelles] Wissen auf konkrete (lokale) Problemlagen zu übertragen. In diesem Zugang werden die Kosmopoliten keine Lokalen, können aber lokales Wissen simulieren. Darüber hinaus haben vor allem die Intellektuellen die Fähigkeit allgemeingesellschaftliche Konzepte über die Zeit zu verfolgen und in speziellen Situationen zu interpretieren, sodass sie Gemeinsamkeiten zwischen Kulturen ausmachen [respektive herstellen] können".

Während diese kosmopolitische, kulturelle Kompetenz in der Regel einer global operierenden Elite von Geschäftsleuten oder Intellektuellen mit hohem sozialen, ökonomischen und kulturellen Kapital zugesprochen wird (Calhoun 2002; Delanty 2006; Florida 2008; Tihanov 2009), gibt u.a. Pnina Werbner (1999) zu bedenken, dass letztlich auch *working class cosmopolitans* und damit auch (Arbeits-) Migranten in der Lage sind „[to] familiarize themselves with other cultures and know how to move easily between cultures" (Werbner 1999: 20). Als *cosmopolitanism from below* (Werbner 2008), *everyday cosmopolitanism* (Datta 2009), *cosmopolitanism in practice* (Nowicka & Rovisco 2009) oder *tactical cosmopolitanism* (Landau & Haupt 2007) formuliert, versteht solch eine Perspektive auf multikulturelle Interaktionszusammenhänge das Kosmopolitische weniger als eine politische Vision von bzw. eine ethisch-moralische Selbstidentifikation mit einer offenen Weltbürgerschaft, die letztlich nur einer intellektuellen Elite vorbehalten ist (vgl. Beck & Grande 2008; Mazlish 2005; Pollock et al. 2002; Turner 2002). Vielmehr wird hier ein alltäglicher Kosmopolitismus in den Blick genommen, der bestehend aus diversen relationalen Alltagspraktiken bzw. sozialen Interaktionen Gemeinsamkeiten trotz sozialkultureller Differenzen bzw. soziale Räume der Verständigung im Sinne einer „cosmopolitan sociability[23]" (Glick Schiller et al. 2011: 402) herzustellen vermag (s.a. Massey 2012; Onyx et al. 2011; Leitner et al. 2007): Demzufolge ist alltäglicher Kosmopolitismus

> „viewed as arising from social relationships that do not negate cultural, religious or gendered differences but see people as capable of relationships of experiential commonalities despite differences [...]. [...] In other words, cosmopolitan sociability defines a set of practices in which people are not passive consumers but active participants in the creation of common places [...]. These places are created through people's meetings, encounters, civic communication and coexistence. By recognizing various forms of relational practices, scholars can acknowledge the agency of persons and small groups [...] within larger collectivities and transnational social fields. Thus, [...] [a cosmopolitan sociability perspective] emphasize[s] the social competence of dislocated people who develop these practices by relying on both

---

23 Nina Glick Schiller und Kollegen (2011: 402f.) definieren die kosmopolitische Geselligkeit „as consisting of forms of competence and communication skills that are based on the human capacity to create social relations of inclusiveness and openness to the world".

their specific cultural ‚self‘ and the broader human aspirations that they access, deploy, internalize and reconstitute in different situations" (Glick Schiller et al. 2011: 403).

Während Nina Glick Schiller et al. (2011) in ihrer Lesart des Kosmopolitismus auf Interaktionsprozesse fokussieren „through which individuals create relations of commonality - or do not" (ebd.: 414) und dabei die Gleichzeitigkeit solidaritäts- sowie differenzstiftender Beziehungs- und Identitätskonstrukte hervorheben möchten (ebd. 414), betonen andere Autoren eine eher pragmatische Sichtweise des Kosmopolitismus und machen auf den strategisch-kreativen Gebrauch kultureller Differenzen oder Marker in sozialen Interaktionen zur Herstellung von (temporären) Vertrauensbeziehungen oder Verständigungsmomenten aufmerksam (Hannerz 2010; Schmoll 2012; Vertovec 2009a&b; Williams 2006). Kosmopolitismus dieser Lesart „is about diversity rather than homogenisation but at the same time it is about coming together in social interactions" (Onyx et al. 2011: 49). Dabei repräsentieren gewöhnliche Interaktionen am Arbeitsplatz, in der Nachbarschaft, in der Freizeit etc. jenen alltäglichen Kosmopolitismus „which sees individuals of different cultures routinely negotiating across difference in order to coexist within a shared social space" (ebd.: 50). Kulturelle Unterschiede und der Umgang mit ihnen werden hier als Bestandteil der alltäglichen Lebenswelt angesehen. Mehr noch, die Alltagspraktiken sozialer Interaktion werden aus dieser Perspektive als „modes of managing multiplicity" (Vertovec 2009a: 72) interpretiert, wobei Kultur und Soziales bzw. kulturelle Differenzen (oder Stereotypen) als Beobachtungsschema sozialer Beziehungen und der Generierung kosmopolitischer Kompetenzen herangezogen werden (Pott 2005).

Diese pragmatische Perspektive des alltäglichen Kosmopolitismus basiert allerdings nicht auf einem essentialistischen Kulturverständnis, sondern folgt einer sozialkonstruktivistischen Sichtweise, demnach Interakteure zwar an gesellschaftliche und kulturelle Wirklichkeiten gebunden sind oder zumindest partiell auf kulturelle Orientierungs- und Deutungssysteme – seien sie auch noch so fiktiv – zurückgreifen. Sie sind jedoch auch in der Lage, diese scheinbaren Wirklichkeiten zu reflektieren – ganz im Sinne der oben skizzierten *knowing in practice* Perspektive – und in multikulturellen Handlungszusammenhängen bzw. in einer geteilten Lebenspraxis weiterzuentwickeln (Baecker et al. 1998; Matoba & Scheible 2007; Otten 2009; Wittgenstein 2005). Der Betonung der performativen Dimension in gegenwärtigen Kulturtheorien folgend und im Rahmen der sozialwissenschaftlichen Analyse eines realen Multikulturalismus (vgl. Reckwitz 2012; 2003; Schatzki et al. 2005) wird Kultur hier

„als ein alltagspraktisches ‚tool kit‘ verstanden, als kulturelle Codes im beständigen ‚interpretative work‘; sie [die Kultur] stellt ein Alltagswissen dar, welches in seinem Werkzeugcharakter und seiner Heterogenität keineswegs einem ganzen Kollektiv – oder auch nur einer Person – eindeutig zuzurechnen ist. Multikulturalität präsentiert sich damit paradigmatisch nicht in der Konfrontation intellektueller Sinnsysteme, sondern in der reflexiven und in ihren Folgen unberechenbaren ‚Kreolisierung‘ (Hannerz) und ‚Hybridisierung‘ (Bhaba), in der *bricolage*-förmigen Überlagerung und Kombination unterschiedlicher Komplexe von Praktiken und ihres Hintergrundwissens, die sich zu partiell neuartigen, handhabbaren kulturellen ‚tools‘ formen" (Reckwitz 2003: 286; s.a. Hannerz 1992, Bhaba 1994, Swidler 1986).

Das Soziale/die Kultur[24] wird damit als ein „soziales Produkt dynamischer sozialer Interaktionen und Kommunikation verstanden" (Otten 2009: 53), die sich auf
der performativen Ebene konkreter Praktiken vollzieht und über kollektive Formen des Verstehens und Bedeutens – anhand symbolischer Ordnungen – intersubjektive Koordination und Kooperation (trotz Differenz) und somit Handlungsfähigkeit herstellt. In ähnlicher Weise definieren Sully Taylor und Joyce S. Osland
(2011: 582) in Anlehnung an Myron W. Lustig und Jolene Koester (1993/2012)
die interkulturelle Kommunikation als einen „symbolic process in which people
from different cultures create shared meanings [in an interactive situation]".

Intersubjektivität im Kommunikationsprozess meint hier, dass der körperliche
Vollzug einer Praktik

> „von der sozialen Umwelt (und im Sinne eines Selbstverstehens auch von dem fraglichen Ak-
> teur selber) als eine ‚skillful performance' interpretiert werden kann: die Praktik als *soziale*
> Praktik ist nicht nur eine kollektiv vorkommende Aktivität, sondern auch eine potenziell in-
> tersubjektiv als legitimes Exemplar der Praktik X verstehbare Praktik – und diese soziale
> Verständlichkeit richtet sich auf die körperliche ‚performance'" (Reckwitz 2003: 290; s.a. Jo-
> nes & Murphy 2010: 382f.)

Sie richtet sich damit auf den Akt des (körperlich-materiellen) Handelns und der
situativen Deutung desselben im Sinne des in Kap. 2.7.3 beschriebenen reflexiven
Aushandlungsprozesses. Alfred Schütz (2004) beschreibt die Herstellung dieser
sozialen Verständlichkeit auch als die Herstellung einer „Wir-Beziehung", in der
– durch Emotionen, symbolischer Kommunikation, Gesten, etc. – eine gegenseitige Wahrnehmung und implizite Bestätigung dafür erfolgt, dass die Performance
mit den erwarteten Rollen oder dem sozialen Selbst übereinstimmt (s.a. Bathelt et
al. 2004; Knorr Cetina & Bruegger 2002).

Zur Annäherung an die Beantwortung der Frage, wie soziale Verständlichkeit
über symbolische Ordnungen im Sinne des alltäglichen Kosmopolitismus und
einer *knowing-in-practice* bzw. einer praktikentheoretischen Perspektive hergestellt wird, oder anders ausgedrückt, welche *modes of managing multiplicity* in
konkreten Situationen zur – bewussten oder unbewussten – Anwendung kommen,
lassen sich unterschiedliche Ansätze heranziehen. So kann soziale Verständlichkeit in Anlehnung an die Skripttheorie (u.a. Barley & Tolbert 1997; Schank &
Abelson 1977) über Prozesse der Teilhabe an sowie Wahrnehmung und Anwendung von (inter)kulturellen Skripts hergestellt werden. Diese Scripts werden hier
zunächst als kognitive und verhaltensbezogene Muster und/oder Kausalketten
bereits durchlebter Ereignisse verstanden, als eine Art Struktur

> „that describes appropriate sequences of events in a particular context. […] Scripts handle
> stylized everyday situations. They are not subject to much change, nor do they provide the
> apparatus for handling totally novel situations. Thus, a script is a predetermined, stereotyped

---

24 Aus kulturtheoretischer und zugleich praktikentheoretischer Perspektive (nach dem *cultural
    turn*) wird das Soziale bzw. das, was Soziales ordnet, über die Frage nach dem Ort des Kultu-
    rellen beziehungsweise über symbolisch-sinnhafte Regeln von Kultur beantwortet (Reckwitz
    2003: 288). Somit kann der Begriff ‚das Soziale' hier synonym für ‚das Kulturelle/die Kultur'
    verwendet werden.

sequence [or cultural knowledge] of actions that defines a well-known situation" (Schank & Abelson 1977: 41).

Demnach greift der Mensch in konkreten Situationen größtenteils auf sein episodisches Gedächtnis[25] spezifischer Alltagsmomente bzw. auf sein inkorporiertes kulturelles Wissen „standardisierter verallgemeinerter Episoden" (Schank & Abelson 1977: 19) zurück (Skript-Abruf) und richtet sein Handeln oder vielmehr seine Wahrnehmung und Interpretation von Alltagsmomenten an diesen kulturell spezifischen Skripts aus (Skript-Anwendung). Diese Skript-Anwendung als wesentlicher Bestandteil des Prozesses der Herstellung sozialer Verständlichkeit verweist auf die Bedeutung des Handlungsaktes zur Herstellung der Handlungsfähigkeit im Sinne der *knowing in practice* Perspektive, so dass unter Skripte mehr als nur der Rückgriff auf mentale Wissensstrukturen verstanden werden kann. Vielmehr sind sie als (aktiver) Teil des situativen Handlungszusammenhangs zu verstehen (vgl. Reckwitz 2003: 292), als „observable, recurrent activities and patterns of interaction characteristic of a particular setting" (Barley & Tolbert 1997: 98).

Während die Skripttheorie im Wesentlichen auf die implizite Dimension des Handelns in konkreten Situationen anspielt, weist Ann Swidler (1986) auf die bewusste, strategische Nutzung kultureller Elemente im Sinne eines *toolkits* hin. Kultur wird dabei als ein erfahrungsabhängiges Set von Ressourcen begriffen, welches je nach Situation in unterschiedliche Handlungsstrategien umgewandelt werden kann. Um diese Strategien zu entwickeln, greifen Akteure in ihren alltäglichen Aktivitäten auf bestimmte kulturelle Elemente zurück

> „(both such tacit culture as attitudes and styles and, sometimes, such explicit cultural materials as rituals and beliefs) and investing them with particular meanings in concrete life circumstances" (Swidler 1986: 281).

Ann Swidler (1986: 277) lehnt sich hier an Pierre Bourdieus' (2012) Habitus[26]-Konzept an, demnach der Habitus oder vielmehr das inkorporierte kulturelle Wissen als strategische Ressource in einem Raum der Möglichkeiten eingesetzt werden kann. Zur Erläuterung dieses strategischen Rückgriffs führt sie u.a. das Bei-

---

25 Eine kritische Auseinandersetzung mit der Skripttheorie nach Schank & Abelson (1977), insbesondere mit der normativ formulierten Handlungsrationalität, bietet Dietrich Busse (2012: 337ff.). Zudem wurde in Kapitel 2.7.3 bereits darauf hingewiesen, dass der Rückgriff auf das Gedächtnis beziehungsweise auf das praktische Bewusstsein nicht ausreicht, um die Mechanismen der Herstellung einer Handlungsfähigkeit oder sozialer Verständlichkeit zu erklären. Vielmehr bedarf es einer zusätzlichen Perspektive auf den Handlungsakt selbst sowie auf die Generierung und Transformativität situativer Wissensbestände in der Praktik.

26 Pierre Bourdieu (2012) definiert den Habitus als ein „System dauerhafter und übertragbarer Dispositionen" (ebd.: 178), welcher „wie eine Handlungs-, Wahrnehmungs- und Denkmatrix" (ebd.: 173) in Bezug auf Lebensweisen, Praktiken, Wertvorstellungen, Haltungen, Stile, Geschmäcker, etc. funktioniert und die der Mensch im Laufe seiner Sozialisation im Sinne eines inkorporierten kulturellen Wissens verinnerlicht hat. Als ‚Erzeugungsprinzip von Strategien' ermöglicht es „unvorhergesehenen und fortwährend neuartigen Situationen entgegenzutreten" (ebd.: 165).

spiel einer Heirat mit einer angesehenen Familie an, um die eigene gesellschaftliche Position zu festigen oder zu erhöhen:

> „For me, strategies are the larger ways of trying to organize life [...] within which particular choice [e.g. marry into a prestigious family] make sense, and for which particular, culturally shaped skills and habits (what Bourdieu calls ‚habitus‘) are useful" (ebd.: 276, Fußnote 9).

Der selektive Gebrauch kultureller Praktiken oder vielmehr die Inszenierung sozialer Verständlichkeit über ein Repertoire kultureller Konfigurationen kann auch im Sinne der linguistischen Frame-Theorie (u.a. Fillmore 1976; 2006) als ein Modus linguistischer Kommunikation verstanden werden. Dieser Modus wird dabei jedoch nicht über einen rein textualistischen Zugang des Sprachverstehens anhand lexikalischer Wortbedeutungen analysiert. Vielmehr untersucht die Frame-Theorie Kommunikationszusammenhänge als einen kognitiven Prozess, indem ein sprachlicher Ausdruck (z.B. ein Wort) einen stereotypisierten Wissensrahmen (Frame) spezifischer Alltagssituationen aktiviert, der, auf der Grundlage von Erfahrungen, Objekte, Subjekte und ihre jeweiligen Erwartungshaltungen und Bedeutungszuschreibungen in Beziehung setzt. Damit soziale Verständlichkeit hergestellt bzw. damit ein Wort adäquat verstanden werden kann, müssen die Erfahrungen, auf Basis derer die kognitiven stereotypisierten Frames hergestellt werden, in Form kollektiver Wissensbestände (einer wie auch immer konstruierten Sprach-, Religions-, Kulturgemeinschaft, etc.) vorliegen (Fillmore 1976: 27; s.a. Busse 2012: 69). Charles J. Fillmore (2006: 380f.) veranschaulicht die Bedeutung und den Zusammenhang von Erfahrungen, kollektiver Wissensbestände und der Herstellung sozialer Verständlichkeit folgendermaßen:

> „To understand this word [breakfast] is to understand the practice in our culture of having three meals a day, at more or less conventionally established times of the day, and for one of these meals to be the one which is eaten early in the day, after a period of sleep, and for it to consist of a somewhat unique menu (the details of which can vary from community to community). [...] the word gives us a category which can be used in many different contexts, this range of contexts is determined by the multiple aspects of its prototypic use – the use it has when the conditions of the background situation more or less exactly match the defining stereotype".

Die hier aufgezeigte Analogie zwischen sprachlicher und kultureller Praktik führte in Anlehnung an das psychologisch-linguistische Konzept des *code-* oder *frameswitching* (u.a. Briley et al. 2005; Hong et al. 2000; Rampton 2005) zu der Erkenntnis, dass der Erwerb einer oder mehrerer Sprachen und der damit verbundene Zugang zu dem jeweiligen kulturspezifischen Symbolsystem als eine interkulturelle und strategisch-instrumentell einsetzbare Kompetenz „to behave appropriatley in a number of different arenas, and to switch codes as appropriate" (Ballard 1994: 31) verstanden werden kann. Zugleich ist der Erwerb und die Inkorporierung kulturellen Wissens im Sinne einer interkulturellen, kosmopolitischen Kompetenz von der Teilhabe an Sozialisations- und Interaktionsprozessen im jeweiligen soziokulturellen Umfeld abhängig (Gagnon & Lirio 2012; Luna et al. 2008), so dass die Kompetenz eines strategischen Rückgriffs auf kulturelle Codes – seien dies nun Skripts, kulturelle Elemente im Sinne eines Habitus oder Frames – nur von jenen Praktizierenden generiert werden kann, die Teil des jeweiligen sozial-räumlich spezifischen Interaktionszusammenhangs sind (Williams & Baláž 2008: 63).

Allerdings, und hier bedarf es eines praktikentheoretischen und kontextbezogenen Blickes auf die situative Anwendung und Anpassung von inkorporierten/besitzbaren Wissensformen in einem spezifischen (lokalen) Handlungszusammenhang (vgl. Kap. 2.7.3), ist die Übertragbarkeit kultureller Codes auf zukünftige Problemlösungssituationen sowie die Weitergabe dieses Wissens an Dritte aufgrund des kontextspezifischen Charakters bzw. aufgrund der Voraussetzung einer sozialkulturellen Einbettung nicht ohne weiteres umsetzbar (vgl. Caglar 1994; Williams & Baláž 2008). Vielmehr bedarf es eines Übersetzungsprozesses dieser Wissensbestände auf die konkrete Situation oder auf den jeweiligen Adaptionskontext – Alan M. Williams (2005: 9), der den Zusammenhang zwischen Wissenstransfer und Migration am Beispiel hochqualifizierter Migranten untersuchte, spricht hier auch vom Prozess der *knowledge translation* anstatt eines *knowledge transfer* (s.a. Baláž & Williams 2004). Insbesondere im organisationalen Kontext des grenzüberschreitenden Handels kann dabei jenen Akteuren eine Schlüsselrolle zugeschrieben werden, die im Sinne sogenannter *boundary spanner* und *knowledge broker* (Williams & Baláž 2008: 195) als Wissensübersetzer zwischen unterschiedlichen (sozialkulturell konstruierten) Kontexten fungieren können. Die kosmopolitische Kompetenz im Sinne einer Bereitschaft und Suche zur Herstellung sozialer Verständlichkeit übernimmt dabei die Rolle einer erklärbaren Variablen.

Exkurs: Migranten als knowledge broker bzw. Wissensvermittler

Angelehnt an Etienne Wenger (2000), der die Bedeutung von Wissensvermittler innerhalb sogenannter *social learning systems* und deren Übertragbarkeit auf Wissenssysteme wie Industrien, Regionen oder unternehmerische Gesellschaften/Konsortien untersuchte, differenzieren Allan M. Williams und Vladimir Baláž (2008: 45; s.a. Williams 2006: 593f.) drei Typen von Wissensvermittlern bzw. *knowledge brokers*: Die sogenannten *boundary*[27] *spanner* bewegen sich zwischen zwei unterschiedlichen (Sozial-)Räumen und überschreiten i.d.R. nur eine nationale und/oder sozialkulturell konzipierte Grenze. Als klassische *boundary span-*

---

27 Der Begriff *boundary* wird hier als fluides Abgrenzungskriterium unterschiedlicher Praktiken-Gemeinschaften konzipiert. Die Grenzen entstehen beispielsweise „from different enterprises; different ways of engaging with one another; different histories, repertoires, ways of communicating, and capabilities. That these boundaries are often unspoken does not make them less significant. Sit for lunch by a group of high-energy particle physicists and you know about boundary, not because they intend to exclude you, but because you cannot figure out what they are talking about. Shared practice by its very nature creates boundaries" (Wenger 2000: 232). Grenzen stellen dabei aber nicht nur (Kommunikations-)Hindernisse dar, sondern bieten immer auch Raum für Lernprozesse, aus denen Vorteile generiert werden können.

ner führen die Autoren Taiwanesische IT-Fachkräfte aus dem Silicon Valley oder Manager aus multinationalen Unternehmen an, die beispielsweise in einer nordamerikanischen Niederlassung ihres europäischen Unternehmens aktiv sind. Mit *Roamers* als zweiten Typus werden jene Wissensvermittler bezeichnet, die konstant zwischen mehreren Orten migrieren, Verbindungen herstellen und dabei kontextspezifisches Wissen – durch praktische Anschauung und Teilhabe an sozialkulturellen Austauschprozessen – generieren und transferieren wie beispielsweise Wanderarbeiter in der Tourismusbranche. *Outposts* werden schließlich jene Akteure genannt, die „von der vordersten Front" neues Wissen oder neue Informationen in ihren Ursprungskontext mit zurückbringen. Als Beispiel nennen die Autoren Repräsentanten multinationaler Konzerne, die zur Erkundung neuer Geschäftsfelder und Anbieterkreise für einen begrenzten Zeitraum ins Ausland abbestellt werden.

Eine weitere Typisierung, die sich weniger auf sozialkulturelle Aspekte der Wissensvermittlung sondern auf rein ökonomische Austauschmechanismen auf der Mikroebene von Marktstrukturen und auf die Rolle von Vermittlern bzw. Zwischenhändlern insbesondere innerhalb von Finanzmärkten konzentriert, bietet die Unterscheidung von Hans-Joachim Schramm (2012: 109ff.)[28]. Demzufolge lassen sich insgesamt vier Kategorien oder Funktionen differenzieren, die einem Vermittler oder Zwischenhändler je nach Tätigkeitsbereich zugeschrieben werden können: Der *market maker* erwirbt Waren oder Dienstleistungen von einem Anbieter, um diese seinen Kunden weiterzuverkaufen und operiert somit zugleich als Spezialist, Händler, Vermarkter und Kaufmann. Der *matchmaker* vermittelt zwischen Käufer und Verkäufer bei der Durchführung eines Austauschgeschäftes und agiert vornehmlich als reiner Zwischenhändler. Der *information producer* verschafft sich aufgrund von Informations-Asymmetrien zwischen Angebot- und Nachfrageseite Informationsvorteile und setzt sie gewinnbringend ein. Dabei kann er entweder selbst in gewinnbringende Geschäftsfelder investieren, Insider-Tipps an seine Kunden weitergeben, Marktinformationen an Dritte verkaufen, oder im Sinne eines *guarantor* oder *certificator* Qualitäts-Zertifikate und Garantien auf gehandelte Produkte vergeben. Als letzte Kategorie nennt Schramm (2012: 111) den *agent*, der von Unternehmen für spezifische Aufgaben wie der Abordnung von Gutachten, Verhandlungen, Vertragsabschlüssen oder dem Markt- bzw. Preismonitoring beauftragt und (zumeist gewinnbeteiligend) bezahlt wird. Daniel F. Spulber (1999: xiii) listet folgende Vorteile gegenüber einem direkten (Waren-) Austausch zwischen Anbieter und Konsument, die durch die Funktion eines Ver-

---

28 Die von H.-J. Schramm (2012) aufgelistete Literatur lässt sich der sogenannten *Market Microstructure Theory* oder auch *Intermediation Theory* zuordnen. Beide Ansätze stehen weniger für eine ausformulierte Theorie als vielmehr für eine Perspektive auf „the process and outcomes of exchanging assets under explicit trading rules. […] Market microstructure research exploits structure provided by specific trading mechanism to model how price-setting rules evolve in markets" (O'Hara 2011: 1). In diesem Sinne versucht diese Perspektive auf der Mikroebene von Marktstrukturen spezifische Handelsmechanismen als Regeln des Austauschs zwischen ökonomischen Akteuren zu erfassen, um darüber hinaus allgemeingültige Aussagen über die Entstehung und Funktionsweise von Märkten zu treffen.

mittlers und Zwischenhändlers in einem ökonomischen Austauschgeschäft generiert werden können: Reduzierung von Transaktionskosten; Risikostreuung und -diversifizierung; Kostenminimierung des Suchen und Abgleichens; Minderung der Negativauslese; Minderung des subjektiven Risikos und der Anpassungsleistung; Förderung von Verbindlichkeiten durch Delegieren von Zuständigkeiten. Einige dieser Vorteile entstehen durch ein *besseres Koordinierungs- und Organisationsvermögen* der Vermittler, andere Vorteile entstehen durch *Größenkostenersparnisse* (Massenproduktionsvorteile) und/oder *Diversifikationsvorteile* oder dem *Bestreben der Akteure nach langfristigen Geschäftsbeziehungen* und dem wirtschaftlichen Anreiz, sich eine *Reputation* als vertrauenswürdiger Geschäftspartner aufzubauen.

Während in der Organisationsforschung und Managementliteratur aber auch in der Migrationsforschung diese *knowledge broker,* Vermittler oder Zwischenhändler i.d.R. global operierenden Eliten von Geschäftsleuten oder unternehmensinternen Wissensprozessen zugeordnet werden (e.g. Beaverstock 2005; Faulconbridge 2006; Hughes 2007), weisen Allan M. Williams und Vladimir Baláž (2008; s.a. Cohen 2006; Werbner 2008) darauf hin, dass auch geringqualifizierte Migranten oder „mobile ,knowledgeable' or ,learning' individuals" (Willams 2006: 592) als Wissensvermittler und Wissensübersetzer in allen oben genannten Typisierungen wiederzufinden sind (s.a. Schmoll 2012; O'Hara 2011; Vertovec 2009):

> „Migrants may be particularly important as brokers between previously unconnected networks. In particular, […] transnational migrants, who initiate ,global interactions by engaging simultaneously in several countries relating to their migration' (Zhou & Tseng, 2001: 133), are especially likely to act as brokers, because they are necessarily locally embedded in the origin *and* destination" (Williams 2006: 594; s.a. Williams & Baláž 2008: 45).

Die Möglichkeit einer multilokalen Einbettung von Migranten, wie bereits in Kap. 2.6.4 erwähnt, lässt jedoch noch keine Rückschlüsse auf eine generelle Kompetenz zur Wissensvermittlung, geschweige denn auf die Fähigkeit der Aneignung (und des Verstehens) neuen Wissens sowie der Effektivität und Nutzbarkeit dieses Wissens in spezifischen Organisationszusammenhängen zu. Hierzu ist es vielmehr nötig, wie in Kap. 2.7.3 und 2.7.4 erläutert, sich den situativen, prozessualen Interaktions- und Kommunikationsprozessen zuzuwenden, in denen spezifisch relevante Wissensformen und Kompetenzen für unternehmerisches Handeln in der Migration generiert, angewendet und transformiert und in einen Prozess der Wissensübersetzung überführt werden können.

Der Hinweis auf die Notwendigkeit einer Übersetzung inkorporierten/besitzbaren Wissens als Bestandteil der *modes of managing multiplicity* verweist darüber hinaus auf die Bedeutung des situativen Aushandlungsprozesses zur Herstellung unternehmerischer Handlungsfähigkeit, welche bereits in Kap. 2.7.3 erläutert wurde. Der Rückgriff auf inkorporiertes (methodisches) Wissen im Aushandlungsprozesses kann dabei mithilfe einer kosmopolitischen Kompetenz als strategisch-instrumentelle Ressource individueller Akteure konzeptionalisiert werden, welche zur Generierung möglicher Wettbewerbsvorteile im unternehmerisch organisationalen Kontext des grenzüberschreitenden Handels sowie zur Überwindung inhärenter Hürden/Konflikte beiträgt. Der Akt des Aushandlungsprozesses selbst, indem diese Kompetenzen und Wissensformen zugleich generiert und übersetzt werden, muss jedoch als ein kollektiv-interaktiver Prozess im Sinne der *knowing in practice* Perspektive verstanden und analysiert werden.

3. FORSCHUNGSDESIGN, FORSCHUNGSMETHODIK UND FRAGESTELLUNGEN

3.1 EINE METHODISCH-ANALYTISCHE PERSPEKTIVE AUF SOZIALE FORMATIONEN

Werden Netzwerke als soziale Formationen betrachtet, welche durch Handlungen und Selektionen individueller Akteure entstehen und somit als deren Ergebnis interpretiert werden können (vgl. Kap. 2.2), so liegt es zunächst nahe, diese sozialen Formationen anhand akteurszentrierter, handlungstheoretischer Erklärungsmodelle und der methodischen Maxime des methodologischen Individualismus[1] zu analysieren. Diese Maxime als grundlegende Konstruktionsanweisung für Sozialtheorien besagt, dass „Soziales unter Bezug auf Wahrnehmungen, Erwartungen und Selektionen bzw. Handlungen von individuellen Akteuren zu beschreiben und zu erklären ist" (Greshoff 2009: 445). Max Weber (1976), als Mitbegründer des methodologischen Individualismus, hat diese Maxime in seiner Reduktionsanweisung zur verstehenden Soziologie bereits 1921 formuliert und postulierte, dass soziale Gebilde auf ihre unterste Einheit, ihr Atom zu reduzieren seien, nämlich auf das Individuum und sein Handeln (Weber 1976: 415). Diese Maxime darf jedoch nicht dazu verleiten, jegliches Soziale einzig und allein durch die Reduktion auf das Individuum bzw. auf individuelle Handlungssequenzen erklären zu wollen. Denn soziale Formationen wie soziale Netzwerke werden immer durch ein wechselseitiges soziales Handeln, über ein „Mindestmaß von Beziehungen des beiderseitigen Handelns aufeinander" (Weber 1976: 13) bestimmt (vgl. Kap. 2.3 und 2.6.3) und können somit nicht allein auf die Minimalbedingungen ihres Bestehens reduziert werden (Greshoff 2009: 446). Damit wird auch deutlich, dass die oftmals von Seiten der Kritiker an individualistisch-fundierte Erklärungsmodelle herangetragene Kritik, soziale Gebilde werden lediglich als die Aggregation individueller Handlungen begriffen, nicht Stand hält (Kneer 1996: 20; Coleman 2000: 22).

Die Erklärungsmaxime des methodologischen Individualismus ist somit zunächst als eine rein methodische Leitlinie zu verstehen, und zwar in dem Sinne als dass man

> „Erklärungen der individuellen Selektionen und Handlungen braucht, [...], um die Entwicklung sozialer Gebilde erklären zu können, weil diese Entwicklung nichts jenseits dieser Operationen (Selektionen/Handlungen) und ihrer Resultate ist, sondern nur darüber zustande kommt" (Greshoff 2009: 446; vgl. Kap. 2.2).

---

1 Einen Überblick diverser Interpretationsmöglichkeiten und Konzeptionalisierungen des methodologischen Individualismus liefert Lars Udehn (2001; 2002).

Sie stellt also Minimalstandards zur methodischen Erfassung der Herstellung, Aufrechterhaltung und Transformation sozialer Formationen/Netzwerke und sozialer Realitäten fest, die es dem außen stehenden Betrachter ermöglichen, auf der Basis „individueller" Operationen eine nachvollziehbare Handlungslogik auf dem Emergenzniveau sozialer Formationen zu erkennen. Allerdings erhebt der methodologische Individualismus nicht den Anspruch einer umfassenden Methodik oder gar (Sozial/Kultur-)Theorie, die für jegliche sozialkulturelle Phänomene oder Ordnungsprinzipien Allgemeingültigkeit beansprucht. So geben Jon Goss und Bruce Lindquist (1995: 331) bezüglich sozialer Formationen wie sozialer Netzwerke dann auch zu bedenken „[that] it is still not clear how these networks operate as social entities beyond the sum of the individual relationships of which they are constituted". Um also etwa „aneinander anschließendes Zusammenhandeln, vor allem aber die Strukturen sozialer Gebilde sowie solche Gebilde als ein ‚Gesamt' erklären zu können" (Greshoff 2009: 446) bedarf es einer zusätzlichen Perspektive auf oder Konzeptualisierung von sozialen Formationen, die neben einem mikro-analytischen, akteurs- und handlungszentrierten Ansatz auch strukturations- und praktikentheoretische Elemente meso- und makro-analytischer Dimension mit einbezieht. Es sei an dieser Stelle darauf hingewiesen, dass durch solch eine Erweiterung des individualistisch-analytischen Blickes um kollektivistische Erklärungsmodelle die Bedeutung akteurs- und handlungszentrierter Ansätze für den erkenntnistheoretischen Prozess nicht abnimmt. Vielmehr können diese kollektivistischen Ansätze bzw. strukturations- und praktikenzentrierte Gesellschafts-/Kulturtheorien als Weiterentwicklung sowie als Komplementär handlungstheoretischer Erklärungsmodelle betrachtet werden (Brandt 2011: 178; Reckwitz 2008b: 109ff.; Schatzki 2005: 10f.). Neben reinen Zweck-Mittel-Rationalitäten, strategisch-instrumentellen Handlungslogiken und kollektiven Norm- und Wertesystemen werden damit auch kollektive, in routinisierten Interaktions- und Kommunikationsprozessen verhandelte Wissensordnungen und kognitiv symbolische Ordnungen zum Erkenntnisprozess einer nachvollziehbaren Handlungslogik hinzugefügt und so ein „größere[r] Kontext gesellschaftstheoretischer und sozialwissenschaftlicher Theoriebildung" (Moebius 2008: 58) erschlossen.

Der Zugang über kollektivistische Erklärungsmodelle auf der Meso- und Makroebene sozialer Systeme ermöglicht es – im Sinne einer poststrukturalistischen Perspektive praktikentheoretischer Ansätze (vgl. Kap. 2.6.3) – zum einen Rückschlüsse auf das Handeln individueller Akteure. Zum anderen offeriert diese Perspektive die Möglichkeit, soziale Formationen und soziale Strukturen als eigenen Erklärungsgegenstand aufzufassen und – unter Berücksichtigung historischer und kulturspezifischer Elemente (Reckwitz 2007; 2004) – in das Analysemodell der Herstellung, Aufrechterhaltung und Transformation sozialer Netzwerke mit einzubeziehen. Um nun aber nicht Gefahr zu laufen, die klassische Mikro-Makro-Dichotomie zwischen individualistischen und kollektivistischen Erklärungsmodellen zu bedienen und dabei der Plausibilität handlungstheoretisch-rationalistischer und strukturtheoretisch-deterministischer Handlungslogiken zu folgen, bietet es sich für eine methodisch-analytische Perspektive auf soziale Netzwerke und unternehmerisches Handeln in der Migration an, auf die Theorie der Strukturation von Anthony Giddens (1984; 1997) zurückzugreifen (vgl. Kap. 2.4.3). Demnach werden Handlung und Struktur, Subjekt und Objekt sowie die Konstituierung beider Elemente nicht als zwei unabhängig voneinander gegebene Mengen von sozialen Phänomenen betrachtet, sondern Anthony Giddens begreift mit seinem Konzept der Dualität von Strukturen die Herstellung, Aufrechterhaltung und Transformation sozialer Formationen vielmehr als einen dialektischen Prozess, in dem „structural properties of the social system are both the medium and outcome of the practices they recursivley organize" (Giddens 1984: 25). Indem hier also Strukturen und Handlungen permanent aufeinander bezogen werden, und zwar in ihrer Wechselbeziehung, entwickeln sie aus dieser Dualität jene Dynamik sozialer Phänomene, die für die hier eingenommene prozessuale Perspektive auf soziale Formationen unter Einbezug der Handlungsbeiträge von Akteuren sowie sozial-kultureller Aushandlungs- und Kommunikationsprozesse evident ist. Oder wie Jon Goss und Bruce Lindquist (1995: 334) es formulieren: „The goal of structuration research is to understand the interaction of agency and structure responsible for the production and reproduction of social life". Mit diesem Zitat wird auch deutlich, dass der hier vorliegende strukturationstheoretische Netzwerkansatz nicht das Ziel verfolgt, soziale Totalität in Gänze zu erfassen, sondern im Sinne eines kulturalistisch, poststrukturalistischen Verständnisses sozialer Phänomene der Frage nachzugehen, was soziale Akteure in spezifischen Situationen handlungsfähig macht. Anthony Giddens (1997: 52) formuliert dem folgend das zentrale Forschungsfeld strukturationstheoretischer Prägung

> „weder in der Erfahrung des individuellen Akteurs noch in der Existenz irgendeiner gesellschaftlichen Totalität, sondern in den über Zeit und Raum geregelten gesellschaftlichen Praktiken",

in denen Handlungsfähigkeit generiert und verändernd in soziale Strukturen eingegriffen wird.

Solch ein strukturationstheoretischer Netzwerkansatz darf aber wiederum in seiner Erklärungskraft für soziale Phänomene nicht überstrapaziert werden. So gibt Michael Samers (2010) zu bedenken, dass die Netzwerkanalyse letztlich nur eine methodische Herangehensweise, jedoch keine Theorie ist. Der Netzwerkansatz muss dementsprechend als relationale Netzwerkperspektive formuliert werden,

> „[as] a way of looking at migration [and trade] through the historically-rooted and network-based cultural, economic, political and social linkages between the country of origin and destination [and beyond]" (Samers 2010: 85; s.a. Faist 2004: 59),

welcher zunächst nur vorgibt, auf was wir als Forscher schauen müssen, wenn wir soziale Formationen und unternehmerisches Handeln in der Migration untersuchen wollen. Bruno Latour (2010) bringt diese Perspektive nochmals deutlicher auf den Punkt: „Netzwerk ist ein Konzept, kein Ding da draußen. Es ist ein Werkzeug, mit dessen Hilfe etwas beschrieben werden kann, nicht das Beschriebene" (Latour 2010: 228). Folglich kann uns ein strukturationstheoretischer Netzwerkansatz allein noch keine Antworten auf die Fragen liefern, wieso Migranten einen spezifischen Weg einschlagen, ein spezifisches Tätigkeitsfeld besetzen oder spezifische Handlungen tätigen. Diese Fragen, so Steven J. Gold (2005), können nur beantwortet werden „through careful observation of migrants' own actions and the contexts in which they are embedded" (ebd.: 280).

Um die Bedeutung von Strukturen für die Generierung einer Handlungsfähigkeit über das Emergenzniveau sozialer Formationen hinaus erfassen zu können, müssen zudem jene rahmengebenden Strukturmomente methodisch-analytisch in den Blick genommen werden „under which such networks arise and the mechanisms by which they shape migration [and entrepreneurial action]" (Bakewell 2010: 1703)[2]. Denn die relationale Netzwerkperspektive betont,

> „dass Sozialsysteme wie Netzwerke untrennbar mit ihren Kontexten verwoben sind und sich fortlaufend in Beziehungsgeflechten mit anderen Sozialsystemen (re-)produzieren bzw. (re-)produziert werden müssen" (Windeler 2002: 228).

Mit Kontexten sind hier schließlich – neben der spezifisch sozialen Struktur eines sozialen Netzwerkes – historisch-spezifische, sozial-kulturelle, ökonomische und/oder politisch-institutionelle Elemente gesellschaftlicher Ordnung gemeint (vgl. Kap. 4; Kap. 5.3.2), die so weit über Zeit und Raum ausgreifen, dass sie entsprechend einer eigenen Systemlogik unabhängig von individuellen Akteuren und deren Einflussnahme deterministische Kontextbezüge herstellen – die aber zugleich als Teil der jeweiligen Handlungszusammenhänge bzw. Teil der Praktiken verstanden werden und erst in diesen ihre strukturierende und ordnende Bedeutung erlangen.

Dem Giddenschen Verständnis von Strukturen folgend ließe vermuten, dass sich jeglicher struktureller/strukturierender Kontext, sei er sozialer oder materieller Natur, Kraft des Wunsches handelnder Akteure verändern ließe. Und tatsächlich scheint Anthony Giddens ebene dieser Auffassung zu sein, wenn er behauptet, dass das Handeln Ereignisse betrifft, „bei denen ein Individuum Akteur in dem Sinne ist, dass es in jeder Phase einer gegebenen Verhaltenssequenz anders hätte handeln können" (Giddens 1997: 60). Zwar spricht Giddens an anderer Stelle von strukturellen Zwängen und berücksichtigt, „dass die strukturellen Momente sozialer Systeme so weit in Raum und Zeit ausgreifen, dass sie sich der Kontrolle eines jeden individuellen Akteurs entziehen" (ebd.: 78). Allerdings verortet er diese Strukturzwänge nicht auf einer Systemebene. Vielmehr entfalten diese ihre Wirkung erst in Abhängigkeit „von den Motiven und Gründen, die Handelnde für das, was sie tun, haben" (ebd.: 235). Mit dieser argumentativen Schwerpunktsetzung auf die Handlungsmotivation verlegt Giddens die Ursache für das Entstehen von Zwängen und Zwangssituationen in den Verantwortungsbereich des Individuums und damit, „zumindest methodologisch" (Steinbrink 2009: 70), auf die Akteursebene:

---

2   Oliver Bakewell (2010) hält fest, dass dies nicht zwangsläufig neue Fragen im Feld der Netzwerk- und Migrationsforschung sowie in der Beschäftigung mit *Structure and Agency*-Prozessen aufwirft, „but the challenge is as yet unanswered" (ebd.: 1703).

„Es gibt viele soziale Kräfte, von denen sich zurecht sagen lässt, dass Handelnde ihnen ‚nicht widerstehen können'. Das heißt, sie können sich nicht dagegen wehren. Aber das ‚nicht können' bedeutet hier, dass ihnen nur deshalb nichts anderes übrig bleibt, als sich an die in Frage stehenden Entwicklungstrends anzupassen, weil sie entsprechende Motive oder Ziele, die ihren Handlungen zugrunde liegen, als gegeben akzeptieren" (Giddens 1997: 232).

Damit scheint das Individuum selbstverschuldet Zwangsmomente zu produzieren, und zwar aus dem Grunde, weil es seine Motive nicht an den sozialen und materiellen Kontext anpasst. Unter der Annahme einer prinzipiellen Wahlfreiheit bezüglich der Motivsetzung, die Giddens als „zweckgerichtetes, vernünftiges Verhalten" (ebd.: 233) formuliert, könnte man dieser Aussage grundsätzlich eine gewisse Plausibilität zusprechen. Wenn er an anderer Stelle jedoch erwähnt, dass es in bestimmten Situationen keine gangbaren Handlungsalternativen entsprechend einer Zweck-Mittel-Rationalität gibt (ebd.: 365), wirft dies die Frage auf, welche Zwecke dann noch übrig bleiben, um seine Motive und Wünsche umzusetzen. Hier also von einer prinzipiellen Handlungsfreiheit auszugehen, ohne den objektiven Zwang von Handlungsbedingungen auf die Handlungen selbst sowie auf die zugrundeliegenden Motivationen mit einzubeziehen, verschließt den Blick auf den Prozess der Zwecksetzung bzw. auf das Zustandekommen von Motiven in Abhängigkeit der Rahmen gebenden Handlungsbedingungen – was letztlich der tatsächlichen Situation untersuchter Akteure insbesondere in der Anfangsphase ihrer unternehmerischen Karriere nicht gerecht wird. Ohne hier wieder eine deterministisch-rationalistische Handlungslogik strukturtheoretischer Erklärungsmodelle heraufzubeschwören, ist doch die Erkenntnis zutreffend, „dass sich Akteure in konkreten Situationen am sozialen Kontext orientieren und ihr Handeln von dieser Logik der Situation […] beeinflusst wird" (Miebach 2010: 34). Dementsprechend postuliert die praktikentheoretische Perspektive auf unternehmerisches Handeln in der Migration (Kap. 2.6) keine prinzipielle Handlungsfreiheit, sondern fokussiert hingegen den Umgang mit strukturellen Zwängen oder deterministischen Kontextbezügen als kreativen Akt der Welterschließung, in dem Handlungsfähigkeit generiert wird. Einzelne Handlungsakte verbleiben damit

„nicht punktuell, isoliert und von einem Zweck angeleitet […], sondern erscheinen von vornherein eingebettet in repetitive und sozial typisierte soziale Praktiken, eine Sequenz von skillful performances" (Reckwitz 2007: 319; s.a. Joas 2012).

Indem wir nun einerseits den von Steven J. Gold (2005) erwähnten Kontext als sozialräumlichen Handlungskontext im Sinne translokaler Verflechtungszusammenhänge (Kap. 2.5) sowie sozialkultureller Aushandlungs- und Kommunikationsprozesse (Kap. 2.6) verstehen, welcher die Situationsdefinition des Akteurs oder den Handlungszusammenhang der Praktizierenden – unter Einbezug der historisch-spezifischen, sozial-kulturellen und politisch-institutionellen Kontextbezüge – mit strukturiert, andererseits das Handeln der Akteure wiederum als das konstituierende Element sozialräumlicher Strukturen und Handlungskontexte verstehen, kristallisiert sich eben jene Logik sozialer Prozesse heraus, die Anthony Giddens (1984; 1997) mit der Dualität von Struktur umschreibt. Der Bezug zu dieser Dualitäts- und Rekursivitätslogik – allerdings unter der Berücksichtigung der oben genannten kritischen Reflektion des Begriffsinstrumentariums Anthony Giddens' (s.a. Kap. 2.6.3) – im Rahmen der theoretischen und methodisch-analytischen Konzeption vorliegender Arbeit gibt schließlich jene „sensitizing devices" (Goss & Lindquist 1995: 331), um den prozesshaften, dynamischen und translokalen Charakter sozialer Formationen und der Generierung einer Handlungsfähigkeit zu verdeutlichen sowie gleichzeitig den Maximen oder Minimalstandards des methodologischen Individualismus treu zu bleiben – zumindest in dem Sinne, als dass der Sinn sozialen Handelns einem interpretativ-verstehenden Paradigma folgend aus der Perspektive der Handelnden oder Praktizierenden selbst (und nicht aus der Sicht nicht-menschlicher, handelnder Objekte) erschlossen wird (Meuser 2011: 93; Mattissek 2013: 137). Über die reine Zweckrationalität methodologisch-individualistischer Erklärungsmodelle hinaus bedarf es jedoch eines Blickes auf die situierten Interaktionen bzw. sozialkulturellen Aushandlungs- und Kommunikationsprozesse Praktizierender in ihrem jeweiligen (lokal situierten) Handlungszusammenhang. Dabei ist nachzuzeichnen, welche Bedeutung strategisch-instrumentelle Aspekte und paradigmatisch gedachte Strukturen für das Hervorbringen und die Veränderung tatsächlich vorzufindender sozialer Interaktionsprozesse und sozialen Handelns besitzen. Zugleich muss mit Verweis auf den kreativen Akt (Kap. 2.6.3 und 2.6.4) der Frage nachgegangen werden, wie diese Aspekte und Strukturen in ihrer situativen und interaktionistischen Bezugnahme zur Produktion und Transformation neuer sozialer Strukturen, Wissensformen oder Ordnungsprinzipien/Regeln kollektiver (und multikultureller), sinnhafter Handlungszusammenhänge beitragen (Mattissek 2013: 136) und dabei Opportunitäten zur Kompetenzentwicklung individueller Akteure bereitstellen – die wiederum ihre Bedeutung über den lokalen Kontext und inhärenter Alltagspraktiken hinaus, im Sinne einer translokalen Perspektive „[that acknowledges] intermediary arrangements, fluidity and intermingling processes" (Verne 2012a: 17f.), für die Organisation translokaler Formationen besitzen. In diesem Sinne ermöglicht eine strukturationstheoretische, translokale Netzwerkperspektive auf unternehmerisches Handeln in der Migration zugleich Momente der lokalen Bindung und der (zum Teil globalen) Bewegung in einer holistischen, relationalen Raumkonzeption zu vereinen.

3.2 EIN MULTIPLES, HERMENEUTISCH-INTERPRETATIVES FORSCHUNGSDESIGN

Dieser strukturationstheoretischen, translokalen Netzwerkperspektive auf unternehmerisches Handeln in der Migration liegt bereits ein qualitatives Forschungsdesign zugrunde, welches sich einer hermeneutisch-interpretativen Ethnographie verpflichtet fühlt (Gadamer 2010, 1986; Geertz 2006, 2012) – und zwar in dem Sinne, als dass „anerkannt wird, dass die Beschreibung menschlicher Handlungen eine Vertrautheit mit den in solchen Handlungen ausgedrückten Lebensformen verlangt" (Giddens 1997: 53) ohne sie einem theoretisch-konzeptionellen Determinismus zu unterwerfen (Fuchs & Berg 1999). Gemeint ist hier jedoch weder ein naiver Empirismus noch eine theorielose Forschung. Auch geht es nicht darum, theoretische Überlegungen und Konzepte als ausschließliche Brille oder Werkzeug zu nutzen, mit denen es erst dem Forschenden gelingt, bestimmte Phänomene nachzuzeichnen und zu verstehen. Vielmehr sieht eine hermeneutisch-interpretative Ethnographie Vorkenntnisse wie Theorien immer nur als mögliche „Beirrung" (Gadamer 2010: 272) – ganz im Sinne der *knowing in practice* Perspektive (Kap. 2.6.3) – realer Phänomene an, die es von der Empirie ausgehend in einer kritischen Reflexion zu hinterfragen gilt. Zentrales Interesse gilt hierbei der Frage, „welche Einblicke durch bestimmte theoretische Zugänge ermöglicht bzw. durch sie verstellt werden" (Verne 2012b: 193). Denn letztlich geht es im Sinne einer hermeneutischen Untersuchungsmethodik um die Untersuchung der Phänomene selbst sowie um die Plausibilität vorgefundener Handlungszusammenhänge (Mattissek et al. 2013: 136ff.), denen man empirisch jedoch erst habhaft wird, indem man sich auf sie einlässt und nicht, indem man bereits „abstrahierte Entitäten zu einheitlichen Mustern" (Geertz 2012: 26) zusammenfügt und dabei die Verifizierung vorformulierter Hypothesen verfolgt. Diese Vorgehensweise schließt die Verallgemeinerung gefundener Konzepte und Zusammenhänge aus dem Analyseverfahren jedoch nicht gänzlich aus (Flick 2011: 522ff.), bewahrt allerdings vor allzu naiven theoriegeleiteten Schlussfolgerungen, die der Variationsbreite, Unterschiedlichkeit und Unvorhersehbarkeit des Feldes nicht gerecht werden.

Dieses Einlassen auf das Phänomen selbst und auf das Erleben der Welt aus Sicht des Erforschten (Malinowski 1922: 25) impliziert im Sinne der Ethnographie mehr als nur den kommunikativen und zumeist retrospektiven Austausch über Handlungszusammenhänge, Erlebnisse, Erfahrungen, etc. der Untersuchungspersonen (Geertz 2012: 20). Vielmehr geht es um das Eintauchen in die Alltagswelt der Beforschten – über das methodologische Instrument der teilnehmenden Beobachtung (Lamnek 2010: 515ff.; Mattissek et al. 2013: 142ff.; s.a. Gold 1958; Spittler 2001) –, welches über das methodisch-praktische Vorgehen der ersten Kontaktaufnahme, des Samplings und des Aufzeichnens und Festhaltens von Informationen hinaus, eine „dichte Beschreibung" (Geertz 2012: 10) dieser Alltagswelt ermöglicht. Diese dichte Beschreibung

> „meint dabei nicht nur die detaillierte Darstellung von Handlungen, sondern die Verbindung dieser Handlungen mit den Bedeutungen, die sich in ihnen ausdrücken […]. Und da Handlungen immer über sich hinausweisen, gilt es immer auch die Kontexte und Rahmen in den Blick zu nehmen, in dem die Handlungen überhaupt erst verständlich – dicht – beschreibbar werden" (Verne 2012b: 186).

Insbesondere ermöglicht die kontinuierliche Partizipation am Alltagsleben der Beforschten bzw. die persönliche Erfahrung und das persönliche Einbringen des Forschers selbst „mit ‚einem Blick' komplexe Sachverhalte [zu erfassen], die sich sprachlich nur sehr umständlich ausdrücken lassen" (Spittler 2001: 8) – oder wie Clifford Geertz (2012: 21) es ausdrückt: „[Erst] in den Kontext ihrer Alltäglichkeit gestellt, schwindet ihre Unverständlichkeit". Verena Meier Kruker und Jürgen Rauh (2005: 57) sehen den Vorteil einer kontinuierlichen Partizipation darin,

„dass das erfasst wird, was Menschen wirklich tun, nicht nur das, wovon sie erzählen, dass sie es tun würden".

Um sich in die „Unverständlichkeit des Alltäglichen" hineinzufinden, zugleich aber wie bereits erwähnt, keinem naiven Empirismus sondern einer hermeneutisch-interpretativen Ethnographie zu folgen, fordert die teilnehmende Beobachtung sowohl Momente der Teilnahme als auch der Distanznahme zur Sicherstellung objektiver Reflektion seitens des Forschers:

> „[M]an braucht Distanz zur Reflektion der Erlebnisse und Erfahrungen, zum Hinterfragen der eigenen Interpretationen – frische Luft, um erneut – und hoffentlich noch tiefer – in das Andere einzutauchen" (Verne 2012b: 187).

Der Hinweis auf das erneute Eintauchen verweist zudem darauf, dass der Zugang zum Untersuchungsgegenstand bzw. zu den Untersuchungspersonen kein einmaliges Ereignis darstellt, wie dies möglicherweise Formulierungen vom Feldzugang etwa über sogenannte *gatekeeper* (Lamnek 2010: 351, 545) suggerieren – ohne behaupten zu wollen, dass es diesen Zugang nicht bräuchte. Vielmehr jedoch ist dieser Zugang als ein zum Teil langwieriger Sozialisationsprozess zu verstehen (Lamnek 2010: 546; Wax 1979), indem der Forscher sich zum einen

> „vertraut macht mit Praktiken, Handlungs- und Sprechweisen der dort ansässigen Menschen, an deren Wissen partizipiert und Kenntnisse von den Gegenständen und Prozessen bekommt, mit denen er im Feld zu tun hat" (Hermanns et al. 1984: 147).

Zum anderen – und dies ist wohl das Wesentliche qualitativer Forschung – muss es dem Forscher gelingen, eine vertrauensvolle Beziehung zu den Untersuchungspersonen aufzubauen und während des gesamten Forschungsprozesses aufrechtzuhalten (Maxwell 2013: 90ff.; Bogdan & Taylor 1975: 33ff.). Ebenso wie es zur Erforschung sozialer Netzwerke der Berücksichtigung dynamischer, prozessualer Aspekte unter Einbezug einer potentiellen Verkümmerungsdynamik sozialer Beziehungen bedarf (vgl. Kap. 2.2), so impliziert die methodologische Notwendigkeit einer vertrauensvollen Beziehung zur Generierung von Insiderinformationen die Investition in bzw. die Pflege von entsprechenden Beziehungen seitens des Forschers sowie eine kontinuierliche Aushandlung und Neuverhandlung der Beziehung zwischen Forscher und Beforschten, zwischen Subjekt und Objekt sowie zwischen der Notwendigkeit von Nähe und Distanz (Maxwell 2013: 60). Dass dabei der Aufbau persönlicher Beziehungen zu den Untersuchungspersonen soziale Verpflichtungen generiert, die während des Forschungsprozesses möglicherweise zu Rollenkonflikten zwischen der Rolle des Forschers und der des Mitgliedes im sozialen Feld führen, wird durch die erzeugte Nähe zum Gegenstand aufgewogen (Lamnek 2010: 132; Mayring 1996: 120). Dies erfordert allerdings eine kontinuierliche Reflektion seitens des Forschers bezüglich seiner Zugehörigkeit zum Feld und dem daraus entstehenden Einfluss auf das empirische Material bzw. auf die situativen Handlungszusammenhänge (Lamnek 2010: 655).

Neben der teilnehmenden Beobachtung als wesentlicher methodischer Komponente – auf die im Detail noch eingegangen wird –, basiert das qualitative Forschungsdesign der vorliegenden Untersuchung auf einem Methodenmix, der sich einerseits aus der Mehrdimensionalität des Forschungsgegenstandes ergibt (Individuum und Netzwerk, Handlung und Struktur, individuelle Handlungsprozesse und kollektive Interaktionszusammenhänge, individuelle Ressourcen und kollektive Wissensordnungen, Lokalität und Translokalität etc.) und andererseits die oben skizierte methodisch-analytische Perspektive auf soziale Netzwerke und unternehmerisches Handeln in der Migration berücksichtigt. Im Sinne der methodologischen Triangulation (Flick 2011) wurden die empirischen Ergebnisse aus den verschiedenen methodischen Komponenten in der Analyse verschnitten und zu einer ganzheitlichen Sicht auf translokale Formationen und Handlungslogiken zusammengeführt. Die Entwicklung des (theoretischen und methodischen) Untersuchungskonzeptes und -instrumentariums unterlag dabei einer konstanten Anpassung, die sich am Prozess der Erkenntnisgewinnung aus dem laufenden Forschungsprozess im Sinne des hermeneutischen Zirkels und dem Prinzip der Offenheit qualitativer Sozialforschung (Lamnek 2010: 56f.) orientierte und so die kontinuierliche Integration neuer thematischer Aspekte, Fragestellungen und Theoriebezüge sowie die beständige Rückkoppelung der Analyseergebnisse mit diesen neuen Aspekten erlaubte. Gefolgt wurde hierbei der von Andreas Witzel (1982) in der qualitativen Sozialforschung geforderte Verzicht auf eine Normierung und Standardisierung der Erhebungsverfahren sowie der Erkenntnis,

„dass der komplexe und prozessuale Kontextcharakter der sozialwissenschaftlichen Forschungsgegenstände kaum durch normierte Datenermittlung zu erfassen ist, vielmehr situationsadäquate, flexible und die Konkretisierung fördernde Methoden notwendig sind" (Witzel 1982: 10).

Im Sinne der hermeneutisch-interpretativen Ethnographie als methodologischer Vorgehensweise vorliegender Arbeit ist man primär der „Ideologie des langen Forschungsaufenthaltes" (Spittler 2001: 5) verpflichtet. Andererseits bieten mehrere, mehrmonatige Aufenthalte „im Vergleich zu einem einzigen langen Aufenthalt den Vorteil, dass Entwicklungen und Prozesse über einen längeren Zeitraum begleitet werden können" (Mattissek et al. 2013: 143f.). Um Dynamiken in Bezug auf die Herstellung und Transformation translokaler Netzwerkbeziehungen sowie die Entwicklung von Handlungsstrategien und (unternehmerischen) Fähigkeiten im Kontext des sino-afrikanischen Handels nachzeichnen zu können, fanden im Rahmen dieser Arbeit fünf jeweils zwei- bis dreimonatige Forschungsaufenthalte über einen Gesamtzeitraum von drei Jahren und einem Monat statt (Tab. 1). Um den Nachtteil von jenen Kurzzeitaufenthalten aufzuwiegen, in denen „möglicherweise weniger tiefe Einblicke in die zu untersuchende gesellschaftliche Praxis" (ebd.: 144) erlangt werden, wurde zum einen die Länge der Aufenthalte auf mindestens zwei Monate festgelegt. Zum anderen wurde in den Zwischenperioden (und auch nach dem Abschluss der Feldarbeiten Ende 2011) der Kontakt zu Untersuchungspersonen über Email und soziale Netzwerke so weit wie möglich aufrechterhalten, um das gewonnene Vertrauensverhältnis nicht abreißen zu lassen und bei einem erneuten Aufenthalt nahtlos an dieses Verhältnis anknüpfen zu können. Im Folgenden sollen nun die methodischen Komponenten des Forschungsvorhabens und ihre flexible Ausgestaltung in ihrer zeitlichen, aufeinander aufbauenden Abfolge vorgestellt werden.

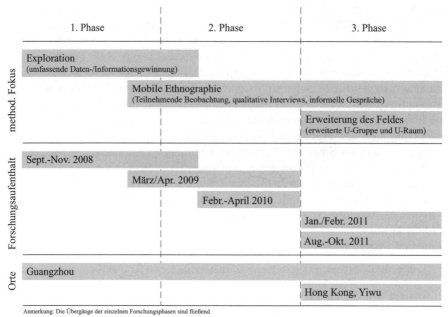

Anmerkung: Die Übergänge der einzelnen Forschungsphasen sind fließend

Tab. 1: Forschungsaufenthalte in Forschungsphasen eingeteilt (eigene Bearbeitung)

3.3 DAS METHODISCH-ANALYTISCHE VORGEHEN IM FELD

Erste Forschungsphase

Zur Annäherung an das Untersuchungsphänomen der Konstituierung translokaler Handelsnetzwerke, die sich zwischen dem afrikanischen Kontinent und China aufspannen, sowie der sozioökonomischen Organisation des sino-afrikanischen (Klein-)Handels durch afrikanische Händler, die in der südchinesischen Metropole Guangzhou agieren, erfolgte in einem ersten Schritt ein dreimonatiger explorativer Forschungsaufenthalt (September-November 2008) in Guangzhou. Dieser diente neben der Vorbereitung des ethnographischen Feldzugangs bzw. neben dem Aufbau erster Kontakte und Beziehungen zu afrikanischen Händlern und (Migranten-)Gemeinschaften vor allem der Einordnung des bis dahin noch relativ neu erscheinendem Phänomens der Etablierung afrikanischer Migranten, die sich insbesondere ab den 2000er Jahren als Händler in der Metropole niederlassen und zur lokalräumlichen Konzentration und Entwicklung migrantengeführter Ökonomien in zwei städtischen Quartieren – Sanyuanli und Xiaobei – beitragen (nähere Details zu den Quartieren siehe Kap. 4). Um die Bedeutung dieser zwei Quartiere für die sozioökonomische Organisation des Handels und des alltäglichen Lebens der Untersuchungspersonen abschätzen zu können, fand eine tägliche Begehung der Quartiere statt, die neben der sukzessiven Erhebung der sozioökonomischen Infrastruktur erste Eindrücke der sozial-kulturellen und ökonomischen Lebenswelt im lokalspezifisch chinesischen Kontext vermitteln sollte. Während die infrastrukturelle Erhebung in weiten Teilen alleine getätigt wurde, konnte die Bedeutung der Quartiere oder vielmehr einzelner Treffpunkte, wie etwa Cafés, öffentliche Plätze, Hotels oder bestimmte Großhandelskaufhäuser, für die Lebenswelt der Untersuchungspersonen bereits durch die physische Begleitung des Alltags einzelner afrikanischer Händler skizziert sowie erste lokalräumliche Interaktions- und Kommunikationsprozesse im Kontext sino-afrikanischer Handelstätigkeiten beobachtet werden.

Wesentliches Ziel dieses ersten Forschungsaufenthaltes war zunächst eine breit aufgestellte Daten- und Informationsgewinnung, die primär aus der empirischen Realität heraus thematische Anknüpfungspunkte für die Formulierung forschungsrelevanter Fragestellungen und die Entwicklung eines Forschungskonzeptes liefern sollte (Mattissek et al. 2013: 153). Dieses Forschungskonzept sollte zugleich über die „Logik der Situation" und des konkreten Ortes hinaus Anknüpfungspunkte für eine theoretische Diskussion und Weiterentwicklung jener Ansätze und Theorien liefern, die sich traditionell mit sozialen/unternehmerischen Netzwerken in der Migration und ihrer Bedeutung für die Organisation von Migrantenökonomien auseinandersetzen (Kap. 2.5.3, Kap. 2.5.4). Neben dem Fokus auf einer kritischen Beleuchtung ethnischer, nationaler sowie transnationaler Bezüge auf einer Mikro- und Mesoebene untersuchter Netzwerkbeziehungen und Handlungszusammenhänge, sollte entsprechend der eingenommenen translokalen, strukturationstheoretischen Perspektive eine erste makro-strukturelle Einordnung des untersuchten Phänomens in die jeweiligen globalen und lokalen (geographischen, ökonomischen, politischen und sozialkulturellen) Kontexte erfolgen (Kap. 2.5.2). Neben der Herstellung eines größeren sozialräumlichen Sinnzusammenhangs war das Ziel dieser kontextuellen Einbettung, die jeweiligen Verbindungen und potentiellen strukturellen Momente rahmengebender Kontexte im Sinne eines „objektiven Zwangs auf den Handlungszusammenhang" der Akteure/Praktizierenden nachzuzeichnen und in ihrer sowohl historisch spezifischen Einordnung als auch zeitlich dynamischen Entwicklung nachzuvollziehen. Demzufolge wurden bereits im Vorfeld der Untersuchung sowie während des gesamten Forschungsprozesses zahlreiche Dokumente staatlicher und nicht-staatlicher Organisationen, wissenschaftliche Veröffentlichungen und Pressemitteilungen im Hinblick auf relevante Anknüpfungspunkte zur Entstehung und Entwicklung sino-afrikanischer Handelsbeziehungen und Migrationsströme gesichtet und ausgewertet.

Neben der Einordnung des untersuchten Phänomens in makro-strukturelle Prozesse – wie etwa der chinesischen Migrationspolitik, der chinesischen Wirtschaftsentwicklung und -strategie, der sino-afrikanischen Handels- und Wirtschaftsbeziehungen, der wirtschaftsstrukturellen Differenzen chinesischer und afrikanischer Produktions- und Konsummärkte, etc. (vgl. Kap. 4) – war insbesondere die fortlaufende Rückkoppelung und kritische Reflexion eigener empirischer Erhebungen in aktuelle wissenschaftliche Veröffentlichungen zu afrikanischen

Händlern in China von Bedeutung. Während zu Beginn des Forschungsvorhabens (Ende 2008) in einer ersten Annäherung an das Themenfeld lediglich drei wissenschaftliche Artikel zugänglich waren (Bertoncello & Bredeloup 2007; Li et al. 2007[3]; Zhang 2008[4]), die explizit und erstmalig afrikanische Migration und afrikanische Handelsaktivitäten in chinesischen Metropolen fokussierten, erschienen in den darauf folgenden Jahren zahlreiche Veröffentlichungen zum genannten Themenfeld, auf die im Laufe der Arbeit Bezug genommen wird (eine Auflistung bisher erschienener Studien und jeweiliger Untersuchungsschwerpunkte findet sich in Kap. 3.5). Wenn auch mit jeweils unterschiedlichen inhaltlichen und theoretischen Bezügen, so erlaubte die fortlaufende Durchsicht dieser zumeist qualitativen Studien ein relativ geschlossenes Gesamtbild afrikanischer Migrations- und Handelstätigkeiten im chinesischen Kontext zu erstellen. Insbesondere ermöglichte die Text- und Dokumentenanalyse die Validität eigener Analyseergebnisse zu bewerten, vorsichtige Generalisierungen empirischer Daten zu formulieren (und wenn nötig zu korrigieren) sowie Anregungen für eine theoretische Einordnung und Diskussion des empirischen Materials zu liefern (vgl. Gilles forthcoming; Müller & Wehrhahn 2013; Müller & Wehrhahn 2011; Wehrhahn et al. 2013). Zwischenergebnisse der empirischen Analyse und der theoretischen Konzeptionalisierung wurden zudem über Vorträge auf nationalen wie internationalen Konferenzen und Workshops zur Diskussion gestellt und kritisch-konstruktive Anregungen in die Weiterentwicklung des Forschungskonzeptes aufgenommen[5].

---

3   Das Konferenzpaper Li et al. (2007) erschien 2008 in der Zeitschrift *Acta Geographica Sinica* (Li et al. 2008); unter gleicher Autorenschaft (bis auf Xue Desheng) und unter nahezu gleicher theoretischer Konzeption und Inhalt erschien ebenfalls 2008 der Artikel Lyons et al. (2008).

4   Der Artikel Zhang (2008) wird in der Zeitschrift *Cities* unter dem Namen des Autors *Zhang Li* aufgeführt. Die identische Resubmission-Version dieses Artikels, die mir informell überreicht wurde, wird jedoch unter dem Namen *Li Zhigang* geführt – derselbe Autor wie bei Li et al. (2007) und Lyons et al. (2008). Da Bork-Hüffer et al. (2014) (Mitautor ist u.a. *Li Zhigang*) den Artikel Zhang (2008) ebenfalls unter dem Namen *Li Zhigang* führen, sich zudem Empirie und Theoriebezüge von Zhang (2008) in auffälliger Weise mit denen von Li et al. (2008) und Lyons et al. (2008) überschneiden, kann von gleicher Autorenschaft ausgegangen werden.

5   Im Folgenden eine Auswahl wichtiger Konferenzbeiträge für den Forschungsprozess: Müller, A. (2013): The production of a translocal trading place – Guangzhou and the impact of multiple and multilocal forms of organisation of African traders. International Conference within the Programme Point Sud (DFG): 'South-South-relations and Globalization: Chinese migrants in Africa, African migrants in China'. Dakar (Senegal), 20.-24.01.2013; Müller, A. (2012): Multi-local business networks: Practices of African intermediaries in China and the role of embodied knowledge. International Conference of the Centre for Population Change (CPC) and the Population Geography Research Group (PGRG) of the RGS-IBG: 'Innovative perspectives on population mobility: Mobility, immobility and well-being'. St. Andrews, 02.07.2012; Müller, A. (2012): (Immigrant) Business as usual? Afrikanische Händler in Guangzhou/China. Jahrestagung des AK Subsaharisches Afrika. Wien, 14.4.2012; Müller, A. und R. Wehrhahn (2010): Konstituierung transnationaler Händlernetzwerke. Sozioökonomische Organisation afrikanischer Migranten in Guangzhou/China. Jahrestreffen des AK Geographische Migrationsforschung. Bochum, 30.09.2010

Übergang zur zweiten Forschungsphase

Bereits während des ersten explorativen Forschungsaufenthaltes in Guangzhou, in dem neben zahlreichen informellen Gesprächen tiefergehende Interviews mit rund 20 afrikanischen Händlern geführt werden konnten (detaillierte Informationen zum Sampling und zu den Interviewformen erfolgen weiter unten), deutete sich an, dass sich das Phänomen der afrikanischen Migration zwischen Afrika und China im Kontext des sino-afrikanischen Handels als ein sehr komplexes und dynamisches Untersuchungsfeld darstellt. Nicht nur, dass die involvierten afrikanischen Akteure, die vor Ort angetroffen wurden, sowohl in Bezug auf ihren sozioökonomischen und soziodemographischen Status als auch auf ihre nationale/ethnische Herkunft sehr divers aufgestellt sind; ebenso unterschiedlich zeichnete sich bereits das Bild in Bezug auf die Aufenthaltsdauer in China, dem Visastatus, der Handelserfahrung, -ausbildung und -karriere oder der Einbindung in bereits vorhandene Netzwerke bzw. Migrantengemeinschaften im Ankunftskontext Guangzhou/China.

Zudem zeigte eine erste, auf Basis des explorativen und eines zweiten Forschungsaufenthaltes (September-November 2008; März-April 2009) erstellte Klassifizierung afrikanischer Händler[6], dass auch hier das Spektrum je nach Mobilitätsverhalten, Aufenthaltsstatus, ökonomischer Spezialisierung oder Position im multilokal aufgestellten Handelsnetzwerk sehr differenziert und divers ausfällt. Insbesondere die hohe Mobilität der Untersuchungspersonen, die sich sowohl in ihrer Wanderungshistorie und biographischen Handelskarriere als auch in der alltäglichen Ausübung ihrer Handelstätigkeit widerspiegelt und dabei mehrere Lokalitäten innerhalb und außerhalb Chinas und Afrikas umfasst, stellte sich als große Herausforderung sowohl bei der Auswahl der Untersuchungspersonen als auch bei der Durchführung qualitativer Interviews dar. So hatte ein Großteil der afrikanischen Händler, die in den zwei Quartieren in Guangzhou auf der Straße, in Hotellobbys, Restaurants, Cafés oder in den Großhandelskaufhäusern angesprochen wurden, bis auf kurze Informationsgespräche für ein tiefergehendes Interview oder gar mehrmalige Treffen schlicht keine Zeit. In der Regel mit einem 30 Tage gültigen Touristenvisum ausgestattet, mussten diese Händler innerhalb kurzer Zeit ihr geplantes Handelsgeschäft abwickeln, welches neben der (Erst)Akquise von Handelskontakten zu chinesischen Firmen und Händlern weitere zahlreiche Aufgaben umfassen kann: Vergleiche von Produktangeboten und -preisen an unterschiedlichen Standorten in Guangzhou selbst aber auch in anderen Provinzen der VR China, Verhandlungen mit chinesischen Anbietern und Händlern über Anzahl, Preis, Mengenrabatte oder mögliche Produktionsaufträge gewünschter Waren,

---

6   Es wurden jene afrikanischen Akteure in die Klassifizierung mit einbezogen, die einer regulären wie irregulären Handelstätigkeit (sowohl selbständig als auch abhängig beschäftigt) im Kontext des sino-afrikanischen Handels mit chinesischen Konsum- und Industriegütern nachgehen. Die Bestimmung der Regularität respektive Irregularität der Unternehmertätigkeit orientierte sich sowohl an der Gültigkeit des Aufenthaltsstatus als auch den jeweils damit verbundenen Bestimmungen zur Ausübung einer wirtschaftlichen Tätigkeit und/oder des Besitzes einer gültigen Handels- oder Unternehmerlizenz für die VR China.

Vertragsabschlüsse von Handelsgeschäften, Qualitätskontrollen bestellter Waren und/oder Organisation des Warentransportes nach Afrika. Auch das „Abfangen" in den jeweiligen Hotellobbys am Ende eines Arbeitstages – welcher sich durchaus bis spät in die Nacht hinein ziehen konnte, da viele Großhandelskaufhäuser in der Stadt bis 22 oder auch 23 Uhr geöffnet haben – erwies sich nicht als probates Mittel, um Interviewpartner für ein tiefergehendes Gespräch zu generieren, geschweige denn, um vertrauensvolle Kontakte über einen längeren Zeitraum aufzubauen.

In der Folge führte dies zu der Strategie, sich bei der Auswahl der Untersuchungspersonen primär auf jene afrikanischen Akteure zu konzentrieren, die sich für einen längeren Aufenthalt in der Metropole Guangzhou niederlassen wollten oder dies bereits seit mehreren Monaten oder Jahren taten. Um jedoch weiterhin sowohl der Variationsbreite, Unterschiedlichkeit und Unvorhersehbarkeit im Feld als auch dem Anspruch einer Theorieentwicklung – mittlerer Reichweite – gerecht zu werden (Flick 2011: 159, 165), orientierte sich die Auswahl der Untersuchungspersonen an der Vorgehensweise des „theoretischen Samplings" (ebd.: 158ff.). Im Vordergrund steht hierbei nicht primär die Repräsentativität untersuchter Personen, Gruppen oder Themenfelder für die Gesamtheit des Untersuchungsgegenstandes (also der afrikanischen Händler, sino-afrikanischer Händlernetzwerke und inhärenter Handlungszusammenhänge).

> „Vielmehr werden Personen, Gruppen, etc. nach ihrem (zu erwartenden) Gehalt an Neuem für die zu entwickelnde Theorie aufgrund des bisherigen Standes der Theorieentwicklung in die Untersuchung mit einbezogen" (Flick 2011: 159),

wobei die empirisch erfasste Realität bzw. neue sich aus der Empirie ergebende Themenfelder die Bezugspunkte für das zu entwickelnde Theoriekonzept sowie für die „theoretische Sättigung" (ebd.: 161) untersuchter Personen, Gruppen oder Themenfelder darstellen. Demzufolge wurde bei der Auswahl der Untersuchungspersonen darauf geachtet, ein möglichst breites Spektrum in Bezug auf nationale/ethnische Herkunft, Aufenthaltsdauer, Alter, Familienstand, Bildungsgrad, Religionszugehörigkeit, Handelserfahrung innerhalb und außerhalb Chinas, etc. abzudecken. Zugleich sollte die Auswahl der Untersuchungsmethodik und Interviewform(en) die Möglichkeit bereitstellen, sich neue Themenfelder und Akteure in konstanter und flexibler Weise entsprechend des theoretischen Samplings zu erschließen.

Ein erster Zugang zu einer Gruppe ansässiger afrikanischer Händler erfolgte Anfang Oktober 2008. Während eines Rundgangs in einem Großhandelskaufhaus im Quartier Xiaobei traf ich in einem der zahlreichen Shops[7], welcher von einem chinesischen Händler mit der Spezialisierung auf den Vertrieb von Männerhemden geführt wird, auf einen Kongolesen aus Kinshasa/DR Kongo (C., vgl. Tab. 2). Wie sich im Verlauf des nun rund zweistündigen Gespräches im Shop selber sowie beim anschließendem Rundgang durchs Viertel und gemeinsamen Abendes-

---

7   Eine Beschreibung der Quartiere und Details zu den Großhandelskaufhäusern und Shops erfolgt in Kap. 4.

sen in einem afrikanischen Restaurant herausstellte, ist dieser Kongolose Pastor einer christlich-freikirchlichen Gemeinde in Guangzhou, die im weitesten Sinne der pfingstlich-charismatischen Bewegung bzw. den Pfingstgemeinden zugeordnet werden kann und zu einer der zahlreichen afrikanischen und nicht durch den chinesischen Staat registrierten Kirchengemeinden in Guangzhou/China gehört (siehe Kap. 5.4). Aus Gründen der Anonymität wird diese Pfingstgemeinde im weiteren Verlauf der Arbeit unter dem Namen *The Will of God* geführt. Neben dem regelmäßigen Sonntagsgottesdienst der Gemeinde in einem Hotelsaal im Quartier *Xiaobei* werden im Laufe der Woche weitere Treffen dieser Glaubensgemeinschaft veranstaltet wie etwa Gebetsabende, Bibelstudium, Morgenandacht oder Kirchenchorproben, die in verschiedenen Wohnungen der Gemeindemitglieder stattfinden. Der Pastor lud mich nach unserem ersten Treffen zum Besuch des Sonntagsgottesdienstes ein, der tags darauf abgehalten wurde. Bereits zu Beginn des Gottesdienstes stellte mich der Pastor den rund 50 anwesenden Kirchenmitgliedern vor, berichtete von meinem Vorhaben einer wissenschaftlichen Studie über das Leben und Wirtschaften afrikanischer Händler in China und der Suche nach Interviewpartnern und bat seine Kirchenmitglieder, mich bei diesem Vorhaben zu unterstützen bzw. bei Interesse, mich nach dem Gottesdienst oder im Laufe der nächsten Wochen anzusprechen. Nach dem rund vierstündigen Gottesdienst löste sich die Versammlung jedoch sehr schnell auf. Wie ich später erfuhr, ging ein Großteil der Anwesenden ihren üblichen Handelsgeschäften in den umliegenden Großhandelskaufhäusern und Handelsbüros nach, die auch am Sonntag geöffnet haben. Andere wiederum trafen sich zu gemeinsamen Abendessen in ihren Wohnungen oder Restaurants des Viertels. Ich selbst wurde vom Pastor eingeladen, mit ihm in einem nahegelegenen chinesischen Schnellrestaurant zu Abend zu essen. An diesem Abend wurde überwiegend über christliche Themen gesprochen, die in der Predigt des Gottesdienstes thematisiert wurden – wie etwa die Rolle von Mann und Frau in der Ehe und das religiöse Leben im nicht-christlich geprägten China. Zudem berichtete der Pastor über die Entstehungs- und Entwicklungsgeschichte seiner christlichen Gemeinde in Guangzhou, welche er vor rund fünf Jahren gegründet hatte. Da ich selber in einer Pfingstgemeinde in Deutschland aufwuchs und im Sinne der evangelikal-charismatischen Bewegung sozialisiert wurde, waren mir sowohl die Praxis des Gottesdienstes als auch die tendenziell wert- und gesellschaftskonservative Auslegung der Glaubenslehre basierend auf den Schrifttexten der Bibel sehr vertraut.

Aufbauend auf diesen Gemeinsamkeiten entwickelte sich in den folgenden Wochen dieses explorativen Forschungsaufenthaltes sowie in den vier weiteren darauffolgenden Aufenthalten nicht nur ein vertrauensvolles Verhältnis zu dem Pastor selbst, in dem es neben der kritischen Auseinandersetzung mit Glaubensfragen und gemeindebezogenen Alltagspraktiken schließlich auch um Fragen zur sozioökonomischen Organisation des Alltagslebens und des Handels der afrikanischen Gemeinschaften in China und seiner Person selbst ging. Es konnten über diese Schlüsselperson, z.T. nach dem Schneeballprinzip oder durch direkte Kontaktaufnahme, weitere Interviewpartner generiert werden, die Teil dieser christlich-freikirchlichen Gemeinde waren/sind. Dabei war von Vorteil, dass sich die

Gemeinde selbst als multinationale Glaubensgemeinschaft begreift – der Gottesdienst wird u.a. durch Simultanübersetzung in englischer und französischer Sprache abgehalten –, so dass sich die Gemeinschaft aus zahlreichen unterschiedlichen, insbesondere zentral- und ostafrikanischen Mitgliedern oder Gottesdienstbe-
suchern zusammensetzt. Zudem fluktuiert die Anzahl und Zusammensetzung der
Mitglieder im Jahresverlauf, ein Aspekt, der u.a. auf den Einfluss chinesischer
Migrations- und Visapolitik zurückzuführen ist und auf den in Kap. 5.4 noch de-
tailliert eingegangen wird. In der Folge ermöglichte dies, der oben angesprochenen Variationsbreite und Unterschiedlichkeit im Feld bezüglich der Auswahl der
Interviewpartner gerecht zu werden.

Ein wichtiges Element für den Zugang zu den Mitgliedern dieser Gemeinde
bestand in der „vollständigen Teilnahme" (Mattissek et al. 2013) an ihrem christlichen Gemeindeleben sowie, neben der Begleitung handelsbezogener Tätigkeiten
einzelner Mitglieder, in der aktiven oder passiven Teilnahme[8] an ihren sozialen
Alltagsaktivitäten. Bereits nach dem ersten Gottesdienst wurde ich vom Pastor
und zwei Kirchenchormitgliedern (Th. und D. aus Burundi) eingeladen, an den
zweimal in der Woche stattfindenden Chorproben teilzunehmen, die zu der Zeit in
einer Privatwohnung zweier Händler aus der DR Kongo (C. singt ebenfalls im
Kirchenchor mit, P. ist als „freier" Prediger in der Gemeinde tätig) abgehalten
wurden. Auf diese Weise wurde ich nicht nur ständiger aktiver Teil des Kirchenchores während der Chorproben und Gottesdienste über sämtliche Forschungsaufenthalte hinweg, erhielt einen tiefergehenden Einblick in die Bedeutung der Glaubensgemeinschaft, Religion und inhärenter Verflechtungszusammenhänge für die
sozioökonomische Organisation afrikanischer Handelsnetzwerke (insbesondere
im Ankunftskontext), sondern erwarb mir darüber hinaus das Vertrauen und die
Achtung der Kirchenmitglieder als neu hinzugewonnenes (einzig europäisch-
weißes) Mitglied ihrer christlichen Gemeinde. Dieses vertrauensvolle Verhältnis
implizierte jedoch weiterhin einen Rest vorsichtige Zurückhaltung gegenüber
meiner Person und Rolle als Wissenschaftler, die insbesondere in informellen
Gesprächen zu Tage trat, in denen sensible Fragen zu handelsbezogenen Tätigkeiten oder chinesischer Migrations- und Visapolitik gestellt wurden, oder wenn
ganz explizit nach festen Interviewterminen in privater Umgebung gefragt wurde.
Wie sich erst wesentlich später während meines dritten Forschungsaufenthaltes
(Februar-April 2010) bei einem Gespräch mit einem Kirchenchormitglied (D. aus
Burundi) herausstellte, war dieses Misstrauen unter anderem auf den irregulären
Aufenthaltsstatus und irreguläre Handelstätigkeiten einiger weniger Gemeindemitglieder zurückzuführen. Aufgrund meiner Kontakte zum chinesischen Universitätssystem fürchtete man einen möglichen Informationsfluss zu chinesischen
Behörden. Zudem wurden im Zuge der Olympischen Spiele 2008, der Asian Games 2010 und aufgrund verschiedener öffentlicher Proteste afrikanischer Händler
in Guangzhou 2009 (im Detail, siehe u.a. Bodomo & Ma 2010; Bork-Hüffer et al.

---

8   Für eine Vertiefung in unterschiedliche Formen der teilnehmenden Beobachtung siehe u.a.
     Flick 2011: 283; Lamnek 2010: 523ff.; Mattissek et al. 2013: 149 und insbesondere Gold
     1958: 219ff.

2014) zunehmend unangekündigte Visakontrollen durch chinesische Polizeibe-
hörden durchgeführt[9] sowie größere Versammlungen religiöser Glaubensgemeinschaften – insbesondere nicht-registrierter Glaubensgemeinschaften – stärker
überwacht und kontrolliert (vgl. Kap. 4).

Aufgrund dieser Schwierigkeiten beim Aufbau vertrauensvoller Beziehungen
zu sämtlichen Gemeindemitgliedern wurde darauf verzichtet, eine Gesamterhe-
bung der Glaubensgemeinschaft vorzunehmen. Stattdessen konzentrierte sich die
teilnehmende Beobachtung aus zeitlich-pragmatischen Gründen[10] am Alltagsleben
einiger weniger Mitglieder über die Dauer der gesamten Forschungsaufenthalte,
zu denen sich ein vertrauensvollerer und intensiverer Kontakt gleich zu Beginn
meines Forschungsprozesses herstellen ließ. Neben dem Pastor waren dies insbesondere zwei afrikanische Händler (Th. und D. aus Burundi), an deren Alltagsleben im Sinne einer mobilen Ethnographie (Sheller & Urry 2006; Ricketts Hein et
al. 2008; Verne 2012) teilgenommen wurde. Neben der täglichen Begleitung ihrer
Handelstätigkeiten in der Metropole Guangzhou, die sich i.d.R. über den ganzen
Tag bis spät in die Nacht erstreckten und nur selten durch kurze gemeinsame Res-
taurant- oder Cafébesuche unterbrochen wurden, schloss dies die Teilhabe an gemeinsamen Spaziergängen in unterschiedlichen Quartieren der Stadt, gemeinsame
Mahlzeiten mit anderen afrikanischen Händlern (und Kunden) in Restaurants und
Privatwohnungen, spontane und oft stundenlange Treffen mit anderen Afrikanern
auf öffentlichen Plätzen des Quartiers Xiaobei, Chorproben und Gebetsabende,
eine Hochzeitsfeier, zwei Feiern anlässlich der Geburt zweier Kinder, oder zahlreiche Übernachtungen in der gemeinsamen Wohnung von Th. und D. mit ein.
Diese Teilhabe über sämtliche Forschungsaufenthalte hinweg ermöglichte zum
einen die Erfassung von Informationen über spezifische Orte, Handlungszusammenhänge, Handlungsmotivationen, Prozesse der Netzwerkherstellung sowie bio-
graphische Elemente der Untersuchungspersonen anhand qualitativer Interviews
und informeller Gespräche, die in eher statischen Gesprächssituationen durchgeführt wurden. Zum anderen bot die Vorgehensweise einer mobilen Ethnographie,
Alltagsaktivitäten und Interaktionen in ihrer unmittelbaren Aus- und Aufführung
an unterschiedlichen Orten zu beobachten und dabei simultan Erfahrungen, Reflektionen und Interpretationen der Praktizierenden anhand der sogenannten natür-
lichen *go-along*-Interviewtechnik (Kusenbach 2003) aufzunehmen und auszutau-
schen:

---

9   Diese unangekündigten Visakontrollen fanden nicht nur im öffentlichen oder halböffentlichen
    Raum der Quartiere, d.h. auf öffentlichen Plätzen, in Großhandelskaufhäusern, Restaurants
    oder Cafés statt. Auch in Appartementblocks, in denen die afrikanische Wohnbevölkerung
    mehrheitlich konzentriert ist, wurden frühmorgens oder spätnachts in den Wohnungen Razzi-
    en durchgeführt, von denen ich eine in der Wohnung des Pastors selber miterleben konnte.

10 Weitere Gründe waren die ständige Fluktuation der Gemeindemitglieder und Gottesdienstbe-
    sucher im Jahresverlauf sowie die Unmöglichkeit, am Alltagsleben sämtlicher Mitglieder im
    Sinne ethnographischer Forschung teilzuhaben – so begegnete ich einigen Mitgliedern zu
    großen Teilen nur während der Sonntagsgottesdienste oder „per Zufall" während der tägli-
    chen Begehungen im Quartier Xiaobei.

„What makes the go-along technique unique is that ethnographers are able to observe their informants' spatial practices *in situ* while accessing their experiences and interpretations at the same time" (Kusenbach 2003: 463, s.a. Hitchings & Jones 2004).

Die so gewonnenen Informationen konnten zudem im Moment der Erfassung kontextuell-reflexiv in die Formulierung neuer Fragen und der sukzessiven Entwicklung eines Forschungskonzeptes einfließen. Darüber hinaus ermöglichten die go-along Interviews oder vielmehr das Mitgehen und Teilnehmen an den Alltagsaktivitäten

„[to encourage] a sense of connection with the environment; it allows for an understanding of places being created by the routes people take to and through them; and walking with others creates a distinctive sociability" (Ricketts Hein et al. 2008: 1276 in Anlehnung an Jo Lee und Tim Ingold, 2006).

Diese mobile Ethnographie im lokalen Kontext der Metropole Guangzhou ermöglichte zwar nicht das physische Nachspüren translokaler Mobilität und Handelsnetzwerke über nationale Grenzen hinweg, wie dies etwa Julia Verne (2012a) in ihrer Studie über Swahili-Familien praktizierte. Jedoch konnte die Herstellung translokaler, grenzübergreifender Verflechtungszusammenhänge durch ihre Bezugnahme in den jeweiligen Handlungszusammenhängen erfasst und ihre (vergangenheits- und gegenwartsbezogene) Bedeutung für die Organisation translokaler Handelsnetzwerke nachgezeichnet werden. Neben dieser sukzessiven „lokalen" Erschließung translokaler Zusammenhänge (s.a. Steinbrink 2009: 203) erfolgten im Rahmen des vierten und fünften Forschungsaufenthaltes (Januar-Februar 2011; August-Oktober 2011) in Guangzhou jeweils zwei Kurzaufenthalte von einer bzw. zwei Wochen in Hong Kong bzw. in Yiwu, da diese beiden Handelsmetropolen im Verlaufe des Forschungsprozesses von Seiten der Interviewpartner immer wieder als bedeutende Stationen auf dem Weg nach China oder als aktuelle Produktions- oder Handelsstandorte benannt wurden. In Hong Kong und Yiwu konzentrierte sich die Erhebung aus pragmatischen Gründen weniger auf ethnographische Zugänge zum Alltag afrikanischer Händler. Vielmehr wurde sich auf die Erfassung handelsbezogener sowie für den sozialen Alltag afrikanischer Händler bedeutende Infrastruktur, wie etwa Großhandelskaufhäuser, soziale Treffpunkte, religiöse Stätten oder Wohnquartiere, konzentriert und nur in wenigen zumeist kurzen qualitativen Interviews mit afrikanischen Händlern, die auf der Straße angesprochen wurden, personenbezogene Informationen gesammelt. Zur qualitativen Einordnung und kritischen Reflektion der eigenen empirischen Erhebungen in Hong Kong und Yiwu sowie den jeweiligen Bezügen zu diesen beiden Orten in den Interviews und Gesprächen mit afrikanischen Händlern in Guangzhou wurden Expertengespräche mit Prof. Gordon Mathews und Dalila Nadi vor Ort sowie im Rahmen einer internationalen Konferenz in Dakar/Senegal geführt. Beide Wissenschaftler arbeiten seit Jahren zum Thema der afrikanischen Migration Richtung China und sino-afrikanischer Handelsbeziehungen. Während Gordon Mathews insbesondere die Handelstätigkeiten afrikanischer Akteure in Hong Kong sowie deren Verflechtungszusammenhänge mit dem chinesischen Hinterland fokussiert und bereits zahlreiche Veröffentlichungen publiziert hat (Mathews 2012a&b; Mathews & Yang 2012; Mathews 2011), forscht Dalila Nadi seit geraumer Zeit in der Handelsmetropole Yiwu und hat bereits zahlreiche Interviews mit afrikanischen Händlern unterschiedlichster Herkunft durchgeführt, die primär Yiwu als Handelsort und/oder zeitweiligen Wohnsitz ansteuern.

Die qualitativen Interviews mit den afrikanischen Händlern, zu denen auch die *go-along* Interviews gezählt werden, bestanden sowohl aus narrativen Sequenzen als auch aus problemzentrierten Interviewphasen (zu den verschiedenen Interviewformen und -techniken siehe u.a. Lamnek 2010; Mattissek et al. 2013), die je nach Thematik und Situation im Tagesverlauf bzw. während der Partizipation am Alltag der Untersuchungspersonen flexibel angewandt und durchgeführt wurden[11]. Die Wahl der Interviewform richtete sich insbesondere danach, die Naturalistizität und Authentizität der teilnehmenden Beobachtung nicht zu gefährden (Lamnek 2010: 520). So wurde zum einen versucht, die Interviewphasen in den mobilen Alltag der Untersuchungspersonen einzubauen. Das bedeutet, dass Interviews entweder auf dem Weg zu einem Handelsgeschäft – im Bus, Taxi oder zu Fuß – abgehalten wurden. Oder es ergaben sich im Laufe des Tages Möglichkeiten einer ruhigeren und privaten Gesprächssituation wie etwa bei gemeinsamen Mahlzeiten im Restaurant oder verschiedener Hausbesuche und Übernachtungen bei den Interviewpartnern. Zum anderen wurde auf die simultane Nutzung von Aufnahmegeräten[12] oder der direkten Protokollierung auf Papier verzichtet. Eine stichpunktartige Aufzeichnung der Gespräche und gewonnenen Informationen auf ein digitales Aufnahmegerät fand entweder direkt nach den Interviews, am Ende eines Tages auf dem Rückweg in die eigene Wohnung oder in jenen Momenten im Tagesverlauf statt, in denen ich mich als Forscher weitestgehend alleine zurückziehen konnte (vgl. Lamnek 2010: 565). Schriftlich wurden diese Aufzeichnungen in Form eines Gesprächsprotokolls unmittelbar nach dem Aufenthalt im Feld niedergeschrieben und in Teilen durch weitere Informationen und/oder Beobachtungen ergänzt, welche trotz der angestrebten Unmittelbarkeit der Niederschrift erst in späteren Tagen bei der erneuten Durchsicht des Protokolls ins Gedächtnis gerufen werden konnten (vgl. Mattissek et al. 2013: 198).

Die hier skizzierte Partizipation am Alltagsleben der Untersuchungspersonen im Sinne der mobilen Ethnographie erfüllte ihren Zweck nicht nur in Bezug auf den Zugang zum Feld und die Herstellung vertrauensvoller Kontakte, sondern ermöglichte zudem die Generierung weiterer Gesprächs- und Interviewpartner. So wurden zahlreiche informelle *in situ*-Gespräche mit chinesischen und afrikani-

---

11 Narrative Interviewformen wurden insbesondere zur Informationsgewinnung biographiebezogener Daten sowie individueller Sichtweisen auf bestimmte Handlungszusammenhänge, Problematiken und Glaubensfragen genutzt. Problemzentrierte Interviews dienten zur tiefergehenden Untersuchung jener Aspekte, die sich im Forschungsprozesses als besonders relevant herausstellten wie etwa Solidarität und individueller Nutzen, Vertrauen und Kooperation, handelsbezogenes Wissen und spezifische Organisationsformen, etc.

12 Das Aufzeichnen über Aufnahmegeräte wurde zudem von den meisten Interviewpartnern abgelehnt und nur in seltenen Fällen gestattet. Einige wenige aufgezeichnete Interviews wurden später transkribiert und mit eigenen Beobachtungen/Interpretationen ergänzt.

schen Geschäfts- und/oder Handelspartnern geführt, die Teil spezifischer Interaktionszusammenhänge waren, an denen ich in Begleitung der Untersuchungspersonen teilnahm. Dabei war von Vorteil, dass meine Untersuchungspersonen im sino-afrikanischen Handelsgefüge eine Vermittlerfunktion einnahmen und als Zwischenhändler zwischen afrikanischen Kunden und chinesischen Anbietern agierten. Infolge dessen ermöglichte die teilnehmende Beobachtung am Alltagsleben dieser Zwischenhändler den Zugang zu einer Vielzahl unterschiedlicher Akteure. So konnte beispielsweise während der Teilnahme am Alltagsleben eines ansässigen burundischen Zwischenhändlers eine Gruppe afrikanischer Kunden aus Uganda während ihrer Handelstätigkeiten in Guangzhou mit begleitet sowie zahlreiche informelle Gespräche und Beobachtungen im Rahmen ihres Aufenthaltes geführt und dokumentiert werden. Die Gespräche mit diesen Kunden und mit weiteren Interaktionspartnern der afrikanischen Zwischenhändler sowie dazugehörige Beobachtungen, die in Form interpretierter Gedächtnisprotokolle festgehalten wurden, trugen im erheblichen Maße zum Prozess der Erkenntnisgewinnung bei. Sie lieferten nicht nur neue Aspekte für bestimme Sinnstrukturen, Handlungslogiken und -zusammenhänge und erweiterten so mein (Vor-)Wissen über bestimmte Sachverhalte. Sie ermöglichten auch die Erfassung unterschiedlicher, individueller Perspektiven, Motive, Zielsetzungen, Interessen, ökonomischer Spezialisierungen und Positionen, etc. der beteiligten Akteure in ihrer Rolle als feldinterne Experten des jeweiligen Handlungszusammenhangs. Mit zunehmendem Erkenntnisgewinn im Forschungsprozess lieferte insbesondere der Einbezug so gewonnener Informationen in die weitergehende Analyse des Interviewmaterials oftmals die ertragreichsten Schlüsselmomente für die Generierung neuer theoretischer Aspekte. So zeigte sich beispielsweise, dass die afrikanischen Zwischenhändler sehr stark selbstorganisiert agieren und dabei Formen lokalen Wissens nutzen, um ihre Position im sino-afrikanischen Handelsnetzwerk zu stärken. Diese Erkenntnis aus der Empirie heraus erforderte im Laufe des Forschungsprozesses einen zusätzlichen Blick auf Wissenspraktiken in translokalen Verflechtungszusammenhängen und die Berücksichtigung praktikentheoretischer Ansätze in der Entwicklung eines eigenen Theoriekonzeptes (vgl. Kap. 2.6).

Übergang zur dritten Forschungsphase

Zusätzlich zu der teilnehmenden Beobachtung und den qualitativen Interviews, die sich auf die Gruppe der christlich-geprägten afrikanischen Händler in Guangzhou und insbesondere auf das Quartier Xiaobei konzentrierten, wurden im Verlaufe des Forschungsprozesses – insbesondere ab dem vierten Forschungsaufenthalt – weitere Interviewpartner gesucht, um die Variationsbreite und Unterschiedlichkeit im Feld einzufangen. So wurde bei der Auswahl der neuen Interviewpartner zum einen darauf geachtet, dass sie einer afrikanischen Nationalität angehören, die bei den bereits interviewten Personen noch nicht (oder nur selten) vertreten war. Zum anderen sollten diese Personen einer anderen Glaubensrichtung anhängen, um beispielsweise mögliche Differenzen bezüglich der Bedeutung ethnisch-religiöser Netzwerkstrukturen und -mechanismen im Vergleich zu christlich-geprägten Gemeinschaften und Handelsnetzwerken aufzudecken. Aufgrund der parallel laufenden teilnehmenden Beobachtung und damit einhergehender sozialer Verpflichtungen zu den zuvor genannten Untersuchungspersonen vorwiegend zentral- und ostafrikanischer Provenienz war es jedoch nicht möglich, einen ebenso ethnographischen Zugang zur neuen Untersuchungsgruppe vorwiegend westafrikanischer Herkunft aufzubauen. Allerdings ermöglichte mir bereits die tägliche Anwesenheit im Quartier Xiaobei den sukzessiven Aufbau von neuen Kontakten außerhalb meiner „primären" Untersuchungsgruppe in Form alltäglicher und zufälliger Begegnungen, bei denen Telefonnummern oder Email-Adressen ausgetauscht, kurze informelle Gespräche geführt und spätere Verabredungen bzw. Interviewtermine ausgemacht wurden.

Dabei führte meine wiederholte Sichtbarkeit im Feld – über die verschiedenen, sich über mehrere Jahre verteilenden Forschungsaufenthalte und bereits vor der ersten Kontaktaufnahme zu neuen Untersuchungspersonen – zur Zirkulation von Informationen über meine Person, mein wissenschaftliches Vorhaben und mein ernstgemeintes Interesse an den Problem- und Lebenslagen afrikanischer Händler und Migranten in Guangzhou/China. Dieser Umstand verlieh mir die in der qualitativen Forschung nötige Offenlegung meiner Rolle als Forscher (Flick 2011: 151) und brachte mir in einigen Fällen einen gewissen Vertrauensvorschuss bei der Generierung von Kontaktpersonen und der Erfassung sensibler, personenbezogener Daten ein. Dieser (zunächst geringe) Vertrauensvorschuss war für den Erfolg des weiteren Forschungsprozesses von immenser Bedeutung. So berichteten mehrere afrikanische Interviewpartner, dass sich in den letzten Jahren eine zunehmende Anzahl von Journalisten und Wissenschaftlern – die sich häufig nur einmalig und für einen kurzen Zeitraum in Guangzhou aufhielten – ohne die Offenlegung ihrer Person und Zielsetzung Zugang zu Interviewpartnern und sensiblen Informationen verschaffen wollten, z.B. mit versteckten Aufnahmegeräten oder der verdeckten Nutzung der Aufnahmefunktion von Mobiltelefonen. Dies führte in der Folge zu einem generellen Misstrauen innerhalb der afrikanischen Gemeinschaften gegenüber jeglichen Personen, die ein gesteigertes Interesse am Alltagsleben afrikanischer und anderer Händler und Migranten in China zeigten.

Die qualitativen Interviews mit den neuen Interviewpartnern fanden überwiegend in einem Café im Quartier Xiaobei statt, welches als sozialer Treffpunkt vorwiegend westafrikanischer Händler fungiert, oder wurden in umliegenden Großhandelskaufhäusern geführt. Ein Großteil der Interviewpartner wurde mehrmals während des dritten und vierten Forschungsaufenthaltes interviewt. Zudem fanden unzählige informelle Gespräche bei gemeinsamen Spaziergängen, Cafébesuchen und im Falle zweier Interviewpartner (A. aus Niger, K. aus Mali) bei Telefonaten und gemeinsamen abendlichen Aktivitäten außerhalb des Quartiers Xiaobei statt. Die Interviewform lässt sich im weitesten Sinne den problemzentrierten Interviews zuordnen. Narrative Sequenzen wurden dann eingeschoben, wenn Bezüge zu biographischen Aspekten hergestellt wurden. Inhaltlich wurde sich bei den problemzentrierten Interviews auf jene Aspekte und Themenfelder konzentriert, die sich im Verlaufe des Forschungsprozesses als besonders relevant für die Entwicklung einer gegenstandsbegründeten Theorie herauskristallisiert hatten (vgl. Flick 2011: 387). Die Interviews wurden aus bereits genannten Gründen nicht aufgezeichnet und in Form von Gedächtnisprotokollen festgehalten. Zudem flossen zu einigen Interviewpartnern (A. aus Niger, K., B1, B2 und M. aus Mali, Y. aus Burkina Faso, S. aus Tansania) Informationen aus einer parallel laufenden qualitativen Studie hinzu, die im Rahmen der Diplomarbeit von Zine-Eddine Hathat (2012) durchgeführt und vor Ort mit betreut wurde. Die Überschneidung der Interviewpartner rührte u.a. daher, dass von meiner Seite bereits Kontakte zu Interviewpartnern bestanden, die an Zine-Eddine Hathat weitervermittelt wurden.

3.4 AUSWAHL UND AUSWERTUNG DES EMPIRISCHEN MATERIALS

Die Interpretation und sukzessive Auswertung des empirischen Materials erfolgte auf der Basis des theoretischen Kodierens[13] bzw. eines theoriegeleiteten und induktiven Kategoriensystems (vgl. Flick 2011: 386ff.), welches sich einerseits an den aus der Theorie entwickelten Fragestellungen und andererseits an Begriffen, Kategorien und Beziehungen orientierte, die sich aus dem Text oder vielmehr aus der Empirie selbst heraus ergaben. Diese analytische Vorgehensweise erfolgt dabei „nicht unabhängig von deren Erhebung oder der Auswahl des Materials [...]" (Flick 2011: 387), so dass die Auswertung und die Einordnung der Auswertungsergebnisse in einem größeren sozialräumlichen Zusammenhang sowohl die sukzessive Vorgehensweise bei der Auswahl der Daten bzw. Fälle für den Analyseprozess als auch die flexible Auswahl der Erhebungsmethoden im Verlaufe des Forschungsprozesses mit berücksichtigt. Zur Herausarbeitung typischer Handlungsmuster und -strategien sowie handelsbezogener Akteurstypen wurde zudem einer deduktiven Vorgehensweise gefolgt, bei der eine „Überprüfung gefundener Begriffe, Kategorien und Beziehungen [...] vornehmlich an anderen Passagen oder Fällen als denjenigen [durchgeführt wurde], aus denen sie entwickelt wurden" (Flick 2011: 394). Des Weiteren wurde für die Kontextanalyse neben den Protokollen zusätzliches Material wie etwa wissenschaftliche Artikel und Informationen aus Gesprächen mit anderen Wissenschaftlern zum gleichen Themenfeld herangezogen (s.o.), um einerseits Sinnbezüge zu makro-strukturellen Prozessen herzustellen und andererseits die eigenen Analyseergebnisse einer fortlaufenden kritischen Reflektion zu unterziehen. Das Kontext-Kapitel ist demzufolge als zusammenfassende Deskription des untersuchten Gegenstandsbereiches zu verstehen, welches sich primär aus den in der Empirie von Seiten der Interviewten hergestellten Bezügen zu makro-strukturellen und translokalen Verflechtungszusammenhängen zusammensetzt. Darüber hinaus wurden im Sinne einer interpreta-

---

13 Kodierung wird verstanden als „die Vorgehensweisen [...], durch die die Daten aufgebrochen, konzeptualisiert und auf neue Art zusammengesetzt werden. Es ist der zentrale Prozess, durch den aus den Daten Theorien entwickelt werden" (Strauss & Corbin 1996: 39). Dieser Prozess besteht aus dem „ständigen Vergleich zwischen Phänomenen, Fällen, Begriffen und [der] Formulierung von Fragen an den Text" (Flick 2011: 388).

tiv-konstruktivistischen Vorgehensweise gegenstandsbezogene Verknüpfungen hergestellt, die bereits soweit Bestandteil routinisierter Handlungszusammenhänge waren, dass sie den Beforschten entweder nicht bewusst oder einfach nicht verbalisiert wurden (oder beides).

Schließlich ermöglichte die methodische Triangulation sowie der Verschnitt der Analyseergebnisse aus dem thematischen und kontrastierenden Vergleich (Flick 2011: 402ff.; Lamnek 2010: 620ff.) von 36 in die Untersuchung eingegangenen Einzelfällen[14] (Tab. 2) in Kombination mit der vielschichtigen Kontextanalyse (s.o.) eine ganzheitliche Sicht auf die untersuchten Phänomene. Dies erlaubte – unter Berücksichtigung der hermeneutisch-interpretativen Methodologie vorliegender Arbeit und der kontextuell-situativen Spezifität untersuchter Handlungszusammenhänge – die Formulierung vorsichtiger Generalisierungen (Flick 2011: 522ff.; Lamnek 2010: 622) bezüglich der Herstellung und Organisation translokaler Händlernetzwerke im Kontext des unternehmerischen Handelns in der Migration (zwischen Afrika und China). Die aus der inhaltlichen induktiv und deduktiv geleiteten Strukturierung erfolgte Interpretation spezifischer Themen, Aspekte und Handlungszusammenhänge werden in den folgenden Kapiteln anhand verschiedener Ankerbeispiele dargelegt, wobei im Falle deckungsgleicher Aussagen, Sinnbezüge und/oder Handlungslogiken nicht alle Interviewpartner in gleicher Weise zur Sprache kommen werden. Sämtliche Personennamen wurden anonymisiert und mit Namenskürzeln versehen. Zudem wurde bei besonders sensiblen Themen auf die Zuordnung zu einzelnen Untersuchungspersonen gänzlich verzichtet (vgl. Lamnek 2010: 352). Da nur ein sehr geringer Teil der Interviews aufgezeichnet und transkribiert wurde, fließen Zitate nur ganz vereinzelt in englischer Sprache – in denen sämtliche Interviews und Gespräche geführt wurden – in den Auswertungstext mit ein. In Ausnahmefällen wurden wörtliche Aussagen in den Gedächtnisprotokollen festgehalten und als protokolliert-gekennzeichnete Zitate zu bestimmten Themenbereichen herangezogen. Sowohl die aufgezeichneten als auch die protokollierten Zitate wurden zwecks Lesbarkeit in normales Schriftenglisch übertragen, wobei auf die Authentizität des gesprochenen Wortes geachtet wurde.

---

14 Der Begriff Einzelfall umfasst in der vorliegenden Untersuchung zum einen den Einbezug und Vergleich individueller Handlungsbeiträge und inhärenter Motive, Zwecksetzungen, Interessen, Abhängigkeiten, etc. der 36 Interviewpartner. Zum anderen werden auch jene Aspekte darunter gefasst und in den Vergleich mit einbezogen, die aus praktikentheoretischer Sicht Bestandteil und Ergebnis kollektiver Handlungszusammenhänge sind (vgl. Kap. 2.6), an denen die Untersuchungspersonen teilhatten.

Name–Alter–Herkunftsland	in China seit	Visastatus*	Ausbildung	Handelserfahrung vor China	chinesische Sprachkenntnisse**
K. – 30 – Niger	2008-10	L	Sek I	-	-
A. – 43 – Niger	2003	D	o.A.	x	x
Y. – 38 – Burkina Faso	2002	D	o.A.	x	x
S. – 54 – Mali	r.s. 1998	M	n.a.	x	x
Kb. – 31– Mali	2003	D	o.A.	x	x
B. – 26 – Mali	2006	M	Sek I	x	x
Bk. – 33 – Mali	2003	M	o.A.	-	x
M. – 27 – Mali	2007	M	o.A.	x	x
F. – est. 40er– Gambia	2004	D	n.a.	x	x
Sd. – 41 – Tansania	2009	L	Sek II	x	-
Is. – 28 – Tansania	2007	M	Sek II	x	x
An. – 35 – Kamerun	2007	M	Univ.	-	x
Hk. – est. 50er – Guinea B.	r.s. 1999	L	n.a.	x	-
L. – est. 50er – Ghana	r.s. 1998	L	n.a.	x	-
R.A. – est. 50er – Ghana	r.s. 2007	L	n.a.	x	-
Em. – 39 – Ghana	2008	D	Sek I	-	x
Ah. – 25 – Guinea	2010	M	n.a.	x	-
T. – est. 40er – DR Kongo	2004	D	Sek I	-	x
Ca. – 29 – DR Kongo	2005	M	Univ.	-	x
C. – est. 40er – DR Kongo	2003	D	Univ.	-	x
E. – 24 – DR Kongo	2007	X	Univ.	-	x
P. – 42 – DR Kongo/GB	r.s. 2003	L	o.A.	-	x
Be. – est. 20er – DR Kongo	2007	X	Univ.	-	x
Pa. – est. 40er – Uganda	r.s. 2007	L	o.A.	x	-
Me. – est. 20er – Uganda	2008	X	Univ.	-	x
J. – est. 30er – Ruanda	r.s. 2009	L	n.a.	x	-
D. – 33 – Burundi	2007	X	Sek II	x	x
Th. – 28 – Burundi	2008	X	Sek II	-	x
I. – est. 30er – Burundi	2002	D	Sek I	x	x
V. – 35 – Burundi	2005	M	Sek II	-	x
Ch. – 37 – Burundi	2008	X	Univ.	-	x
Ab. – est. 20er – Burundi	2009	X	Sek II	-	x
As. – est. 20er – Burundi	2010	X	Sek II	-	x
El. – est. 20er – Burundi	2009	X	Sek II	-	x
M. – est. 20er – Burundi	2010	X	Sek II	-	x
Ib. – est. 20er – Burundi	2009	X	Sek II	-	x

* Der Visastatus bezieht sich auf den zum Zeitpunkt der letzten Begegnung besessenen Visatyps
** Kenntnisse der chinesischen Sprache variieren zwischen 'sehr gut' und 'alltagssprachliche Kenntnisse'

Visatypen:	schulische Ausbildung:	sonst. Abkürzungen:
L - Tourist	Sek I - Sekundarstufe I	r.s. - regelmäßige, handelsbezogene Reisen seit
D - längerfristige Aufenthaltsgenehmigung	Sek II - Sekundarstufe II	n.a. - keine Angaben
M - Geschäftsvisum (ehemals F-Visum)	Univ. - Universitätsabschluss	est. - geschätztes Alter
X - Student	o.A. - ohne Schulabschluss	

Tab. 2: Auflistung der Interviewpartner und aus gewählte Kennzeichen (eigene Bearbeitung)

3.5 KONKRETISIERUNG DER FRAGESTELLUNGEN

Während sich im angloamerikanischen und europäischen Raum zahlreiche Arbeiten mit der Bedeutung sozialer Netzwerke für die Entstehung und Organisation von internationaler Migration und Migrantenökonomien auseinandergesetzt haben (vgl. Kap 2), sind im Vergleich dazu bisher nur wenige Publikationen erschienen, die explizit im chinesisch-territorialen Kontext die Etablierung internationaler Migrantengemeinschaften und ihre sozioökonomische Lebenswelt thematisieren. Während sich ein Teil dieser Studien unterschiedlichsten Migrantengruppen und Provenienzen zuwendet und dabei auf die Etablierung und Struktur von Wohnquartieren und Nachbarschaften im Kontext stadtgeographischer oder -ökonomischer Fragestellungen konzentriert (z.B. Dai 2007; Kim 2003; Lo & Wang 2013; Wu & Weber 2004), haben sich insbesondere in der letzten Dekade eine konstant wachsende Zahl von Autoren der afrikanischen Präsenz in China zugewandt[15]. Dabei variiert der Untersuchungsgegenstand erheblich: Entwicklung, Transformation und Struktur afrikanischer/ethnischer Enklaven in Guangzhou (Li et al. 2007, 2012; Li et al. 2008; Li et al. 2009, 2013; Lyons et al. 2008; Zhang 2008); globale/transnationale Wertschöpfungsketten im sino-afrikanischen Handel im Wandel der Zeit (Lyons et al. 2012); afrikanische Präsenz in China als Teil eines dynamischen Systems internationaler/globaler Handelsorte (Bertoncello & Bredeloup 2007; Bertoncello et al. 2009; Bredeloup 2012, 2013); afrikanische Händlergemeinschaften in Guangzhou und Hong Kong als Ausdrucksform einer „Globalisierungsbewegung von unten" und einer „neuen Form temporärer internationalen Migration chinesischer Prägung" (Mathews 2011, 2012a&b; Mathews & Yang 2012; Yang 2012); muslimisch-geprägte Händlergemeinschaften in Yiwu (Pliez 2010); sozialkulturelle und soziallinguistische Eigenschaften afrikanischer Gemeinschaften in China und ihre Verflechtungen mit der chinesischen Ankunftsgesellschaft (Bodomo 2009, 2010, 2012; Le Bail 2009); die Bedeutung von „Essen/Nahrungsmitteln", ihrer Zubereitung und Speiseorte für afrikanische Gemeinschafts- und Identitätsbildung in Guangzhou und Yiwu (Bodomo & Ma 2012); soziale Unterstützungsnetzwerke sowie Kennzeichen sozialer Beziehungen afrikanischer Händler in Guangzhou (Xu & Liang 2012; Xu 2013); christlich-afrikanische Gemeinschaften in Guangzhou und rechtsstaatliche Konflikte (Haugen 2013a); Chinas Anwerbung afrikanischer Universitätsstudenten und ungewollte Konsequenzen (Haugen 2013b); sozialökonomische Ungleichheiten im Herkunfts- und Ankunftskontext und deren Effekte auf nigerianische Händler in Guangzhou (Haugen 2012); bedeutende Entwicklungen und Veränderungen chinesischer Migrationspolitik und ihre Auswirkung auf afrikanische Migrations-/

---

15 Es sei an dieser Stelle darauf hingewiesen, dass im Rahmen dieses Forschungsprojektes zwischen 2011 und 2014 vier Artikel veröffentlicht wurden, die sich explizit mit den sino-afrikanischen Handelsbeziehungen auseinandersetzen (vgl. Gilles forthcoming; Müller & Wehrhahn 2013; Müller & Wehrhahn 2011; Wehrhahn et al. 2013). Sie bilden im Wesentlichen die im Rahmen dieser Arbeit veröffentlichten Analyseergebnisse ab. In der nachfolgenden Auflistung bisher veröffentlichter Studien zur afrikanischen Präsenz in China und inhärenter Migrationsformen und Handelsaktivitäten werden sie jedoch nicht mit aufgelistet.

Händlergemeinschaften (Bork-Hüffer et al. 2014; Bork-Hüffer & Yuan-Ihle 2014); Entstehung und Dynamik neuer sozialer Räume in chinesischen Städten und der Einfluss kollektiver Formationen afrikanischer Händler auf die (Re-)Produktion von „transient urban spaces" (Bork-Hüffer et al. 2015).

Auch wenn die Vielzahl dieser zumeist qualitativen Studien, ihrer Untersuchungsgegenstände und theoretisch-analytischen Perspektiven dazu beitragen, ein mittlerweile sehr umfangreiches und differenziertes Bild des aktuellen sino-afrikanischen Migrations- und Handelsgeschehens zu zeichnen, so lassen sich dennoch einige offene Fragen und kritische Anmerkungen formulieren, die im Rahmen der vorliegenden Arbeit im Sinne der oben dargestellten strukturationstheoretischen, translokalen Netzwerkperspektive auf unternehmerisches Handeln in der Migration beantwortet und diskutiert werden sollen.

Zunächst lässt sich festhalten, dass die sozialräumliche Perspektive oben aufgeführter Studien zur afrikanischen Präsenz in China stark variiert. Während sich einige Autoren primär lokalen und/oder nationalen Raumbezügen zuwenden und dabei entweder Industriecluster, ethnische Kongregationen, handelsbezogene Standortvorteile, politisch-institutionelle Regulatorien oder sozial-ökonomische Ungleichheiten zu analytischen Kategorien und/oder Erklärungsmaximen heranziehen (u.a. Bork-Hüffer & Yuan-Ihle 2014; Haugen 2012; Li et al. 2007, 2008; Li et al. 2009, 2013; Zhang 2008), nehmen andere Autoren eine eher globale und/oder makrostrukturelle Perspektive ein und konzeptualisieren die afrikanische Präsenz in China und inhärente Handelsaktivitäten als third tier of globalisation (Lyons et al. 2012), low-end globalisation (Mathews & Yang 2012) oder als Teil eines transnational commercial system (Bredeloup 2012). Aber auch wenn global-lokale Verflechtungen im Kontext afrikanischer Händler-/Migrantengemeinschaften in China fokussiert werden (u.a. Bredeloup 2013; Li et al. 2012), bilden lokalräumliche Rahmenbedingungen und/oder als Container konzipierte Räume wie Nationalstaat, Marktagglomeration, Stadt oder Nachbarschaft den konzeptionellen Ausgangspunkt jeweiliger Erklärungsansätze. Die Lokalität selbst – in diesem Falle entweder die Metropole Guangzhou oder spezifische Quartiere der Stadt – wird dabei lediglich als verräumlichter Ausdruck und untergeordnetes Element globaler (makro-struktureller) Systemlogiken konzipiert, in denen die Anziehungskraft der jeweiligen Lokalität für afrikanische Akteure über ökonomische push- und pull-Faktoren bestimmt wird.

Zudem ist festzustellen, dass die involvierten afrikanischen Händler in den meisten Studien häufig als machtlose Akteure dargestellt werden, die passiv auf strukturelle Rahmenbedingungen wie gesetzliche Regulierungen, lokale oder globale Markt- und Preisentwicklungen oder sozialkulturelle Diskriminierungsmomente, etc. reagieren. Zwar werden im Kontext kollektiver Handlungslogiken immer wieder Bezüge zur Bedeutung und Funktion co-ethnischer und/oder co-nationaler Organisationsstrukturen für die Überwindung struktureller Hindernisse hergestellt und darauf aufbauend diverse zumeist gruppenbezogene Handlungsstrategien afrikanischer Akteure formuliert (u.a. Bork-Hüffer et al. 2015; Bredeloup 2012; Haugen 2012; Xu & Liang 2012). Aspekte, die sich mit der Entstehung, Aufrechterhaltung und Transformation sozialer Netzwerkbeziehungen

und spezifischer Organisationstrukturen auseinandersetzen und dabei aus einer
akteursorientierten Perspektive Grenzen und Konflikte co-ethnischer/co-nationaler
Unterstützungsnetzwerke aufdecken, werden jedoch kaum oder gar nicht diskutiert. Vielmehr wird die Einbettung in und der Rückgriff auf jeweilige Solidari-
täts- und Vertrauensstrukturen sozialer Formationen als gegeben und scheinbar
unumstößlich vorausgesetzt (mit Ausnahme von Xu 2013). Eine kritische Auseinandersetzung mit unterschiedlichen Beziehungs-/Akteurskonstrukten – z.B. zwischen afrikanischen Akteuren, zwischen afrikanischen und chinesischen Akteuren,
zwischen Anbietern, Zwischenhändlern und Käufern, zwischen Handelsreisenden
und Ansässigen, etc. – und inhärenter Konfliktlinien sowohl aus individueller als
auch aus kollektiver Handlungsperspektive sowie sich daraus ergebende Rückschlüsse für den Prozess der Netzwerkherstellung, der Institutionalisierung sozialer Praktiken und der Generierung einer unternehmerischen Handlungsfähigkeit in
der Migration findet in der Regel nicht statt.

Insgesamt lassen sich somit zwei wesentliche konzeptionelle Forschungslücken formulieren, die im Sinne der oben beschriebenen strukturationstheoretischen, translokalen Netzwerkperspektive auf unternehmerisches Handeln in der
Migration (vgl. Kap. 3.1) geschlossen werden sollen: Zum einen fehlt ein Konzept, welches im Kontext des sino-afrikanischen Handels und inhärenter Händlernetzwerke die Simultaneität und Dynamik globaler und multilokaler Elemente
sowie ihr sich gegenseitig bedingendes Verhältnis in einer sozialräumlichen Konzeption vereint, und dabei Momente der globalen Bewegung und Mobilität sowie
der lokalen Bindung mit berücksichtigt. Zum anderen fehlt bislang ein Konzept,
welches Individuen (oder vielmehr die afrikanischen Händler) explizit als machtvolle Akteure konzipiert, die unter Berücksichtigung ihrer individuellen Abhängigkeit, strategisch-instrumenteller Motive und sozialkultureller Aushandlungs-
prozesse Strategien entwickeln, Ressourcen mobilisieren und/oder Fähigkeiten
generieren, um geographische, politische, ökonomische und/oder sozial-kulturelle
Grenzen und Hindernisse – oder geographical und structural holes (Bell & Zaheer
2007; Burt 1992) – im Kontext des sino-afrikanischen Handels zu überwinden.

Mit dem Blick auf die Herstellung, Aufrechterhaltung und Transformation
multipler, multilokaler, organisationaler Netzwerkbeziehungen afrikanischer
(Zwischen-)Händler in Guangzhou und unter Berücksichtigung der Simultaneität
globaler und lokaler Prozesse einerseits sowie individueller Motive, Abhängigkeiten, kollektiver Mechanismen und Wissensformen andererseits ergeben sich somit
folgende forschungsleitende Fragestellungen:

Eine ressourcenorientierte Perspektive auf soziale Formationen
und unternehmerisches Handeln

Zunächst besteht weitgehender Forschungsbedarf hinsichtlich der Frage, ob sich
die theoretischen Ansätze, die i.d.R. auf der Basis angloamerikanischer und europäischer Immigrationsregime und etablierter Migrantenökonomien entwickelt
wurden, in Bezug auf die Funktion und Struktur von sozialen Netzwerken auch in

der VR China und unter veränderten ökonomischen, politischen und gesellschaftlichen Rahmenbedingungen bestätigen lassen bzw. ob der Blick auf die einschränkenden und ermöglichenden Eigenschaften sozialer Netzwerke (Kap. 2.4) Anknüpfungspunkte für die Weiterentwicklung theoretisch-konzeptioneller Ansätze liefert. In Bezug auf vorgefundene Händlernetzwerke und inhärenter Organisationsformen muss dabei zunächst geklärt werden, inwiefern sie Teil einer ethnisch konzipierten Migrantenökonomie sind. Lassen sich in der Metropole Guangzhou ethnisch strukturierte und/oder lokalräumliche Entwicklungen von Migrantenökonomien ausmachen? Wenn ja, wie sind diese mit den sino-afrikanischen Migrationsströmen sowie inhärenter Netzwerke, Informationsflüsse und Handelstätigkeiten verknüpft? Lassen sich in Bezug auf die sozioökonomische Organisation von Migration und Handel signifikante Unterschiede zu anderen internationalen Migrantennetzwerken und Migrantenökonomien ausmachen? Wenn ja, welche Bedeutung haben diese Unterschiede für den Migrationsprozess, die sozioökonomische Einbindung der afrikanischen Händler/Migranten im Ankunftskontext oder die grenzüberschreitende Organisation des sino-afrikanischen Handels?

Für den Prozess der Netzwerkherstellung ist darüber hinaus von Interesse, wie Netzwerkbeziehungen ganz konkret seitens der afrikanischen (Zwischen-)Händler in Guangzhou zu unterschiedlichen Akteuren des sino-afrikanischen Handels geknüpft, aufrecht erhalten und transformiert werden. Wie im Theoriekapitel erläutert, soll oder vielmehr muss dieser Prozess sowohl aus einer handlungs- als auch aus einer praktikentheoretischen Perspektive betrachtet werden. Aus einer handlungstheoretischen und akteursorientierten Perspektive stellt sich zunächst die Frage, welche strategisch-instrumentellen Motive einerseits und strukturellen Zwänge/individuellen Abhängigkeiten andererseits (Kap. 2.4.2) als bedeutende Faktoren des Netzwerkprozesses herausgearbeitet werden können. Neben dieser mikro-analytischen Perspektive muss zudem aufgezeigt werden, wie sich die multilokale Einbettung der afrikanischen Händler in makro-strukturelle (politische, ökonomische und soziokulturelle) Strukturmomente auf den Prozess der Netzwerkherstellung auswirkt? Welche Rückschlüsse lassen sich zudem im Sinne eines Strukturationsprozesses aus dieser mikro- wie makro-strukturellen Einbettung für die sozioökonomische Organisation des Handels, die Herausbildung von Mobilitätsformen und die Herausbildung und den Rückgriff auf migrantische Organisationsformen in Guangzhou ziehen? Welche Bedeutung haben zudem die migrantischen Organisationsformen für die Herstellung und Aufrechterhaltung einer unternehmerischen Handlungsfähigkeit in der Migration?

Eine translokale Perspektive auf soziale Formationen und unternehmerisches Handeln

Wie lassen sich die vorgefundenen Organisationsformen afrikanischer Akteure in Guangzhou und dazugehörige Netzwerkpraktiken, Geschäftsarrangements, Handlungslogiken, Wissensformen, Mobilitätsmuster und handelsbezogene Strukturmomente in eine relationale, sozialräumliche Perspektive auf gesellschaftliche

Verflechtungszusammenhänge (Kap. 2.5) überführen? Oder anders ausgedrückt: Welche sozialräumlichen Konstrukte lassen sich aus den beobachteten Organisationsformen ableiten? Welche Rückschlüsse lassen sich daraus für die Herstellung und Aufrechterhaltung einer unternehmerischen Handlungsfähigkeit in der Migration und der Bedeutung und Funktion spezifischer Akteure im sino-afrikanischen (Klein-)Handel ziehen? Wie positionieren sich die Metropole Guangzhou und andere Lokalitäten innerhalb dieser Organisationsformen?

Wie (re-)produzieren und/oder transformieren sich die vorgefundenen Organisationsformen? Wie wirken sich „globale" und „lokale" Strukturmomente auf diesen (Re-)Produktions- und Transformationsprozess aus? Welche Rückschlüsse lassen sich daraus für eine Diskussion um die Bedeutung unterschiedlicher Raumkategorien im Kontext translokaler Theorieansätze ziehen?

Eine praktikentheoretische Perspektive auf soziale Formationen und unternehmerisches Handeln

Für den Prozess der Netzwerkherstellung (-aufrechterhaltung und -transformation) ist neben einer handlungstheoretischen und akteursorientierten Perspektive auf soziale Formationen und unternehmerisches Handeln von Interesse, wie aus einer praktikentheoretischen Perspektive (Kap. 2.6) unternehmerische Handlungsfähigkeit in Austauschbeziehungen außerhalb geschlossener Formationen hergestellt und aufrechterhalten werden kann. Dabei ist zunächst die Frage zu klären, welche Bedeutung und Funktion spezifischen Wissensformen im Kontext des (informellen) sino-afrikanischen Handels zugeschrieben werden können? Wie kommen spezifische Wissensformen in (multikulturellen) Austauschbeziehungen zum Einsatz? Lassen sich daraus Rückschlüsse für die Notwendigkeit spezifischer Wissensformen für die Generierung einer unternehmerischen Handlungsfähigkeit und der Aufrechterhaltung vorgefundener Organisationsformen formulieren? Und wenn ja, wie eignet „man" sich diese notwendigen Wissensformen an respektive wer eignet sie sich an?

Anknüpfungspunkte im Kontext raumspezifischer Fragestellungen (in der Geographie)

Im Kontext der hier eingenommenen strukturationstheoretischen, translokalen Netzwerkperspektive (Kap. 3.1) und inhärenter Diskussionen um die Bedeutung globaler und lokaler Raumkonzeptionen (Kap. 2.5.2) muss die Frage gestellt werden, welche Bedeutung spezifischen Nähe- und Distanzrelationen und damit spezifischen lokalen und globalen Raumkonstruktionen für die Generierung und Aufrechterhaltung vorgefundener translokaler Organisationsformen zugeschrieben werden kann. Welche Rückschlüsse lassen sich daraus für die Generierung und Aufrechterhaltung einer unternehmerischen Handlungsfähigkeit in der Migration ziehen und wie können diese Rückschlüsse zu einer Diskussion um die Bedeutung unterschiedlicher Raumkonstruktionen und der Notwendigkeit komplementärer (Sozial-)Raumperspektiven im Kontext translokaler Theorieansätze beitragen?

Mit Blick auf den lokalräumlichen Aushandlungsprozess als (wesentlichen und komplementären) Baustein der hier skizzierten strukturationstheoretischen, translokalen Perspektive stellen sich im Kontext der Diskussion um die Bedeutung von relationaler Nähe- und Distanz zudem folgende Fragen: Trägt räumliche Nähe per se zu kreativen, innovativen Prozessen der Wissensgenerierung und/oder Wissenstransformation bei? Ist die Koexistenz in Raum und Zeit unabdingbare Voraussetzung für die Herstellung einer unternehmerischen Handlungsfähigkeit in vorgefundenen Organisationsformen des (informellen) sino-afrikanischen Handels?

4. EINE (MAKRO-STRUKTURELLE) MOMENTAUFNAHME DES UNTERSUCHUNGSPHÄNOMENS

4.1 WIRTSCHAFTLICHE UND SOZIALE TRANSFORMATIONSPROZESSE IN CHINA UND GUANGZHOU

Im Zuge der Öffnungs- und Reformpolitik seit den 1978er Jahren und der darauf folgenden Umstrukturierung des chinesischen Wirtschaftssystems in eine „sozialistische Marktwirtschaft chinesischer Prägung" sowie wirtschaftlicher, politischer und kultureller Internationalisierungstendenzen erfährt die VR China tiefgreifende Transformationen. Extrem schnelle Industrialisierungs- und Urbanisierungsprozesse, bemerkenswerte Anstiege im internationalen Handel, die sukzessive Öffnung des Binnenmarktes für ausländische Unternehmen insbesondere ab den 1990er Jahren sowie massive ausländische Direktinvestitionen (ADI) veränderten die soziale und ökonomische Realität des Landes nachhaltig (Bünger et al. 2014; Liefner 2008; Wu et al. 2007). Besonders deutlich wird dies in den urbanen Zentren der ostchinesischen Küstenprovinzen, die aufgrund der Fokussierung der chinesischen Wirtschaftsstrategie auf regionale Entwicklungs- und Sonderwirtschaftszonen etwa im Perlfluss- und im Jiangtse-Delta zu Knotenpunkten nationaler und globaler Waren- und Kapitalströme avancierten. Auch wenn diese dualistische Wirtschaftsstrategie zugunsten der Küstenprovinzen durch eine räumliche Verlagerung auf Zentral- und Westchina und einer flächendeckenden Entwicklungsstrategie ab den 1990er allmählich ersetzt wurde, änderte sich an den großräumlichen Disparitäten und dem ökonomischen Entwicklungsvorsprung der Küstenprovinzen gegenüber dem Hinterland grundlegend nichts. Dieser Unterschied zwischen den Regionen manifestiert sich neben dem BIP pro Kopf, welches im Jahre 2008 für die Küstenprovinzen mit 7.139 CNY (*Chinese Yuan*) mehr als doppelt so hoch liegt wie für die Binnenprovinzen mit 3.448 CNY, insbesondere beim Anteil der Exporte der Provinzen am Gesamtexport der VR China (Bünger et al. 2014). So konnte im Jahr 2011 die südchinesische Küstenprovinz Guangdong mit 28% die mit Abstand meisten Exporte generieren, gefolgt von den Küstenprovinzen Jiangsu (16,5%) und Zhejiang (11,4%) und der Verwaltungseinheit Shanghai (11%); die exportstärksten Binnenprovinzen Sichuan (1,5%), Jiangxi (1,2%), Chongqing und Hubei (jeweils 1%) lagen dagegen immer noch weit abgeschlagen zurück (Bünger et al. 2014: 9).

Wie diese Zahlen bereits andeuten, profitierte insbesondere die Provinz Guangdong mit der Hauptstadt Guangzhou im Herzen des Perlflussdeltas (PRD) durch die Öffnungs- und Reformpolitik des Landes (Abb. 1). Historisch betrachtet spielte die Stadt Guangzhou schon immer eine bedeutende Rolle im internationalen Handel. Als Ausgangspunkt der sogenannten *Silk Road of the Sea* (Vogel 1995), durch die Nähe zu Hong Kong, Macau und Taiwan und angetrieben durch die Aktivitäten von Auslandschinesen wurden bereits früh wichtige Außenhandelskontakte mit dem Nahen Osten und Europa von Guangzhou ausgehend geknüpft (Xu & Yeh 2003). Zudem ließen sich bereits im 19. und auch im 20. Jahrhundert der Großteil ausländischer Geschäftsleute in der Provinzhauptstadt nieder (Brady 2003; Cartier 2001). Aber erst mit der Transformierung des PRD, dem Hinterland von Guangzhou, von einer agrarisch geprägten Wirtschaft in ein Zentrum für arbeitsintensive, verarbeitende Industrie und in das weltweit größte Cluster exportorientierter Industrien (Sun et al. 2012) entwickelte sich die Stadt zu einer der am schnellsten wachsenden Metropolen der Welt mit zurzeit 12,7 Mio. registrierten Einwohnern (Zensus 2010).

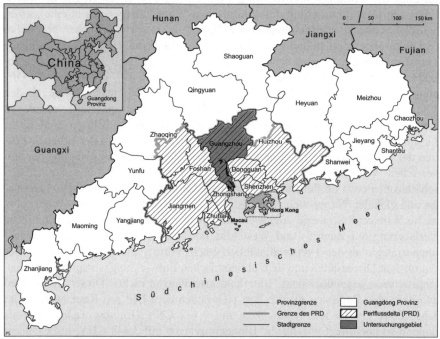

Abb. 1: Die südchinesische Handelsmetropole Guangzhou im Herzen des Perlflussdeltas (eigene Darstellung)

Zudem führten diverse strukturelle Anreize, spezifische Planungsmaßnahmen sowie bedeutende nationale und/oder globale Ereignisse dazu, dass die Stadt in den letzten vier Dekaden zu einem der neuen Zentren der chinesischen Industrieproduktion und zum Dreh- und Angelpunkt des globalen Handels – und insbesondere des sino-afrikanischen Handels, wie weiter unten noch ausgeführt wird – innerhalb der VR China avancierte (Bercht 2013; Bassens et al. 2014; He & Wu 2009; Zhao & Zhang 2007; Sun et al. 2012; Wehrhahn & Bercht 2008). Folgende Anreize, Maßnahmen und Ereignisse sind dabei zu nennen: massive ADIs (insbesondere aus Hong Kong) und nationale Investitionen in Unternehmen, Industrien und Immobilien und damit verknüpft ein starker Zuwachs exportorientierter Produktion und Handel; zunehmende Integration Chinas in die Weltwirtschaft und die Aufnahme in die Welthandelsorganisation im Jahre 2001; zugleich abnehmende Bedeutung internationaler Handelsorte wie Bangkok oder Jakarta im Zuge der asiatischen Finanzkrise ab 1997; eine aktive, urbane Wachstumsstrategie seit den 1990er Jahren mit dem Ziel interregionaler und internationaler Vernetzung durch infrastrukturelle Großprojekte und Megaevents (z.B. Fertigstellung des *Baiyun International Airports* 2004 mit Verbindungen zu diversen Weltmetropolen und zunehmenden Direktflügen zu afrikanischen Großstädten wie Addis Abeba oder Nairobi; Fertigstellung des neuen CBDs *Zhujiang New Town* in 2011; mit der *New Guangzhou Railway Station* Eröffnung einer der größten asiatischen Bahnhöfe in 2010 mit Express-Verbindungen nach Wuhan, Shenzhen, Hong Kong und Macau; Austragungsort der 16. Asienspiele in 2010 mit nahezu 10.000 Sportlern aus 45 Mitgliedsstaaten des *Olympic Council of Asia;* etc.).

Zwar hat die Metropole Guangzhou durch die rasante ökonomische Entwicklung und räumliche Ausdehnung weiterer Städte im PRD wie Shenzhen, Dongguan, Foshan oder Zhuhai – die sich mit Guangzhou zusammen zu einer multinodalen, megaurbanen Agglomeration zusammenfügen, in der eine Stadt in die andere übergeht (Bork-Hüffer et al. 2014; Kraas 2004) – sowie durch den zunehmenden interregionalen und interurbanen Wettbewerb um Prestige, Status, Kapital (und ausländische Arbeitskräfte) seine führende Rolle im chinesischen Städtesystem und insbesondere im PRD eingebüßt (Bercht 2013; Gu et al. 2001; Wu et al. 2007; Xu & Yeh 2005). Auch seinen Ruf als südliches Tor Chinas zur Welt kann Guangzhou mit der erfolgten Wiedereingliederung der Sonderverwaltungszonen Hong Kong (im Jahre 1997) und Macao (im Jahre 1999) nur noch bedingt behaupten. Dennoch bleibt die Stadt bedeutendstes internationales Handelszentrum der VR China: Die zweimal im Jahr stattfindende Handelsmesse, die sogenannte *Canton Fair* (cantonfair.org), die bis in die 1970er Jahre die einzige Kontaktmöglichkeit zu chinesischen Herstellern bot, zieht jährlich hunderttausende ausländische Geschäftsleute vorwiegend aus traditionellen Industrienationen in die Stadt und rund ein Drittel des jährlichen chinesischen Exportes werden hier gehandelt (Bredeloup 2013: 205; Le Bail 2009: 5f.). Zusätzlich bieten die rund 900 Großhandelskaufhäuser der Stadt einen ganzjährig geöffneten Markt, der im Vergleich zur *Canton Fair* qualitativ minderwertigere Waren für den ausländischen und insbesondere in Entwicklungsländern existierenden Markt anbietet (Bredeloup 2013; Li et al. 2013). Ende 2005 erwirtschafteten diese Großhandelskaufhäuser mit dem Handel von Textil- und Bekleidungswaren und elektronischen Produkten ein Handelsvolumen von 98,3 Milliarden CNY (Li et al. 2013: 156).

4.2 NEUE MIGRATIONSPHÄNOMENE IN CHINA UND GUANGZHOU

Als eine Folge, aber auch als Triebkraft dieser rasanten ökonomischen und urbanen Entwicklung nehmen Migrationsphänomene einen immer bedeutenderen Teil in der urbanen Realität Guangzhous und der VR China ein (Bao et al. 2002; Fan 2008; Wu et al. 2014). Die Mehrheit der Wanderungsbewegungen in der VR China machen intranationale Land-Stadt-Migrationen aus (Gransow 2012: 3). Im Jahr 2014 betrug die Zahl der Binnenmigranten, also derjenigen, die sich länger als sechs Monate außerhalb ihres dauerhaften Wohnortes aufhielten, 245 Millionen (NBS 2014a) – mehr als eine Verdoppelung im Vergleich zur vorhergehenden Volkszählung im Jahr 2000 (117 Millionen). In der Mehrheit als abhängig Beschäftigte im produzierenden Gewerbe und im Baugewerbe tätig, haben sich die Hauptrichtungsströme ihrer Wanderungsbewegungen seit den 1990er Jahren im Prinzip kaum verändert. Insbesondere die ostchinesischen Küstenprovinzen und hier die drei megaurbanen Agglomerationsräume Guangzhou und das Perlflussdelta, Shanghai und das Jangtse-Delta sowie Beijing, Tianjin und die Bohai-Rim Region bilden die Hauptzielregionen der Arbeitsmigranten (Gransow 2012: 3).

Zunehmend führen aber auch internationale Migrationsströme dazu, dass sich die städtische Bevölkerung in China sozioökonomisch, kulturell sowie ethnisch immer weiter diversifiziert (Pieke 2012). Lange Zeit konzentrierten sich Studien, dich sich im Kontext internationaler Migrationen mit dieser wachsenden Diversität in China auseinandersetzen, auf den Aufenthalt, den Wohnstandort und diverse kulturelle Anpassungsstrategien ausländischer Personalfachkräfte und Manager und ihrer Familien, die über große internationale Unternehmen im Land beschäftigt waren (vgl. Bickers 2011; Stening & Yu 2006). Mittlerweile gibt es jedoch zahlreiche Studien zu diversen internationalen Migrantengruppen in China, deren Beschäftigungsfeldern und Wohnstandorten (für einen Überblick siehe u.a. Pieke 2012). Der Fokus dieser Studien liegt dabei auf nur wenigen Herkunftsländern wie Süd- und Nordkorea, Taiwan, Großbritannien, Singapur oder, meist ohne Differenzierung nach Ländern, Afrika (u.a. Dai 2007; Kim 2003; Lo & Wang 2013; Sehn 2005; Wang & Lau 2008; Wu & Webber 2004; Yeoh & Willis 2005; Literatur zur afrikanischen Bevölkerung in China siehe Kap. 3.5). Die Mehrheit der Autorenschaft setzt sich zudem vor allem mit der Entstehung und den Folgen der sozialräumlichen Konzentration der ausländischen Bevölkerung in China auseinander (z.B. im Kontext der Formierung ethnischer Enklaven, der Beschäftigung in Migrantenökonomien, der Bildung von Mittelschichtsnachbarschaften oder luxuriösen Gated Communities, etc.). Weniger thematisiert wird die Tatsache, dass die zunehmende Präsenz internationaler Migranten in der VR China als Teil eines neuen Süd-Süd-Migrationsregimes angesehen werden kann, in dem sich die Volksrepublik zunehmend von einem reinen Emigrations- zu einem wenn auch gemäßigten Immigrationsland nicht nur für Migranten aus den asiatischen Nachbarstaaten entwickelt hat (Piecke 2012; Skeldon 2011).

Insbesondere im Zuge der ökonomischen Öffnung des Landes, die durch eine in Teilen immigrationsfördernde Migrationspolitik[1] ab 1978 begleitet wurde, ist die Zahl der Ausländer rasant angestiegen. Betrug die Zahl einreisender ausländischer Besucher – darunter fallen sowohl zum Arbeiten nach China eigereiste Migranten als auch Studenten, Diplomaten und Journalisten – im Jahr 1978 noch 1,02 Millionen, stieg die Zahl auf 3,29 Millionen im Jahr 1985, 16,7 Millionen im Jahr 1999 und betrug zuletzt im Jahr 2013 über 26,3 Millionen Ausländer (CNTA 2014; Pieke 2012: 44). Den größten Anteil im Jahr 2013 machten Besucher aus Asien (61,2%) aus, gefolgt von Europa (21,5%), Nordamerika (USA, Kanada: 10,5%), Ozeanien (3,3%), Afrika (2,1%) und Lateinamerika (0,01%); neben touristischen Zwecken (38,5%) reiste ein großer Teil für Handels- und Geschäftstätigkeiten (23,6%) ins Land (eigene Berechnung nach CNTA 2014).

Die Zahl der permanent in China lebenden Ausländer mit festem Wohnsitz ist hingegen erstmalig seit der Volkszählung im Jahr 2010 offiziell erfasst worden (NBS 2014b). Demnach residierten Ende 2010 an die 1.02 Millionen Ausländer auf dem chinesischen Festland, wobei die registrierten Zeitspannen zwischen weniger als drei Monaten und mehr als fünf Jahren zum Befragungszeitpunkt umfassen[2]. Hauptzielregionen bzw. Wohnorte der internationalen Migranten sind ähnlich wie bei der Binnenmigration die Provinz Guangdong (30%), der Regierungsbezirk Shanghai (20,4%) und der Regierungsbezirk Beijing (10,5%). Asiatische Staatsbürger dominieren auch hier wieder das internationale Migrationsgeschehen mit hohen Anteilen von Migranten aus der SVZ Hong Kong (23%), Taiwan (16,7%), Südkorea (11,8%) und Japan (6,5%)[3]. Der überwiegende Teil ist selbständig oder als Arbeitnehmer beschäftigt (insgesamt 39,9%) und ein zunehmender Anteil kommt für ein Hochschulstudium ins Land (19,8%) (eigene Berechnung nach NBS 2014b).

---

1   Auch wenn die chinesische Regierung seit jeher eine restriktiv-selektive und von der Tagespolitik abhängige Praxis der Visavergabe ausübt (Bork-Hüffer & Yuan-Ihle 2014), war das Ziel einer Neuorientierung der sogenannten *waishi*-Strategie nach 1978, durch gezielte Anwerbung von Fachpersonal und anderen erwünschten Arbeitskräften ausländische Technologie und Investitionen nach China zu holen (Brady 2000, 2003). Damit einhergehend wurden in den 2000er Jahren sukzessive Verantwortlichkeiten von nationalen auf lokale Regierungsebenen übertragen und so flexibler Gestaltungsraum für gezielte Anwerbungen von Ausländern auf Provinzebene geschaffen (Callahan 2013; Chodorow 2012; Farrer 2010; Liu 2009, 2011). Für den Großteil der Ausländer, die nicht unter die Kategorie der erwünschten Migranten fallen, können die neuen Regelungen und Gesetzgebungen jedoch als migrationshemmend dargestellt werden. So werden etwa seit dem neuen Migrationsgesetz 2012/2013 mehrheitlich nur noch kurzfristige Aufenthaltsgenehmigungen ausgestellt. Eine kritische und historische Auseinandersetzung mit der chinesischen Migrationspolitik bieten u.a.: Bork-Hüffer & Yuan-Ihle 2014; Brady 2000, 2003, 2009; Pieke 2012.

2   <3 Monate: 10,2%; 3–6 Monate: 8,8%; 6–12 Monate: 14,0%; 1–2 Jahre: 17,9%; 2–5 Jahre: 24,5%; >5 Jahre: 24,5% (eigene Berechnung nach NBS 2014b)

3   Weitere Anteile verteilen sich auf die USA (7%), Myanmar (3,9%), Vietnam (3,5%), SVZ Macau (2,07%), Kanada (1,9%), Frankreich (1,5%), Indien (1,5%), Deutschland (1,4%), Australien (1,2%) sowie andere Staaten (insgesamt 181.589 Personen oder 17,8%) (eigene Berechnung nach NBS 2014b).

Letztlich spiegeln diese Daten jedoch nur einen Ausschnitt der tatsächlich in China lebenden ausländischen Bevölkerung wider und können nicht mehr als eine unvollständige Momentaufnahme der heutigen Situation darstellen, ohne historisch und politisch bedingte internationale Wanderungsbewegungen und deren Schwankungen im zeitlichen Verlauf mit aufzunehmen. Frank N. Pieke (2012: 44) führt die geringe Zahl der offiziell registrierten Ausländer in China darauf zurück, dass ein Großteil der ausländischen Bevölkerung und ihrer diversen Mobilitätsformen von den offiziellen statistischen Daten nicht erfasst wird:

> „[M]any foreigners in China either reside illegally or else have only shot-term visa, forcing them frequently to travel in and out of the country and being in many instances visible to the administration only as visitors rather than residents".

Demzufolge gibt Pieke (2010: 20) die Zahl der dauerhaft in China residierenden ausländischen Bevölkerung mit rund 2 Millionen Personen an. Auch wenn dies insgesamt immer nur noch einen geringen Teil der chinesischen Gesamtbevölkerung darstellt – auf Basis der offiziellen Daten von 2010 macht die ausländische Bevölkerung lediglich einen Anteil von 0,08% an der Gesamtbevölkerung von knapp 1,34 Milliarden Menschen aus –, haben insbesondere im letzten Jahrzehnt zahlreiche internationale Migrantengemeinschaften an Zahl und Umfang zugenommen und sind zum festen und langfristigen Bestandteil chinesischer Städte geworden. Trotz der kapitalistischen Marktöffnung des ehemals staatlichen gelenkten Wohnungssektors und der sukzessiven Abschaffung einer strikten Trennung von ausländischen Wohnquartieren (und Arbeitsplätzen) von denen der chinesischen Bevölkerung (Brady 2000; Farrer 2010), lassen sich nach wie vor spezifische Konzentrationen ausländischer Wohnbevölkerung[4] zumindest auf städtischer Ebene ausmachen: So leben beispielsweise in Beijing (Kim 2010: 182; s.a. Cha 2007) rund 100.000 Südkoreaner, insbesondere im Wangjing Distrikt, und unterhalten dort zahlreiche koreanische Schulen, Restaurants, Geschäfte und Reiseagenturen. Die größten Konzentrationen von taiwanesischen Migrantengemeinschaften sind ebenfalls mit eigener sozialökonomisch und sozialkultureller Infrastruktur in Dongguan, Shenzhen und Shanghai anzutreffen und zudem neben zahlreichen taiwanesischen Unternehmen über Wirtschaftsverbände und politische Vertretungen in der lokalen und nationalen chinesischen Regierung organisiert (Lin 2013: 111; s.a. Keng & Schubert 2010; Ng 2004). Kleinere Migrantengemeinschaften mit jeweils mehreren tausend Personen finden sich etwa aus Russland (in Beijing und Shanghai), Vietnam (in Guangzhou), Indien (in Shaoxing, Zhejiang Provinz) oder aus diversen Maghreb-Staaten sowie dem Nahen und Mittleren Osten (in Yiwu, Zhejiang Provinz), und der überwiegende Teil von ihnen ist im Import/Export-Handel tätig (Bodomo 2012; Chan 2013; Cheuk 2011; Cissé 2013; FlorCruz 2011; Ivakhnyuk 2009; Wishnick 2005; Pliez 2010).

---

4   Sowohl Angaben zur ausländischen Wohnbevölkerung, der permanent im Land lebenden ausländischen Bevölkerung oder zu ausländischen Migranten für die VR China sind aufgrund fehlender oder unzureichender chinesischer Statistiken nur sehr schwer einzuschätzen. Hinzu kommt, dass veröffentlichte Daten zur internationalen Immigration nach China keine oder nur vereinzelt Differenzierungen nach Dauer des Aufenthaltes vornehmen.

4.3 DIE AFRIKANISCHE PRÄSENZ IN DER VR CHINA

Besondere mediale und akademische Aufmerksamkeit erlangte die Präsenz afrikanischer Migrantengemeinschaften in der VR China, die sich ab den späten 1990er Jahren in stetig wachsender Anzahl in chinesischen Städten – insbesondere in Guangzhou, Yiwu, Hong Kong und Macau – niederlassen.

> „While it is true that there have been Africans in China, including students[5] and diplomats, for a long time, there has never been, until now, a massive presence of Africans from all walks of life actually migrating to China to start up a business serving both Africans and Chinese" (Bodomo 2010: 695).

Verlässliche Zahlen über die afrikanische Bevölkerung sind jedoch aufgrund der bereits erwähnten statistischen Mängel nur sehr schwer zu erhalten. Auch wenn der Zensus von 2010 erstmals Differenzierungen der ausländischen Bevölkerung nach Nationalitäten, dem Grund der Einreise und die Dauer des bereits absolvierten Aufenthaltes für das Jahr 2010 vornimmt, wird die afrikanische Migration in den wenigen veröffentlichten Eckdaten der Volkszählung nicht explizit aufgelistet. Adams Bodomo (2012: 12) schätzt die Zahl der in China auf unbestimmte Zeit niedergelassenen afrikanischen Bevölkerung zwischen 400.000–500.000 Personen, von denen allein zwischen 300.000–400.000 Afrikaner im Exporthandel chinesischer Konsum- und Industriegüter tätig sein sollen. Dabei fallen allein auf die Provinz Guangdong und hier insbesondere die Hauptstadt Guangzhou nach Angaben wissenschaftlicher sowie nicht-wissenschaftlicher Quellen die größten Anteile der afrikanischen Migration Richtung China: Während einige Autoren die Zahl der in Guangzhou lebenden Afrikaner auf 15.000–30.000 Personen schätzen (u.a. Bork-Hüffer et al. 2014; Li et al. 2013; Pieke 2012), gehen andere Quellen aufgrund hoher Anteile irregulärer Migranten von bis zu 200.000 afrikanischen Migranten aus, die sich zurzeit in der Handelsmetropole aufhalten sollen (Peoples Daily Online 2014). Laut der nationalen Tageszeitung *Southern Weekly* (2008) mit Hauptsitz in Guangzhou, die sich auf staatliche Quellen beruft, nahm der Anteil der afrikanischen Bevölkerung in der Stadt seit 2003 jährlich um 30–40% zu. Ähnliche Tendenzen belegen auch offizielle Statistiken zur Zahl der Übernachtungen von Afrikanern in Guangzhou, die von 2000 bis 2010 von 6.300 auf 63.600 anstieg, mit einer jährlichen Wachstumsrate von 26% (eigene Berechnung nach Guangzhou Statistical Yearbook 2010; Li et al. 2013).

Auch wenn Migranten aus allen afrikanischen Staaten in der Handelsmetropole anzutreffen sind, zeigt der Großteil der Studien einen mehrheitlichen Anteil westafrikanischer Staatsbürger in Guangzhou insbesondere aus den frankophonen Ländern Mali, Niger, Senegal, Guinea und der Elfenbeinküste sowie hohe Konzentrationen aus den englischsprachigen Ländern Nigeria und Ghana; Südafrikaner und Kongolesen sind ebenfalls zahlreich vertreten (vgl. Bork-Hüffer et al.

---

5   Seit den 1950er Jahren erhielten bis heute rund 18.000 afrikanische Studenten ein chinesisches Stipendium (Bredeloup 2013: 206). 2006 studierten allein 3.737 Afrikaner in China, 40% mehr als noch im Jahr zuvor (Politzer 2008; zur Historie und aktuellen Situation chinesischer Studierenden-Austauschprogramme mit Fokus auf Afrika siehe Haugen 2013b).

2014; Bredeloup 2013; Li et al. 2013). Kleinere afrikanische Migrantengemeinschaften in der Provinz Guangdong mit ähnlichen Herkunftszusammensetzungen
finden sich zudem in Foshan, Shenzhen und Dongguan, wobei die Städte vor allem als Wohnstandorte genutzt werden und Guangzhou nach wie vor ökonomische Bezugsbasis bleibt (Bork-Hüffer et al. 2014: 142; s.a. Bork et al. 2012; Bork-
Hüffer et al. 2015).

Neben der Provinz Guangdong bildet Yiwu, eine 1,2 Millionen Stadt südlich
von Shanghai in der Provinz Zhejiang, einen weiteren Schwerpunkt afrikanischer
Migration in die VR China. Seit den 1980er Jahren wurde die Stadt sukzessive zu
einem internationalen Handelszentrum ausgebaut und gilt heute als das größte
Großhandelszentrum der Welt für Güter des alltäglichen Bedarfs (Bodomo & Ma
2012; Cissé 2013; Pliez 2010). Neben zahlreichen spezialisierten Märkten im gesamten Stadtgebiet werden Güter insbesondere im 1998 eröffneten und über die
Jahre auf mehr als 2km ausgebauten *Yiwu International Trade Center* – auch
Futian Market genannt – gehandelt, welches jährlich Großhändler aus aller Welt
in die für chinesische Verhältnisse vergleichsweise kleine Handelsstadt zieht
(Pliez 2010). Während offizielle Quellen die Anzahl der ausländischen Geschäftsleute mit festem Wohnsitz in der Stadt mit 13.000 Personen angeben, von denen
rund 3.000 Personen aus Afrika stammen sollen (Xinhua 2013; yiwu-market.cn),
schätzen wissenschaftliche Quellen die Anzahl der in Yiwu lebenden Afrikaner
zwischen 30.000–56.000 Personen (Liu 2013: 239; Pliez 2010). Der überwiegende Teil stammt aus nordafrikanischen Staaten mit den größten Anteilen aus Ägypten, gefolgt von Algerien, Marokko, Tunesien und Libyen (Cissé 2013: 23). Zunehmend lassen sich aber auch Migranten aus allen Teilen von Subsahara-Afrika
in der Stadt nieder (Bodomo 2012; Bork-Hüffer et al. 2014; Bredeloup 2013; Cissé 2013; Le Bail 2009).

Die Sonderverwaltungszone Hong Kong hat in ihrer Funktion als Handels-
und Finanzmetropole seit Jahrzehnten eine Brückenkopffunktion für Chinas Au-
ßenhandel innegehabt und seit jeher große Zahlen internationaler Migranten ange-
zogen (Mathews 2011, 2012a&b; Mathews & Yang 2012). Allerdings sind auch
hier verlässliche Daten zum Migrationsgeschehen nur unzureichend verfügbar
(Wong 2013). Für das Jahr 2011 gibt das *Census and Statistic Department Hong
Kong* (2012) die Zahl der ausländischen Bevölkerung – dort als sogenannte *ethnic
minorities* bezeichnet – in Hong Kong mit 451.183 Personen an, ohne jedoch die
Immigration vom chinesischen Festland oder die Zahl der permanent (seit mehr
als einen Monat) im Land lebenden Ausländer mit einzubeziehen. Dementsprechend werden auch die afrikanische Wohnbevölkerung und insbesondere differenzierte Daten zu ihrer Zuwanderung nicht gesondert aufgelistet. Laut Gordon
Mathews (2012b: 208) leben lediglich mehrere hundert Afrikaner permanent[6] in
Hong Kong – insbesondere im Distrikt Kowloon rund um das Großhandelskaufhaus *Chungking Mansion* –, weitere mehrere hundert Personen halten sich mehre-

---

6   Weder Gordon Mathews (2012a&b) noch Adams Bodomo (2012) geben differenzierte Anga-
     ben zur Dauer des Aufenthaltes der permanent im Land lebenden afrikanischen Bevölkerung
     an.

re Wochen für Handelsgeschäfte in der Stadt auf. Adams Bodomo hingegen schätzt laut einem Interview mit der *China Daily HK* (Fenn 2010) die Zahl der afrikanischen Bevölkerung zwischen 15.000–20.000 Personen, wobei rund 3.000 Afrikaner permanent in Hong Kong leben sollen (s.a. Bodomo 2012). Die größten Anteile afrikanischer Migranten stammen aus Tansania, Kenia, Nigeria und Ghana (Mathews 2012b: 209) sowie aus Südafrika und dem Kongo (Bodomo 2012).

Als letzte bedeutende Konzentration afrikanischer Präsenz in der VR China können die rund 1.000 Afrikaner in der Sonderverwaltungszone Macau aufgelistet werden, die sich insbesondere ab den 1990er Jahren dort niederließen (vgl. Bodomo & Teixeira-E-Silva 2012; Morais 2009). In der ehemaligen portugiesischen Kolonie sind traditionell vor allem Afrikaner aus portugiesisch-sprachigen Ländern anzutreffen mit den größten Anteilen aus Mozambique, gefolgt von Angola, Kap Verde, Guinea Bissau sowie São Tomé und Príncipe; kleinere Anzahlen afrikanischer Migranten stammen etwa aus Nigeria oder Ghana (Bodomo & Teixeira-E-Silva 2012: 81f.).

4.4 JÜNGSTE SINO-AFRIKANISCHE HANDELS- UND WIRTSCHAFTSBEZIEHUNGEN

Auch wenn in der letzten Dekade die Zahl jener afrikanischen Migranten zugenommen hat, die als Diplomaten, Studenten, Sportler oder Touristen in die VR China einreisen, so ist man sich weitestgehend darüber einig, dass die überwiegende Mehrheit der Afrikaner – ob temporär oder permanent in China – als Händler/Geschäftsleute im Handel mit chinesischen Konsum- und Industriegütern tätig ist (u.a. Bodomo 2012; Bork-Hüffer et al. 2015; Bredeloup 2013; Li et al. 2013; Mathews 2011, 2012a&b). Zudem zeigen die eigenen empirischen Untersuchungen, dass viele afrikanische Studenten neben ihrem Studium einer Handelstätigkeit nachgehen, bzw. dass unter dem Vorwand eines Studiums und dem damit einhergehenden Erhalt einer temporären Aufenthaltsgenehmigung primär handelsbezogene Interessen verfolgt werden (s.a. Haugen 2013b). Die Bedeutung Chinas – und insbesondere Guangzhous (Li et al. 2013) – als Handelsstandort für afrikanische Migranten spiegelt sich auch im rasanten Anstieg der Exporte von China nach Afrika wider: Während die chinesischen Exporte nach Afrika im Jahr 1995 lediglich einen Wert von 2,4 Milliarden US$ umfassten, betrug das Exportvolumen Ende 2013 rund 92,7 Milliarden US$ (TRALAC 2014a; s.a. SCIO 2013) – ein jährliches Wachstum um 22,5%. Aufgrund der Marktvorteile gegenüber westlichen Produkten sind die relativ günstigeren chinesischen Konsum- und Industriegüter für afrikanische Abnehmer, deren Einkommen unter denen der chinesischen Bevölkerung liegen und deren Kaufkraft entsprechend limitiert ist, besonders attraktiv (Marfaing & Thiel 2011; Subramanian & Matthijs 2007; Zhang 2008). In der Folge und belegt durch den extremen Anstieg der Exporte von China nach Afrika führte dies dazu, dass die afrikanischen Märkte in den letzten 15 Jahren regelrecht durch billige, chinesische Konsum- und Industriegüter überflutet wurden – und zwar in einem solchen Ausmaß, dass Li Zhang (2008: 388) bereits von einem *chinese goods tsunami* sprach (s.a. Lorenz & Thielke 2007; Goldstein et al. 2006). Auch wenn in Teilen bestehende Einkommensunterschiede, Kaufkraftparitäten oder günstigere Produktionskosten als Erklärungsfaktoren für den rasanten Anstieg der Exporte von China nach Afrika herangezogen werden können, so unbeantwortet bleibt jedoch die Frage, wie und durch welche Akteure dieser chinesische *goods tsunami* vorangetrieben und organisiert wird. Um sich der Beantwortung dieser Frage zu nähern, ist es nötig, sich zunächst mit den wachsenden sino-afrikanischen Handels- und Wirtschaftsbeziehungen auseinanderzusetzen.

Während die Entstehung des chinesischen Handels mit Afrika von den frühesten Verbindungen über die Seidenstraße über erste Investitionen in Infrastrukturprojekte der postkolonialen Ära bis hin zu den jüngsten Handels- und Wirtschaftsbeziehungen zurückverfolgt werden kann, sind die heutigen Handels- und Investitionsströme in Größe und Umfang beispiellos in ihrer Geschichte (Broadman et al. 2007). Der extreme Anstieg des Süd-Süd-Handels gehört zu einer der herausragenden Eigenschaften jüngster Entwicklungen in der globalen Wirtschaft. Insbesondere seit dem Forum für Chinesisch-Afrikanische Zusammenarbeit (FO-CAC), welches 2000 gegründet wurde und in dessen Rahmen bislang fünf Konferenzen auf Ministerebene stattfanden sowie zahlreiche Maßnahmen und Aktionspläne zur wirtschaftlichen Zusammenarbeit und Entwicklung Afrikas seitens der chinesischen Regierung verkündet wurden (für einen Überblick siehe www.focac. org), intensivierten sich die Wirtschaftsbeziehungen Chinas mit dem afrikanischen Kontinent soweit, dass im Jahr 2009 die Volksrepublik zu Afrikas größtem Handelspartner avancierte und bis heute auch geblieben (SCIO 2013). Betrug das Handelsvolumen zwischen China und Afrika 1950 zunächst 12,1 Millionen US$, erreichte es 1960 bereits 100 Millionen und 1980 mehr als eine Milliarde US$ (SCIO 2010). In den 1990er Jahren erhöhte sich das Handelsvolumen um mehr als 1000% und erreichte im Jahr 2000 10,6 Milliarden US$ (TRALAC 2014b). Seit 2000 verzwanzigfachte sich das Volumen auf zuletzt rund 210 Milliarden US$ Ende 2013, mit einer jährlichen Wachstumsrate von 25,6% (eigene Berechnung nach TRALAC 2014b). Nach Aussage des Vize-Premierministers Li Keqiang wird für das Jahr 2020 ein Handelsvolumen von 400 Milliarden US$ mit Afrika erwartet (Mu 2014). Während China vor allem Rohstoffe wie Öl, Metalle, Industrieminerale, Steine, Erden, Holz und Baumwolle importiert (TRALAC 2014b), exportiert die Volksrepublik im Gegenzug eine große Bandbreite an billigen/günstigen Fertigprodukten insbesondere aus dem Bereich Textilien, Bekleidung und Schuhe, elektronische Produkte sowie diverse Plastik- und Haushaltswaren (TRALAC 2014b; s.a. Besada et al. 2008: 6; Carey et al. 2007: 12ff.; Zafar 2007: 121). Zunehmend werden aber auch qualitativ höherwertige Waren wie etwa Kommunikationsequipment, diverse Transportfahrzeuge oder Elektronikgeräte und Maschinen nach Afrika ausgeführt (TRALAC 2014a; s.a. SCIO 2013; FOCAC 2011). Die Hauptzielregionen chinesischer Exporte im Jahr 2013 sind insbesondere die Länder der SADC[7] (32%), gefolgt von COMESA[8] (26%) und EAC[9] (8%), wobei die fünf größten Importeure chinesischer Produkte Südafrika, Nigeria, Ägypten, Algerien und Angola bereits 54% des gesamten Exportvolumens ausmachen (eigene Berechnung nach TRALAC 2014b). Was das gesamte Handelsvolumen der VR China mit Afrika betrifft, so stellen Südafrika (31%), Angola (17%), Nigeria (6%), Ägypten (5%) und Algerien (4%) allein 63% des gesamten chinesischen Handelsvolumen mit Afrika dar (TRALAC 2014a).

Chinas finanzielle und wirtschaftliche Investitionen in den afrikanischen Kontinent haben in der letzten Dekade ebenfalls rasant zugenommen. Betrug das investierte Vermögen Chinas in Afrika Ende 2003 lediglich 490 Millionen US$, waren es 2009 bereits 9,33 Milliarden US$ und Ende 2013 sogar 25 Milliarden US$ (SCIO 2010; MOFCOM 2014b). Neben Direktinvestitionen in den unterschiedlichsten Bereichen wie Bergbau, Finanzen, Produktion, Bauwirtschaft, Tourismus sowie Fischerei-, Land-, und Forstwirtschaft[10] fördert die chinesische Regierung insbesondere Investitionstätigkeiten chinesischer (Staats-) Unternehmen in Afrika: Zur Schaffung guter Investitionsbedingungen wurden bis Ende 2012 mit 32 afrikanischen Staaten bilaterale Abkommen zur Förderung und zum Schutz von Investitionen unterzeichnet sowie Doppelbesteuerungsabkommen mit 11 afrikanischen Staaten abgeschlossen (SCIO 2013). Zudem wurde bereits 2007 ein Chinesisch-Afrikanischer Entwicklungsfond eigens für chinesische Firmen eingerichtet. Bis heute wurden rund 1,8 Milliarden US$ in 53 Projekte aus den Bereichen Maschinenbau, Stromerzeugung, Baumaterial, Industrieparks, Bergbau und Hafenlogistik investiert und weitere 2,4 Milliarden US$ sollen in den nächsten Jahren in 61 Projekte in 30 afrikanischen Ländern investiert werden (SCIO 2013). Zudem gründete das chinesische Handelsministerium – finanziert durch den Chinesisch-Afrikanischen Entwicklungsfond sowie durch die Chinesische Export-Import Bank (Exim-Bank) – sieben Sonderwirtschafts- bzw. Wirtschaftskooperationszonen in Sambia, Ägypten, Äthiopien, Mauritius, Nigeria und Algerien, in denen vorwiegend chinesische Staats-Unternehmen aus den Bereichen Bergbau, Erkundung und Weiterverarbeitung von Bodenschätzen, Nichteisenmetall-Verarbeitung, Chemieindustrie, Bauwesen und Solarenergie angesiedelt sind; andere

---

7   Die Entwicklungsgemeinschaft des südlichen Afrika (SADC – *Southern African Development Community*) umfasst folgende 15 Mitgliedsstaaten: Angola, Botswana, DR Kongo, Lesotho, Madagaskar, Malawi, Mauritius, Mozambique, Namibia, Seychellen, Südafrika, Swasiland, Tansania, Sambia und Simbabwe.

8   Der Gemeinsame Markt für das östliche und südliche Afrika (COMESA - *Common Market for Eastern and Southern Africa*) besteht aus den folgenden 19 Mitgliedsstaaten: Burundi, Komoren, DR Kongo, Djibouti, Ägypten, Eritrea, Äthiopien, Kenia, Libyen, Madagaskar, Malawi, Mauritius, Ruanda, Seychellen, Sudan, Swasiland, Uganda, Sambia, Simbabwe.

9   Die Ostafrikanische Gemeinschaft (EAC – *East Africa Community*) besteht aus den fünf Mitgliedsstaaten Burundi, Kenia, Ruanda, Tansania und Uganda.

10 Einen umfangreichen Überblick über Kernbereiche chinesischer Direktinvestitionen in Afrika sowie ökonomische, soziale und kulturelle Entwicklungsmaßnahmen und -kooperationen bieten die Veröffentlichungen des Presseamtes des Staatsrates der VR China (SCIO 2013; SCIO 2010); für eine kritische Diskussion zu Chinas Engagement in Afrika siehe u.a.: Drysdale & Wei 2012; Lampert & Mohan 2014; Scholvin & Strüver 2013.

Industrien aus den Bereichen Fischfang- und Meeresfrüchteproduktion sowie die Herstellung von Keramik, Textilien, Medizin und Möbel sind, wenn auch im geringeren Umfang, dort ebenfalls etabliert worden (Bräutigam & Tang 2011; Chintu & Williamson 2013). Laut chinesischem Handelsministerium sind zurzeit mehr als 2.500 chinesische Firmen in 50 afrikanischen Ländern aktiv und bieten rund 100.000 lokale Arbeitsplätze (MOFCOM 2014a).

Insgesamt konzentrieren sich die chinesischen Investitionen auf dem afrikanischen Kontinent vor allem auf große Infrastrukturprojekte und den Ausbau der Rohstoffindustrie, wobei Investitionsverträge i.d.R. über Verhandlungen auf Regierungsebene abgeschlossen und die Durchführung geplanter Vorhaben mehrheitlich durch chinesische Staatsunternehmen getragen werden (SCIO 2014a; Chintu & Williamson 2013; Drysdale & Wei 2012; Yan & Sautman 2013). So werden allein in Tansania rund zwei Drittel der laufenden Straßenerneuerungen von chinesischen Bauunternehmen bestritten (van Halen 2012) und der Großteil an Arbeitskräften für Infrastrukturprojekte wird aus China akquiriert (Bergesen 2008; Lampert & Mohan 2014: 18). Laut Sören Scholvin und Georg Strüber (2013: 4) dienen insbesondere die Verkehrsinfrastrukturprojekte dazu, die Ressourcen afrikanischer Länder für den wachsenden Rohstoffbedarf Chinas zu erschließen sowie die Märkte der jeweiligen Länder für chinesische Unternehmen zu öffnen. Bis Ende 2009 hatte die VR China durch nahezu zinsfreie Kredite durch chinesische Banken und mit Hilfe von chinesischen Unternehmen beim Bau von mehr als fünfhundert Infrastrukturprojekten in Afrika geholfen, insbesondere in den Bereichen Transport, Energie, Telekommunikation, Wasserversorgung und Soziales (SCIO 2010; Scholvin & Strüver 2013). Neben zahlreichen Straßen, Brücken, Krankenhäusern, Schulen, etc. in diversen afrikanischen Ländern errichteten chinesische Bauunternehmen große Infrastrukturprojekte wie etwa das Telekommunikationsnetzwerk in Äthiopien, den Merowe-Staudamm im Sudan, die Benguela-Bahn vom Hafen Lobito in Angola zum Kupfergürtel im kongolesisch-sambischen Grenzgebiet oder die *voie nationale* von der kongolesischen Hauptstadt Kinshasa nach Lumbashi im Südosten des Landes (SCIO 2013; Scholvin & Strüver 2013). Weitere Großprojekte wie etwa der Tiefwasser-Hafen Kribi in Kamerun, die Erweiterung des Hafens von Daressalam, die Instandsetzung der TanSam-Bahn von Daressalam nach Sambia, zwei auf Kupfer ausgerichtete Sonderwirtschaftszonen für chinesische Konzerne in Sambia, oder der Bau von zwei Flughäfen, vier Kraftwerken, 32 Krankenhäusern, 145 Gesundheitszentren und zwei Universitäten in der DR Kongo, etc. werden durch chinesische Bauunternehmen und mithilfe günstiger chinesischer Kredite in naher Zukunft errichtet – im Gegenzug erhält China exklusive Rechte auf den Abbau von Ressourcen wie etwa im Kongo oder sichert sich Erlöse aus Rohstoffexporten wie etwa in Angola (Chintu & Williamson 2013; FOCAC 2011; SCIO 2013; Scholvin & Strüver 2013; van Halen 2012). Neben Angola als größtem Auftraggeber chinesischer Unternehmen sind Botswana, Tansania, die DR Kongo, Sambia, Simbabwe und Südafrika die wichtigsten Kernländer chinesischer Bau- und Transportprojekte (NBS 2012; Shelton & Kabemba 2012).

Neben dem Hauptaugenmerk auf Infrastrukturprojekte werden chinesische Investitionen in Afrika zunehmend auch im Dienstleistungssektor, im Finanz- und Bankwesen oder in der Landwirtschaft getätigt (SCIO 2013; Yan & Sautman 2010). Zudem etablieren sich mittlerweile zahlreiche nicht-staatliche chinesische Unternehmen in Afrika, etwa als Subunternehmer im Gefolge von Großkonzernen im Bausektor oder im produzierenden und verarbeitenden Gewerbe (Ali & Jafrani 2012; Atomre et al. 2009; Lampert & Mohan 2014; Shen 2013; Mu 2014). Investitionen in anderen Wirtschaftsbereichen werden jedoch kaum getätigt oder sind nicht vorhanden – eine Tatsache, die letztlich kein spezifisch chinesisches Phänomen ist, sondern auch für andere traditionell auf den afrikanischen Kontinent ausgerichtete ADIs zutrifft (Moyo 2012; Yao 2008). Die Gründe hierfür sind vielfältig, basieren aber insbesondere auf einer unzureichenden und mangelhaften Infrastruktur v.a. im Bereich Verkehr: So werden aufgrund der unzureichenden verkehrstechnischen Anbindung der Häfen in Daressalam (Tansania) oder Beira (Mosambik) ans Hinterland Bergbauprodukte aus dem Kupfergürtel im kongolesisch-sambischen Grenzgebiet über 2.500 Kilometer ins südafrikanische KwaZulu-Natal bzw. zu den hochmodernen Häfen von Durban und Richards Bay transportiert (Scholvin & Strüver 2013: 1; s.a. MOFCOM 2014a). Hinzu kommen beträchtliche Verzögerungen an den jeweiligen Grenzübergängen sowie zusätzliche Belastungen durch Einfuhrabgaben oder Bestechungsgelder für Zollbeamte, welche die Transportkosten erheblich in die Höhe treiben lassen (Carey et al 2007: 37; Mathews 2012b: 212; Shen 2013: 22; Teravaninthorn & Raballand 2009: 76). Aber auch erhebliche Defizite im Bereich der Energie- und Wasserversorgung, der Telekommunikationsinfrastruktur sowie zunehmend benötigte Sicherheitsvorkehrungen wie private Sicherheitsfirmen erhöhen das Risiko unternehmerischer Investitionen in Afrika (Broadman et al. 2007: 96; SCIO 2013; Shen 2013).

Die ökonomischen Barrieren für chinesische Firmen, die in Afrika investieren wollen, gelten aber nicht nur für den Handel und die Ausfuhr afrikanischer Rohstoffe und Produkte in die VR China. Auch der Handel mit und Import von chinesischen Konsum- und Industriegütern nach Afrika wird durch die hohen Transaktionskosten erschwert:

„For instance, there are costs associated with compliance to procedures for the collection and processing of international transactions; transport costs; and search costs associated with imperfections in the ‚market for information‘ about trade and investment opportunities“ (Broadman et al. 2007: 219).

Insbesondere der fehlende Zugang und mangelnde Informationsfluss innerhalb des afrikanischen Marktes werden als Haupthindernisse genannt:

„External impediments to trade are important but difficult to quantify. Among them are the costs of searching for and verifying business opportunities, setting up marketing channels, and creating access to communications and logistics systems for receiving and delivering orders“ (Carey et al. 2007: 36f.).

4.5 DIE BEDEUTUNG NICHT-STAATLICHER, INFORMELLER HÄNDLERNETZWERKE IM SINO-AFRIKANISCHEN (KLEIN-)HANDEL

Eine Möglichkeit, um diese hohen Handels- und Investitionsbarrieren zu überbrücken, Zugang zu Marktinformationen zu erhalten und Afrika als großen „neuen" Absatzmarkt zu erschließen, ist der Rückgriff auf co-ethnische/co-nationale Netzwerke und informelle Geschäftskontakte insbesondere bei kleinen bis mittleren Handelsvolumina (Broadman et al. 2007; Carey et al. 2007; Kallungia 2001; Mijere 2009). So zeigen Studien der Weltbank, dass beispielsweise ein Großteil chinesischer Waren in Südafrika und Tansania über informelle Kontakte zu Zollbehörden und anderen staatlichen Autoritäten eingeschmuggelt wird (Broadman et al. 2007: 238). Aber auch intra-kontinental operieren informelle Netzwerke beim Warentransport von afrikanischen Häfen wie Lomé (Togo), Accra (Ghana), Dakar (Senegal), Lagos (Nigeria), Mombasa (Kenia) oder Daressalam (Tansania) über die nationalen Grenzen zu den Märkten der afrikanischen Binnenstaaten und nutzen dabei afrikanische Händler, die die nötigen Informationen über günstige Grenzübergänge und informelle Kontakte zu Zollbehörden, Grenzbeamten oder auf intra-kontinentalen Transport spezialisierte Unternehmen besitzen (D., Guangzhou 15.11.2008; Ch., Guangzhou 28.08.2011; Interview mit Dalila Nadi, Shanghai 19.09.2011; s.a. Kallungia 2001; Marfaing & Thiel 2011; Verne 2012a). Während es sich hier v.a. um den Zugang zu den Absatzmärkten und den grenzüberschreitenden Warentransport in Afrika handelt, zeigen die vorliegenden Untersuchungen zu afrikanischen Händlern in Guangzhou, dass auch innerhalb der VR China informelle und/oder nicht-staatliche Handelsnetzwerke und selbständige Händler für den Export chinesischer Konsum- und Industriegüter und deren Markteinführung in Afrika eine bedeutende Rolle spielen[11]. Zudem sind in jüngerer Zeit in diversen afrikanischen Ländern mehrere Studien zu chinesischen Händlern durchgeführt worden, die sich jedoch laut Giles Mohan und Ben Lampert (2013) erst in der Folge zunehmender afrikanischer Handelstätigkeiten in China auf dem afrikanischen Kontinent niederließen und dabei etablierten Handelsrouten afrikanischer Händler zwischen China und Afrika folgten (Mohan & Lampert 2013: 100). Eine kritische Auseinandersetzung mit den chinesisch geprägten Händlernetzwerken findet nur vereinzelt in den nachfolgenden Kapiteln an jenen Stellen statt, an denen sie Bedeutung für die Organisation des sino-afrikanischen Handels aus Sicht der afrikanischen Händler erlangen[12].

Das Zurückgreifen auf co-ethnische/co-nationale Netzwerke und informelle Geschäftskontakte innerhalb internationaler Handelstätigkeiten ist prinzipiell nichts Ungewöhnliches:

---

11 Neben den eigenen empirischen Untersuchungen sind mittlerweile zahlreiche Studien zur Präsenz afrikanischer Händler in der VR China veröffentlicht worden – ein Überblick findet sich bereits in Kap. 3.5.

12 Für eine Übersicht zur Präsenz chinesischer Handelsakteure in Afrika und ihrer Netzwerke siehe u.a. für Ghana und/oder Nigeria und/oder Senegal: Dittgen 2010; Giese & Thiel 2014; Lampert & Mohan 2014; Marfaing & Thiel 2011; Mohan & Lampert 2013; Scheld 2010; für Südafrika: Dittgen 2011; McNamee et al. 2012; für Namibia: Dobler 2008.

„Trading communities of merchants living among aliens in associated networks are to be found on every continent and back through time to the beginning of urban life" (Curtin 1998: 3).

Immigrant entrepreneurs oder *ethnic entrepreneurs* verbinden seit jeher Diaspora-gemeinschaften[13] (und Migrantenökonomien) in diversen urbanen Zentren der Welt mit ihren jeweiligen Herkunftsländern und -ökonomien (Light 2010: 88; Nederveen Pieterse 2003: 41f.). Jüdische Diamantenhändler in New York und Europa (Richman 2002; Siegel 2009), Hausa-Gemeinschaften in Westafrika (Cohen 2004), muridische Händlernetzwerke zwischen Senegal und Europa (Benjamin & Mbaye 2012; Castagnone et al. 2005; Müller 2008; Riccio 2002), kongolesische Händler in Frankreich (MacGaffey & Bazenguissa-Ganga 2000), westafrikanische Händlernetzwerke zwischen Mali, Burkina Faso und der nördlichen Elfenbeinküste (Labazée 1993) etc. profitieren dabei von ethnischen, politischen, ökonomischen und/oder religiösen (insbesondere islamisch geprägten) Netzwerkverbindungen innerhalb ihrer jeweiligen Händlergemeinschaften. Diese bilden ein Geflecht aus diversen Solidaritätsstrukturen, Abhängigkeitsverhältnissen sowie strategischen Verbindungen zu politischen, ökonomischen oder religiösen Eliten auch außerhalb ihrer Gemeinschaften und über nationalstaatliche Grenzen hinweg. Informationen, Kredite, Waren und Arbeitskraft werden über die eigenen Netzwerke ausgetauscht und die jeweils spezifische Handelspraxis wird von Generation zu Generation weitergegeben (Zhou 2009: 102). „These traders invest in local politics; in marriages with important families; in financing religious ceremonies, koranic schools and mosques; and in pilgrimage to Mecca" (MacGaffey & Bazenguissa-Ganga 2000: 15). Ökonomisches Kapital wird dabei umgewandelt in soziales Kapital bzw. Autorität und Position innerhalb der Händlergemeinschaften; soziales Kapital und die gegenseitigen gruppeninternen Abhängigkeiten und Verpflichtungen, die im weitesten Sinne auf gegenseitigem Vertrauen und der Reputation der Handelspartner basieren (Zhou 2009: 102), reduzieren zudem das Geschäftsrisiko, welches vor allem bei grenzüberschreitenden, informellen Handelstätigkeiten sehr hoch ist (Light 2010: 89). Zudem ist der Wortbruch bzw. das Nichteinhalten mündlicher Verträge insbesondere bei religiös geprägten Händlergemeinschaften mit der Exklusion aus der Geschäftswelt und dem Verrat nicht nur an der Gemeinschaft selbst sondern vor allem am religiösen Glauben gleichzusetzen. Janet MacGaffey und Rémy Bazenguissa-Ganga (2000: 15) halten fest,

„[that c]onfidence between the big traders and their business partners, who are bound to them also by religious tie, holds a religious guarantee more powerful than anything modern legislation can offer" (s.a. Nederveen Pieterse 2003; Riccio 2002).

Diese klassischen Händlernetzwerke profitieren zudem von etablierten, im jeweiligen Ankunftskontext relativ dauerhaft ansässigen Händlern bzw. sogenannten

---

13 Als Diaspora wird hier eine Gemeinschaft verstanden „[based on] a degree of national, or cultural, or linguistic awareness […] of a relationship, territorially discontinuous, with a group settled ‚elsewhere'" (Marienstras 1989: 120; s.a. Cohen 2008).

middlemen minorities[14] (Bonacich 1973; Light 2010; Zhou 2009), die aufgrund ihrer Bilingualität – Sprachkenntnisse des jeweiligen fremden Aufenthaltslandes sowie ihres eigenen Herkunftslandes – und ihres internationalen sozialen Kapitals (bislang notwendige) Brückenköpfe zwischen dem Herkunftsland, dem Ankunftsland und anderen Standorten der Diaspora-Gemeinschaft bilden.

> „For example, an Armenian merchant in Lima could order rugs from an Armenian merchant in Instanbul in the Armenian language, thus surmounting the language problems that Turks and Peruvians encountered when they tradHrsg. Speaking Spanish and Armenian, the Armenians in Lima sold at retail in Spanish; speaking Turkish and Armenian, Armenians in Istanbul purchased at wholesale in Turkish. To one another, Armenian merchants spoke fluent and colloquial Armenian. Thanks to the Armenian diaspora, Turks and Peruvians could trade without having to learn one another's language" (Light 2010: 89).

Im Kontext neuer globaler Verflechtungszusammenhänge und einer *new technology of contact* (Vertovec 2009a) haben sich die Rahmenbedingungen für die Ausübung internationaler Handelstätigkeiten und deren Organisation über Migrationsnetzwerke jedoch grundlegend geändert. Wie bereits in Kapitel 2.6 erläutert, belegen „neue Migrationsgeographien" (Hillmann 2010: 7; s.a. Light 2010; Smith & King 2012) ein vielfältigeres, dynamischeres und verändertes Bild involvierter Akteure, ihres Mobilitätsverhaltens, sozialräumlicher Realitäten und ökonomischer Opportunitäten. So zeigen zahlreiche ethnographische Studien, die sich mit transnationaler Migration und Migrantenökonomien auseinandersetzen, dass sich ein Großteil der Migranten in den USA und Europa komplexe, transnationale und translokale Netzwerkstrukturen aufbauen (Portes et al. 1999, 2002; Hillmann 2005, 2007; Itzigsohn et al. 1999; Levitt 2001; Light 2010; Schmiz 2011). Dabei steht die permanente Rückkehr in ihr Heimatland – wie etwa noch bei den klassischen *middlemen minorities* (Bonacich 1973) – weniger im Fokus ihres Handelns. Vielmehr holen sie ihre Familien nach oder heiraten in die Ankunftsgesellschaft ein, erwerben im Gastland Grundbesitz oder Immobilien, eröffnen Bankkonten und etablieren zahlreiche soziale und ökonomische Kontakte auch außerhalb der eigenen Migrantengemeinschaft und außerhalb des Aufnahmekontextes, um darauf aufbauend neue ökonomische Tätigkeitsbereiche auszuschöpfen (Kap. 2.5.4). Durch ihre grenzüberschreitenden Netzwerke, die sowohl regelmäßiges Hin- und Herpendeln, zyklische Wanderungsbewegungen sowie die Aufrechterhaltung so-

---

14 Als *middlemen minorities* werden jene Händler und/oder Unternehmer bezeichnet „who trade between a society's elite and the masses" (Zhou 2009: 100). Historisch betrachtet hielten sie sich als Gäste nur temporär im jeweiligen fremden Ankunftskontext auf, waren am schnellen Profit im Bereich des Import-Export-Handels interessiert, reinvestierten ihren Gewinn im Heimatland oder anderswo, eine Rückkehr ins Heimatland war fester Bestandteil ihrer Zukunftsperspektive und Interesse an der sozialen Integration im Ankunftskontext bestand i.d.R. nicht (Bonacich 1973). Sie etablierten ihren Handel oder ihr Geschäft zumeist in sogenannten Ausländervierteln, in denen i.d.R. kein Einzelhandel oder anderweitige Dienstleistungen der jeweiligen Mehrheitsgesellschaft aufzufinden waren. In jüngerer Zeit ist jedoch zu beobachten, dass *middlemen minorities* ihren Handel und/oder ihre Geschäfte zunehmend auch in wohlhabenden und Mittelschicht-Nachbarschaften betreiben und zudem nicht mehr nur im sekundären sondern auch im primären Sektor der Ankunftsgesellschaft tätig sind (Zhou 2009: 100ff.).

zialer Kontakte über nationalstaatliche Grenzen hinweg ermöglichen, spannt sich ihre transnationale oder translokale Lebenspraxis zwischen dem Aufnahmeland, dem Herkunftsland und/oder anderen Ländern auf. Es sei jedoch an dieser Stelle darauf hingewiesen, dass trotz der Zunahme transnationaler, translokaler und transkultureller Mobilitäts- und Lebensformen seit den 1990er Jahren ein großer Teil der internationalen Migranten sich nach wie vor sozial, ökonomisch und/oder politisch in die jeweilige Ankunftsgesellschaft integriert und sich ihre Bezüge zu ihrem Heimatland in der dritten und vierten Generation sukzessive auflösen: „[Thus] not all immigrants are transnationals" (Portes 2003: 878)[15].

Inwiefern sich die neuen Migrationsgeographien auch in der vorliegenden Untersuchung zu afrikanischen Händlern zwischen China und Afrika und ihrer jeweiligen handelsbezogenen Organisationsmechanismen bestätigen lassen oder vielmehr welche möglicherweise distinktiv neuen Aspekte der Organisation und Mobilität sich sowohl im chinesischen Ankunftskontext als auch zwischen dem afrikanischen und asiatischen Kontinent ergeben, soll nun in den folgenden Kapiteln erläutert und analysiert werden. Hierzu bedarf es zunächst eines historischen Rückblicks (und Überblicks), der die afrikanische Migration in Richtung China insbesondere in den letzten eineinhalb Dekaden bezüglich involvierter Akteure, ihrer Wanderungsgründe und Zielorte analysiert. Wie zu sehen sein wird, nimmt dabei die Metropole Guangzhou eine bedeutende Rolle im Migrationsgeschehen und insbesondere im sino-afrikanischen Handel ein, was u.a. auf die lokal-ökonomischen Standortofferten der Perlflussdelta-Region und deren Einbindung in globale Handelsstrukturen zurückzuführen ist (vgl. Kap. 4.1). Anstatt jedoch diese (makro-)strukturellen Offerten spezifischer Lokalitäten in einer simplen *push*- und-*pull* Logik ökonomischer Marktmechanismen zur ausschließlichen Erklärungsmaxime migratorischer Prozesse sowie der Herstellung einer unternehmerischen Handlungsfähigkeit heranzuziehen, werden die folgenden Kapitel zeigen, dass die Lokalität Guangzhou in eine relationale Konzeption translokaler Räume afrikanischer Händler eingebettet werden muss.

---

15 Eine kritische Auseinandersetzung mit Indikatoren transnationaler Lebensweisen findet sich u.a. in: Hess 2009: 233ff.; Karakayali 2010: 23ff.; Levitt & Jarkowsky 2007; Kivisto & Faist 2010: 133ff.

5. AFRIKANISCHE HÄNDLER AUF DEM WEG NACH CHINA

Um zunächst eine historische Einordnung der jüngsten afrikanischen Wanderungsbewegungen in Richtung China vorzunehmen, wird im Folgenden exemplarisch auf eine Händlerbiographie zurückgegriffen, die stellvertretend für einen
Großteil derjenigen Afrikaner herangezogen werden kann, die sich mit Beginn der
chinesischen Öffnungspolitik und der zunehmenden Erstarkung des internationalen Handelszentrums in der Perlflussdeltaregion ab Ende der 1990er Jahren und
den frühen 2000er Jahren in Guangzhou niederließen.

5.1 EINE HÄNDLERBIOGRAPHIE AUS MALI

Kb. aus Mali ist 31 Jahre alt und seit Ende 2003 als Händler in Guangzhou tätig
(Interviews mit Kb., Guangzhou 06.09.–09.09.2011): Bevor er seine eigene Handelskarriere auf dem chinesischen Festland startete, war er bereits im Textil- und
Bekleidungswarenhandel im Unternehmen seines Onkels in Mali tätig, von dem
er das Handelsgeschäft bereits im Alter von 12 Jahren erlernt hatte – eine schulische Ausbildung hat er nie erhalten. Im Zuge dieses familiären Angestelltenver-
hältnisses bereiste er in den 1990er Jahren internationale Handelszentren in Thailand (Bangkok) und Indonesien (Jakarta), die sich zur damaligen Zeit als wich-
tigste internationale Umschlagsplätze und/oder Produktionsstätten von Textilwaren und diversen anderen Produkten etabliert hatten. Zahlreiche afrikanische
Händler betrieben dort lokale Handelsagenturen, verfügten über internationale
Handelsnetzwerke insbesondere zu ihren Heimatländern und bedienten zahlreiche
Groß- und Einzelhändler aus diversen afrikanischen Ländern[1]. Auch Kb. bzw.
sein Onkel hatte langjährige Geschäftskontakte zu malischen Handelsagenturen in
Bangkok und Jakarta aufgebaut. Aufgrund der asiatischen Wirtschafts- und Finanzkrise 1997, dem folgenden Zusammenbruch der beiden Handelszentren und
der massenhaften Ausweisung ausländischer Geschäftsleute und Arbeitsmigranten
aus südostasiatischen Ländern (vgl. Kane & Passicousset 1998), konnten diese
Geschäftskontakte bzw. die damit verbundenen Lieferketten nicht mehr aufrechterhalten werden. Es kam zu abnehmenden Gewinnmargen und zunehmenden Ver-

---

[1] Ein Großteil der ansässigen Afrikaner in Bangkok – hauptsächlich aus Guinea und Mali –
waren als Zwischenhändler im Import von Edelsteinen und Export von Schmuckstücken tätig
und bereisten zudem chinesische Metropolen wie Hong Kong, Shenzhen oder Guangzhou im
Zuge internationaler Handelsmessen ihrer Branche (Bredeloup 2013: 204; Marfaing & Thiel
2011: 7f.). Laut Sylvie Bredeloup (2013: 204) leben dort heute noch 250 Familien aus Guinea
– die in den 1980er Jahren als Edelsteinhändler nach Bangkok kamen –, und rund 800 afrikanische Grundschulkinder sind in den örtlichen Schulen registriert.

lusten im Handelsunternehmen des Onkels, so dass sich Kb. dazu entschied, sich vom Unternehmen seines Onkels unabhängig zu machen.

Dieser Schritt in die Selbständigkeit als Händler ist laut Kb. zudem Teil einer traditionellen Reifeprüfung seiner Herkunftsregion, in der sich der Schüler, Sohn, Ziehsohn etc. durch den Aufbau einer eigenen ökonomischen Basis als Mann gegenüber seiner Familie oder Sippschaft beweisen muss – und zudem die Möglichkeit erhält, später einmal eine eigene Familie zu gründen und zu ernähren. So unterstützte der Onkel diesen Schritt auch mit einer einmaligen Gründungsfinanzierung von 4000 US$, die Kb. in den Aufbau von Handelskontakten in „neuen" internationalen Handelszentren und erster eigener Handelsgeschäfte investieren wollte. Da Kb. Ende der 1990er Jahre während eines kurzen Aufenthaltes in Hong Kong – noch im Unternehmen seines Onkels – erste lose Kontakte zu dort ansässigen Großhändlern knüpfen konnte und sich zudem die VR China durch ihre Marktöffnungspolitik und den WTO-Beitritt 2001 (vgl. Kap. 4.1) als zukunftsträchtiger Handelsstandort und/oder Produktionsstandort und Anbieter von Konsum- und Industriegütern in den internationalen Händlernetzwerken bereits einen Namen gemacht hatte, entschloss sich Kb. im Jahr 2003 seine Handelskontakte in Hong Kong auszubauen. Mit einem 14-Tagesvisum eingereist, residierte Kb. zunächst im *Chungking Mansion*, einem 17stöckigen maroden Hochhauskomplex mitten im touristischen Quartier Kowloon, welches neben zahlreichen günstigen Gästehäusern und (zum Teil informellen) Restaurants vor allem Hunderte von Großhandelskaufleuten beherbergt, die in den ersten zwei Etagen rund 170 Shops betreiben und Waren insbesondere chinesischer Produktionsstätten und -firmen anbieten. Während die Mehrheit dieser Großhandelskaufleute ursprünglich aus Pakistan, Indien oder Nepal stammt und bereits seit Generationen mit ständigem Wohnsitz in Hong Kong lebt, etablierten sich aber zunehmend auch Händler vom chinesischen Festland mit eigenen Büros und Ausstellungsräumen im *Chungking Mansion*. Diese stellen im Gegensatz zu den (Zwischen-)Händlern aus Südasien direkte Vertretungen einzelner chinesischer Produktionsstätten und -firmen insbesondere aus den Sonderwirtschaftszonen aber auch aus informellen Produktionsstätten rund um Guangzhou dar und machen aufgrund günstigerer Angebote den lang ansässigen Großhandelskaufleuten Konkurrenz (Interview mit Hk. und L., Hong Kong 01.02.2011; teilnehmende Beobachtung, Hong Kong Februar 2011; s.a. Mathews & Yang 2012: 105).

In den ersten Tagen seines Aufenthaltes in Hong Kong verglich Kb. die Preise und Qualität der Waren, die in den zahlreichen Shops/Ausstellungsräumen in *Chungking Mansion* angeboten wurden. Zudem führte er zahlreiche Gespräche mit anderen afrikanischen Händlern, die immer nur für kurze, mehrtägige Aufenthalte die Handelsmetropole bereisten, ebenfalls im *Chungking Mansion* residierten und zum Teil schon seit Ende der 1990er Jahren regelmäßig Waren der hiesigen südasiatischen oder chinesischen Zwischenhändler bezogen. Neben dem Austausch von Kontaktdaten und Diskussionen über das gute und sichere Handelsklima und etablierte Handelsnetzwerke in Hong Kong unterhielt man sich aber auch über die neuen Opportunitäten, die sich mit der Öffnungspolitik Chinas für den Aufbau neuer Handelskontakte und günstigerer Vertriebswege auf dem chinesischen Festland ergeben könnten. So hatte man bereits von einigen Afrikanern gehört, die die Metropole Guangzhou bereisten, um die neuen Marktopportunitäten auszukundschaften. Für die afrikanischen Händler, mit denen Kb. sich unterhielt, war das chinesische Festland aber noch Neuland und man wagte sich bisher nicht so recht, die etablierten Handelsnetzwerke in Hong Kong aufzugeben: Die Handelsgeschäfte liefen für den Großteil der Afrikaner in Hong Kong gut, die Gewinnmargen waren ausreichend, es gab ein sicheres Rechtssystem, auf das man sich im Zweifelsfall berufen konnte und als wichtigster Faktor wurde genannt, dass man seine Verhandlungsgespräche und Vertragsabschlüsse in englischer Sprache bewerkstelligen konnte (vgl. Mathews 2011, 2012a&b) – während auf dem chinesischen Festland Mandarin oder Kantonesisch nach wie vor als gängige Handelssprache auch bei internationalen Handels- und Geschäftstätigkeiten üblich ist bzw. die Dienste eines Übersetzers benötigt werden (teilnehmende Beobachtung 2008–2011).

Mit dem Wissen, dass der Großteil der in Hong Kong angebotenen Produkte vom chinesischen Festland kommt (vgl. Mathews & Yang 2012: 109), der direkte Kontakt zu den Produktionsstätten und -firmen größere Gewinnmargen versprach, die günstigeren Lebenshaltungskosten in Guangzhou und der Tatsache, dass Kb. sich bei einem möglichen Scheitern dennoch auf den familiären Rückhalt berufen bzw. die finanzielle Unterstützung seines Onkels ein weiteres Mal in Anspruch nehmen könnte, folgte Kb. den spärlichen Informationen aus Hong Kong und bereiste die Metropole Guangzhou das erste Mal Ende 2003. Kontakte in Guangzhou selbst besaß er nicht. Aus den Erzählungen wusste er jedoch, dass sich das *Tianxiu Mansion* im Quartier *Xiaobei* im Distrikt *Yuexiu* – im ehemaligen CBD der Stadt und in der Nähe des ehemaligen internationalen Flughafens – als Anlaufstelle für ausländische Händler (insbesondere aus Entwicklungs- und zur damaligen Zeit v.a. arabisch geprägten Ländern, Bredeloup 2013: 205) etabliert hatte. Ähnlich wie in Hong Kong das *Chungking Mansion* war das *Tianxiu Mansion* mit 35 Stockwerken als Großhandelskaufhaus konzipiert und in den 1990er Jahren errichtet worden. Es beherbergt ebenso Gästehäuser, Appartements, Restaurants und auf den ersten vier Etagen rund 350 Shops, in denen auf durchschnittlich 9–12 Quadratmetern Ausstellungsfläche pro Ladenparzelle durch zumeist chinesische (Zwischen-)Händler eine große Bandbreite an Waren chinesischer Hersteller für den ausländischen Markt angeboten werden. Während Ende 2003 laut Kb. nur wenige afrikanische Händler dort anzutreffen waren und es zudem nur einige wenige dieser Großhandelskaufhäuser in Guangzhou gab (ebenso Interview mit I., Guangzhou 31.03.2010), existieren heute an die 900 dieser Gebäude, die sich insbesondere in den Quartieren *Xiaobei* sowie *Sanyuanli* in unmittelbarer Nähe zum *Baiyun*-Flughafen konzentrieren und täglich von mehreren hundert Händlern/ Kunden insbesondere aus einkommensschwachen Ländern frequentiert werden (vgl. Li et al. 2013; Haugen 2012; Zhang 2008) (Abb. 2 und 3).

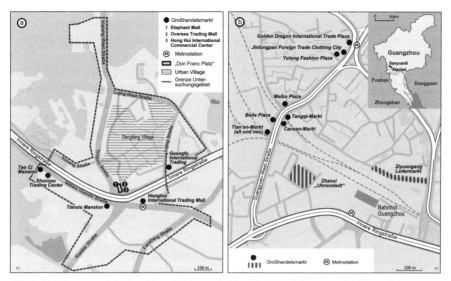

Abb. 2: Die Quartiere Xiaobei (a) und Sanyuanli (b) in der Handelsmetropole Guangzhou (eigene Darstellung)

Kb. zu Folge waren die beginnenden Jahre des neuen Jahrtausends „Boomjahre" des Handels in Guangzhou, als chinesische Produktionsstätten und -firmen aus allen Landesteilen der VR China eine Art Goldgräberstimmung verspürten und regelrecht Jagd auf die neue ausländische Kundschaft gemacht wurde, die sich in den Großhandelskaufhäusern und den zwei genannten Quartieren in Guangzhou aufhielten. Hunderte von Visitenkarten chinesischer Firmen wurden durch ihre Vermittler/Handelsvertreter an Händler in Guangzhou verteilt und man erhielt jeden Tag zahlreiche Angebote und Einladungen, Produktionsstätten nicht nur in Guangzhou und dem Perlflussdelta sondern auch in anderen zum Teil weit entfernten Provinzen zu besichtigen. Kb. nutzte diese Situation und investierte in den ersten Wochen eine Menge Zeit und den Großteil seines Geldes, das er vom Onkel erhalten hatte, um diverse Produktionsstandorte zu besichtigen, Qualität und Preise zu vergleichen, erste Kontakte zu chinesischen Agenten und Herstellern zu knüpfen sowie sich die nötigen chinesischen Sprachkenntnisse zumindest in Ansätzen anzueignen[2]. Um seine Lebenshaltungskosten so gering wie möglich zu halten, teilte er sich zudem ein kleines Ein-Zimmer-Appartement etwas außerhalb des Stadtzentrums – welches informell an chinesische Binnen- oder ausländische Migranten vermietet wird – mit einem malischen Händler, den er in der Anfangszeit in Guangzhou kennen gelernt hatte[3].

---

2   Kb. sprach zum Zeitpunkt der Erhebungen 2008–2011 bereits fließend Mandarin.
3   Kb. wohnte mit dem anderen Malier insgesamt sechs Jahre lang in diesem Appartement, bis er sich 2009 eine größere Wohnung in einer der zahlreichen *Gated Communities* außerhalb der Stadt alleine anmietete.

Abb. 3: Eindrücke von/aus den Großhandelskaufhäusern in Xiaobei und Sanyuanli
(eigene Aufnahmen, Guangzhou 2008–2011)

In den ersten zwei Jahren nutzte Kb. diese Kontakte, um mehrere Handelsgeschäfte zwischen chinesischen Anbietern und afrikanischen Händlern in Hong Kong zu vermitteln. Zudem aktivierte er ehemalige Handelskontakte seines Onkels zu jenen Händlern, die er bereits aus internationalen Handelszentren in Asien kannte und denen er ebenfalls seine Dienste als Zwischenhändler anbot. Neue Kontakte zu afrikanischen Händlern, für die Kb. ebenfalls als Zwischenhändler arbeitete, knüpfte er während regelmäßiger Reisen nach Hong Kong. Diese Kurzaufenthalte in Hong Kong waren Teil einer Adaptionsstrategie an die chinesische Migrationspolitik, die es ihm nicht ermöglichte, in Guangzhou selbst die Verlängerung seines Visums zu beantragen. So war Kb. gezwungen, alle ein bis drei Monate, je nach vorheriger genehmigter Aufenthaltszeit, das chinesische Festland zu verlassen und bei einen der zahlreichen Visa-Vermittlungsagenturen in Hong Kong ein neues Touristen- oder Geschäftsvisum zu beantragen. In diesem Kontext war es für Kb. von großem Vorteil, dass er als malischer Staatsbürger eine 14-tägige Visumsfreiheit für die Einreise nach Hong Kong besitzt. Dieses Privileg wird jedoch nicht von allen Staatsangehörigen aus Entwicklungsländern respektive Afrika geteilt. So sind mittlerweile – nach diversen in den 2000er Jahren neu eingeführten Richtlinien und spätestens seit dem neuen *Exit-Entry Administration Law of the People's Republic of China* vom Juni 2012/Juli 2013 (IMMD 2014; MPS 2013; s.a. Chodorow 2012) – Staatsbürger beispielsweise aus Nigeria, Senegal,

Ghana, Burundi oder der DR Kongo gezwungen, für eine Visumsverlängerung in ihr Heimatland zurückzukehren – oder diesbezüglich andere (Wieder-) Einreiserouten über Thailand, Malaysia oder Singapur zu nutzen (Bredeloup 2012; Marfaing & Thiel 2011; Mathews & Yang 2012).

Für Kb. war es jedoch möglich, durch das regelmäßige Pendeln zwischen Guangzhou und Hong Kong sowie durch seine Geschäftskontakte zu chinesischen Agenten und Herstellern und rund 20–30 afrikanischen Kunden ein Geschäftsmodell zu etablieren, dass ihm ein mehr oder weniger regelmäßiges Einkommen als Vermittler garantierte: So erhielt er von den chinesischen Firmen eine Provision zwischen 0,5 und 10 Prozent des gehandelten Warenwertes und von den afrikanischen Kunden eine Vermittlungsgebühr, die sich je nach Vereinbarung ebenfalls am gehandelten Warenwert orientierte oder kumulierten Pauschalbeträgen für aufgewendete Dienstleistungen entsprach. Da einige seiner damals größten afrikanischen Kunden mehrmals im Jahr Waren bzw. Containerladungen im Wert zwischen 15.000 und 100.000 US$ orderte, konnte Kb. zwischenzeitlich ein monatliches Einkommen von mehreren 1.000 US$ erwirtschaften. Im Zuge stark anwachsender Konkurrenz durch afrikanische Händler, die sich ab 2003 Jahren zunehmend in der Metropole Guangzhou niederließen (Kap. 4.2) und ebenso wie Kb. durch den direkten Kontakt zu chinesischen Herstellern Transaktionskosten umgehen oder von den niedrigeren Preisen auf dem chinesischen Festland profitieren wollten, musste Kb. jedoch immer öfter Einkommenseinbußen verzeichnen und verlor zudem einige seiner lukrativsten afrikanischen Geschäftskunden. In Anbetracht weiterer Konkurrenz insbesondere durch afrikanische Vermittler bzw. Zwischenhändler in Guangzhou, die nicht nur über Zwischenstationen in Hong Kong oder Dubai sondern nun auch auf direktem Wege aus ihren jeweiligen Heimatländern in die Handelsmetropole Guangzhou einreisten, entschloss sich Kb., sein Geschäftsmodell zu diversifizieren und ab 2005 selber Waren aus China zu exportieren und in Mali direkt zu vertreiben. Hierzu meldete er in seinem Heimatland ein eigenes Handelsunternehmen an und eröffnete in Bamako mithilfe zweier seiner Brüder einen Verkaufsfiliale. Zunächst exportierte Kb. ebenso wie der Großteil seiner Kunden Textilien und Bekleidungswaren nach Mali, die seine Brüder v.a. in der Funktion als Großhändler an die dortigen Einzelhändler weitervertrieben. Lokal vor Ort in Mali konnten ihm die Brüder zudem spezifische Kundenwünsche sowie aktuelle Modetrends per Mail oder Telefon zukommen lassen, die Kb. bei chinesischen Firmen zu sehr günstigen Kosten und zum Teil in sehr großer Stückzahl produzieren ließ. In Mali selbst wurde die Ware dann für den 100- bis 200fachen Produktions- bzw. Einkaufspreis weiterverkauft, so dass nach Abzug aller Transport- und Aufwandskosten ein entsprechend hoher Gewinn erzielt werden konnte, der umgehend in den Kauf neuer Produkte investiert wurde.

Aber auch hier sorgte die zunehmende Konkurrenz insbesondere malischer Textilhändler in Guangzhou und Mali, das verstärkte Auftreten chinesischer Großhändler in Mali bzw. Afrika selbst (vgl. Giese & Thiel 2014; Haugen 2011; Lampert & Mohan 2014) sowie steigende Produktions- und Lebenshaltungskosten in China bzw. Guangzhou zu abnehmenden Gewinnmargen im Textil- und Bekleidungswarenhandel von Kb. und seinen Brüdern. In der Folge sattelte Kb. sukzessive auf den Handel mit Möbeln um, da sowohl die Konkurrenz möglicher Händler als auch die Gewinnmargen bei geringerem Handelsvolumen größeren Profit versprachen – denn im Gegensatz zum Textilhandel spezialisierte Kb. sich mit seinem Unternehmen auf den Export höherwertig produzierter Möbel und den Verkauf an eine zahlungskräftigere Klientel in Mali. Weiterhin als Vermittler und Zwischenhändler im Textil- und Bekleidungswarenhandel tätig, bezieht Kb. heute den Großteil seiner Einnahmen aus dem Export und Verkauf hochwertiger Möbel. Der bis heute anhaltende ökonomische Erfolg dieses breit aufgestellten Geschäftsmodells ermöglichte es Kb. im Jahre 2008, ein eigenes Repräsentanzbüro (RO) seines malischen Unternehmens in Guangzhou bzw. in der Nähe der *Xiaobei Lu* zu eröffnen, wofür er pro Monat rund 1.000 US$ Miete sowie diverse Steuern und Abgaben entrichten und zahlreiche Anforderungen erfüllen muss.

Ein RO ist eine ständige, jedoch nicht eigenständige Vertretung des Mutterunternehmens. Dieses muss seit dem 15.01.2010 bei Antragstellung eines RO in China seit mindestens zwei Jahren im jeweiligen Heimatland bestehen. Die Durchführung operativer Geschäfte ist nicht erlaubt, d.h. das RO darf keine eigenen Rechnungen ausstellen und somit auch keine Umsätze generieren. Zudem dürfen auch keine zu verrechnenden Dienstleistungen erbracht oder etwa Verträge abgeschlossen werden. Ebenso ist der Im- und Export von Produkten im Namen des RO ausgeschlossen. Somit beschränken sich die Aktivitäten eines RO auf Markforschung, Werbung, Geschäftsanbahnung mit potentiellen Kunden, Kundenbetreuung und -beratung oder auf Reisevereinbarungen für Repräsentanten der heimischen Firma. Ausländisches Personal – es dürfen maximal vier Repräsentanten und ein Chef-Repräsentant angestellt werden – kann bei der Ersteinreise nach China mit einem Geschäftsvisum (M-Visum) einreisen. Seit dem 15. Oktober 2011 muss das Personal jedoch innerhalb von 30 Tagen eine Arbeitserlaubnis (Z-Visum) bei der lokal zuständigen Behörde beantragen und ist damit sozialversicherungs- und steuerpflichtig. Nach erfolgreicher Registrierung eines RO – zum Registrierungsprozess, benötigter zertifizierter Unterlagen, spezielle Anforderungen wie Steuern, Jahreswirtschaftsberichte, etc. siehe u.a. Albrecht (2011) und SIBC (2013) – müssen die Geschäftslizenz und die Visa der Mitarbeiter jährlich erneuert werden.

Für Kb. war der Hauptgrund für die Eröffnung eines ROs seines Mutterunternehmens aus Mali in Guangzhou insbesondere die Möglichkeit, als sogenannter *Chief Representative* eine einjährige Aufenthaltsgenehmigung (*Foreigner Residence Permit*, D-Visum*)* bzw. eine Arbeitserlaubnis (Z-Visum) für die VR China zu erwerben – mit der Möglichkeit, diese jährlich in Guangzhou selbst in Verbindung mit den Auflagen seiner RO-Lizenz (siehe hierzu Albrecht 2011; SIBC 2013) zu verlängern. Mit dieser stabilen ökonomischen Basis und der Sicherung seines Aufenthaltsstatus, welcher ihm nun auch die multiple Einreise nach China ermöglicht, pendelt Kb. zwei bis drei Mal im Jahr zwischen Guangzhou und seiner Heimat hin und her – insbesondere zwischen Januar und März, wenn aufgrund des chinesischen Neujahrsfestes ein Großteil der Produktionsfirmen geschlossen haben. Die Aufenthalte in seiner Heimat, oft mehrere Wochen, nutzt er primär, um seine Familie zu besuchen. Seit 2008 ist Kb. mit einer Malierin aus seiner

Heimatstadt verheiratet. Die Hochzeit fand in Mali statt. Seine Frau lebte 2009 für mehrere Monate mit Kb. in Guangzhou zusammen und ihr mittlerweile vierjähriges Kind wurde in dieser Zeit in Guangzhou geboren. Aufgrund von Visaproblemen für seine Frau und Kind, höheren Lebenshaltungskosten mit Familie in China sowie dem Wunsch, das Kind in Mali aufwachsen zu lassen, kehrte die Frau mit Kind Ende 2009 wieder in die Heimat zurück und lebt seitdem bei der Familie von Kb. in Bamako.

5.2 ETABLIERTE AFRIKANISCHE HÄNDLER IN GUANGZHOU

Diese Zusammenfassung einer Händlerbiographie und der Etablierung einer ökonomischen Basis in der südchinesischen Metropole Guangzhou kann, wie bereits erwähnt, exemplarisch für einen Großteil derjenigen afrikanischen Händler herangezogen werden, die sich mit Beginn der chinesischen Öffnungspolitik und der ökonomischen Entwicklung der Perlflussdeltaregion ab Ende der 1990er Jahre und den frühen 2000er Jahren in Guangzhou niederließen. Basierend auf zum Teil Jahrzehnte langen Erfahrungen als Händler in Afrika sowie in internationalen Handelszentren in Asien (Dubai, Bangkok, Jakarta, Hong Kong) gelang es ihnen, sich langfristig als selbständige Händler und/oder Zwischenhändler und zum Teil mit eigenem Handelsbüro (RO) oder Shop in Guangzhou zu etablieren (vgl. Tab. 2: A., Y., S., Kb., Bk., F., Ca., C., P., I., V.). Die spezifischen Handelsfähigkeiten bzw. das explizite und erlernte Wissen, wie etwa das Erkunden potentieller neuer Bezugsquellen, Lieferketten, Vertriebswege und Absatzmärkte, Kenntnisse über Qualitätskriterien spezifischer Produkte, Produktbestandteile und/oder -zusammensetzungen, der zum Teil langfristige Aufbau neuer Geschäftskontakte im fremden v.a. fremdsprachigen Kontext, vorausschauende Kalkulationen von Gewinnmargen unter Berücksichtigung entstehender (formeller wie informeller) Investitions-, Transport- sowie Lebenshaltungskosten, etc. wurden im Rahmen zumeist familiär geführter Handelsunternehmen bereits in jungen Jahren erworben. Trotz häufig fehlender schulischer Ausbildung sind sie versiert im Schreiben und Rechnen und beherrschen – neben ihrer eigenen Heimatsprache und/oder Dialekt – oft mehrere insbesondere im Handel gängige Sprachen (Englisch, Französisch, z.T. Arabisch sowie diverse afrikanische Regionalsprachen und Dialekte). Zudem sind sie in der Lage, innerhalb kürzester Zeit andere Sprachen an den jeweiligen Handelsorten wie etwa Mandarin oder Kantonesisch zumindest für ihre Handelsgeschäfte ausreichend zu adaptieren. So erlernte beispielsweise ein burundischer Händler – dessen Anfangszeit in Guangzhou Ende 2008 von der Ankunft am Flughafen, über die erste Orientierung vor Ort bis hin zu seinen ersten Geschäftsvereinbarungen (und darüber hinaus) mit begleitet wurde – innerhalb von zwei Monaten ein relativ passables „Straßenchinesisch", mit dem er bereits eigenständig Geschäftsverhandlungen auf Mandarin führte (teilnehmende Beobachtung und Interviews mit Th., Guangzhou 2008-2011).

Wie der Vergleich mit anderen qualitativen Studien zu afrikanischen Händlern in Guangzhou zeigt (u.a. Bodomo 2012; Bork-Hüffer et al. 2014; Bredeloup

2013; Haugen 2012; Li et al. 2013; Mathews & Yang 2012), nutzten diese etablierten Händler Hong Kong als Eintrittstor zum chinesischen Festland und profitierten dabei von Informationskanälen, die über ihre global aufgestellten und langjährig bestehenden Händlernetzwerke und Geschäftskontakte in anderen internationalen Handelszentren bereit gestellt wurden. Guangzhou bzw. das Perlflussdelta mit seinen zahlreichen Produktionsstätten und Sonderwirtschaftszonen bot als neuer Bezugsmarkt günstiger Konsum- und Industriewaren nach der asiatischen Wirtschafts- und Finanzkrise Ende der 1990er Jahre lukrative Handelsbedingungen. Neben den günstigeren Lebenshaltungskosten in China versprach insbesondere der direkte Kontakt zu chinesischen Herstellern und Produktionsfirmen größere Gewinnmargen im Vergleich zu Handelsstandorten wie Dubai, Bangkok oder Hong Kong, in denen die Händler lediglich Waren aus Großhandelsbeständen beziehen konnten – die zwar ebenfalls aus China stammten, dort aber durch jeweilige Großhändler zu höheren Preisen weiter verkauft wurden (vgl. Marfaing & Thiel 2011: 11). Neben einer relativ stabilen finanziellen Basis und der Möglichkeit, mit entsprechenden Finanzvolumina internationale Reisen zu finanzieren, Visagebühren zu bezahlen und Erstinvestitionen in China bzw. in Handelsgeschäfte auf dem chinesischen Festland zu tätigen, spielt insbesondere der (finanzielle) familiäre Rückhalt eine bedeutende Rolle für den ökonomischen Erfolg dieser Händler. So berichteten nahezu alle etablierten Händler von „missglückten" Handelsgeschäften mit chinesischen Geschäftspartnern zu Beginn ihrer Handelskarriere in Guangzhou: Defekte Waren, Falschlieferungen, ausbleibende Lieferungen, „plötzliches" Verschwinden chinesischer Geschäftspartner nach Anzahlung, Produktpiraterie etc. führten zu erheblichen finanziellen Verlusten, die nur durch liquide Finanzmittel von Familienangehörigen oder Verwandten aufgefangen werden konnten und somit nicht zum vorzeitigen Scheitern der Handelskarriere führten (vgl. Bredeloup 2013; Mathews 2012b).

Während es sich hier i.d.R. um erste direkte Geschäftskontakte zu chinesischen Produktionsfirmen und deren Agenten handelt – die zum Teil ohne offizielle Lizenz operieren, die bestellte Ware in nicht registrierten Produktionsstätten herstellen lassen und u.a. aus diesem Grunde Geschäftsabschlüsse nur gegen Barzahlung, einer mindestens 50prozentigen Vorkasse und ohne schriftliche Verträge vereinbaren (A., Guangzhou 06.09.2011; D., Guangzhou 31.03.2010; I., Guangzhou 31.03.2010; Kb. Guangzhou 07.09.2011) –, kann es laut einem burundischen Zwischenhändler auch bei langjährigen Geschäftsbeziehungen zwischen afrikanischen (Zwischen-)Händlern und chinesischen Geschäftspartnern etwa zu Falschlieferungen oder Produktionsfehlern kommen (D., Guangzhou 20.01.2011). Potentielle Verluste können auch hier durch finanzielle Rückhalte, durch etablierte Distributionswege in Afrika oder den Weiterverkauf an afrikanische Kunden in China aufgefangen werden, vorausgesetzt es handelt sich lediglich um kleinere Produktionsfehler wie etwa falsche Farbmuster oder kleinere Nähfehler bei Textilien und die Ware konnte durch die afrikanischen Zwischenhändler zum Weitervertrieb selbst aufgekauft werden (Interview mit Dalila Nadi, Shanghai 19.09.2011). Die Distributionswege in Afrika umfassen nicht nur Transport- und Logistikwege vom Ankunftshafen bis zum jeweiligen Regionalmarkt, die wie im

Falle von Kb. (Mali), Bk. (Mali), B. (Mali), Y. (Burkina Faso), A. (Niger) oder I. (Burundi) durch Verwandte mit entsprechenden informellen Kontakten zu Zoll- und Grenzbehörden bewerkstelligt werden. Familiengeführte Einzelhandelsfilialen (A., Y., Ca., C., P.) oder Großhandelsniederlassungen respektive Handelsposten (Kb., S.) in diversen städtischen Zentren wie Bamako (Mali), Ouagadougou (Burkina Faso), Niamey (Niger), Bujumbura (Burundi) oder Kinshasa (DR Kongo), die von etablierten und finanzstarken Händlern geführt werden, sorgen zudem für den direkten Verkauf oder Vertrieb vor Ort (s.a. Bredeloup 2013: 207; Marfaing & Thiel 2011: 14).

5.2.1 Die Tätigkeit als Zwischenhändler in China

Neben eigenen Verkaufs- und Vertriebstätigkeiten chinesischer Produkte auf afrikanischen Regionalmärkten und ROs jeweiliger ausländischer Mutterunternehmen (zur Sicherung ihres Aufenthaltsstatus') in China, agieren diese etablierten Händler in Guangzhou zudem als Zwischenhändler und vermitteln zwischen chinesischen Firmen/Anbietern und afrikanischen Kunden/Handelsreisenden. Letztere reisen i.d.R. nur für Kurzaufenthalte und mit einem 30tägigen Touristenvisum in die südchinesische Handelsmetropole, um innerhalb von ein bis zwei Wochen Geschäftsvereinbarungen bzw. Handelsverträge abzuschließen und anschließend mit eventuellen Zwischenstopps in Hong Kong oder Dubai für weitere Kaufaktionen in ihr Heimatland zurückzukehren.

Die afrikanischen Zwischenhändler in Guangzhou bieten diesen Handelsreisenden neben der eigentlichen Kontaktherstellung zu chinesischen Anbietern und ihrer Übersetzertätigkeit eine ganze Reihe an Dienstleistungen an, die für ihre afrikanische Kundschaft ein regelrechtes *All-in-one*-Paket darstellt (teilnehmende Beobachtung 2008-2011): Im Vorfeld ihres Kurzaufenthaltes werden Hotelbuchungen vorgenommen sowie, wenn im Rahmen der Visaregularien gefordert, Einladungsschreiben chinesischer Unternehmen und Hotelreservierungen organisiert. Je nach Kontakt zum Hotelmanagement und chinesischen Unternehmen/ Agenten werden hierfür „Gebühren" um die 100 US$ verlangt, die die Zwischenhändler plus einen Aufschlag ihrer „Bearbeitungsgebühr" an die afrikanische Kundschaft weitergeben[4]. Sollten Touristen- (X) oder Geschäftsvisa (M) nicht erteilt werden, verfügen die Zwischenhändler zudem über informelle Kanäle der Visabeschaffung. So haben sie etwa Kontakte zu chinesischen Agenten, die ihnen auch ohne die erforderlichen Dokumente und gegen Zahlung mehrerer tausend US$ ein Visum für ihre afrikanische Kundschaft besorgen können.

---

4   Wichtig für den Visaantrag bei den chinesischen Botschaften in den jeweiligen Heimatländern der afrikanischen Kunden ist die Bestätigung einer Hotelreservierung in China. Kann durch die Afrikaner die Reservierung nicht durch eine Kreditkartenabrechnung bestätigt werden, benötigen sie ein Originaldokument (mit rotem Stempel) von den jeweiligen Hotels in China, welches ihnen von den Zwischenhändlern besorgt und per Emailanhang zugesandt wird (D., Guangzhou 28.02.2008).

Nach Angaben von Tabea Bork-Hüffer et al. (2014: 145f.) ist die Beschaffung oder Verlängerung chinesischer Visa über informelle Kanäle zudem auch gängige Praxis bei internationalen Organisation und Unternehmen. Die „Gebühren" für solche Dienstleistungen schwanken dabei zwischen 2.000 und 5.000 US$ je nach Nationalität, Art und Dauer des Visums, zuständige Behörde und/oder Agent (s.a. Haugen 2012: 75). So konnte ein chinesischer Agent, den ich 2010 über einen afrikanischen Händler (Th.) kennen lernte, für vergleichsweise günstige 8.500 CNY (rund 1.400 US$) ein sechsmonatiges Geschäftsvisum über Kontakte in der Provinz Hunan besorgen (Guangzhou, 26.02.2010). Eine chinesische Agentin, die für einen burundischen Zwischenhändler (D.) arbeitet, kann Visaverlängerungen über Kontakte zu örtlichen Polizeibehörde in Guangzhou für 5.000 CNY (rund 800 US$) organisieren. Laut ihrer Aussage (Guangzhou 31.03.2010) nutzen zudem einige Afrikaner aufgrund zunehmend restriktiverer Visakontrollen ab 2008 multiple Staatsangehörigkeiten und gefälschte Pässe etwa aus Nachbarstaaten ihrer Heimatländer, mit denen der Erhalt eines chinesischen Touristenvisums oder ein visafreier Zugang (zumindest für Hong Kong) wahrscheinlicher wird. Sind die afrikanischen Kunden in China angelangt, werden sie am *Baiyun*-Flughafen oder, wenn sie über Hong Kong einreisen, am Guangzhou-Hauptbahnhof von ihren Zwischenhändlern in Empfang genommen. Restaurantbesuche, Shoppingtouren und damit zusammenhängende Transporte außerhalb der eigentlichen Handelstätigkeiten werden organisiert. Fabrikbesichtigungen und Besuche diverser Großhandelszentren werden nicht nur in Guangzhou selbst sowie in anderen Städten der Perlflussdeltaregion wie Foshan, Shunde, Dongguan und Shenzhen durchgeführt. Auch weit entfernte Orte wie Wuhan (Hubei Provinz) und Yiwu (Zhejiang Provinz) werden je nach Produkt, Preisangebot und bestehendem Kontakt zu chinesischen Herstellern angesteuert. Für die Vor-Ort-Betreuung werden je nach Zeitaufwand um die 200 bis 1000 CNY (30-150 US$) pro Tag berechnet (C., Guangzhou 18.10.2010). Nach Abreise der afrikanischen Kunden kontrollieren die Zwischenhändler zudem den Produktionsprozess und das Verpacken der Ware, um mögliche Produktionsfehler oder Falschlieferungen gleich zu Anfang zu vermeiden. In diesem Kontext ist es interessant zu erfahren, dass in Guangzhou laut Aussage mehrerer afrikanischer Händler i.d.R. nur *on demand* produziert wird und den Firmen aufgrund nur geringer eigener Lagerkapazitäten daran gelegen ist, die produzierte Ware so schnell wie möglich an die Kunden auszuliefern – wofür die afrikanischen Zwischenhändler garantieren sollen (s.a. Kap. 6). So organisieren sie dann auch die Zwischenlagerung der Ware in kleineren Lagerdepots außerhalb der Stadt[5] und sind für die Container-Verladung und Zollabfertigung vor Ort verantwortlich – insgesamt werden hierfür rund 1.200 CNY (200 US$) Aufwandskosten verlangt (C., Guangzhou 18.10.2010). Einige Zwischenhändler über-

---

5   Auch chinesische Transportlogistikfirmen in Guangzhou verfügen lediglich über kleinere Lagerbestände, in denen die bestellte Ware bis zum Weitertransport nach Afrika zwischengelagert werden kann – eine dieser Lagerstätten konnte 2010 besichtigt werden; Bork-Hüffer et al. (2014: 141) belegen für Sanyuanli das Vorhandensein mehrerer (kleiner) Lagerhäuser in direkter Nähe zu den Großhandelskaufhäusern.

nehmen mithilfe ihrer Verwandten auch den Weitertransport von afrikanischen Häfen bis zur „Haustür" der Kunden und bürgen dabei für die Unversehrtheit der Ware (Interview mit Dalila Nadi, Shanghai 19.09.2011).

Aufgrund ihres langen Aufenthaltes in Guangzhou und eines (relativ) stabilen Aufenthaltsstatus' in China konnten die etablierten afrikanischen Händler langjährige Kontakte zu chinesischen Firmen und Agenten aufbauen, die ihnen bei regelmäßigen Geschäftsabschlüssen Vorzugspreise und gute Provisionen garantieren. Zudem besitzen sie explizites Wissen über vergleichbare und aktuelle Warenpreise, Qualitätsstandards sowie diverse Produktions- und Lieferketten respektive Produktionsstandorte in ganz China. Zusätzlich verfügen sie über Kenntnisse der logistischen Transportinfrastruktur und damit zusammenhängender Richtlinien. So mieten sie kurzfristig etwa kleinere Lagerhäuser außerhalb des Stadtzentrums an, transportieren mithilfe chinesischer (Klein-)Spediteure die Waren ihrer Kunden in diese Depots, um sie dort so lange zwischenzulagern, bis genügend Ware für einen Sammelguttransport per Container Richtung Afrika zusammenkommt. Zusätzlich besitzen sie formelle wie informelle Kontakte zu lokalen Behörden, etwa zu lokalen Polizeistationen (für Visaangelegenheiten), zur Industrie- und Handelskammer (für Steuerangelegenheiten) oder zu Zollbehörden (vgl. Broadman et al. 2007: 133; Haugen 2012: 70; Li et al. 2013: 164; Marfaing & Thiel 2011: 15). Insbesondere informelle Kontakte zu Zollbeamten in China *und* Afrika können dabei behilflich sein, nicht lizensierte und illegal hergestellte Waren, Produktfälschungen oder zusätzliche nicht beim Zoll angegebene Waren durch Zahlung von Schmiergeldern und Falschdeklarationen aus China zu exportieren und nach Afrika zu importieren (An., Guangzhou 25.10.2008; A., Guangzhou 06.09.2011; Ch., Guangzhou 28.08.2011; s.a. Mathews 2012b: 212). Zwar werden laut einer Händlerin aus Gambia, die seit 2004 mit ihrem senegalesischen Ehemann in Guangzhou und Yiwu ein RO und einen Shop im *Yiwu International Trade Center* betreibt, bei einem Produktionsauftrag von Exportware automatisch Ausfuhrzölle auf den Kaufpreis von Seiten der registrierten chinesischen Firmen angerechnet und der bevorstehende Export bei den lokalen Behörden offiziell angemeldet (F., Yiwu 14.09.2011). Nach Aussage mehrerer afrikanischer Händler (Guangzhou: A., 06.09.2011; Ch., 28.08.2011; D., 30.03.2010; Y., 07.09.2011) ist es jedoch nicht nur bei illegalen Produktionsstätten sondern auch bei registrierten Unternehmen – die sich noch am Markt durchsetzen müssen – üblich, Geschäfte außerhalb ihrer Auftrags- und Bilanzierungsbücher abzuwickeln, um so etwa Steuerabgaben einzusparen. Unter anderem aus diesem Grunde werden Zahlungen für Produktionsaufträge, die von den afrikanischen Zwischenhändlern für ihre Kunden abgewickelt und beglichen werden, von chinesischen Firmen und Agenten in Bar verlangt. Während es in Hong Kong üblich ist, solche Barzahlungen in US$ zu tätigen (Mathews & Yang 2012: 102), wird auf dem Festland der chinesische Yuan (CNY) – auch RMB, *Renminbi* abgekürzt – bevorzugt, um bei Umtauschtransaktionen Komplikationen wie Deklarierungsvorschriften insbesondere bei hohen ausländischen Geldbeträgen zu vermeiden. Ein weiterer Grund für Barzahlungen – auch bei mehreren 10.000 US$ üblich (vgl. Marfaing & Thiel 2011: 11) – ist das Misstrauen chinesischer Händler gegenüber afrikanischen Banken sowie Erfahrungen nicht gedeckter Banküberweisungen aus afrikanischen Ländern (A., Guangzhou 06.09.2011). Zudem kooperieren chinesische Banken nicht mit allen afrikanischen Geldinstituten und internationale Geldüberweisungen über Western-Union sind nur bis zu einem gewissen Höchstbetrag möglich (Bk., Guangzhou 12.10.2011; Kb., Guangzhou 09.09.2011; s.a. Mathews 2012b: 211).

5.2.2 Die Bedeutung von Hong Kong als Finanzzentrum

Die genannten Barzahlungen stellen die afrikanischen Zwischenhändler jedoch vor erhebliche Probleme und zwingen sie zu recht umständlichen Finanztransaktionen – insbesondere bei informellen Geschäftsvereinbarungen mit chinesischen Firmen und hoher Handelsvolumina bzw. Geldbeträgen von mehreren 10.000 US\$: So ist der Bargeldbezug bei chinesischen Banken auf dem Festland auf rund 5.000 US\$ oder 30.000 CNY pro Tag beschränkt – bei vorheriger Anmeldung ist es möglich, auch den doppelten Betrag zu erhalten (Bk., Guangzhou 12.10.2011; Kb., Guangzhou 09.09.2011). Sind regelmäßige Devisentransaktionen ausländischer Unternehmen oder Personen zwar grundsätzlich ohne weitere Genehmigungen möglich, unterliegen internationale Banküberweisungen (über 50.000 US\$; A., Guangzhou 06.09.2011) einem strengen Devisenkontrollsystem, welches chinesische Banken zu detaillierter Informationsweitergabe an das *State Administration of Foreign Exchange* (SAFE – staatliche Aufsichtsbehörde für Devisen der VR China) verpflichtet, die den erlaubten konvertierbaren Devisenbetrag anhand einer Quotenregelung festlegt (GTAI 2014a; SAFE 2013; PWC 2012). Auf Export/Import ausgerichtete chinesische sowie ausländische Unternehmen und zugehörige ROs dürfen zudem ihre Konten nur bei einer von der *People's Bank of China* zur Führung von Devisenkonten autorisierten Bank eröffnen, so dass getätigte Zahlungseingänge aus Export- oder Importgeschäften sowie damit zusammenhängende steuer- und genehmigungsrechtliche Vorgaben strikter kontrolliert werden können (GTAI 2014a; PWC 2008).

Um nun Barzahlungen vorzunehmen bzw. auf hohe Geldbeträge in US\$ oder CNY in kurzer Zeit und ohne nennenswerte Deklarierungsvorschriften zugreifen zu können, nutzen die afrikanischen Zwischenhändler den Finanzstandort Hong Kong. Das Geld afrikanischer Kunden, falls es nicht direkt bei der Einreise nach China in Bar mitgeführt wird[6], wird hier auf ein Konto überwiesen, welches auf den Namen der Zwischenhändler registriert ist. Da der Hong Kong Dollar frei konvertierbar ist und es zudem keine Devisenbeschränkungen gibt (GTAI 2014b) – mit Ausnahme eines Anti-Geldwäschegesetzes und Devisenkontrollen im Rahmen der Terrorismusbekämpfung –, ist der Umtausch bzw. die Auszahlung in CNY ohne Probleme möglich. Zudem ist die Tages-Auszahlung auch sehr hoher Geldbeträge in Hong Kong möglich (Bk., Guangzhou 12.10.2011; B., Guangzhou

---

6 Laut offiziellen Einreisebestimmungen ist die Einfuhr von maximal 5.000 US\$ sowie 20.000 CNY erlaubt; höhere Geldbeträge unterliegen einer Einfuhrerklärung (Auswärtiges Amt BRD 2014).

20.10.2011; A., Guangzhou 06.09.2011). Die afrikanischen Zwischenhändler reisen dann nach Hong Kong, heben den benötigten Geldbetrag (in CNY) ab und
führen dieses Geld im Handgepäck und per Zug wieder in die VR China ein.
Während bei der Ausreise aus der VR China in Richtung Hong Kong die Zollkon-
trollen sehr strikt gehandhabt werden (vgl. Mathews 2012b: 214), bestehen laut
Aussagen der etablierten Händler so gut wie keine Risiken bei der irregulären
Geldeinfuhr in die VR China. Interessant in diesem Zusammenhang ist die Aussage eines afrikanischen Händlers, dass Geldinstitute aus Hong Kong bei sehr hohen
Geldbeträgen die Dienstleistungen von Bodyguards für irreguläre Geldeinfuhren
Richtung Festlandchina anbieten (A., Guangzhou 08.09.2011). Ob damit weitere
Dienstleistungen und informellen Kontakte etwa zu Grenz- und Zollbehörden
verbunden sind, wurde nicht näher erläutert. Lediglich ein kurzer Hinweis zu kri-
minellen, mafiaähnlichen Gruppierungen weist auf informelle, grenzüberschreitende und gut organisierte Geldtransfers hin. Zudem wurde die Vermutung geäu-
ßert, dass die Behörden auf beiden Seiten der Grenze durchaus Kenntnis davon
besäßen und auf die eine oder andere Weise von diesen Geldtransfers profitieren
würden (A., Guangzhou 08.09.2011).

Mittlerweile sind auch einige chinesische Unternehmen dazu übergegangen,
private (Geschäfts)Konten in Hong Kong zu eröffnen, so dass der irreguläre,
grenzüberschreitende Geldtransfer seitens der afrikanischen Zwischenhändler
durch direkte Konto-Einzahlungen ersetzt werden kann (Y., Guangzhou
07.09.2011). Den chinesischen Unternehmern bzw. Privatpersonen kommt dabei
zugute, dass das Bankgeheimnis in Hong Kong gesetzlich verankert ist und Geldinstitute aus Hong Kong i.d.R. nicht der chinesischen Staatskontrolle unterliegen
(Lee 2013). Zudem werden Einkünfte und Erträge nur dann in Hong Kong be-
steuert, wenn diese selbst in HK entstanden sind. Einkünfte etwa aus Dividenden-
Ausschüttungen und generell auswärtigen Geschäften – bis auf Lizenzzahlungen –
bleiben wie *off-shore* Einkünfte steuerfrei (GTAI 2014b; PWC 2012). Es ist also
ohne weiteres möglich, als privater Unternehmer seine Einkünfte in Hong Kong
außerhalb jeglicher staatlicher Kontrolle zu deponieren (Lee 2013).

5.2.3 Zwischen Kleinhandel und anderen Geschäftsmodellen

Solche irregulären Finanztransaktionen deuten bereits darauf hin, dass es beim
sino-afrikanischen Handel mit Konsum- und Industriegütern – insbesondere bei
den etablierten afrikanischen Händlern der frühen 2000er Jahre – um durchaus
große Handelsvolumina geht, die nicht (mehr) und ausschließlich unter dem Label
small-scale trade (Li et al. 2013: 157) geführt werden können. So berichten etwa
Laurence Marfaing und Alena Thiel (2012: 11f.), dass einige etablierte Zwischenhändler je nach Anzahl ihrer Kundschaft an die 100 Container pro Monat ver-
schiffen und dabei Geldüberweisungen einzelner Kunden von mehr als 100.000
US$ keine Ausnahmen sind (s.a. Mathews 2012b: 211). Auch bei den im Rahmen
dieser Arbeit interviewten etablierten Händlern in Guangzhou sind solche Handelsvolumina nichts Ungewöhnliches (z.B. A., Y., S., Kb., B., Bk.), wobei – ne-

ben den eigenen Handelsgeschäften im Rahmen familiengeführter Unternehmen – ihr Kundenstamm[7] zwischen 10 und 20 Personen umfasst, die rund fünf Mal pro Jahr jeweils einen oder zwei Containerladungen ordern.

Es gibt aber auch finanziell sehr erfolgreiche Händler, wie etwa A. aus dem Niger, der seit 2003 in Guangzhou lebt (A., Guangzhou 06.–09.09.2011): A. exportiert im Auftrag eines jamaikanischen Großhändlers regelmäßig Motorräder im Wert von mehreren Millionen US$ Richtung Südamerika. Mit einer regelmäßigen Provision zwischen fünf und sieben Prozent der gehandelten Ware – sein erstes Handelsgeschäft brachte ihm allein 240.000 US$ ein – konnte sich A. nicht nur ein RO und ein 350.000 US$ teures Appartement in Zhujiang New Town, dem neuen CBD der Stadt Guangzhou, leisten. Er investierte sein Geld zudem in Immobilien und Grundstücke in seinem Heimatland Niger und betreibt dort seit 2006 einen großen auf Reisanbau spezialisierten landwirtschaftlichen Betrieb, in dem ein Großteil seines erweiterten Familienkreises[8] beschäftigt ist. Da seine Einkünfte aus der Tätigkeit als Zwischenhändler (und dem landwirtschaftlichen Betrieb) ausreichend sind – neben dem jamaikanischen Kunden bietet er seine Vermittlerdienste lediglich einem zweiten afrikanischen Kunden aus Mali zwei bis dreimal pro Jahr an – verfolgt A. nur selten eigene Exportgeschäfte. Ein bis zweimal im Jahr exportiert er Textilien nach Niger, wobei der Weitertransport und Verkauf der Ware in Afrika wie beim Großteil der etablierten Händler von Familienmitgliedern, in diesem Falle seinen Halbbrüdern, organisiert wird.

Die Gewinnmargen bei diesen Textil- und Bekleidungswarenexporten sind aufgrund der Marktdifferenzen zwischen China und Afrika prozentual gesehen sehr lukrativ, insbesondere dann, wenn wie in Guangzhou direkt beim Hersteller Produktionen in Auftrag gegeben werden und die Warenqualität minderwertig und damit die Herstellungskosten gering sind (Axelsson & Sylvanus 2010; Haugen 2011; Lampert & Mohan 2014). So berichteten afrikanische Zwischenhändler aus Mali und Niger, dass sie die Ware aus China über 100 bis 200 Prozent des Einkaufspreises in Afrika weiterverkaufen würden (A., Guangzhou 06.09.2011; Kb., Guangzhou 07.09.2011; s.a. Darkwah 2001), andere Schätzungen ghanaischer Händler liegen bei 70 Prozent des Einkaufspreises. Nach Abzug von Transportkosten[9] geben Laurence Marfaing und Alena Thiel (2011: 13) am Beispiel senegalesischer (Einzel- oder Groß-)Händler in Dakar, die zwischen 17.500 und

---

7   Es sei an dieser Stelle jedoch darauf hingewiesen, dass der überwiegende Teil der Handelsreisenden und Kunden der interviewten afrikanischen Zwischenhändler selbständige Unternehmer/Händler sind, die nur über ein geringes Finanzbudget verfügen und häufig nicht mehr als ein paar hundert US$ Reingewinn mit dem Handel chinesischer Waren erwirtschaften (vgl. Kap. 6; s.a. Bredeloup 2013; Li et al. 2013; Haugen 2012; Mathews 2012b).

8   Zwar ist A. das einzige Kind seiner Mutter. Da sein Vater jedoch mehrere Frauen hatte, besitzt A. noch 21 Halbgeschwister, die er zum großen Teil über die Beschäftigung im landwirtschaftlichen Betrieb oder in einigen Fällen bei der Hausbau-Finanzierung unterstützt.

9   Für einen 40-Fuß- (68m³) oder 20-Fuß-Container (28 m³) oder maximal 27 Tonnen geben ghanaische Händler Transportkosten von rund 3.400 US$ beziehungsweise 2.000 US$ an (Marfaing & Thiel 2011: 13). Ein Händler aus Mali berechnet 6.000 US$ Transportkosten pro Container (B., Guangzhou 20.10.2011).

20.000 US$ bezahlten Warenwert importieren, einen Reingewinn von (lediglich) 2.200 US$ oder rund 10 Prozent des Einkaufspreises an; bei durchschnittlich drei bis fünf Containern pro Jahr summiert sich der Gewinn jedoch entsprechend, so dass sich die Investitionskosten für diese Händler über das Jahr verteilt durchaus lohnen. Inwiefern in dieser Kalkulation weitere Aufwendungen wie etwa Reisekosten für multiple Einreisen nach China pro Jahr sowie Visa- und Vermittlergebühren bzw. Kosten für Zwischenhändler-Dienstleistungen in China *und* Afrika mit einberechnet sind, wird hier nicht genannt. Wie bereits in Kap. 4.4 und 4.5 erwähnt, sind die Einfuhr chinesischer Produkte über afrikanische Häfen sowie der Weitertransport zu den Binnenländern mit sehr viel Zeit- und Kostenaufwand verbunden. Insbesondere die Einfuhrzölle, die laut Ch., einem burundischen Zwischenhändler, der seit 2008 in Guangzhou lebt (Guangzhou, 28.08.2011), teilweise den Einkaufspreis der Waren betragen können, verringern die erhofften Gewinnmargen – ohne informelle Kontakte zu Zoll- und Grenzbehörden – erheblich. Nichts desto trotz sind die Gewinnmargen im sino-afrikanischen Handel mit Konsum- und Industriegütern insgesamt sowohl für afrikanische Handelsreisende als auch für afrikanische Zwischenhändler so attraktiv, dass immer mehr Afrikaner – auch ohne Handelserfahrung und etablierter, internationaler Händlernetzwerke – den Pioniermigranten in die Handelsmetropole Guangzhou folgen, um von den ökonomischen Opportunitäten dieses Handels zu profitieren (siehe Kap. 5.3).

Während der Großteil afrikanischer Akteure in China weiterhin als Einzel/ Großhändler und/oder als Zwischenhändler (mit oder ohne RO) agiert und dabei unterschiedliche Mobilitäts- und Lebensformen – entweder als Handelsreisender mit regelmäßigen handelsbezogenen Pendelmigrationen zwischen Heimatland und China oder als „permanent" anwesender (Zwischen-)Händler mit Wohnsitz in China, temporärer Aufenthaltsgenehmigung und zyklischen Wanderungsbewegungen zwischen Heimatland, China und anderen internationalen Handelsstandorten – miteinander kombiniert (vgl. u.a. Bredeloup 2012; Haugen 2012; Le Bail 2009; Mathews & Yang 2012), haben sich einige wenige afrikanischen Akteure mit anderen Geschäftsmodellen als Unternehmer in China niedergelassen. Im Gegensatz zu den etablierten afrikanischen (Zwischen-)Händlern und jüngeren Einwanderungsgruppen haben diese Akteure bereits früh Erfahrungen in China als Studenten staatlicher Stipendienprogramme in den 1980er oder 1990er Jahren oder als „erste" afrikanische Händler in Guangzhou Ende der 1990er Jahre sammeln können (zur Historie und aktuellen Situation chinesischer Studierenden-Austauschprogramme zwischen China und Afrika siehe u.a. Dong & Chapman 2008; FOCAC 2010; Haugen 2013b; King 2010.). Mit chinesischen Sprachkenntnissen ausgestattet und in Teilen mit engen Kontakten zur politischen und wirtschaftlichen Elite ihres Landes und der Chinas agieren sie als politische und ökonomische Vermittler diverser staatlicher Investitions- und Handelsgeschäfte (Broadman et al. 2007: 226f.). Andere wiederum (ohne die entsprechenden elitären Netzwerke) nutzten zunächst die Gelegenheit, als Übersetzer und Vermittler für chinesische Firmen in China und Afrika zu agieren, um dann in späteren Jahren ihre eigene Handelsagentur in China zu eröffnen (Le Bail 2009: 9f.). Einige von ihnen sind heute in der chinesischen Wirtschaft fest verankert, betreiben mittelständische bis große Handelsunternehmen mit mehreren afrikanischen und/oder chinesischen Angestellten und diversen Büros, Verkaufsräumen oder Warenlagern in China und/oder Afrika (F., Yiwu 14.09.2011; Bredeloup & Bertoncello 2007: 95ff.; People's Daily Online 2012). So berichten etwa Li Zhigang et al. (2013: 164) von einem malischen Unternehmer, der bereits im Jahr 2000 sein erstes Unternehmen in Guangzhou gründete und bis heute insgesamt neun Cargo-Firmen in China mit mehreren chinesischen Arbeitnehmern betreibt. Etwas kleiner dimensioniert konnte sich I., ein burundischer Händler und seit 2002 in China, in Guangzhou mit einem Cargo-Unternehmen etablieren, dass er mit seiner chinesischen Frau und einer chinesischen Angestellten – neben eigenen Exporten und Tätigkeiten als Zwischenhändler – betreibt (Interviews und teilnehmende Beobachtung mit I., Guangzhou 2008–2011).

5.3 NEUE AFRIKANISCHE AKTEURE IM SINO-AFRIKANISCHEN HANDEL

Wie bereits in Kap. 4.3 erläutert, nimmt die afrikanische Bevölkerung in Guangzhou seit 2003 kontinuierlich um jährlich 30–40% zu. Die eigenen empirischen Untersuchungen sowie der Vergleich mit anderen qualitativen Studien zu afrikanischen Migranten/Händlern in Guangzhou zeigen, dass der (temporäre) Zuzug neuer afrikanischer Migranten zwar größtenteils ebenso (vordergründig) ökonomisch orientiert ist und die Migranten fast ausnahmslos die Hoffnung formulieren, auf irgendeine Art und Weise vom sino-afrikanischen Handel zu profitieren (vgl. u.a. Bodomo 2012; Bork-Hüffer et al. 2014; Bredeloup 2013; Haugen 2012; Li et al. 2013; Mathews 2012b). Allerdings unterscheiden sich die Migrations- und Händlerbiographien sowie deren sozioökonomische Charakteristika grundlegend von denen der etablierten afrikanischen Händler. Zunächst lässt sich feststellen, dass der Großteil neuer afrikanischer Migranten, die ca. ab den 2007er Jahren nach Guangzhou kamen, über keine expliziten Handelserfahrungen in ihrem Heimatland oder anderen internationalen Handelsorten verfügt; stattdessen sind sie überdurchschnittlich gut ausgebildet und haben zum Teil bereits in ihrem Heimatland ein Hochschulstudium begonnen oder absolviert (vgl. Tab. 2; Bredeloup 2013: 207f.). Ihre Migration nach China kann als eine Kettenmigration beschrieben werden, die, ausgelöst durch die Pioniermigration etablierter Händler, auf den bestehenden afrikanischen Migrantengemeinschaften in Guangzhou/China sowie auf der allgegenwärtigen chinesischen Präsenz in Afrika und dem damit zusammenhängendem Informationsfluss über China als Destination und neuer Möglichkeitsraum basiert. Entgegen den Migrationsbiographien etablierter Händler, die mehrere Stationen/Handelsorte, große Zeiträume und zyklische oder Pendelmigrationen umfassen (vgl. Kap. 5.1, 5.2), kommen die neuen afrikanischen Migranten auf direktem Wege in die VR China. Dabei bildet die Volkrepublik für viele junge Afrikaner, die sich mit der Hoffnung auf ein besseres Leben und angesichts fehlender ökonomischer Opportunitäten in ihren Heimatländern für eine (temporäre) Emigration entscheiden, das neue Migrationsziel noch vor Europa oder die USA.

Auffällig ist zudem, dass der überwiegende Teil jener jungen Afrikaner, die im Rahmen dieser Arbeit interviewt werden konnten, bereits mit einem Studentenvisum (zunächst als Teilnehmer eines Chinesisch-Sprachkurses und später eventuell als regulärer Student, vgl. Kap. 5.3.1) einreisten, welches ihnen im Gegensatz zu einem Touristen- oder Geschäftsvisum einen zunächst mehrmonatigen und potentiell mehrjährigen Aufenthalt in der VR China garantiert (vgl. Haugen 2013b) – zugleich sind sie jedoch ausnahmslos als Zwischenhändler im sino-afrikanischen Handel tätig. Inwiefern diese Handelstätigkeit und der damit verbundene Aufenthalt in Guangzhou einer intentionalen, ökonomischen und gradlinigen Strategie entspringt – wie dies im Falle etablierter Händler auf der Suche nach dem günstigsten Angebot in einem „dynamischen System internationaler/globaler Handelsorte" (Bertoncello & Bredeloup 2007; Bertoncello et al. 2009; Bredeloup 2012, 2013) angenommen werden könnte – und welche Funktion und (sich wandelnde) Bedeutung bereits bestehende co-ethnische/co-nationale Netzwerkbeziehungen und inhärente Formen sozialen Kapitals im Ankunftskontext dieser jungen afrikanischen Migranten einnehmen, soll im Folgenden erläutert werden.

Es folgt zunächst eine ausführlichere Beschreibung einer Migrations- und Händlerbiographie, die exemplarisch für einen Großteil jener jungen afrikanischen Migranten/Händler herangezogen werden kann, die sich ohne nennenswerte Handelserfahrung jedoch mit bereits bestehenden, wenn auch nur losen Kontakten in Guangzhou/China (zeitweilig) niederlassen und versuchen, sich ebenfalls eine ökonomische Existenz im sino-afrikanischen Handel und der Marktnische der Zwischenhändler aufzubauen.

5.3.1 Eine Händlerbiographie aus Burundi

Th. ist 28 Jahre alt und stammt aus Bujumbura, Burundi (Interviews und teilnehmende Beobachtung mit Th., Guangzhou 2008–2011). In seinem Heimatland studierte er Kommunikationswissenschaften. Nach drei Jahren brach er sein Studium jedoch ab, mit der Begründung, keine Jobaussichten in Burundi oder den direkten Nachbarstaaten aufgrund der maroden wirtschaftlichen Situation und den politischen Instabilitäten in der Region zu haben. Zugleich wusste er über zahlreiche in sozialen Netzwerken kursierende Geschichten von „erfolgreichen" Migranten, die ihr Glück in der (temporären) Emigration fanden und sich eine wie auch immer ausgestaltete Existenz in Europa und zunehmend auch in China aufgebaut hatten. Während die Informationen zwar nur sehr oberflächlich wären und sich kaum detaillierte Hinweise etwa zu Einreisebestimmungen. Migrationsrouten oder ökonomischen Tätigkeitsfeldern finden, würden jedoch insbesondere über das Internet (soziale Netzwerkforen wie *MNS*, *Facebook* oder Plattformen wie *YouTube*) erhältliche Beispiele belegen, dass der „Mythos" einer besseren Zukunft und der soziale Aufstieg außerhalb Afrikas Realität werden könne. So spärlich oder detailreich die Informationen letztendlich auch seien, so die Aussage Th.'s in einem der zahlreichen Interviews, solle man die sich darbietenden Möglichkeiten einer Ausreise und damit eng verknüpft die Tätigkeit als Händler nutzen und erkunden.

Aus mehreren Gründen entschied sich Th. schließlich im Jahre 2008 für eine Ausreise in die VR China. Zunächst bestimme ein überwiegend positives Bild von China sowohl den medial-öffentlichen als auch in sozialen Netzwerken geführten Diskurs in Burundi (und Afrika). Nach Aussage von Th. ist man in Afrika nicht nur beeindruckt von den zahlreichen Infrastrukturprojekten, die chinesische Staatsfirmen innerhalb kürzester Zeit und im Gegensatz zu europäischen oder US-amerikanischen Entwicklungsprojekten ohne politische Vorbedingungen oder Einmischungen in interne Angelegenheiten errichten und so den Afrikanern erst-mals das Gefühl geben würden, auf „Augenhöhe" mit politischen Partnern auf der Weltbühne zu verhandeln – ein Aspekt, der von der Mehrheit der Interviewpartner in Diskussionen um das chinesische Engagement in Afrika als positiv herausge-stellt wird. Auch das Bild einer zukünftigen und möglicherweise der größten Weltwirtschaftsmacht schüre das überwiegend positive Image Chinas in Afrika und ließe die Volksrepublik als neuen Möglichkeitsraum neben bestehenden Mig-rationszielen in Europa oder den USA mit zahlreichen ökonomischen Opportuni-täten erscheinen. Im Gegensatz zu den traditionellen Zielen einer Emigration au-ßerhalb Afrikas und im Kontext einer immer häufigeren Medienberichterstattung über die Gefahren und Risiken einer (irregulären) Migration nach Europa, hätte sich zudem, so die Aussage von Th., über soziale Netzwerke die Meinung durch-gesetzt, dass die Transportmöglichkeiten und visarechtlichen Bestimmungen für China als vergleichsweise günstig und einfacher zu bewältigen seien als für eine potentielle Migration in die Europäische Union.

Zwar erhielt Th. aufgrund einer restriktiveren Visavergabe-Praxis der chinesi-schen Regierung im Zuge der Olympischen Spiele 2008 kein Touristenvisum für die VR China – auch nach Hong Kong konnte er ohne Visum nicht einreisen und sich von dort aus im Gegensatz zu anderen afrikanischen Migranten ein Touris-tenvisum für die VR China besorgen (vgl. Kap. 6). Über einen zufälligen Kontakt zu einem Burundier, der ebenfalls nach China einreisen wollte und den Th. vor der chinesischen Botschaft in Bujumbura traf, erhielt er die Information, dass es mit einer eigenen eingetragenen Firma in Burundi nach wie vor möglich wäre, ein kurzfristiges Geschäftsvisum zu beantragen – wie Th. die Registrierung eines ei-genen Unternehmens im Detail bewerkstelligte, ließ sich nicht eruieren. Für den Visaantrag benötigte Th. noch einen Nachweis über seine finanzielle Liquidität, die belegen sollte, dass er für den Aufenthalt und seinen Lebensunterhalt in China selbst sorgen könne. Da er (oder seine Familie[10]) jedoch weder über ein eigenes Bankkonto noch über entsprechende finanzielle Mittel verfügte, lieh er sich von einem (weiteren unbekannten) Burundier, dem er ebenfalls in der chinesischen Botschaft begegnete, kurzfristig einen Geldbetrag, eröffnete mit diesem ein Bank-konto, ließ sich einen Kontoauszug zur Vorlage bei der chinesischen Botschaft ausstellen und überwies anschließend den geborgten Geldbetrag wieder an den besagten Burundier zurück. Schließlich benötigte er für den Visaantrag noch ein

---

10 Th. hat vier Geschwister (drei Brüder, eine Schwester). Seine zwei älteren Brüder, einer ist Pastor, der andere Musiker, leben Bujumbura. Seine beiden jüngeren Geschwister gehen dort noch zur Schule.

Flugticket mit gebuchtem Hin-und Rückflug, welches für ihn – ohne eigenes Kapital – die größte finanzielle Hürde mit rund 1.400 US$ darstellte. Th. war zu dieser Zeit Mitglied des Kirchenchores in der christlichen Pfingstgemeinde in Bujumbura, die von seinem älteren Bruder als leitender Pastor gegründet wurde. Nicht nur als Bruder des Pastors sondern auch durch sein regelmäßiges Engagement im Chor – neben seinem Talent und seiner Tätigkeit als Sänger im Chor spielt er zudem noch Klavier und Gitarre – und anderen Aktivitäten innerhalb und außerhalb der christlichen Gemeinde genoss Th. hohes Ansehen als eine Person mit christlich-moralischen Werten und vertrauenswürdigem Charakter[11]. Eine im Vergleich zu anderen Mitgliedern der Gemeinde wohlhabende Frau, die ebenfalls Mitglied des Kirchenchors in Burundi war und die öffentliche Meinung über Th.'s Ansehen teilte, organisierte schließlich ein Fest in ihrem Haus in Bujumbura, auf dem sie u.a. Geld für Th.'s bevorstehende Reise sammelte. Nachdem Th.'s Bruder für seinen jüngeren Bruder mit seinem Namen und seiner Stellung als Pastor gebürgt hatte, lieh sie Th. von dieser Frau zudem den übrigen Differenzbetrag, der noch nötig war, um das Flugticket zu bezahlen. Mit allen nötigen Unterlagen und Nachweisen ausgestattet erhielt er im Sommer 2008 schließlich ein 30 Tage gültiges Geschäftsvisum für die VR China.

Ein weiterer bedeutender Grund Th.'s, sich für China als Destination zu entscheiden, waren die bereits bestehenden Kontakte seines Bruders in Guangzhou. Im Rahmen seiner Tätigkeit als Pastor und der Einbindung in christliche Kirchennetzwerke in Zentral- und Ostafrika und dann auch in Guangzhou[12], bereiste der Bruder Th.'s mit einem Touristenvisum die Metropole Guangzhou im Jahre 2004 auf Einladung eines kongolesischen Pastors und seiner dortigen Kirchengemeinde, die regelmäßig andere Pastoren oder Prediger (aus dem Ausland) zu Missionspredigten in ihren Gottesdienst einladen und durch Kirchenkollekten i.d.R. auch für anfallende Reise- und Überachtungskosten aufkommen (teilnehmende Be-

---

11 Ich selbst konnte mich bei zahlreichen gemeinsamen Aktivitäten – Übernachtungen, Mahlzeiten, Chorproben, Begleitung bei Handelsaktivitäten, etc. – während der empirischen Forschungsaufenthalte von diesem Charakter in dem Sinne überzeugen, als dass mich Th. mit seiner offenen/liebenswürdigen Art sehr schnell für sich vereinnahmte. Insbesondere seine christlich geprägte Lebensart beeindruckte nachhaltig, nicht nur dadurch, dass er keinen Alkohol oder Zigaretten konsumierte oder sich nicht im Nachtleben von Guangzhou amüsierte – im Gegensatz zu vielen anderen jungen Afrikanern, die Teil des sozialen Netzwerkes von Th. in China sind. Neben seinem Engagement in einer christlichen Pfingstgemeinde in Guangzhou bestimmten ausschließlich christliche Musik, DVDs und insbesondere tägliches Bibelstudium sein privates Leben.

12 Diese Netzwerke sind nicht nur über persönliche Kontakte führender Pastoren miteinander verbunden. Es gibt zudem zahlreiche Internetauftritte diverser Kirchengemeinden und einzelner Pastoren und Prediger, die über persönliche soziale Netzwerkforen im Internet weiterverbreitet werden und so die afrikanischen Migranten und Händler (und gläubigen Christen) in aller Welt miteinander verbinden. Neben ständigen „Gefällt mir"-Bekundungen von jenen Internetrepräsentationen, zu denen man regelmäßig und ungefragt über die Netzwerkforen eingeladen wird, erhält man zudem – einmal in den entsprechenden Emailverteilern und internetbasierten Netzwerken eingebunden – zirkulierende Emails, die über aktuelle Veranstaltungen, Gottesdienste oder Gebetsaufrufe diverser Gemeinden und Prediger informieren.

obachtung, Guangzhou 2010; C., Guangzhou 18.03.2010). Wie sich später her-ausstellen sollte, handelte es sich um die Kirchengemeinde *The Will of God*, deren Mitglied ich im Rahmen der empirischen Aufenthalte sein durfte (vgl. Kap. 3.3), die vor meiner Zeit jedoch von zwei Pastoren (C. – ebenfalls aus dem Kongo und oben erwähnter kongolesischer Pastor) geleitet wurde. Aufgrund kircheninterner Konflikte bezüglich der Auslegung des Glaubens und der Organisation des Got-tesdienstes kam es jedoch kurz vor meiner Ankunft zur Abspaltung und Gründung einer neuen Kirchengemeinde in Guangzhou – zu der im Rahmen dieser Arbeit kein Kontakt aufgebaut werden konnte –, deren Leitung der oben erwähnte kon-golesische Pastor übernahm.

Der Bruder von Th. kontaktierte diesen Pastor in Guangzhou per Email, in-formierte ihn über die bestehende Reise seines jüngeren Bruders und bat ihn da-rum, sich bei der Ankunft in China um Th. zu kümmern. Daraufhin versprach der Pastor, Th. vom Flughafen in Guangzhou abzuholen. Konkrete Vereinbarungen über die Art der „Betreuung" wurden jedoch nicht gemacht. Stattdessen vertraute der ältere Bruder auf die angebotene Hilfe des Pastors – „einem Mann Gottes" (Th., Guangzhou 26.02.2010) – vor Ort. Dieses Vertrauen beruhte u.a. auch da-rauf, dass der ältere Bruder bereits vor Th.'s Reise vier weitere Kontakte an den kongolesischen Pastor in Guangzhou vermittelte, die dieser dann auch vor Ort in Empfang nahm und – zumindest in der Anfangsphase – mit einer Unterkunft, Es-sen und kleinen finanziellen Zuwendungen versorgte[13].

Im Juli 2008 reiste Th. schließlich mit *Kenia-Airlines* per Direktflug von Nairobi aus nach Guangzhou. Dort angekommen, rief er vom Flughafen aus zu-nächst seine Kontaktperson in Guangzhou – mit dem Mobiltelefon eines Afrika-ners, den er am Flughafen ansprach – an, musste jedoch erfahren, dass sich der kongolesische Pastor für Handelsgeschäfte in einer anderen Stadt aufhielt und den Ankunftstermin Th.'s vergessen hatte. Er schickte ihm jedoch einen anderen Afri-kaner aus Burundi (I.; vgl. Kap. 5.2.3), der ihn vom Flughafen abholte und in ein Hotel im Quartier *Xiaobei* brachte, wo Th. für seinen 30-Tages-Aufenthalt unter-kommen sollte. Th. war zunächst erstaunt darüber, statt in der Wohnung des Pas-tors im Hotel übernachten zu müssen – hatte er doch bis auf ein paar US$ kein weiteres Geld zur Verfügung. Darüber wiederum war I. sehr erstaunt, da dieser sich fragte, wie Th. denn gedenke, ohne finanzielles Startkapital überhaupt in Gu-angzhou Fuß fassen zu wollen – denn schließlich brauche man zumindest einen kleinen Geldbetrag für den An- und Verkauf von Waren, um sich so ein erstes kleines finanzielles Polster für weitere Handelstätigkeiten, Handelsreisen und/oder für die nötigen Ausgaben eines Aufenthalte in China zu erwirtschaften (I., Guang-zhou 27.03.2010)[14]. Letzten Endes bezahlte I. die Übernachtung im Hotel für drei

---

13 Es konnte leider nicht in Erfahrung gebracht werden, wie die weitere „Karriere" dieser vier Personen als Migrant und/oder Händler nach der Anfangsphase in Guangzhou verlief. Auch bei einem späteren Gespräch mit dem älteren Bruder von Th., der 2011 für einen kurzen Be-suches in Guangzhou war, konnte (oder wollte) mir dieser keine Auskunft darüber geben.

14 Ein eigenes finanzielles Startkapital wurde von der überwiegenden Mehrheit der Inter-viewpartner als unabdingbare Notwendigkeit für eine erfolgreiche Handelstätigkeit in China genannt. Auch wenn in Einzelfällen die Hilfe anderer afrikanischer Händler/Migranten etwa

Tage und gab ihm ein paar Yuan, mit denen er sich ein Essen in einem kleinen chinesischen Straßenrestaurant kaufen könne. Danach müsse er sich an den kongolesischen Pastor wenden, der dann wieder nach Guangzhou zurückkehren würde. Nach drei Tagen traf sich Th. dann tatsächlich mit dem besagten Pastor in Guangzhou, wurde von diesem aber harsch zurückgewiesen – insbesondere als dieser erfuhr, dass Th. tatsächlich keine finanziellen Mittel zur Verfügung hatte. Der Pastor beschwerte sich, dass er sich bereits um die vier Personen, die ihm der Bruder von Th. vormals vermittelt hatte, mit seinem eigenen Geld hatte kümmern müssen, ohne jemals davon in irgendeiner Art und Weise profitiert zu haben. Ein weiteres Mal könne er diese Hilfe aufgrund seiner eigenen angespannten finanziellen Lage und dem Plan, wieder in sein Heimatland zurückkehren, nicht mehr anbieten[15]. Lediglich eine kostenlose Übernachtungsmöglichkeit bei einem Bekannten könne er ihm für die restlichen Tage seines Aufenthaltes in Guangzhou organisieren. Für alles weitere sei Th. dann auf sich alleine gestellt. Th. nahm dieses Angebot aus Mangel an Alternativen an, mied jedoch fortan den Kontakt zum genannten kongolesischen Pastor.

Im Quartier *Xiaobei* traf Th. einige Tage später wieder auf I., dem Burundier, der ihn damals vom Flughafen abholte und ihn für den Gottesdienst in seine Kirchengemeinde einlud – es handelte sich hier um *The Will of God*. Dort fand Th. sehr schnell Anschluss zu einer Gruppe anderer Burundier, die bereits seit einiger Zeit in Guangzhou lebten und als (Zwischen-)Händler tätig waren. Neben I., der bereits seit 2002 in Guangzhou lebte, waren dies D. (seit 2007) und seine burundische Frau – die sich in Guangzhou kennen lernten und dort im Dezember 2008 heirateten – sowie V. (seit 2005) (siehe Tab. 2). Zudem fügte sich Th. sehr schnell in die christliche Gemeinschaft ein und sang an den restlichen zwei Sonntagen bis zu seinem Abreisedatum bereits im Kirchenchor mit.

Von D., der ebenfalls im Kirchenchor mitsang und mit dem er sich auf Anhieb sehr gut verstand, erfuhr er schließlich, dass es die Möglichkeit gäbe, über einen Chinesisch-Sprachkurs an einer chinesischen Universität an eine mehrmonatige Aufenthaltsgenehmigung als Student zu gelangen[16]. Th. kümmerte sich

---

für eine Unterkunft oder Versorgung mit Lebensmitteln angeboten würde, so könne man nicht damit rechnen, von anderen Händler oder Migranten in China mit finanziellen Krediten oder Geldzuweisungen versorgt zu werden, da der Großteil selbst kaum große finanzielle Mittel für solche Hilfsleistungen zur Verfügung hätte.

15   Wie ich später durch den Pastor C. – dem Pastor der Kirchengemeinde *The Will of God*, die ich in Guangzhou regelmäßig besuchte und der mit dem ebenfalls kongolesischen Pastor vormals diese Kirchengemeinde zusammen leitete – erfuhr, wäre der besagte Pastor durchaus in der Lage gewesen, Th. finanziell zu unterstützen, da er gut laufende Handelsgeschäfte tätigen und auch weiterhin in Guangzhou leben würde (C., Guangzhou 18.03.2010).

16   Bis auf die Einreise mit einem Geschäftsvisum, das D. damals als Angestellter eines mittelständischen burundischen Unternehmens mit Ambitionen, in China Geschäftskontakte knüpfen zu wollen, erhielt, war D. selbst in der gesamten Zeit von 2007 bis 2011 als (Sprachschul)Student an einer chinesischen Universität in Guangzhou eingeschrieben. Er betrieb aber primär Handelstätigkeiten als Zwischenhändler. Bis auf sein erstes Semester, in dem er den Sprachkurs regelmäßig besuchte und die Abschlussprüfung absolvierte – D. spricht mittlerweile fließend Mandarin und Kantonesisch –, nutzte D. informelle Kanäle der Visabeschaf-

umgehend um die Reservierung eines Platzes in einem sechsmonatigen Chinesisch-Sprachkurs ab Herbst 2008 an der *Guangdong University of Foreign Studies*, was ohne weiteres in englischer Sprache, die er perfekt beherrschte, zu bewerkstelligen war. Wesentlich schwieriger zu organisieren waren ein entsprechendes Studentenvisum, welches er in seinem Heimatland beantragen musste, sowie die Beschaffung benötigter Geldmittel für die anstehenden Studiengebühren in Höhe von rund 1.500 US$, die er spätestens bei Antritt des Sprachkurses entrichten musste. Während ihm der Erhalt des Studentenvisums bei der Rückkehr in Bujumbura mit der Anmelde- bzw. Reservierungsbestätigung der chinesischen Universität keine Probleme bereitete, organisierte sich Th. die erforderlichen Geldmittel (für Studiengebühren und erneute Reisekosten), indem er bei seiner Rückreise Waren von D. und I. im Flugzeug zunächst nach Nairobi und von dort mit dem Bus nach Burundi transportierte und für den Transport und die Verantwortung der Unversehrtheit der Waren gewinnbeteiligend entlohnt wurde. Zudem konnte er selbst eine kleinere Menge Waren, in dem Falle Mobiltelefone, in Guangzhou erstehen, die er in Burundi mit einer hohen Gewinnmarge weiterverkaufen konnte[17]. Zwar reichten die finanziellen Mittel nicht aus, um die ausstehenden Schulden bei der Burundierin zu begleichen, bei der er sich für die erste Reise nach Guangzhou Geld geliehen hatte. Th. konnte ihr jedoch, wie er behauptete, glaubhaft versichern, dass der erneute Aufenthalt in Guangzhou die versprochene Rückzahlung der Schulden garantieren würde. Schließlich ließ sich die Frau durch den erwirtschafteten Gewinn der mitgebrachten Waren und den geplanten „Studienaufenthalt" Th.'s in Guangzhou überzeugen und hoffte durch weitere solcher Handelsgeschäfte auf die Rückzahlung der Schulden[18].

Im Oktober 2008 kehrte Th. schließlich mit einem Studentenvisum nach Guangzhou zurück. Als Mitglied des Kirchenchores wurde er fester Bestandteil der Kirchengemeinde *The Will of God* und erhielt zudem durch die Gruppe der Bu-

---

fung und bezahlte fortan einen chinesischen Agenten, der ihm bis Mitte 2011 ein Studentenvisum alle 6 Monate besorgen konnte (Interviews und teilnehmende Beobachtung mit D., Guangzhou 2008–2011).

17   Aus den Interviews wurde nicht ersichtlich, wie Th. an die nötigen finanziellen Mittel für den Kauf der (gefälschten) Mobiltelefone in Guangzhou gelangen konnte. Sowohl von Th. als auch später von D. und I. wurde mir immer wieder bestätigt, dass Th. bei seiner ersten Ankunft in China kein eigenes Startkapital zur Verfügung hatte. Es wird jedoch vermutet, dass er sich das Geld für sein erstes eigenes Handelsgeschäft durch diverse „Botengänge" für D. und I. verdient hat, da er diese Tätigkeit auch nach der Rückkehr in Guangzhou für zunächst D. und später I. ausübte und dafür immer wieder kleinere Beträge zwischen immerhin 400 und 1000 CNY (zwischen 60 und 160 US$) erhielt (Interviews und teilnehmende Beobachtung mit Th., Guangzhou 2008–2011; D., Guangzhou 05.03.2010).

18   Erst 2010, nachdem sich Th. nach diversen handelsbezogenen Dienstleistungen für andere afrikanische Händler in Guangzhou als selbständiger Zwischenhändler mit eigenen Kundenkontakten und kleineren eigenen Handelsexporten in Zusammenarbeit mit seinem älteren in Burundi lebendem Bruder etablieren konnte, war er zur Rückzahlung der Schulden in der Lage.

rundier[19] Unterstützung in der Anfangsphase seines Aufenthaltes in China. So konnte Th. die ersten fünf Monate im Appartement von D. und seiner (zukünftigen) Frau unterkommen – ein großzügiges 4-Zimmer-Appartement im *Tianhe*-Distrikt, welcher im Zuge der Stadterweiterungspläne seit den 1980er Jahren zu einem modernen und hochwertigem Stadtbezirk ausgebaut wurde und neben dem neuen CBD der Stadt, dem zentralen Sport-Stadion und hochklassigen Einkaufszentren zahlreiche Hochhaus-Wohnkomplexe für die neue Mittelschicht Chinas bereithält. In Ermangelung eigener Handelskontakte und Startkapital arbeitete Th. zunächst als „Dienstbote" für D. und übernahm unterschiedliche Aufgaben, die D. aufgrund von Zeitmangel und zahlreicher Aufträge als Zwischenhändler kaum noch allein bewältigen konnte[20]. Zu Anfang bestanden die Aufgaben aus einfachen Botengängen wie etwa die Abholung von Hotelreservierungsbestätigungen, die D. bereits über Telefon organisiert hatte, das Erledigen von Kopier- und Faxaufträgen in Copyshops im Quartier *Xiaobei*, die Abholung von Kunden am Flughafen mit dem Taxi und deren Transport zu dem bereits von D. gebuchten Hotel in *Xiaobei* oder Lebensmitteleinkäufe für den gemeinsamen Haushalt. Mit zunehmender Sprach- und Ortskenntnis – Th. adaptierte die chinesische Sprache innerhalb kürzester Zeit und konnte sich bereits nach zwei Monaten mehr oder weniger fließend auf Mandarin verständigen – übernahm Th. schließlich auch verantwortungsvollere Aufgaben wie das Eruieren von Waren- und Preisangeboten bei chinesischen Anbietern in der Perlflussdelta-Region oder die Betreuung afrikanischer Kunden vor Ort, die er bei der Besichtigung von Großhandelskaufhäusern und der *Canton-Fair* begleitete.

Während dieser anfänglichen „Kooperation" mit D. erlernte Th. zwar zahlreiche Facetten des sino-afrikanischen Handels und der Tätigkeit als Zwischenhändler in Guangzhou und konnte so sukzessive handelsbezogenes Wissen für seine eigene Karriere als Zwischenhändler akquirieren. Bedeutende Geschäftskontakte etwa, die ihm einen eigenen Kundenstamm sowohl auf afrikanischer Nachfrage- als auch chinesischer Anbieterseite hätten garantieren können, konnte Th. jedoch nicht aufbauen. Denn D. achtete penibel darauf, lukrative und wichtige Geschäftskontakte zu chinesischen Herstellern und Produktionsstätten vor Th. geheim zu halten und bis auf notwendige Begegnungen etwa bei der Empfangnahme der Waren jegliche Kontaktherstellung von Th. mit diesen Geschäftspartnern zu unterbinden (Interviews und teilnehmende Beobachtung mit D., Guangzhou 2008–2011): So durfte Th. nicht zu Besichtigungen von Produktionsstätten oder Ver-

---

19 Wie bereits in Kap. 3.3 erläutert, setzt sich *The Will of God* aus unterschiedlichen zentral- und ostafrikanischen Mitgliedern zusammen. Während meiner Forschungsaufenthalte schwankte die Mitgliederzahl (rund 50 Personen im Durchschnitt) beziehungsweise die Anzahl der Besucher im Jahresverlauf erheblich. Die Burundier machten mit anfänglich fünf Mitgliedern im Jahr 2008 nur einen Teil der Mitglieder aus. Zwischenzeitlich erhöhte sich die Zahl auf rund 20 Personen, von denen jedoch einige aufgrund nicht erteilter Visaverlängerungen und/oder gescheiterter Händlerkarrieren wieder in ihr Heimatland zurückkehrten.

20 Während der Anfangszeit von Th. begleitete ich im Rahmen des ersten Forschungsaufenthaltes Th. und D. fast täglich bei ihren Handelsaktivitäten in Guangzhou und konnte so die ersten Schritte Th.'s, in China als Migrant und Händler Fuß zu fassen, sehr gut nachzeichnen.

tragsverhandlungen mit chinesischen Partnern mitkommen; jegliche Kommunikation und Absprachen mit chinesischen Anbietern und afrikanischen Kunden wurden nur über D. abgewickelt; bei der Vor-Ort-Betreuung afrikanischer Kundschaft durch Th. war D. über sein Mobiltelefon im ständigen Kontakt mit den Kunden, während Th. nur mit den nötigsten Informationen und Instruktionen versorgt wurde; zudem kontrollierte D. – sofern es ihm möglich war –, dass keine privaten Absprachen oder die Weitergabe von Kontaktdaten zwischen Th. und seinen Kunden oder anderen Geschäftspartnern stattfanden[21]; sämtliche finanziellen Angelegenheiten mit Geschäftspartnern erledigte D. selbst.

Für die „Botendienste" erhielt Th. von D. in unterschiedlichen Abständen kleinere Beträge zwischen 400 und 1000 CNY (60 bis 160 US$) je nach Zeitaufwand und Auftragslage, von denen Th. seine laufenden Lebenshaltungskosten in Guangzhou auf lange Sicht jedoch nicht hätte finanzieren können. Musste er sich zwar in der Anfangsphase lediglich an der Miete für das gemeinsame Appartement und den Lebensmittelkosten beteiligen, kamen auf ihn bald erneute Studiengebühren zu, die er für ein weiteres Sprachschulsemester und den Erhalt seines Studentenvisums benötigte. Zudem wollte er sich eine neue Unterkunft oder ein eigenes Appartement suchen, dass er sich mit vier weiteren befreundeten Burundiern aus seiner Heimatstadt und zugleich Mitgliedern der Kirchengemeinde seines Bruders in Burundi teilen wollte. Bei der Ankunft der Freunde mussten diese jedoch zunächst – ebenso wie Th. zu Beginn seines Aufenthaltes – in einem (günstigen) Hotel in *Xiaobei* übernachten, bis sich schließlich die Möglichkeit eines gemeinsamen und preiswerteren Appartements in einer etwas außerhalb der Stadt gelegenen *Gated Community* im März 2009 ergab. Durch zusätzliche Vermittlerdienste – u.a. organisierte Th. gegen eine Vermittlergebühr Studienplätze und Hotelreservierungen in China für Freunde und Bekannte aus Burundi und Ruanda[22] – und kleinere Warenexporte für burundische Bekannte, die aus der Kirchengemeinde seines Bruders stammen, sowie für die burundische Kirchengemeinde selbst (u.a. technisches Equipment und Instrumente für den Kirchenchor), konnte Th. sein „Gehalt", dass er von D. bezog, im Laufe des Jahres 2009 zunächst etwas aufbessern und auch die Studien- und Visagebühren für ein erneutes

21 Während die afrikanische Kundschaft i.d.R. die bestehenden Geschäftskontakte zu ihren Zwischenhändlern aufrecht erhalten (Kap. 6.2) – insofern sie nicht selbst als residierende Händler/Zwischenhändler in Guangzhou tätig werden – besteht insbesondere von chinesischer Seite das Interesse, durch neue und/oder direkte Kundenkontakte ihren Kundenstamm zu erweitern. Im Falle von D. äußerte sich dieses Interesse durch das Bestreben seiner chinesischen Agentin – über die er diverse Geschäftsverhandlungen mit chinesischen Herstellern organisiert –, mit der afrikanischen Kundschaft von D. direkte Geschäftskontakte aufbauen zu wollen, um so die gesamte Provision ohne die Beteiligung von D. für sich beanspruchen zu können. Zunehmende, darauf zurückführende Konflikte zwischen D. und seiner Agentin führten schließlich zur Auflösung dieser Geschäftsbeziehung 2009, wobei D. die Kontakte zu den chinesischen Herstellern aufrechterhalten konnte (D., Guangzhou 28.02.2010)

22 Bis Ende 2011 verhalf Th. so insgesamt 20 Burundiern aus dem engeren Freundes-/Bekanntenkreises zum Erhalt eines Studentenvisums und nachfolgender Einreise in die VR China. Über einen Freund in Ruanda, der ihm weitere ‚Ausreisewillige' vermittelte, konnte Th. durch die Organisation von Studienplätzen ebenfalls zusätzliche Einnahmen akquirieren.

Sprachschulsemester begleichen. Gewinnträchtigere Kundenkontakte zu afrikanischen Käufern bzw. Handelsreisenden, denen er seine Dienste als Zwischenhändler anbieten könnte, ließen sich jedoch bislang nicht in Guangzhou und/oder über den bestehenden Freundes- und Bekanntenkreis, in dem sich kein finanzstarker Unternehmer oder Händler befand, aufbauen.

War es – wie mir zahlreiche etablierte Zwischenhändler bestätigten – lange Zeit kein größeres Problem, neue afrikanische Kunden in *Xiaobei* etwa in den umliegenden Hotels, in Großhandelskaufhäusern, auf zentralen Plätzen des Stadtquartiers oder direkt am Flughafen *Baiyun* zu akquirieren, nahmen die Besucherzahlen afrikanischer Handelsreisender und potentieller Kunden der Zwischenhändler in den Jahren 2008 und 2009 merklich ab. Ein Grund, der von den Interviewpartnern immer wieder genannt wurde, war die restriktive Vergabe von Touristen- und Geschäftsvisa durch die chinesische Regierung im Kontext von internationalen Großveranstaltungen (wie etwa die Olympischen Spiele 2008, die Feierlichkeiten zum 60. Jahrestag der VR China 2009, die Shanghai-Expo 2010 oder die Guangzhou Asian Games 2010), die nicht nur potentielle Einreisende sondern auch die bereits ansässige afrikanische Bevölkerung betraf. So berichtete etwa der Pastor der Kirchengemeinde *The Will of God*, in der Th. (bis Mitte 2011) Mitglied ist, dass sich die Zahl der Mitglieder und Gottesdienstbesucher im Verlauf des Jahres 2009 merklich reduzierte und viele insbesondere junge Afrikaner aufgrund nicht erteilter Visaverlängerungen (und gescheiterter Handelskarrieren) wieder in ihr Heimatland zurückkehren mussten (C., Guangzhou 18.03.2010). Auch ein chinesischer Shopbesitzer im Großhandelskaufhaus *Tianxiu* im Quartier *Xiaobei*, der Ende 2008 interviewt werden konnte, musste erhebliche Einnahmeverluste aufgrund fehlender (afrikanischer) Kundschaft hinnehmen und berichtete zudem von zahlreichen Schließungen diverser Shops im Großhandelskaufhaus, die ehemals von afrikanischen Händlern geführt wurden (Guangzhou, 04.10. 2008). Als weiterer Grund für (zeitweilige) abnehmende Besucherzahlen afrikanischer Handelsreisender und potentieller Kunden für afrikanische Zwischenhändler in Guangzhou nannten die Interviewpartner die globale Finanz- und Wirtschaftskrise 2008/2009, die sich nicht nur durch daraus resultierende höhere Produktionskosten in China und fluktuierende Wechselkurse negativ auf potentielle Gewinnmargen im sino-afrikanischen Handel auswirkte – insbesondere für jene Händler/Handelsreisende mit geringem Finanzkapital und Handelsvolumina –, sondern auch zu Schließungen zahlreicher Produktionsstätten in der Perlflussdelta-Region führte (Li et al. 2013: 167; Gransow 2012: 6).

Fehlende Kunden, geringe Einnahmen aus bestehenden Vermittlertätigkeiten mit finanzschwachen afrikanischen Geschäftspartnern, keine alternative Jobmöglichkeiten außerhalb des Handels sowie laufende Lebenshaltungskosten in China ließen Th. schließlich Ende 2009/Anfang 2010 in finanzielle Schwierigkeiten geraten. Hinzu kam, dass sich seine bisherige „Kooperation" mit D. und zugleich stabilste Einnahmequelle in Guangzhou durch einen privaten Konflikt zwischen Th. und D. Anfang 2010 aufgelöst hatte. Der Grund für diesen Konflikt war die Liebesbeziehung Th.'s mit der Nichte von D., die von 2009 bis 2011 ein Medizinstudium in der Nähe von Beijing absolvierte und während eines Besuches ihres

Onkels in Guangzhou Th. kennenlernte. D. war mit dieser Beziehung nicht einverstanden, äußerte dies nicht nur gegenüber Th. und seiner Nichte und verbot der Nichte als stellvertretendes „Oberhaupt" der Familie in China den weiteren Kontakt mit Th., sondern insistierte zudem beim Pastor (C.) der Kirchengemeinde, Th. von der Auflösung dieser „unchristlichen, unehelichen Beziehung" zu überzeugen. Der Pastor versuchte zwar zwischen den beiden Parteien zu vermitteln, konnte letztlich aber keinen Einfluss auf den bevorstehenden Bruch der Beziehung zwischen D. und Th. – und wie sich später zeigte auch auf die Trennung Th.'s von der Kirchengemeinde *The Will of God* – nehmen. Wie sich bei einem späteren Gespräch mit Th. und seiner Freundin Anfang 2011 bei einem der seltenen Besuche seiner Freundin in Guangzhou herausstellte[23], war ein wesentlicher Grund D.'s für die Ablehnung der Beziehung seiner Nichte zu Th. die Zugehörigkeit beider Familien zu unterschiedlichen Bevölkerungsgruppen (informelles Gespräch mit Th. und seiner Freundin, Guangzhou 05.02.2011): Während D.'s Familie sich der Bevölkerungsgruppe der Tutsi zurechnet und nach wie vor Teil der burundischen, politischen Elite des Landes ist – D. unterhält als Zwischenhändler u.a. geschäftliche Beziehungen zur Präsidentenfamilie Burundis und seine Frau stammt aus der Familie des ehemaligen burundischen Königshauses –, sei Th. als Hutu-Angehöriger mit bäuerlicher Herkunft nicht würdig, eine Beziehung zu seiner Nichte einzugehen.

Wurde der Wahrheitsgehalt dieser Aussage von zwei weiteren Kirchengemeindemitgliedern bestätigt (Guangzhou 31.10.2011), die bei einem eskalierenden Streitgespräch nach einem Gottesdienst zwischen D. und Th. Anfang 2010 anwesend waren und bei dem von D. das Argument der unterschiedlichen Volksgruppenzugehörigkeit ausgesprochen wurde, erwähnten sie zudem noch einen weiteren Konflikt zwischen D. und Th., der zum letztendlichen Bruch ihrer Freundschaft sowie auch ihrer handelsbezogenen Kooperation geführt habe: So hätten sich afrikanische Kunden von D. über den mangelnden Service und zu hohe Preise beschwert und daraufhin die Vermittlerdienste von Th., den sie bereits als „Dienstboten" von D. kannten, in Anspruch nehmen wollen. Als Th. nach der Abwicklung des laufenden Handelsgeschäftes zwischen D. und seinen Kunden für einen erneuten Auftrag dieser Kunden einige Wochen später schließlich auf dieses Angebot einging und so die Kunden letztendlich abwarb, hätte ihm D. Vertrauensbruch vorgeworfen und die Freundschaft der beiden aufgekündigt. Die beiden Kirchengemeindemitglieder brachten in dem Gespräch zwar ihr Unverständnis über diesen Konflikt zweier „Brüder im christlichen Geiste" zum Ausdruck. Zugleich verwunderte sie dieser Vorfall nicht, da es nicht das erste Mal gewesen sei, dass zwei Kirchenmitglieder aufgrund handelsbezogener Kooperationen und/oder Konkurrenzsituationen in Konflikt geraten seien[24]. Diese und eigene Erfahrungen

---

23   Th. und die Nichte D.'s waren bis Mitte 2011 trotz aller Widerstände ein Paar. Man kommunizierte regelmäßig über Internet und Mobiltelefon, sah sich aber nur zwei bis drei Mal im Jahr für einige Tage oder Wochen in Guangzhou, in denen seine Freundin Semesterferien und/oder genügend Geld für den Flug von Beijing nach Guangzhou und zurück hatte.

24   Als teilnehmender Beobachter der Gottesdienste erfuhr ich von weiteren sogenannter Vertrauensbrüchen zwischen Kirchenmitgliedern. So nahm etwa ein „Dienstbote", der für einen

würden letztlich zeigen, dass selbst bei verwandtschaftlichen Verhältnissen das Geschäft und die handelsbezogene Austauschbeziehung an erster Stelle noch vor der Freundschaft stehen würden, so dass Vertrauen zwischen Freunden/Bekannten zwar notwendig aber kein Garant für eine erfolgreiche oder reibungslose Zusammenarbeit sei. Eine der beiden Kirchenmitglieder – eine Zwischenhändlerin aus Kamerun, die seit 2007 in Guangzhou tätig ist – beschreibt jene vertrauensbasierte Kooperationen, die i.d.R. ohne vertraglich festgehaltene Absprachen auch zwischen Kunden, Vermittlern und Anbietern verlaufen (vgl. Kap. 6.1) mit folgenden Worten:

> „There is no guarantee in business. You have to trust in the contacts you are trading with. Generally a contact comes by chance. Like I becoming in contact with you. So now I know you for a while and I trust you. You are living in Germany. Maybe you get to know someone in Germany, who needs some goods from China. You can give them my contacts. And I will trust these people, because it was you who arranged this contact and I know you. It happened that I made some bad experience once, but you never know and I trust in God, that he will do the best and until now I am fine and everything is working good for me." (A., Guangzhou 25.10.2008)

Anfang 2010 fragte Th. aufgrund seiner finanziellen Schwierigkeiten schließlich Pastor C., ob es möglich sei, dass ihm die Kirchengemeinde *The Will of God* oder vielmehr der Pastor selbst einen vorübergehenden Kredit in Höhe von 1000 US$ gewähren könne, mit dem Versprechen, diesen bei seinem bevorstehenden Handelsgeschäft mit den erwähnten ehemaligen Kunden D.'s in einigen Wochen wieder zurückzahlen zu können. Auf die Anfrage antwortete der Pastor zunächst zögernd und bat um etwas Bedenkzeit, da er sich noch mit der Kirchenleitung beraten müsse – die zur gleichen Zeit im Büro des Pastors anwesend war und neben einem Gebetstreffen kircheninterne, organisatorische Angelegenheiten zu klären hatte[25]. Noch am gleichen Tag erhielt Th. jedoch eine Absage mit der Begründung, dass sich die Kirchengemeinde solch eine finanzielle Unterstützung zurzeit nicht leisten könne – tatsächlich sammelte die Kirchengemeinde seit rund zwei

---

burundischen Zwischenhändler arbeitete, das Geld der afrikanischen Kunden für die Vermittlerdienste in Empfang und tauchte damit unter. Wie sich später herausstellte, war dieser „Dienstbote" ständiges Mitglied des Kirchenchores und hatte während der ersten zwei Forschungsaufenthalte meine Interviewanfragen regelmäßig abgelehnt. Er lebte in dieser Zeit bereits seit mehreren Monaten – angeblich ohne das Wissen der Kirchenleitung – als *Overstayer* irregulär in China und versuchte vergeblich, sich informell eine Visaverlängerung zu besorgen. 2009 wurde er während einer polizeilichen Kontrolle in *Xiaobei* festgenommen und des Landes verwiesen. Trotz des vorausgehenden Vertrauensbruchs, der in der Kirchengemeinde öffentlich kommuniziert wurde, wurden über die Kirchenkollekte 5600 CNY für die Begleichung der Strafgebühren und die Kosten des Rücktransportes, für den festgenommene irreguläre Migranten selbst aufkommen müssen (vgl. Chodorow 2012; Bork-Hüffer et al. 2014), gesammelt.

25 Neben mir, der ich dem Treffen der Kirchenleitung beiwohnte, sowie Pastor C. und Th., waren weitere vier Personen anwesend: der Kirchenchorleiter, zwei weitere Personen aus Burundi und der DR Kongo, die ebenfalls als Prediger/Pastoren in der Kirchengemeinde tätig waren sowie A. aus Kamerun, die als langjähriges Mitglied der Kirchengemeinde Teil des Ältestenrates ist.

Jahren über eine zusätzliche wöchentliche Kirchenkollekte Gelder für ein gemeinsames Projekt[26], mit dem sie sich regelmäßige Kircheneinnahmen für die laufenden Kosten (Pastorengehalt, Miete für den Konferenzsaal eines Hotels, in dem die Gottesdienste abgehalten wurden, Reisekosten für Gastprediger, technisches Equipment, etc.) erhoffte. Der Pastor selbst als Privatperson könne zudem aufgrund eines kürzlich zurückliegenden Heimatbesuches und bald anfallender Visagebühren auch keinen Privatkredit vergeben – tatsächlich finanziert sich C. hauptsächlich über sein Gehalt als Pastor der Kirchengemeinde, welches sich aus den laufenden aber schwankenden Einnahmen der Kirchenkollekte speist. Wie mir der Pastor einige Tage später anvertraute, sei es zudem innerhalb der Kirchengemeinde nicht üblich, Kredite an Mitglieder für private Handelsgeschäfte zu vergeben (C., Guangzhou 18.03.2010). Zwar würde man bei akuten Ereignissen, in denen Mitglieder in Notsituationen geraten (z.B. Krankenhausaufenthalte, Gefängnisaufenthalte, Abschiebungen, etc.) oder zu freudigen Ereignissen wie etwa eine Geburt und Hochzeit neben der wöchentlichen Kirchenkollekte Spenden der Gemeinde einsammeln und an die Betroffenen weitergeben. Aus Erfahrungen mit gescheiterten Handelskarrieren ehemaliger insbesondere jüngerer Kirchenmitglieder sowie nur geringer Kircheneinnahmen würde man jedoch vor finanziellen Hilfen/Krediten zu privatwirtschaftlichen Zwecken absehen, die im Zweifelsfalle nicht zurückgezahlt werden können.

Th. interpretierte diese Absage als Misstrauensbekundung gegenüber seiner Person bzw. gegenüber seiner Reputation als vertrauenswürdiger Geschäftsmann und vollwertiges Mitglied der Kirchengemeinde. Er war persönlich enttäuscht vom Pastor, da Th. annahm, dass C. sich aufgrund der angenommenen engen und freundschaftlichen Beziehung zu Th. und seiner christlichen Lebensführung[27]

---

26 Neben dem Plan, einen kleinen Transporter zu erwerben, den die Kirchenmitglieder von *The Will of God* für Warentransporte ihrer Kundschaft gegen eine von der Kundschaft zu verrichtende Mietgebühr nutzen könnten, wurde zudem die Idee eines informellen Restaurant mit afrikanischer Küche in einem Privatappartement diskutiert, welches von einigen Frauen der Gemeinde geführt werden solle und in welches die Kirchenmitglieder mit ihrer Kundschaft einkehren sollten. Bislang – bestätigt durch meinen letzten empirischen Aufenthalt Ende 2011 und durch anhaltende Emailkorrespondenz mit dem Pastor C. und dem Kirchenmitglied D. bis Anfang 2013 – wurden beide Projekte nicht in die Tat umgesetzt. Laut Aussage des Pastors läge dies u.a. an den geringen Einnahmen dieser zusätzlichen Kirchenkollekte sowie an dem bestehenden Misstrauen der Kirchenmitglieder gegenüber seiner Person, zusätzliche Einnahmen aus den geplanten Projekten für private Handelstätigkeiten nutzen zu wollen (C., Guangzhou 18.03.2010).

27 Wie bereits zu Anfang des Kapitels erwähnt, führte Th. ein striktes christlich-moralisches Leben ohne jeglichen Konsum von Drogen oder Ausflügen ins Nachtleben, aber mit täglichem Bibelstudium, christlicher Musik oder seinem Engagement im Kirchenchor. Aus der Wohngemeinschaft mit burundischen Freunden zog er Anfang 2010 u.a. aus dem Grunde aus, da diese nicht nach seinen christlich-moralischen Vorstellungen lebten. Zudem fürchtete er, durch regelmäßig stattfindende Polizeibesuche und damit zusammenhängender Feststellungen der Personalien, die aufgrund von Beschwerden der chinesischen Nachbarschaft z.B. über laute nächtliche Musik hervorgerufen wurden, auf längere Sicht in Schwierigkeiten zu geraten – etwa dann, wenn er erneut ein Studentenvisum beantragen müsse (Th., Guangzhou 01.03.2011).

beim Rat der Kirchenältesten für ihn einsetzen würde. Zudem vermutete Th., dass sich die Rivalität bzw. der Konflikt zwischen D. und ihm negativ auf des Pastors Beurteilung seiner Person ausgewirkt habe. So habe der Pastor – trotz anderweitiger Bekundungen, Vermittlungsversuche und offensichtlicher Verleumdungen[28] D.'s – immer wieder Partei für D. ergriffen und sich damit indirekt gegen Th. ausgesprochen. Nach Th.'s Vermutung war ein wesentlicher Grund für diese Parteinahme die stabilere ökonomische Basis D.'s, die auf lange Sicht höhere Kircheneinnahmen über die freiwillige Abgabe eines Zehntels des Einkommens jeder Kirchenmitglieder garantierte[29] (Th., Guangzhou 05.02.2011).

Th. konnte die akute finanzielle Not Anfang 2010 bis zum bevorstehenden Handelsgeschäft mit den erwähnten ehemaligen Kunden D.'s schließlich dadurch überwinden, dass ihm sein Bruder aus Burundi kurzfristig neue Aufträge für Wareneinkäufe (für technisches Equipment seiner Kirchengemeinde in Burundi) verschaffte. Zudem bot ihm der Landsmann I. – zu dem Th. seit seiner Ankunft in Guangzhou und über die hiesige Kirchengemeinde *The Will of God* ein engeres, freundschaftliches Verhältnis aufbauen konnte und für den er bereits kleinere handelsbezogene Dienste übernommen hatte – eine Anstellung im seinem Cargo-Unternehmen an, da das Unternehmen für die Korrespondenz mit der afrikanischen Kundschaft einen *Nativespeaker* gut gebrauchen könne[30]. Da Th. jedoch als Student in China gemeldet ist und er somit keine offizielle Arbeitserlaubnis besitzt und keiner ökonomischen Tätigkeit nachgehen darf, ist er im Unternehmen I.'s nicht offiziell als Angestellter registriert. Er übernimmt jedoch seither gegen Bezahlung diverse organisatorische Aufgaben wie etwa die Betreuung von afrikanischen Kunden per Email und vor Ort oder die Organisation und Überwachung von Container-Beladungen.

28 D. verbreitete u.a. das Gerücht, Th. hätte mit einer anderen Afrikanerin in China eine Beziehung gehabt, aus der in der Folge ein uneheliches Kind entstanden wäre, und kommunizierte dies nicht nur in der Kirchengemeinde in Guangzhou selbst sondern auch über soziale/familiäre Netzwerke in Bujumbura, wo die Familien von D. und Th. hauptsächlich ansässig sind (informelles Gespräch mit Th. und seiner Freundin, Guangzhou 05.02.2011).

29 Ein Zehntel seines Einkommens „gemäß eines jeden Gewissens" der Kirche freiwillig zur Verfügung zu stellen beziehungsweise zu spenden ist insbesondere in freikirchlichen Pfingstgemeinden gängige Praxis und moralisches Gebot, da diese sich nicht über die staatliche Kirchensteuer finanzieren. Zur Historie und heutiger Auslegung dieser Praxis in Freikirchen siehe u.a.: Edenharder 2009.

30 I. ist seit 2006 mit seiner chinesischen Frau verheiratet. Beide lernten sich in China kennen, und heirateten in der christlichen Kirchengemeinde in Guangzhou, an deren Aktivitäten ich im Rahmen der Arbeit teilnahm (vgl. Kap. 3.3). I. und seine Frau haben ein gemeinsames Kind, welches in Guangzhou 2009 geboren wurde und sowohl die chinesische als auch die burundische Staatsbürgerschaft besitzt. Die Cargo-Firma (vgl. Kap. 5.2.3) läuft auf den Namen seiner Frau, wobei I. als Geschäftsführer eingetragen ist und damit als Angestellter eines chinesischen Unternehmens eine Arbeitserlaubnis (Z-Visum) und eine permanente Aufenthaltsgenehmigung (D-Visum) besitzt, die er jedoch jährlich verlängern muss. Neben einer weiteren chinesischen Angestellten ist Th. seit April 2010 als ausländische Arbeitskraft im Unternehmen „beschäftigt". (Interviews und teilnehmende Beobachtung mit I. und Th., Guangzhou 2008–2011).

Mit dieser Tätigkeit, kleineren Warenlieferungen für die burundische Kirchengemeinde seines Bruders sowie der Vermittlung weiterer Studienplätze für burundische und ruandische Bekannte konnte Th. seine laufenden Lebenshaltungskosten in Guangzhou schließlich längerfristig – wenn auch knapp bemessen – finanzieren. Allerdings schaffte er es nicht, neben den handelsbezogenen Tätigkeiten seinen Verpflichtungen als Sprachschulstudent im Jahr 2010 nachzukommen. Dass er die Anwesenheitspflicht wegen der zeitaufwendigen „Nebentätigkeit" nicht erfüllen konnte, war laut Th.'s Aussage zwar kein Grund für den bevorstehenden Entzug seines Studentenvisums. Viel entscheidender war jedoch sein Scheitern in den Semester-Abschlussprüfungen, was ihm den Zugang zum nächsthöheren Sprachkurs-Level und damit zusammenhängend zu einem Studentenvisum für weitere sechs Monate verwehrte. Ein Kontakt zu einem chinesischen Agenten, der ihm vor einigen Monaten noch über D. vermittelt wurde, besorgte ihm jedoch für 8.500 CNY (rund 1.400 US$) ein zu den Studiengebühren in Höhe von rund 9.100 CNY (rund 1.500 US$) vergleichsweise günstiges 6-monatiges Geschäftsvisum über informelle Kanäle in der Provinz Hunan (Guangzhou, 26.02.2010), mit dem – und einem weiteren informell ausgestelltem Visum – Th. bis 2011 eine „reguläre" Aufenthaltsgenehmigung für China besaß. Mitte 2011 schaffte es Th. dann, sich offiziell als Student der Kommunikationswissenschaften an einer chinesischen Universität in Guangzhou einzuschreiben. Dieses Studium, das er privat finanziert, führt er seitdem erfolgreich weiter und kann so bislang seinen (legalen) Status als Student und damit verbunden seine reguläre Aufenthaltsgenehmigung aufrechterhalten.

Zu Beginn des Jahres 2011 gelang es Th. dann auch, einen für ihn lukrativen Geschäftskontakt zu einem ugandischen Händler aufzubauen, den er in einer Hotellobby in *Xiaobei* per Zufall kennen lernte und der ihm von da an ein regelmäßigeres und höheres Zwischenhändler-Einkommen als bislang in Guangzhou garantierte (Interview mit Th. und dem ugandischen Händler, Guangzhou 31.08.2011): Dieser Ugander lebt bereits seit mehreren Jahren mit seiner ugandischen Frau[31] in Australien und importiert als Großhändler v.a. Möbel und Baumaterialien aus China nach Australien. Zudem bietet er Schiffs- und Flugzeugtransporte zwischen China und Australien an. Bei seinen bisherigen Handelsgeschäften mit chinesischen Produktionsfirmen kam es jedoch regelmäßig zu Lieferungsverzögerungen, die den ugandischen Händler vor logistische Probleme stellte. Zunächst ermöglichte ihm sein üblicherweise kurz eingeplanter Aufenthalt in China aufgrund unternehmerischer Verpflichtungen in Australien keine langwierigen Geschäftsaufenthalte in Guangzhou. Persönliche Erfahrungen mit Falschlieferungen, unsachgemäßer Verpackung der Waren oder plötzlicher Neuverhandlungen von Geschäftskonditionen seitens der chinesischen Handelspartner hätten ihn jedoch dazu veranlasst, zur Abwicklung und Kontrolle des Handelsgeschäftes persönlich vor Ort zu sein. Da er seine Aufenthalte üblicherweise mit einem 30 Tage gültigen

---

31 Nach Angaben des Händlers sind er und seine Frau vor mehreren Jahren als (Bürgerkriegs-) Flüchtlinge nach Australien gekommen und besitzen mittlerweile beide die australische Staatsbürgerschaft.

Touristenvisum (mit einmaliger Einreise) bestreitet, die Lieferung bzw. Fertigstellung der Ware aber häufig länger dauert, sei er regelmäßig gezwungen, sein Visum zu verlängern – eine Hürde, die er aufgrund zuweilen nicht erteilter Verlängerungen häufig nicht oder erst durch langwierige und für ihn kostspielige Visa-Neubeantragungen (in Hong Kong oder wieder in Australien) überwinden kann. Somit sei er schon seit längerem auf der Suche nach einer geeigneten orts- und sprachkundigen Person gewesen, die für ihn organisatorische, handelsbezogene Aufgaben in China übernehmen sollte. Mit Th. sei er per Zufall in einem Hotel (bzw. in zugehöriger Hotellobby) im Quartier *Xiaobei* in Kontakt gekommen, wo er regelmäßig während seiner Geschäftsaufenthalte in Guangzhou übernachten würde. Nach mehrmaligen gemeinsamen Gesprächen hätte er sich von den Händlerfähigkeiten Th.'s überzeugen können und sich für eine Zusammenarbeit mit Th. entschieden. Neben der Kenntnis mehrerer Sprachen und dem Umgang mit afrikanischer Kundschaft (von I.[32]), die Th. regelmäßig ins Hotel begleitete, hätten ihn insbesondere die chinesischen Sprachkenntnisse von Th. sowie sein handelsbezogenes, ortskundiges Wissen über Angebote diverser Firmen und über transportlogistische Details überzeugt.

Über die regelmäßigen Zwischenhändler-Dienste für den ugandischen Händler aus Australien und diversen kleineren Kunden aus den sozialen Netzwerken seiner Heimat, seine Vermittlerdienste im Kontext chinesischer Sprachschulkurse für burundische und ruandische „Bekannte" und über seine Angestellten-Tätigkeit in der Cargo-Firma von I. konnte sich Th. im Laufe des Jahres 2010 und endgültig in 2011 soweit selbständig und (nicht nur) finanziell unabhängig machen, dass er sich bereits Anfang 2011 ein eigenes 3-Zimmer-Appartement in einer etwas außerhalb der Stadt gelegenen *Gated Community* leistete. In diesem Appartement, welches er bis heute bewohnt[33], beherbergt er zeitweilig gegen Bezahlung Bekannte, Freunde oder Kundschaft und kann so sein Einkommen noch zusätzlich aufbessern. Von der Kirchengemeinde *The Will of God*, in der er zu Beginn seiner Ankunft bis Mitte 2011 Mitglied war, und dem dazugehörigen sozialen Netzwerk[34] hat sich Th. mittlerweile getrennt. Seit dem Sommer 2011 besucht er nun regelmäßig eine neue ebenfalls multinational aufgestellte aber nicht explizit auf afrikanischer Herkunft beruhende Kirchengemeinde im *Tianhe District*, in der er wiederum als Mitglied des Kirchenchores aktiv ist – die *Guangzhou International Christian Fellowship* (GICF, mehr Details zur GICF siehe Kap. 5.4).

32　Während des Interviews mit dem ugandischen Händler und Th. stellte sich für mich heraus, dass Th. dem Händler gegenüber erfolgreich das Bild suggerierte, ein etablierter Zwischenhändler mit zahlreicher eigener afrikanischer Kundschaft und guten Kontakten zu diversen chinesischen Produktionsstätten zu sein. Während er tatsächlich bereits eigene Kontakte zu Produktionsfirmen oder chinesischen Agenten dieser Firmen aufbauen konnte, verschwieg er jedoch, dass er bisher lediglich und überwiegend als „Dienstbote" im Auftrag von I. (und früher von D.) die besagten Kunden betreute.

33　Der letzte Emailkontakt mit Th. fand Anfang 2014 statt.

34　Neben Th. haben sich zudem I. und zwei weitere Burundier von der Kirchengemeinde *The Will of God* getrennt und gehen nun ebenfalls in die *Guangzhou International Christian Fellowship*.

5.3.2 Handel und Migration im Kontext gesellschaftlicher Ordnungen

Diese Zusammenfassung einer Händler- und Migrationsbiographie kann, wie bereits erwähnt, exemplarisch für einen Großteil junger und in weiten Teilen gut ausgebildeter afrikanischer Migranten herangezogen werden, die sich auf Basis bestehender Netzwerkkontakte in China auf den Weg in die Handelsmetropole Guangzhou aufmachen (vgl. Bork-Hüffer et al. 2014; Bredeloup 2013; Mathews 2012b). In der Hoffnung, von den zunehmenden wirtschaftlichen Beziehungen zwischen China und Afrika und insbesondere vom sino-afrikanischen Handel mit Konsum- und Industriegütern zu profitieren, gelingt es einigen von ihnen, sich (temporär) eine ökonomische Basis als Zwischenhändler und/oder als selbständiger Händler in der südchinesischen Metropole Guangzhou aufzubauen. Im Gegensatz zu den etablierten Händlern sind die jungen Migranten nicht in familiär geführte und häufig über Generationen weitergegebene Handelsunternehmen oder in international aufgestellte Händlernetzwerke eingebunden, so dass sie über gar keine oder nur geringe Handelserfahrungen verfügen. Die Gründe, die sie dennoch dazu bewegen, sich zumindest temporär auf (das Risiko) eine(r) Karriere als Händler und/oder Zwischenhändler in der VR China einzulassen – ohne letztlich explizite Informationen über ökonomische Tätigkeitsfelder in China zu besitzen – sind vielfältig. Lassen sich die entscheidungsrelevanten Faktoren sowohl für eine Migration als auch für eine Handelstätigkeit vordergründig im Sinne einer einfachen *push*-und-*pull*-Logik und eines ökonomisch motivierten Handelns lesen, relativiert sich diese Lesart sukzessive im Laufe der folgenden Analyse, umso vielschichtiger die zugrunde liegenden Motive für eine Migration und für eine Tätigkeit als Händler sowie deren Einbettung in soziokulturelle, soziopolitische und sozialreligiöse Kontexte über das empirische Material erschlossen werden.

Handel als eine Kultur des (politischen) Widerstandes
und der (ökonomischen) Selbstbestimmtheit

Zunächst spielen die fehlenden ökonomischen Opportunitäten in den jeweiligen Heimatländern der jungen afrikanischen Migranten eine bedeutende Rolle für eine potentielle Händlertätigkeit und einer zumeist temporär angelegten Migration. Wie bereits erwähnt ist der Großteil dieser neuen afrikanischen Akteure im sino-afrikanischen Handel gut ausgebildet und häufig mit einem Universitätsabschluss ausgestattet (vgl. Tab. 2), mit dem sie sich Hoffnungen auf einen gut bezahlten Job in der heimatlichen Wirtschaft machen. Diese Hoffnung, so der Tenor sämtlicher Interviewpartner, werde jedoch recht bald durch den fehlenden und notwendigen Zugang zur jeweils herrschenden politischen, zumeist regional, ethnisch oder religiös definierten Elite ihres Landes zerstört, da diese über in sich abgeschlossene Netzwerke und korruptive Klientelpolitik diejenigen Stellen unter sich aufteilen würden, die in den jeweiligen Wirtschaftssektoren oder politischen Insti-

tutionen (noch) zu haben wären[35]. Außerhalb dieser Zirkel blieben für gut ausge-
bildete Afrikaner zumeist nur noch arbeitsintensive Jobs in der Landwirtschaft, im
Bergbau- oder im Erdöl- und Erdgassektor übrig – eine Zukunftsperspektive, die
man sich mit einem zeitaufwendigen und teuer finanziertem Studium nicht aus-
gemalt habe. Die Tätigkeit als selbständiger Händler biete sich somit im Kontext
fehlender ökonomischer Alternativen geradezu an. Zudem, und dies gilt insbesondere für die Argumentation der Interviewpartner aus Zentral- und Ostafrika, be-
stehe ein generelles Misstrauen gegenüber dem Staat als politische und wirtschaftliche Ordnungsmacht, die allzu häufig durch selbst ernannte Herrschaftscliquen
und deren eigennützige und auf materielle Vorteile ausgerichtete Willkürpolitik
außer Kraft gesetzt werde. Daraus resultierende und anhaltende politische Konflikte und Bürgerkriege würden das Misstrauen gegenüber jeglichen staatlichen
Strukturen zusätzlich schüren und zudem eigene wirtschaftliche Investitionen im
Heimatland erschweren (J., Guangzhou 29.02.2010; I., Th., Guangzhou 31.03.
2010).

Eine durch die Interviewpartner i.d.R. als alternativlos dargestellte Möglichkeit, sich dieser politischen und ökonomischen Stagnation zu entziehen, sei die
Tätigkeit als selbständiger Händler. Der Handel an sich und damit eng verknüpft
die ökonomische Selbständigkeit können hier als Ausdruck einer politischen und
wirtschaftlichen Exklusion interpretiert werden. Zugleich offeriert die Handelstätigkeit aber auch die Möglichkeit eines eigenständigen, selbstbestimmten und von
jeglicher staatlicher Kontrolle (und öffentlicher sowie privater Arbeitnehmertätig-
keit) unabhängigen Lebens. Aus einer makro-strukturellen Perspektive könnte
man zwar argumentieren, dass staatliche Kontrolle als Ordnungsprinzip spezifischer Handlungszusammenhänge nach wie vor wirksam sei, etwa wenn Steuern
gezahlt oder beim Import ausländischer Güter Einfuhrzölle verrichtet werden
müss(t)en. Wie in Kap. 4.5, Kap. 5.2.1 und Kap. 6.1 erläutert ist das unternehmerische Handeln im Kontext des sino-afrikanischen Handels jedoch durch eine
starke informelle Organisation geprägt, die dazu tendiert, jegliche staatliche Kontrollmacht (bewusst) zu umgehen. Spielen hier auch explizit ökonomische Abwägungsprozesse eine Rolle, in dem durch die Umgehung steuerlicher und zollrecht-
licher Abgaben höhere Gewinnmargen eingefahren werden können (Kap. 5.2.3),
so liegt dem unternehmerischen Handeln oder vielmehr dem Händler-Sein eben
auch jene politische Expression zugrunde, die als Teil einer „Kultur des (politischen) Widerstandes und der (ökonomischen) Selbstbestimmtheit" interpretiert
werden kann.

Ein Händler zu sein offeriert aber nicht nur die Chance auf ein politisch auto-
nomes und/oder ökonomisch eigenständiges Leben, mit der Möglichkeit, seinen
Alltag selbstbestimmt zu organisieren und auf eigene Verantwortung und mit eigenen Profiten zu wirtschaften (z.B. A., Ab., C., Ch., P., Th.) (vgl. Verne 2012a:
170). Das im Vergleich zu anderen wirtschaftlichen Opportunitäten höhere finan-

---

35 Eine kritische und analytische Diskussion über politische Führung, Klientelpolitik und politi-
    sche Patronage in Afrika liefern u.a. Jamie Bleck und Nicolas van de Walle (2011), David
    Booth et al. 2014 sowie Tim Kelsall (2011).

zielle Potenzial einer erfolgreichen Händlertätigkeit und vor allem das „Händler sein *in China respektive im Ausland*" bietet zudem die Möglichkeit – nicht nur für die jungen afrikanischen Migranten/Händler –, sich zumindest in Teilen unabhängig von familiären oder anderen sozialen Bindungen, Verpflichtungen oder Erwartungen zu machen. Während beispielsweise Ch. mit 37 Jahren den Erwartungen seiner Familie entkommen kann, nun endlich eine Frau finden und eine eigene Familie gründen zu müssen (Ch. Guangzhou 04.03.2010), genießt An. als alleinerziehende Mutter die Freiheit des Händlerdaseins in Guangzhou, indem sie unabhängig vom Einfluss ihres geschiedenen Mannes und seiner Familie in Kamerun für ihre Tochter sorgen kann[36] (An, Guangzhou 25.10.2008, 31.10.2011). Andere junge afrikanische Migranten, die erstmalig alleine und getrennt von ihren Familien im Ausland bzw. in China sind, berichten zudem von der sich plötzlich einstellenden Freiheit, sich nicht ausnahmslos einer religiös oder anderweitig definierten moral- oder wertorientierten Lebensführung unterwerfen zu müssen, dessen Befolgung in der Heimat nicht nur durch die Familie selbst sondern auch durch die heimatlichen sozialen Netzwerke (Kirchengemeinden, Nachbarschaften, Freundeskreise, etc.) kontrolliert wird bzw. etwaige Fehltritte durch diese Kollektive sanktioniert werden können (Ab., As., Ca., El., M., Ib., Is., M.). In Guangzhou hingegen wird einem durch die „Anonymität in der Fremde" sowie der Weitläufigkeit der *Megacity* (trotz Eingebundenheit in christliche oder muslimische Gemeinschaften vor Ort[37]) ein relativ ungebundenes und freies Leben ermöglicht, dass einem Besuche etwa in Discotheken oder den Konsum von Alkohol und Zigaretten (oder anderen erhältlichen Drogen) außerhalb jeglicher sozialen Kontrolle vor Ort offeriert.

---

36 Zwar lebt ihre Tochter mittlerweile wieder in Kamerun bei An.'s Eltern und ist somit auch wieder in Teilen im ‚Einflussbereich' ihres geschiedenen Mannes. Da An. jedoch durch ihr Einkommen als Zwischenhändlerin in Guangzhou für sämtliche Lebenshaltungskosten (Lebensmittel, Schulgeld, Kleidung, Finanzierung des Hausbaus der Familie in Kamerun) ihrer Tochter und ihrer Eltern aufkommt, regelmäßige Heimatbesuche durchführt und sich die Tochter für mehrere Wochen im Jahr in Guangzhou aufhält, kann sie relativ unabhängig von ihrem Mann ihre Tochter ‚großziehen'.

37 Innerhalb der christlichen Kirchengemeinden in Guangzhou wird das Ausleben der afrikanischen Jugendlichen im Nachtleben der Großstadt als „sündiges Leben wider den christlichen Geboten" angeprangert und regelmäßig in sonntäglichen Predigen vor den Gefahren dieser „weltlichen Versuchungen" gewarnt (teilnehmende Beobachtung, Guangzhou 2008–2011). Bis auf diese „Moralpredigen" bestehen jedoch so gut wie keine Möglichkeiten seitens der Kirchengemeinden, ihre Mitglieder daran zu hindern – es sei denn, „gravierende Fehltritte" werden bekannt und durch Ausschluss aus der religiösen Gemeinschaft sanktioniert (vgl. Kap. 5.4). Generell wird jedoch das private (Nacht)Leben innerhalb der religiösen sozialen Netzwerke so wenig wie möglich kommuniziert beziehungsweise vor den Netzwerkmitgliedern geheim gehalten. So wurde ich etwa zweimal „stillschweigend" dazu angehalten, zufällige Begegnungen mit Afrikanern in einer Diskothek in Guangzhou nicht nach außen zu tragen (bzw. an den Pastor einer Kirchengemeinde heranzutragen) und auch den Konsum von Zigaretten und Alkohol (außerhalb der Kirchengemeinde und außerhalb der durch Netzwerkmitglieder häufig frequentierten Treffpunkte) gegenüber Dritten nicht zu erwähnen.

Handel und Migration/Mobilität als sozialkulturelle Alltagspraxis

Inwiefern die Entscheidung zur Handelstätigkeit und/oder zur Migration nun einer strategisch-instrumentellen Abwägung im Kontext einer „Kultur des (politischen) Widerstandes, der (ökonomischen) Selbstbestimmtheit und der (sozialen) Unabhängigkeit" und vor dem Hintergrund fehlender ökonomischer Alternativen entspringt, lässt sich diskutieren. Im Einzelfall erscheint diese Interpretation plausibel, etwa wenn Ch., J. oder Th. in der Retrospektive die fehlenden Zukunftsperspektiven in ihrem Heimatland (Burundi und Ruanda) als bedeutende *push*-Faktoren für eine Migration nach China herausstellen, explizit auf individuelle Abwägungsprozesse über längere Zeiträume verweisen und, wie weiter unten noch ausgeführt wird, diverse *pull*-Faktoren für das Migrationsziel Guangzhou/China im Laufe der Diskussion auflisten (Guangzhou: J., 29.02.2010; Ch., 04.03.2010; Th., 31.03.2010). Zugleich zeigt sich in der folgenden Ausführung, dass diese Abwägungsprozesse jedoch eng verwoben sind mit dem, was unter einer sozialkonstruktivistischen und/oder praktikentheoretischen Perspektive in der Geographie nach dem *cultural turn* als soziales bzw. kulturelles Orientierungs- und Deutungssystem verstanden werden kann (vgl. Kap. 2.6.4), auf das die untersuchten Akteure – bewusst oder unbewusst – zurückgreifen.

Zunächst wird anhand der familiären Strukturen der neuen afrikanischen Akteure deutlich, dass (grenzüberschreitende) Migration respektive Mobilität auch ohne explizite Handelstätigkeit wesentlicher Bestandteil der sozialen/kulturellen Praxis zugehöriger Haushalte ist. So bestehen etwa durch Mischehen oder durch Bürgerkriege ausgelöste Migrationen weit verzweigte Familienbanden und multilokale Haushalte über zwei oder mehrere zentral- und ostafrikanische Staaten, so dass nicht nur regelmäßige grenzüberschreitende Familienbesuche sondern auch das mehrjährige Verweilen in unterschiedlichen Staaten in unterschiedlichen Lebensphasen (schulische Ausbildung, Universitätsstudium, Militär, etc.) eine gängige Praxis der Lebensführung darstellt (z.B. Ch., E., J., Th.). Multilokale Haushalte, die sich zwischen dem Heimatdorf der Familie und der nächstgelegenen Stadt aufspannen, in der ein Teil der Familie während der Woche einer ökonomischen Tätigkeit nachgeht oder die Schule besucht, sind sowohl für westafrikanische als auch zentral- und ostafrikanische Interviewpartner auszumachen (z.B. A., I.). Während die multilokalen Haushalte westafrikanischer Interviewpartner – innerhalb eines Staates oder über mehrere Nationalstaaten hinweg – hauptsächlich über familiär organisierten Handel miteinander verbunden sind oder der Großteil der Familienmitglieder als Händler tätig ist (z.B. B., Bk., M.), lassen sich zentral- oder ostafrikanischen Interviewpartnern und deren multilokalen Haushalte (vor der Migration eines Haushaltsmitgliedes Richtung China und dem Beginn einer Händlerkarriere) keine eindeutigen ökonomischen Spezifizierungen zuweisen. Vor dem Hintergrund des kleinen Samples fällt jedoch auf, dass diese letztgenannten Haushalte überproportional hohe Anteile an christlichen Pastoren oder Missionaren aufweisen (z.B. in den Haushalten von D., C., Be.), die durch ihre Tätigkeit mehrjährige Aufenthalte in unterschiedlichen afrikanischen Staaten und auch im europäischen Ausland mit einem Teil oder der kompletten (Kern)Familie verbracht haben. Zahlreiche Interviewpartner besitzen zudem Verwandtschaft, die seit mehreren Jahren oder Jahrzehnten im europäischen oder nordamerikanischen Ausland verweilt (z.B. An., D., Ch., C., Ab., K., E., B.). Eigene Migrationserfahrungen außerhalb Afrikas in Europa (K.) oder Nordamerika (An.) sind ebenso Teil der sozialen Realität.

So zeigen sich intranationale, intraregionale und internationale Mobilitätsmuster in ihrer hier skizierten Diversität als feste Bestandteile der familiären Haushaltstrukturen untersuchter Akteure. Diese Mobilitätsmuster können zugleich als eine Daseinsform und „Migrationskultur" (Klute & Hahn 2007) interpretiert werden, in der temporär oder zirkulär angelegte Mobilität als historisch etablierte und zugleich dynamische wirtschaftliche und soziale Praxis der (Über-)Lebensstrategie afrikanischer Gesellschaften unterschiedlichster Provenienz zu verstehen ist (Müller & Romankiewicz 2013). Diese Migrationskultur ist dabei nicht zwangsläufig an Staatsgrenzen oder ausschließlich an Handelstätigkeiten orientiert, auch wenn multilokal aufgestellte Händlernetzwerke und durch internationalen Handel ausgelöste Wanderungsbewegungen seit jeher einen bedeutenden Anteil afrikanischer Mobilitätsmuster stellen[38]. Vielmehr bestimmen etablierte Migrationskorridore und i.d.R. verwandtschaftliche Migrationsnetzwerke sowie saisonale und regionale Arbeitsmarktlagen die mobile Lebenspraxis diverser afrikanischer Gesellschaften, wobei auch völlig neue Zielregionen innerhalb und ausserhalb Afrikas mit eingeschlossen und wieder verworfen werden können (vgl. Bensaâd 2008; Riccio 2002). Dass diese mobile, flexible und als zirkuläre Migration[39] verstandene Lebenspraxis weniger ein Ausdruck politischer oder ökonomischer Rahmenbedingungen ist oder gar als durch politische Konzepte initiierte (temporär angelegte) Migration definiert und gesteuert werden kann, wird darin deutlich, dass seitens der afrikanischen Interviewpartner Mobilität oder das Reisen an sich nicht (ausschließlich) als eine ökonomische Notwendigkeit oder Zumutung dargestellt wird. Vielmehr – und dies gilt insbesondere für die jungen/neuen

---

38 Einen Überblick über (west-)afrikanische Mobilitätsmuster bieten u.a. Angelo Müller und Clemens Romankiewicz (2013), Laurence Marfaing (2011) oder Hein de Haas (2008); Beispiele mit länderspezifischen Schwerpunkten, in denen Bezug auf die Bedeutung von Handel und Händlernetzwerke genommen wird, liefern u.a. Timothy Raeymaekers (2009), Martin Doevenspeck und Nene M. Mwanabiningo (2012), Julia Verne (2012a), Sam K. Kallungia (2001) Janet MacGaffey und Rémy Bazenguissa-Ganga (2000), Nsolo J.N. Mijere (2009) oder Oumar Merabet und Francis Gendreau (2007).

39 Angelehnt an die Definition des *Global Forum on Migration & Development* (GFMD) (2007) wird zirkuläre Migration in der vorliegenden Arbeit als eine Form der (grenzüberschreitenden) Mobilität verstanden, die sowohl temporäre als auch permanente Formen der Migration beinhalten kann: „[Thus c]ircular migration in the 21st century is a broader notion than the one-time-only temporary migration programs more dominant in the past, which saw a migrant's return to his or her home country as the closing of a finite cycle. A more dynamic conception of circular migration recognizes it as a continuing, long-term, and fluid movement of people among [and within] countries [...]" (GFMD 2007: 3). Eine kritische Auseinandersetzung mit dem politischen Konzept der zirkulären Migration liefern u.a. Steffen Angenendt und Eva Hohlfeldt (2012), Heinz Fassmann (2008) sowie Dovelyn R. Agunias und Kathleen Newland (2007).

afrikanischen Akteure im sino-afrikanischen Handel – begreifen sie (grenzüberschreitende) Mobilität als einen Möglichkeitsraum, der

> „eine Vorstellung des Hin- und Her-Wanderns [impliziert], wobei auch Zwischenstationen
> auf dem Weg zu einem Zielort zu Ankunfts-, Wohn- und Aufenthaltsorten werden können"
> (Marfaing 2011: 71)

und eine Rückkehr ins Herkunftsland immer optionaler Bestandteil individueller
Zukunftsperspektiven bleibt. Die hohe Bereitschaft, die sich (plötzlich) darbietenden Optionen in diesem Raum der Möglichkeiten und im Kontext fehlender ökonomischer Alternativen im Heimatland zu erkunden (vgl. Kap. 5.3.1), kann zugleich als eine Abenteuer-Bereitschaft verstanden werden, in dem der Mythos der
Distanz die „kulturell verankerte" Suche nach neuen Erfahrungen widerspiegelt
(vgl. Castagnone et al. 2005: 30; Perrone 2001a: 114).

Auch wenn sich dieser Mythos sehr bald durch persönliche Migrationserfahrungen relativieren kann (teilnehmende Beobachtung, Guangzhou 2008–2011) –
etwa durch gescheiterte und/oder finanziell verschuldete Rückkehrer, Leben in der
Irregularität, wirtschaftliche Not, psychosoziale Kosten einer Migration (soziale
Isolation, sozialer Druck der vom Reichtum des Migranten überzeugten Familienangehörigen, Diskriminierungserfahrungen, etc.) – nehmen insbesondere im Internet oder in persönlichen Netzwerken kursierende „Fotos gut gekleideter Afrikaner vor architektonisch hochwertiger Kulisse" eine bedeutende Rolle für die
Aufrechterhaltung dieses Mythos ein. So suggerieren sie den daheim gebliebenen
das Bild eines ökonomisch erfolgreichen Migranten, der sich gute Kleidung, teu-
res Essen oder touristische Freizeitgestaltung in der Umgebung einer teuren
Weltmetropole leisten kann. Nicht nur für Th. (vgl. Kap. 5.3.1) sondern auch für
andere junge afrikanische Migranten/Händler, denen ich während der empirischen
Aufenthalte in Guangzhou begegnete und die – zumindest in den Anfängen – weit
entfernt von dem Bild ökonomisch erfolgreicher Händler mit stabiler wirtschaftlicher Basis waren, musste ich zahlreiche solcher Fotos machen, die sie anschließend übers Internet an ihre Familien und Freunde in Afrika sendeten. Der internationale Migranten, so zeigen es etwa auch Studien zu senegalesischen Migranten
zwischen dem Heimatland und Europa (vgl. Castagnone et al. 2005; Perrone
2001) oder zu sansibarischen Migranten zwischen ihrem Heimatland und diversen
Staaten innerhalb und außerhalb Afrikas (vgl. Verne 2012a), wird so diskursiv
zum (kulturellen) Modell des sozialen Aufstiegs konstruiert (s.a. Focus Migration
2007: 2; Müller 2008: 44), dem ein große Bedeutung für individuelle Entscheidungsprozesse zukommt. So hat bereits Oded Stark (1991) im Rahmen theoretischer Überlegungen seiner *New Economics of Migration* und der (Theorie der)
relativen Deprivation auf den Einfluss solcher Referenzmodelle für Migrations-
entscheidungen hingewiesen. Die Bereitschaft zu (internationaler) Migration
nimmt demnach zu, wenn sich eine Person bzw. ein Haushalt im Verhältnis zu
einer Referenzgruppe benachteiligt fühlt bzw. sich das Gefühl der relativen Ver-
armung einstellt (ebd.: 102). Durch Migration kann die Person/der Haushalt seine
Einkommenslage jedoch verbessern und die soziale Position innerhalb des Her-

kunftsgebietes beibehalten bzw. verbessern und einen möglichen (gefühlten) sozialen Abstieg verhindern.

Handel in China als Modell des sozialen Aufstiegs

Nun ist die Tätigkeit als Händler nicht zwangsläufig mit diesem Modell des sozialen Aufstiegs und einer (physischen) Mobilität über nationalstaatliche Grenzen hinweg verknüpft. So betreiben etwa zahlreiche afrikanische Händler einen stationären Verkaufsladen oder Verkaufsstand in den Hauptstädten ihrer jeweiligen Heimatländer und beziehen (chinesische) Waren über Großhändler in Afrika (vgl. Marfaing & Thiel 2011) oder über Email und Telefon direkt bei afrikanischen Zwischenhändlern in Guangzhou/China (vgl. Kap. 6.2). Dennoch kann die Tätigkeit als Händler im sino-afrikanischen Handel und die damit verbundene (temporär oder zirkulär angelegte) Migration Richtung China als Exempel und Referenzpunkt eines sozialen Aufstiegs für die neuen/jungen afrikanischen Akteure herangezogen werden. Dieser Referenzpunkt wird maßgeblich durch den innerafrikanischen Diskurs[40] über die „neue" globale Wirtschaftsmacht China und neuer Möglichkeitsräume im sino-afrikanischen Handel angetrieben. So zeigte sich in den Interviews und zahlreichen Gruppendiskussionen mit afrikanischen Händlern unterschiedlichster Provenienz, dass die chinesische politische und wirtschaftliche Präsenz in Afrika in weiten Teilen als sehr positiv (für die wirtschaftliche Entwicklung Afrikas) beurteilt wird. Zudem zeuge das Engagement Chinas in Form zahlreicher hochdotierter und durch chinesische Staatsfirmen getragener Infrastrukturprojekte von der wirtschaftlichen Macht der Volksrepublik, die das überwiegend positive Image Chinas in Afrika weiter schüre und die Volksrepublik so als neuen, verheißungsvolleren Möglichkeitsraum als Europa oder den USA erscheinen lässt.

Kann der innerafrikanische Diskurs bereits als bedeutender Motivationsgrund für eine potentielle Migration nach China angegeben werden (vgl. Kap. 5.3.1), ist es für die jungen afrikanischen Akteure aber insbesondere die zunehmende Sichtbarkeit „wohlhabender" afrikanischer oder chinesischer Händler in ihren jeweiligen Heimatländern, die die Anziehungskraft der VR China für eine Migration und eine Händlertätigkeit im sino-afrikanischen Handel erhöht. Deren sichtbare Zunahme bezeuge, so die Aussage der Interviewpartner, dass die Handelstätigkeit im sino-afrikanischen Markt ein hohes (Differenz)Potenzial für gewinnträchtige Geschäfte und finanziellen Erfolg in sich trage. Dieser Erfolg sei zudem innerhalb

---

40 In den Interviews und zahlreichen Gruppendiskussionen mit afrikanischen Händlern unterschiedlichster Provenienz zeigte sich, dass die chinesische (politische und wirtschaftliche) Präsenz in Afrika in weiten Teilen sehr positiv beurteilt wird und dies als Motivation für eine potentielle (temporäre) Migration nach China ausschlaggebend war/ist (vgl. Kap. 5.3.1). Insbesondere die zunehmende Sichtbarkeit afrikanischer oder chinesischer Händler in den jeweiligen Heimatländern, die vom Handel mit chinesischen Konsum- und Industriegütern gewinnträchtige Geschäfte machen, erhöhe die Anziehungskraft der VR China (vor Europa oder den USA) für eine potentielle Migration.

kürzester Zeit und durch jede Person, die gewillt sei, dieses Potenzial und die sich
bietende Möglichkeit auszuschöpfen, zu realisieren. So wurde ich etwa mehrmals
seitens der jungen, afrikanischen Interviewpartner danach gefragt, ob ich nicht
selbst als Händler oder Zwischenhändler (in Kooperation mit einem afrikanischen
Zwischenhändler in China) tätig werden wolle. Auf meinen Einwand hin, dass
man hierzu nicht nur spezifische handelsbezogene Fertigkeiten sondern auch lo-
gistisches, juristisches, betriebswirtschaftliches, etc. Wissen und zudem noch diverse Handels- und Unternehmerlizenzen bzw. Genehmigungen (für den europäischen Markt) benötige, bekam ich nur einen ungläubigen Blick zur Antwort mit
dem Hinweis, dass das Handelsgeschäft kein kompliziertes wäre. Meine Ablehnung, selbst ins Handelsgeschäft einzusteigen, wurde demnach mehr als fehlender
Wille denn als Folge einer fehlenden Ausbildung, nicht vorhandener Wissensformen oder rechtlich-institutioneller Hürden im Kontext eines sino-europäischen
Handels interpretiert[41].

Es ist aber nicht nur die sichtbare Zunahme an afrikanischen und chinesischen
Händlern, die ihre Bedeutung im Entscheidungsprozess für eine Migration und für
eine Händlertätigkeit erlangt. Auch und gerade die durch die Händler massenhaft
importierten chinesischen Konsum- und Industriegüter bezeugen als beständig
präsente, materielle Objekte im Alltag die allgegenwärtige Präsenz und globale
Wirtschaftsmacht Chinas in Afrika. Die Güter fungieren dabei als (kulturelle und
politische) Symbolträger einer neuen Weltordnung, in der „Afrika", so der Tenor
der Interviewpartner, eine bedeutende (wirtschaftliche) Rolle seitens China zugesprochen wird und den Afrikanern erstmals auf politischer „Augenhöhe" ohne
diskriminierende und/oder moralische Vorbehalte begegnet wird. Die Handelstätigkeit mit diesen materialisierten Bedeutungsträgern und das Leben als Händler –
welches ursprünglich nicht Teil der Zukunftsperspektive der jungen, gebildeten
Afrikaner war – erfährt durch diese positive Konnotation eine Inwertsetzung, die
das Leben als Händler und indirekt die damit verbundene mobile Lebenspraxis als
einen (neuen) Weg der Selbstverwirklichung und des sozialen Aufstiegs (trotz
fehlender Alternativen) erscheinen lässt bzw. von den jungen, afrikanischen Akteuren als solcher dargestellt wird.

Handel und Migration/Mobilität als dynamisches soziales Produkt

Der hier vorgenommene, diskursive Rückgriff auf den Zusammenhang zwischen
dem „Händler sein *in China respektive im Ausland*" und einer „*Kultur* des (politischen) Widerstandes, der (ökonomischen) Selbstbestimmtheit und der (sozialen)
Unabhängigkeit" sowie auf eine „*Kultur* der mobilen Lebenspraxis und der Le-
bensweise als Händler" soll jedoch nicht im Sinne eines essentialistischen Kultur-

---

41 Letzten Endes spielen alle genannten Aspekte – neben weiteren hier nicht aufgezählten Gründen – ihre jeweils spezifische Rolle für meine Entscheidung gegen eine Karriere als Händler
   (in China) beziehungsweise eine potentielle unternehmerische Kooperation mit einem afrikanischen Zwischenhändler (und zugleich Interviewpartner) in China.

verständnisses und/oder einer Eingebettetheit in eine ökonomische oder politische Weltordnung interpretiert werden, die als determinierende „Kräfte von außen" auf die jeweiligen Handlungszusammenhänge oder individuellen Entscheidungsprozesse wirken. Vielmehr wird „Kultur" hier als ein dynamisches soziales Produkt verstanden, indem die Akteure durch den diskursiven Rückgriff auf „Kultur" dem, was sie tun, einen Sinn verleihen. Dabei überlagern sich unterschiedliche Komplexe von Alltags- bzw. Mobilitäts- und Handels-Praktiken und kollektive Formen des Verstehens und Bedeutens – von Handel und Migration – und formen sich zu kulturellen *tools*, auf die die jungen, afrikanischen Akteure in diesem spezifischen (sozialen, politischen und ökonomischen) Kontext zurückgreifen. „(Sino-afrikanischer) Handel und Migration" als Daseinsform offeriert ihnen dabei ein Set idealer Praktiken „that give strong valorisation to one's everyday life despite (economic) stagnation" (Verne 2012a: 171).

Dass diese (translokale) Daseinsform als dynamisches und nicht determinierendes soziales Produkt zu begreifen ist und sich diese kulturellen *tools* im beständigen *interpretative work* (vgl. Kap. 2.6.4) befinden, wird u.a. daran deutlich (s.a. Kap. 7), dass der Handel mit bzw. der Import von chinesischen Produkten sowie insbesondere die zunehmende Präsenz chinesischer (Produktions-)Firmen *und* chinesischer Händler in Afrika nicht (mehr) nur ausschließlich positive Resonanz in der Gesellschaft und Ökonomie jeweiliger afrikanischer Länder erfährt. So berichten etwa Ben Lampert und Giles Mohan (2014) von lokalen Konflikten und öffentlichen Protesten in Ghana und Nigeria, die unmenschliche, diskriminierende und/oder generell schlechte Arbeitsbedingungen für afrikanische Arbeitnehmer in chinesischen Produktionsfirmen anprangern (Beispiele aus anderen afrikanischen Ländern siehe u.a. Baah et al. 2009; Bergesen 2008; Brooks 2010; Lee 2009; Ogen 2008). Anti-chinesische Proteste, die sich insbesondere gegen die Zunahme und Präsenz chinesischer Einzel- und Großhändler in Ghana und Senegal richtet und diese für den Niedergang lokaler Industrien verantwortlich machen, werden etwa von Laurence Marfaing und Alena Thiel (2011) thematisiert (Beispiele aus anderen afrikanischen Ländern siehe u.a. Dittgen 2010; Giese & Thiel 2014; Kohnert 2010; Sylvanus 2009). Studien, die sich mit diesen Konflikten und Protesten gegenüber der chinesischen Präsenz und der Wahrnehmung der chinesischen Unternehmer in diversen afrikanischen Ländern und Wirtschaftssektoren als existenzbedrohend kritisch auseinandergesetzt haben, belegen jedoch, dass es sich hierbei weniger um eine empirische Realität handelt. Vielmehr sind die Demonstrationen gegen chinesische Händler und Unternehmer ein Ausdruck ökonomisch-protektionistischer und/oder politisch motivierter Interessen bestimmter lokaler Akteure wie etwa Händler- und Industriegewerkschaften oder staatlicher Behörden, die im Rahmen eines generellen xenophoben Vorbehaltes gegen jedwede ausländische wirtschaftliche Konkurrenz anti-chinesische Stimmung schüren (u.a. Axelsson 2012; Lampert & Mohan 2014; Haugen 2011; Marfaing & Thiel 2011; Yan & Sautman 2013). So zeigen etwa Ben Lampert und Giles Mohan (2014), dass die schlechten Arbeitsbedingungen in chinesischen Produktionsfirmen auf dem afrikanischen Kontinent weniger ein explizit chinesisches Phänomen sind

„[but] similarly poor conditions are to be found in other foreign- and locally owned enterpris-
es […]. The problem, therefore, comes to be framed not so much as a particular issue with
Chinese factories, but rather as a wider challenge on the national manufacturing scene"
(Lampert & Mohan 2014: 24; s.a. Yan & Sautman 2013).

In Bezug auf den Import von chinesischen Konsum- und Industriegütern ist es
zwar nicht von der Hand zu weisen, dass die jeweiligen afrikanischen Märkte tatsächlich durch billige, chinesische Produkte „überflutet" (Marfaing & Thiel 2011:
20) werden und die lokalen Produzenten, Industrien und Händler auf diese neue
„chinesische" Konkurrenz reagieren müssen. Allerdings zeigen die genannten
Studien auch, dass chinesische Händler in diversen afrikanischen Ländern nur
einen geringen Anteil am Import ausländischer bzw. chinesischer Produkte tragen.
Vielmehr sind es vor allem lokale afrikanische sowie nicht-chinesische Händler,
die für den anhaltenden und massiven Import ausländischer und insbesondere chinesischer Produkte in zumeist schlechter Qualität sowie für den daraus resultierenden Niedergang heimischer Produktionen verantwortlich sind:

„[For example,] while the number of Chinese enterprises in Dakar is decreasing, Ghana is
still experiencing a rise of Chinese trade projects, with commodity flows even reaching into
the neighboring countries. However, as importers, Chinese entrepreneurial migrants occupy
only a minimal position beside Lebanese, Nigerians, Mauritanians, Indians, and most im-
portantly, Senegalese and Ghanaian entrepreneurs themselves" (Marfaing & Thiel 2011: 20;
s.a. Lampert & Mohan 2014: 21f.).

Ben Lampert und Giles Mohan (2014: 22) weisen zudem darauf hin, dass

„[…] some local actors see the expanded presence of Chinese traders as having positive im-
pacts ad are prepared to defend their activities to varying degrees. There is considerable sym-
pathy for the argument that the increased entry of Chinese traders has served to lower the
price local consumers have to pay for Chinese goods, and that this has a wide-reaching social
benefit" (s.a. Carling & Haugen 2008).

So wird die Kritik an einer Übernahme lokaler, afrikanischer Märkte durch chinesische Händler und die Aufrechterhaltung anti-chinesischer Ressentiments v.a.
durch lokale Importeure artikuliert, die vor der zunehmenden Präsenz chinesischer
Händler auf lokalen Märkten ihre (ehemalige) Monopolstellung im Handel mit
chinesischen Produkten vollends ausspielen und hohe Profite mit Produkten min-
derer Qualität erwirtschaften konnten (Lampert & Mohan 2014: 22). Von Seiten
der Konsumentenverbände hingegen wird jedoch der Wettbewerb, der u.a. durch
chinesische Akteure im sino-afrikanischen (Klein-) Handel und ihre deutlich geringeren Profitmargen initiiert wurde (Marfaing & Thiel 2011: 21), positiv bewer-
tet (Simmons 2008).

Die strategisch-instrumentelle Dimension im Entscheidungsprozess

Trotz dieser skizzierten Ambivalenz zwischen dem positiven Image Chinas in
Afrika einerseits und – sobald man als Händler selbst Teil des sino-afrikanischen
Marktwettbewerbs wird – der Angst vor der chinesischen Konkurrenz und gerin-

gerer Profite andererseits, überwiegt die positive Anziehungskraft Chinas im Entscheidungsprozess für eine Migration und eine Tätigkeit als Händler seitens der jungen, afrikanischen Akteure in der vorliegenden Untersuchung. Wie deutlich wurde, ist dieser Entscheidungsprozess für eine Daseinsform als Händler und Migrant (in China) zwar nicht als rationaler Denkprozess im Sinne einer einfachen *push*-und-*pull*-Logik und eines ausschließlich ökonomisch motivierten Handelns zu verstehen, sondern muss über die multilokale Eingebettetheit der Akteure in die jeweiligen sozialkulturellen und sozialpolitischen Kontexte erschlossen werden. Dass strategisch-instrumentelle Aspekte dennoch Teil dieses Entscheidungsprozesses sind (und bleiben), wird daran deutlich, dass China als potentielles Migrationsziel und neuer Möglichkeitsraum insbesondere im Vergleich zu etablierten und/oder traditionellen Migrationszielen an Bedeutung gewonnen hat. Eine wichtige Rolle spielen hierbei die von Seiten der Interviewpartner genannten vergleichsweise einfacheren Möglichkeiten, sich ein (Eintritts-)Visum für die VR China zu besorgen, was die Wahl für China als Migrationsziel für einen Großteil der Interviewpartner – noch vor Angabe ökonomischer oder anderweitiger Gründe (Lyons et al. 2008) – wesentlich beeinflusst hat (vgl. Bredeloup 2013; Haugen 2012). Während die legalen/regulären Einreisemöglichkeiten nach Europa aus Drittländern im Zuge einer immer restriktiveren Visavergabe für den Schengenraum bereits ab den 1980er massiv abgenommen haben und auch die Einreisekontrollen in Nordamerika nach 2001 die Reisemöglichkeiten afrikanischer Händler/Migranten in Richtung USA oder Kanada stark eingeschränkten (Caillault 2012; Müller & Romankiewicz 2014), setzte sich in China im Zuge der ökonomischen Öffnung des Landes eine in Teilen immigrationsfördernde Migrationspolitik ab den späten 1970er Jahren durch, die zu einer rasanten Zunahme der ausländischen Bevölkerung in der Volkrepublik in den kommenden Jahrzehnten führte (vgl. Kap. 4.2). Allerdings muss an dieser Stelle erwähnt werden, dass die chinesische Regierung seit jeher eine (ebenso) restriktiv-selektive und von der Tagespolitik abhängige Praxis der Visavergabe ausübt (Bork-Hüffer & Yuan-Ihle 2014), bei der die Neuorientierung der Migrationspolitik nach 1978 vor allem eine Anwerbung von Fachpersonal und anderen sogenannten erwünschten Migranten zum Ziel hatte, um u.a. ausländische Technologie und Investitionen ins Land zu holen (Brady 2000, 2003). Damit einhergehend wurden in den 2000er Jahren sukzessive Verantwortlichkeiten von nationale auf lokale Regierungsebenen übertragen und so flexibler Gestaltungsraum für gezielte Anwerbungen von Ausländern auf Provinzebene geschaffen (Callahan 2013; Chodorow 2012; Farrer 2010; Liu 2009, 2011).

Bei genauerer Betrachtung haben sich für den Großteil der Ausländer die neuen Regelungen und Gesetzgebungen jedoch als hinderlich für die Ausübung spezifischer Tätigkeiten ergeben wie etwa im internationalen Handel. So mussten im Zuge einer restriktiveren Visapolitik im Kontext von Großveranstaltungen zahlreiche afrikanische Händler in Ermangelung neu ausgestellter oder verlängerter Visa und schärferen Visakontrollen gegenüber irregulären Migranten die VR China verlassen (Interviews und teilnehmende Beobachtung, Guangzhou 2008–2011; vgl. Bork-Hüffer et al. 2014; Bredeloup 2013; Li et al. 2013). Sylvie Bredeloup

(2013: 206) schätzt, dass allein im Verlaufe des Jahres 2008 rund die Hälfte an-sässiger Afrikaner die Region verlassen musste. Während einige Autoren davon ausgehen, dass der Großteil wieder in die Heimatländer oder in andere internatio-nale Handelsorte zurückkehrte (Bertoncello et al. 2009), verblieb jedoch auch ein großer Anteil dieser Afrikaner als *Overstayer* irregulär im Land (teilnehmende Beobachtung 2008–2011; vgl. Bork-Hüffer et al. 2014; Haugen 2012; Mathews & Yang 2012). Verstärkte und teilweise tägliche Visakontrollen[42] in Guangzhou bzw. in den von Afrikanern frequentierten Stadtquartieren *Sanyuanli* und *Xiaobei*, die die Bekämpfung dieser irregulären Migration zum Ziel hatten (Coloma 2010; Pomfret 2009; Qin 2009 bzw. Globeandmail 2010; Reuters 2009; Chinadaily 2009), führten – neben einem generell erschwertem Zugang zu Wohnraum auf-grund rassistischer Ressentiments gegenüber Afrikanern seitens chinesischer Im-mobiliengesellschaften und privater Vermieter – dazu, dass sich einige Afrikaner (mit irregulärem Aufenthaltsstatus) in der angrenzenden Stadt Foshan oder in Yi-wu in der Provinz Zheijiang niederließen, wo zumindest vorübergehend weniger staatliche Kontrollen zu befürchten waren und der Wohnraum zudem günstiger zu mieten war (Bork-Hüffer et al. 2014; Bredeloup 2013). Eine weitere Verschärfung der aufenthaltsrechtlichen Situation stellte sich nach der Einführung des neuen Migrationsgesetzes 2012/2013 und der Einführung neuer Visatypen ein[43]. So wer-den – abgesehen von informellen Praktiken – nun mehrheitlich nur noch kurzfris-tige Aufenthaltsgenehmigungen an jene Ausländer erteilt, die nicht den selektiven Anforderungen „erwünschter" Migranten entsprechen (Bork-Hüffer & Yuan-Ihle 2014; Brady 2009; Pieke 2012).

Kann somit die chinesische Migrationspolitik als bedeutender Strukturmo-ment für die afrikanische Migration Richtung China und für die Aufrechterhaltung einer ökonomischen Existenz als (Zwischen-)Händler in der Handelsmetropole Guangzhou ausgemacht werden (s.a. Kap. 6), so berichten die Interviewpartner, dass nichts desto trotz der legale Eintritt in die VR China – über formelle und in-formelle Kanäle sowie mit entsprechendem finanziellem Kapital (Kap. 4.2.1; Kap. 5.3.1) – vergleichsweise einfacher zu bewältigen sei als etwa für Europa oder die USA. Insbesondere die Möglichkeit, als Student in die Volksrepublik einzureisen und/oder unter einer studentischen Aufenthaltsgenehmigung mehrere Monate bis Jahre in China zu verweilen – und zugleich eigenen Handelsgeschäften nachzuge-

---

42 Nicht nur in den Großhandelskaufhäusern oder öffentlichen Plätzen genannter Quartiere wurden diese Visakontrollen durchgeführt. Auch organisierte Razzien in Wohnquartieren, in denen mehrheitlich afrikanische oder andere ausländische Bevölkerungsgruppen anzutreffen sind, wurden gezielt eingesetzt, um potentielle irreguläre Migranten aufzuspüren. Ich selbst konnte 2010 Zeuge einer dieser Razzien sein, während ich C. im Quartier Xiaobei in seinem Appartement besuchte.

43 Diese restriktive Migrations-/Sicherheitspolitik gegenüber afrikanischen Bevölkerungsgrup-pen wird von einigen Autoren als Bestandteil einer chinesischen Afrika-Strategie interpretiert, in der der chinesische Staat ganz gezielt die ‚Integration' chinesischer Akteure in afrikanische Wirtschaften und Gesellschaften fördere und dabei durch Afrikaner besetzte Marktsegmente durch gezielte Wirtschaftsförderung chinesischer Akteure zu ersetzen sucht (Alden & Hughes 2009).

hen (vgl. Kap. 5.3.1) –, scheint sich als Geschäftsmodell und/oder als sukzessiv entwickelte Adaptionsstrategie im Kontext einer immer restriktiveren Visa-Vergabe-Praxis bei vielen (etablierten und jungen) afrikanischen Migranten/Händlern durchgesetzt zu haben (vgl. Tab. 2; s.a. Bodomo 2010; Bork-Hüffer et al. 2014; Haugen 2013b; Lagrée 2013; Mathews & Yang 2012). So sind Studienplätze und damit zusammenhängend Studentenvisa aufgrund eines zunehmend kommerzialisierten und marktorientierten Universitätssystem in China (Delaney 2006; Dong & Chapman 2008; Mok 2000, 2006) und der angesprochenen restriktiven Visavergabe mittlerweile einfacher und günstiger zu organisieren als etwa ein einjähriges chinesisches Geschäftsvisum (Haugen 2013b: 325). Auch die Studiengebühren und die Lebenshaltungskosten in China sind im Vergleich etwa zu Europa wesentlich günstiger, so dass ein Studium in China im internationalen Vergleich laut Jean C. Lagrée in den letzten Jahren immer mehr an Attraktivität gewonnen hat (Lagrée 2013: 185). Auch wenn in Einzelfällen ein akademischer Abschluss an einer chinesischen Universität angestrebt wird – mit der Hoffnung auf höhere Chancen am heimatlichen oder gar europäischen Arbeitsmarkt –, kann jedoch für einen großen Teil der (interviewten) Afrikaner mit Studentenstatus festgestellt werden, dass der visarechtliche Status als Student lediglich als Vehikel für eine angestrebte oder bereits erfolgte Handelskarriere und -tätigkeit fungiert (vgl. Bredeloup 2013; Haugen 2012, 2013b). Dies bestätigt auch die Studie von Heidi Ø. Haugen (2013b: 323), hernach ein zunehmender Anteil von afrikanischen Studenten bereits vor der Einreise oder vor dem ersten Kontakt zu einer chinesischen Universität bestehende Verbindungen zur VR China besaß. In der vorliegenden Untersuchung lebten die afrikanischen Händler mit Studentenvisum entweder bereits seit einiger Zeit als (Zwischen-)Händler in China (wie im Falle von D. und Th.) oder es bestanden Kontakte zu Verwandten oder Bekannten in China (wie im Falle von Ch., Ab., As., El., M., Ib., Me.), die dort einer Handelstätigkeit nachgehen und ihnen zwecks Aufenthaltsgenehmigung (ebenfalls) einen Studienplatz oder einen Platz in einem Chinesisch-Sprachkurs an einer Universität (gegen eine Vermittlungsgebühr) organisierten (vgl. Kap. 5.3.1, Kap. 6.2).

Neben dem Vorteil einer gesicherten und potentiell langjährigen Aufenthaltsgenehmigung sowie des Erwerbs chinesischer Sprachkenntnisse – über die Einbindung in das chinesische Universitätssystem bzw. über die Verpflichtung an der Teilnahme eines Chinesisch-Sprachkurses –, die für die Tätigkeit als Zwischenhändler bzw. Übersetzer gewinnbringend eingesetzt werden können (vgl. Kap. 5.3.1), bringt der Studentenstatus aber auch Verpflichtungen mit sich, die sich hemmend auf die Handelstätigkeit auswirken können. Insbesondere für jene jungen afrikanischen Akteure, die ohne explizite Handelserfahrungen und einem bestehenden Netzwerk an Kunden darauf angewiesen sind, eine Großteil ihrer Zeit für die Akquirierung erster und/oder neuer Kunden und der Organisation von Handelsgeschäften zu nutzen, um so einen ausreichenden Gewinn für die Begleichung der Lebenshaltungskosten und regelmäßig anfallenden Studiengebühren zu erwirtschaften, kann die regelmäßige und zum Teil verpflichtende Teilnahme an Kursen oder das Bestehen von Prüfungen für die Zulassung zum nächsthöheren Semester ein unüberwindbares Hindernis darstellen. So wurde mehrfach beobachtet und/oder durch Erzählungen der Interviewpartner bestätigt, dass afrikanische Studenten ihr Visum nicht verlängert bekamen, da sie aufgrund ihrer Handelstätigkeit über mehrere Wochen nicht an verpflichtenden Kursen teilnehmen konnten und/oder die geforderten Semester-Abschlussprüfungen nicht bestanden (teilnehmende Beobachtung 2008–2011). Während einige dieser jungen Afrikaner aufgrund der daraus resultierenden verweigerten Visaverlängerung sowie fehlender oder zu geringer Einnahmen aus Handelsgeschäften wieder in ihre Heimat zurückkehren mussten (teilnehmende Beobachtung 2008–2011), gelang es anderen, sich über informelle Kanäle und mit entsprechendem Finanzkapital ein neues Studentenvisum zu besorgen (D., Th., El.).

Laut Aussage einer chinesischen Angestellten im *International Center* einer staatlichen Universität in Guangzhou, die u.a. für die Registrierung und Vergabe von Studienplätzen für ausländische Studenten zuständig ist, ist der Umgang mit nicht erscheinenden sowie (trotz fehlender Arbeitsgenehmigung als Student) nebenher arbeitenden ausländischen Studenten je nach Universität und tagespolitischem Interesse seitens der chinesischen Regierung allerdings sehr unterschiedlich (Interview mit chinesischer Universitätsangestellten, Guangzhou 26.10.2008). So würde an einigen Universitäten und insbesondere bei Sprachkurs-Studenten mehrtägiges oder mehrwöchiges Fehlen in der Regel nicht geahndet, solange die Studenten die Prüfungen bestehen und die entsprechenden Studiengebühren begleichen. Zudem seien die Nebentätigkeiten insbesondere afrikanischer Studenten ein offenes Geheimnis, dem die Universitäten strafrechtlich nur wenig entgegenzusetzen haben. Allerdings würde es seitens der chinesischen Regierung im Zuge regelmäßiger Kampagnen zur Bekämpfung irregulärer Migration, die sich insbesondere auf die afrikanische bzw. nigerianische Bevölkerung richtet (vgl. Bork-Hüffer et al. 2014; Haugen 2012), vermehrt zu politischer Einflussnahme auf das staatliche wie private Universitätssystem kommen. So wurde etwa ihre Universität 2008 dazu aufgefordert, Nigerianern und Kongolesen keinen Studienplatz mehr zur Verfügung zu stellen, da die Regierung neben anderen Formen der irregulären Visabeschaffung den Missbrauch von Studentenvisa zu gewerblichen Zwecken unter diesen Afrikanern als besonders hoch einschätzt(e). Inwiefern die Nichtbefolgung dieser „Aufforderungen" staatlich kontrolliert und bei Verstoß tatsächlich sanktioniert wird – etwa durch den Entzug der Genehmigung, ausländische Studenten über Stipendien-Programme oder private Studiengebühren aufzunehmen (Haugen 2013b: 330) –, konnte im Rahmen dieser Arbeit nicht in Erfahrung gebracht werden. Allerdings kann davon ausgegangen werden, dass ein strikteres Vorgehen gegen Handel treibende afrikanische Studenten zu einem Rückgang der Attraktivität chinesischer Universitäten unter der afrikanischen Bevölkerung führen wird.

> „Moreover, the ease of obtaining visas is one of China's main advantages in the global competition to attract fee-paying students today, a competitive edge that is compromised by a more restrictive immigration regime" (Haugen 2013b: 330).

5.4 STRUKTURMOMENTE EINER EINBETTUNG IN SOZIALE NETZWERKE IM KONTEXT DES UNTERNEHMERISCHEN HANDELNS IN DER MIGRATION

Einerseits durch fehlende ökonomische Opportunitäten in ihren jeweiligen Heimatländern und andererseits durch den Mythos erfolgreicher Migranten, den innerafrikanischen Diskurs über die neue globale Wirtschaftsmacht China und neuer Möglichkeitsräume im sino-afrikanischen Handel angetrieben, verfügen die jungen afrikanischen Migranten jedoch nur über geringe explizite Informationen über ökonomische Tätigkeitsfelder in China sowie über kaum existierende oder gar keine Handelserfahrungen. Vielmehr, so haben es die eigenen empirischen Untersuchungen mit den neuen Migranten (K., Is., Ah., E., Th., Ch., Ab., As., El., M., Ib.) sowie der Vergleich mit anderen qualitativen Studien zu afrikanischen Migranten/Händlern in Guangzhou gezeigt, verlassen sie sich bzw. setzen in der Ankunftsphase auf die Hilfe bestehender Netzwerkkontakte vor Ort. Wie im Falle der vorliegenden Untersuchung müssen diese Netzwerkkontakte in der Ankunftsphase nicht zwangsläufig auf co-ethnischer oder co-nationaler Zugehörigkeit basieren. So bestehen über weitreichende soziale und/oder religiöse Netzwerke in der Heimatregion Kontakte zu Personen aus diversen afrikanischen Nachbarländern (vgl. Kap. 5.3.1) oder wie im Falle der etablierten Händler (vgl. Kap. 5.2) internationale Kontakte zu Händlern aus aller Welt.

Aber auch wenn co-ethnische oder co-nationale Netzwerkkontakte vorhanden sind – etwa zwischen Th., D. und I. oder zwischen Th. und den burundischen Landsleuten, denen Th. zur Einreise durch die Vermittlung von Sprachschulkursen gegen Zahlung einer Vermittlergebühr verholfen hat (Ch., Ab., As., El., M., Ib.) –, bedeutet dies nicht zwangsläufig einen universellen und uneingeschränkten Zugriff auf jedwede Art gegenseitiger, solidarischer Unterstützung im Ankunftskontext[44], wie dies etwa in Studien zu transnationalen Netzwerken senegalesischer Migranten in Europa postuliert wird (Castagnone et al. 2005; Cruise O'Brien 1971; Riccio 2002). Um die hier vorgefundenen Grenzen ethnischer Netzwerkbeziehungen und den Rückgriff auf inhärente kollektive und/oder ethnische Ressourcen im Kontext einer Migration nach Guangzhou/China und im Kontext einer Händlertätigkeit im sino-afrikanischen Handel in Guangzhou/China aufzuzeigen, werden im Folgenden unterschiedliche Formen sozialer (Austausch-) Beziehungen, inhärenter Ressourcen und Motive des Austausches oder der Verwehrung gegenseitiger Unterstützung beschrieben.

Zunächst nehmen kollektive Organisationsformen afrikanischer Händler, die sich vor Ort i.d.R. in Form herkunftsbezogener Gemeinschaften organisieren, eine bedeutende Rolle im Alltagsleben der afrikanischen Bevölkerung in Guangzhou/

---

44 Eine Ausnahme bilden sicherlich familienbasierte Netzwerke, in denen die soziale Einheit ‚Familie' i.d.R. ein weitreichendes Sicherheitsnetzwerk und gegenseitige soziale und finanzielle Unterstützung sowohl im Ankunftskontext als auch über nationalstaatliche Grenzen hinweg zusichert.

China ein. Neben kleineren Musik- und Sportgruppen[45], Zusammenschlüssen von Müttern zu Kinderbetreuungs- oder Hausschulgruppen sowie sozialen Treffpunkten in Cafés/Restaurants[46] in den Quartieren *Sanyuanli* und *Xiaobei* sind hier insbesondere zwei Organisationsformen zu benennen: herkunftsbezogene Migrantenorganisationen und religiöse (zumeist christlich-freikirchliche) Gemeinschaften (vgl. Bork-Hüffer et al. 2015; Haugen 2013a; Li et al. 2013).

Herkunftsbezogene Migrantenorganisationen

Laut Li Zhigang et al. (2013) sollen sich in Guangzhou mindestens fünf Migrantenorganisationen aus Mali, Nigeria, Guinea, Ghana und Kamerun befinden. Beim Besuch einer Feierlichkeit der malischen Migrantenorganisation, die ihre Mitglieder jährlich zum Fest der Unabhängigkeit Malis in einen Hotelsaal im Quartier *Xiaobei* einlädt, welches durch Spenden malischer Händler finanziert wird, waren jedoch insgesamt 12 Vertreter anderer afrikanischer Organisationen aus Guangzhou eingeladen, die jeweils eine Begrüßungsrede abhielten (teilnehmende Beobachtung, Guangzhou 22.09.2011). Demnach existieren zu den bereits genannten Migrantenorganisationen weitere aus Mauretanien, Senegal, Sierra Leone, Elfenbeinküste, Burkina Faso, Togo, Benin und Niger. Wie die eigenen Erhebungen sowie Vergleiche zu anderen Studien ergaben, sind die Migrantenorganisationen im Allgemeinen sehr gut organisiert. Neben jährlich stattfindenden festlichen Zusammenkünften, die einen gewissen Zusammenhalt und die Zugehörigkeit zu den Migrantenorganisationen erzeugen (sollen), werden die Gemeinschaften durch einen offiziell gewählten Präsidenten vertreten. Dieser dient nicht nur als Ansprechpartner für Angehörige der jeweiligen Gemeinschaft in Guangzhou/China. Er unterhält zumeist auch gute Beziehungen zu regionalen und/oder überregionalen (chinesischen und nicht-chinesischen) staatlichen Institutionen, denen er in seiner Funktion als Repräsentant der Gemeinschaft ebenfalls als Ansprechpartner dient. So unterhält etwa der Präsident der malischen Migrantenorganisation engen Kontakt zur malischen Botschaft in Beijing. In Zusammenarbeit mit dem malischen Botschafter werden zwei bis dreimal im Jahr „Konferenzen" für die malische Gemeinschaft in Guangzhou abgehalten, auf denen über aktuelle politische, zumeist visarechtlich relevante Aspekte und gesetzliche Neuregelungen informiert wird, Probleme innerhalb der malischen Gemeinschaft diskutiert oder Verhaltensregeln im fremden Ankunftskontext ausgesprochen werden (Inter-

---

45 So gibt es mittlerweile eine burundische Fußballmannschaft, die von Th. organisiert wird und die wöchentlich gegen andere chinesische, europäische oder afrikanische Freizeitmannschaften auf öffentlichen Fußballplätzen antreten.

46 Im *Lounge Coffee* im Großhandelskaufhaus *Tianxiu* im Quartier *Xiaobei* treffen sich jeden Abend (nach getaner Arbeit) v.a. westafrikanische Händler/Migranten und sitzen in kleinen, zumeist herkunftsbezogenen Gruppen bis spät in die Nacht zusammen. Die meisten Interviewpartner aus Westafrika konnten in diesem Café akquiriert werden, auch fand ein erheblicher Teil der Interviews mit den Westafrikaner sowie diverse Gruppengespräche in dem Café statt.

view mit Kb., Guangzhou 09.09.2011). Als Repräsentant ihrer jeweiligen Gemeinschaft gegenüber der chinesischen Regierung fungieren die Präsidenten zudem als Vermittler und Interessensvertreter ihrer jeweiligen Gemeinschaft. So berichtet Heidi Ø. Haugen (2012: 76), dass zum Jahreswechsel 2009/2010 von Seiten der chinesischen Ministeriums für öffentliche Sicherheit den sich irregulär in China aufhaltenden Migranten die Möglichkeit gegeben wurde, bei Zahlung einer reduzierten Strafe in Höhe von 2.100 CNY und ohne das Risiko einer Inhaftierung das Land über ein sogenanntes *Exit-Visa* zu verlassen – allerdings mit einem auf unbestimmte Zeit verhängten Wiedereinreiseverbot. Auch wenn dies nicht auf etwaige Verhandlungen zwischen den afrikanischen Migrantenorganisationen und der chinesischen Regierung zurückzuführen ist, so soll dieses „Angebot" und dessen Rechtsgültigkeit bei einem Treffen zwischen Vertretern der chinesischen Regierung und den Präsidenten der Migrantenorganisationen ausgesprochen und später durch die Präsidenten innerhalb ihrer jeweiligen Gemeinschaften weiter gegeben worden sein (Bork-Hüffer et al. 2015; siehe hierzu auch Haugen 2013a: 92).

Laut einigen Autoren (Bork-Hüffer et al. 2014; Bork-Hüffer et al. 2015; Li et al. 2009; Li et al. 2013; Zhang 2008) bzw. deren Angaben, die sich v.a. auf Interviews mit den jeweiligen Präsidenten der Migrantenorganisationen beziehen, bieten die Migrantenorganisationen neben generellen (v.a. visarechtlichen) Informationsangeboten aber auch ganz konkrete Hilfe etwa für Bedürftige in existentiellen Notlagen oder im Kontext unternehmerischer, händlerbezogener Tätigkeiten an. So werden etwa Mitgliedsbeiträge, die in der malischen Migrantenorganisation rund 50 CNY pro Monat beträgt, für (irreguläre) Migranten in Notlagen verwendet, die beispielsweise bei einer Inhaftierung oder anderer verhängter Strafen nicht mehr selbst für anfallende Strafzahlungen aufkommen können. Der Präsident der ghanaischen Migrantenorganisation berichtete zudem von Spendensammlungen innerhalb der Ghanaischen Gemeinschaft, dessen Erlöse für die Erdbeben-Opfer in der Provinz Sichuan im Jahre 2008 gespendete wurden (Li et al. 2013: 165). Etablierte Mitglieder der Migrantenorganisationen (mit Sprachkenntnissen in Mandarin) und/oder chinesische Agenten, die engen (und primär ökonomisch motivierten) Kontakt zu den Migrantenorganisationen pflegen, agieren – gegen Bezahlung – als Vermittler insbesondere für irreguläre Migranten, die aufgrund ihres visarechtlichen Status', fehlender Sprachkenntnisse und/oder anderer Hindernisse Schwierigkeiten haben, eine Wohnung oder ein Büro anzumieten:

> „Such contacts can help African migrants to gain access to apartments in Foshan in spite of the verbal ban on renting to African migrants which has been imposed on the local estate agents. Chinese-speaking contacts arrange apartments for Africans, for a fee. They deal with the apartment owners and thus enable illegal migrants to rent an apartment without the necessary documents (valid passport, valid visa)" (Bork-Hüffer et al. 2014: 147).

Die hier erwähnte informelle Anweisung lokaler Regierungsbehörden an staatliche und private Immobiliengesellschaften, nicht (mehr) an Afrikaner zu vermieten, wurde mir in einem Interview mit einer chinesischen Immobilienmaklerin, die in Guangzhou tätigt ist, auch für die Stadt Guangzhou bestätigt (Interview mit chinesischer Immobilienmaklerin, Guangzhou 01.03.2010). Laut ihrer Aussage sei diese Anweisung auf den „Kampf" gegen irreguläre Migranten zurückzuführen, die unter Afrikanern seitens der chinesischen Behörden besonders hoch eingeschätzt wird (vgl. Kap. 4.3). Zudem würden aber auch private Gesellschaften oder Vermieter nur ungern an Afrikaner vermieten, da diese durch ihre „unterschiedliche Vorstellung" eines Mietverhältnisses im Gegensatz zur chinesischen Bevölkerung häufig Konflikte und Probleme mit Vermietern und Nachbarschaften hervorrufen würden (mangelnde Hygiene, laute Musik, Mietzahlungsverzug, regelmäßige Besuche und Übernachtungen anderer Afrikaner, etc.) (s.a. Bredeloup 2013: 209).

Neben weiteren Hilfsangeboten wie etwa Beratungen zur Gesundheitsversorgung (Bork-Hüffer et al. 2015) heben einige Autoren zudem die Bedeutung der Migrantenorganisationen für afrikanische Händler zur Herstellung von Kundenkontakten zu afrikanischen Handelsreisenden und chinesischen Firmen/Unternehmen hervor (z.B. Li et al. 2009; Zhang 2008). Aussagen westafrikanischer Händler stehen insbesondere dieser zuletzt genannten Unterstützungsleistung konträr gegenüber (Guangzhou: A., 06.09.2011; Kb., 09.09.2011; Y., 07.09. 2011). Während eingeräumt wird, dass die diversen Feste, Konferenzen und Jahrestreffen, die zu unterschiedlichen Anlässen wie etwa Hochzeiten, Geburten, traditionellen Festen etc. organisiert werden, den sozialkulturellen Zusammenhalt unter den Afrikanern stärken würden, sei die Hilfe – abgesehen von oben erwähnter Hilfe für irreguläre Migranten – in handelsbezüglichen Angelegenheiten weniger konkret und/oder effizient. Zwar könne man bei den Treffen der Migrantenorganisationen zahlreiche andere afrikanische Händler/Zwischenhändler mit oder ohne längerfristigen Aufenthalt in China kennen lernen. Auch seien zum Teil chinesische Firmenvertreter oder -agenten auf den diversen Feierlichkeiten vertreten. Aber sowohl afrikanische als auch chinesische potentielle Kunden seien in der Regel auf Einladung ihrer jeweiligen afrikanischen Geschäftspartner (respektive Zwischenhändler) gekommen und hätten durch das bereits bestehende Geschäftsverhältnis und aufgrund laufender Handelsgeschäfte kein primäres Interesse an der Akquirierung neuer Kontakte zu anderen afrikanischen Zwischenhändlern in Guangzhou – zumindest nicht im Rahmen der Feierlichkeiten. Zudem seien ihre „Gastgeber" darauf bedacht, ihre Kundenkontakte bzw. Kontaktinformationen nicht an Dritte weiterzugeben und/oder möglicherweise durch bessere Angebote Dritter zu verlieren.

Da diese Aussagen allerdings von etablierten Zwischenhändlern stammen – die mittlerweile einen eigenen stabilen Kundenstamm besitzen und ein regelmäßiges und zum Teil sehr hohes Einkommen durch ihre Handelstätigkeit erwirtschaften (vgl. Kap. 5.2) –, besteht auch keine explizite Notwendigkeit jedweder Unterstützung. So müssen die Aussagen bezüglich nicht existierender handelsbezogener, unentgeltlicher Dienst-/Unterstützungsleistungen seitens der Migrantenorganisationen – gemeint ist hier ganz konkret eine potentielle und aktive Kunden-/ Firmenvermittlung – relativiert werden. Auffällig ist jedoch, dass im Rahmen der vorliegenden Untersuchung und unabhängig von Herkunft, Aufenthaltsdauer und/oder „Professionalität" der interviewten (Zwischen-)Händler keine einzigen aktiven Vermittlungsdienste seitens der Migrantenorganisationen genannt oder herausgestellt wurden. Und auch in den anderen genannten Studien wurden keine konkreten Beispiele von Mitgliedern der Organisationen für die Vermittlung von Kunden- oder Firmenkontakten durch die Migrantenorganisationen benannt oder zitiert, sondern (in der Regel) die Aussagen der jeweiligen Präsidenten zur „Bestätigung" potentieller, handelsbezogener Unterstützungsleistung herangezogen.

Weder soll dies eine dezidierte Kritik an der Qualität spezifischer Studien und ihrer Inhalte/Ergebnisse sein, noch die Bedeutung der herkunftsbezogenen Migrantenorganisationen für die sozioökonomische Organisation des Alltagslebens ansässiger afrikanischer Händler/Migranten schmälern. So heben auch Tabea Bork-Hüffer et al. (2015) die Bedeutung dieser Organisationen für die Konstruktion von „social spaces of support and interaction" heraus. Zugleich geben die Autoren aber zu bedenken, dass lediglich ein kleiner Prozentsatz der afrikanischen Migranten (14% ihres Samples von insgesamt 234 Personen) offizielles Mitglied in den Migrantenorganisationen ist und entsprechende Unterstützungsleistung erhalten hat. In ihrer Beurteilung einer verminderten (kollektiven) Handlungsfähigkeit dieser herkunftsbezogenen Migrantenorganisationen kommen sie zu dem Schluss,

> „[that] they only formed recently, their organisation is comparatively loose, and the continuing restrictions on the formation of non-governmental and religious institutions in China […] limited the field and scope of their activities" (Bork-Hüffer et al. 2015).

Religiöse Gemeinschaften

Wie sich in den eigenen Erhebungen und insbesondere als teilnehmender Beobachter und Mitglied einer afrikanischen Pfingstgemeinde in Guangzhou herausstellte (Kap. 3), wirkt sich der restriktive Umgang des chinesischen Staates mit Nicht-Regierungsorganisationen und insbesondere mit nicht offiziell registrierten Migrantenorganisationen, zu denen auch die religiösen (christlichen wie muslimischen) Gemeinschaften oder *house churches* (Haugen 2013a: 83) gezählt werden können, tatsächlich limitierend auf deren Gestaltungsspielraum aus, wie im Folgenden anhand afrikanisch-christlicher Gemeinschaften noch erläutert wird.

Zunächst sei erwähnt, dass es in Guangzhou sechs offiziell genehmigte religiöse Einrichtungen gibt, in denen Personen muslimischen und christlichen Glaubens ihre Religion praktizieren können. Für Muslime, deren Anzahl in Guangzhou von der *Guangzhou Islamic Association* auf 50.000 bis 60.000 Personen geschätzt wird – mit hohen Anteilen afrikanischer Gläubigen – (Quian 2008), gibt es insgesamt vier Moscheen in Guangzhou (Huaisheng, Xianxian, Haopan und Xiaodongying Moschee), die sich alle im *Yuexiu* Distrikt in der unmittelbaren Nähe der von Afrikanern häufig frequentierten Quartiere befinden. Diese Moscheen stammen noch aus Zeiten der Tang Dynastie (618–907) oder der Ming Dynastie (1368–1644) und können als Zeitzeugen einer gelebten islamischen Religionskultur angesehen werden, die ehemals durch arabische Händler über die Seidenstraße nach Zentralasien bzw. China „importiert" wurde (Allé 2001; Zhang 2005). Während zahlreiche kleinere Gebetsräume in muslimischen Restaurants und Großhandelskaufhäusern in *Xiaobei* oder *Sanyuanli* für die im Islam obligatorischen fünf Tagesgebete seitens der muslimischen (afrikanischen) Bevölkerung genutzt werden, dienen die Moscheen hauptsächlich als Treffpunkte für das mittägliche Freitagsgebet, welches durch einen Imam (Vorbeter) begleitet wird. Nach dem Freitagsgebet lösen sich die Zusammenkünfte jedoch sehr schnell wieder auf und jeder geht seinen eigenen (Handels-)Aktivitäten nach (Hathat 2012: 79f.).

Für Personen christlichen Glaubens in Guangzhou bietet die staatlich genehmigte *Sacred Heart Cathedral* der Chinesischen Katholischen Patriotischen Vereinigung (CCPA), die im 19. Jahrhundert erbaut wurde und ebenfalls im Yuexiu Distrikt steht, einen sonntäglichen, englischsprachigen Gottesdienst an. Dieser Gottesdienst zieht jeden Sonntag hunderte von Afrikanern (und Chinesen) zumeist katholischer Konfession an, die dort gemeinsam die zumeist überfüllte Messe besuchen. In zahlreichen chinesischen und ausländischen Presseberichten über die Afrikanische Bevölkerung in Guangzhou/China werden insbesondere Bilder der massenhaften aus der Kathedrale strömenden Afrikaner als Symbol einer zunehmenden Internationalisierung der Megacity Guangzhou herangezogen (Pan et al. 2008; Yanshan 2009; s.a. Li et al. 2013). Allerdings sind die Messen nur von kurzer Dauer und folgen zudem einer streng katholischen Liturgie (teilnehmende Beobachtung 2010) – ein Aspekt, der insbesondere von Afrikanern evangelisch-protestantischer und pfingstlich-charismatischer Konfession kritisiert wird:

> „Due to such discontentment, [dozens of existing non-state-sanctioned] African Pentecostal churches in Guangzhou cater to a wide range of African Christians, including migrants who belong to traditional Catholic and Presbyterian ministries in their home countries" (Haugen 2013a: 87).

Die einzige christliche (nicht-chinesische) Gemeinschaft in Guangzhou ohne institutionalisierte Konfessionszugehörigkeit, die von Seiten der chinesischen Behörden offiziell genehmigt und registriert ist, ist die *Guangzhou International Christian Fellowship* (GICF, www.gicf.net). Als konfessionsübergreifende christliche Gemeinschaft wird diese Kirchengemeinde, die ihren Gottesdienst im Hilton Hotel im *Tianhe* Distrikt abhält, von Christen aus diversen Herkunftsländern und Kontinenten besucht, wobei Europäische, Nordamerikanische und Übersee-Chinesen dominieren. Mittlerweile besuchen aber auch viele afrikanische Migranten/Händler regelmäßig den Gottesdienst und/oder sind fester Bestandteil der Organisationsstruktur (z.B. als Mitglied des Kirchenchores, vgl. Kap. 5.3.1 sowie Dokumentationen auf dem Internetportal der GICF) (Interviews und teilnehmende Beobachtung mit Th., Guangzhou 2011). Rund 300 bis 500 Personen kommen regelmäßig zu den Gottesdiensten, wobei die Anzahl der Besucher und deren Zusammensetzung im Jahresverlauf durch ständige Fluktuation gekennzeichnet sind. Wie ein Mitglied des Ältestenrates der GICF berichtete, liege dies vor allem daran, dass ein Großteil der Mitglieder nur temporär über befristete Arbeitsverträge und -projekte (in multinationalen Unternehmen) oder über ein Auslandsstudium ein bis zwei Jahre in Guangzhou bleiben und anschließend wieder in ihrer Heimatländer zurückkehren (Interview mit dem Ältestenrat, Guangzhou 04.09.2011).

Ein permanenter Mitgliederbestand, etwa über lokale chinesische Christen, sei zudem nicht realisierbar, da es der GICF – wie auch anderen ausländischen, nichtstaatlichen religiösen Gemeinschaften – aufgrund staatlicher Richtlinien nicht erlaubt ist, chinesische Staatsangehörige an ihren religiösen Aktivitäten teilhaben zu lassen. So wird bereits auf der Internetseite der GICF an prominenter Stelle bekanntgegeben: „In accordance with local government regulations, Guangzhou International Christian Fellowship is open to foreign passport and foreign residence permit holders from Hong Kong, Macao and Taiwan" (www.gicf.net).

Die Umsetzung dieser Richtlinie, für deren Einhaltung offiziell das Ministerium für öffentliche Sicherheit verantwortlich ist (Haugen 2013a: 87), wird zwar auf provinzialer bzw. lokaler Ebene durch die örtliche Behörden unterschiedlich gehandhabt bzw. überprüft (Carlson 2005; EKD 2010; Ying 2006). Im Falle der GICF – mit dessen Genehmigung laut Aussage mehrerer ausländischer Kirchengemeindevorsteher die chinesische Regierung weniger das politische Ziel einer generellen Religionsfreiheit in China verfolgt als vielmehr die Möglichkeit, bei internationaler Kritik ein Vorzeigeobjekt ihres guten Willens zur Hand zu haben (Haugen 2013a: 88) – wird die Einhaltung der Richtlinie jedoch strikt kontrolliert. So ist vor dem Eingang zum Hotelsaal, in der der Gottesdienst stattfindet, eine durch die chinesischen Behörden autorisierte Person postiert, welche die eintretenden Besucher beobachtet und bei Verdachtsfällen – basierend zumeist physiognomischen Merkmalen – um das Vorzeigen eines Identitätsnachweises bittet (teilnehmende Beobachtung, Guangzhou 04.09.2011). Im Hotelsaal selbst ist zudem ein Handzettel ausgelegt, auf dem neben dem Ablauf des Gottesdienstes noch einmal mit den Worten „Welcome to GICF! Under local government regulations, GICF is open to foreign residents and citizens only. Locals are not admitted; please bring photo ID. Thanks for cooperating" ausdrücklich auf diese Richtlinie hingewiesen wird[47].

Auf den ersten Blick kann diese Richtlinie als kein nennenswerter Eingriff in die Auslebung einer generellen Religionsfreiheit in China gedeutet werden. Auf den zweiten Blick sind die verpflichtende Registrierung der Kirchengemeinden und die daraus resultierende Kontrollmacht der chinesischen Regierung jedoch mit diversen Abhängigkeiten und Konsequenzen verknüpft. Diese haben, wie im Folgenden noch erläutert wird, für einen großen Teil der zahlreichen nichtregistrierten, afrikanisch-christlichen Gemeinschaften in Guangzhou, die zumeist den Pfingstgemeinden zuzuordnen sind, eine abschreckende Wirkung bezüglich der Registrierung.

Laut Heidi Ø. Haugen (2013a) existieren mindestens 12 dieser afrikanischen Pfingstgemeinden in Guangzhou, die sich zwar überwiegend nach afrikanischen Herkunftsländern differenzieren lassen, tendenziell jedoch für Besucher, Migran-

---

47 Allerdings wird in den Begrüßungsworten vor dem eigentlichen Gottesdienst darauf aufmerksam gemacht, dass Christen chinesischer Staatsangehörigkeit die Möglichkeit eines Transfershuttles angeboten wird, der sie zu einem chinesisch-christlichen Gottesdienst in unmittelbarer Nähe bringt. Da dieser Gottesdienst beziehungsweise die chinesische Kirchengemeinde ebenfalls auf der Interseite der GICF Erwähnung findet, wird davon ausgegangen, dass diese ebenfalls durch die staatlichen Behörden registriert und genehmigt wurde.

ten, Reisende, etc. aller Nationalitäten und Herkunftsregionen offen sind. So werden neben Englisch, Französisch und diversen afrikanischen Sprachen auch bilinguale Gottesdienste angeboten (vgl. Kap. 3.3), die in diversen Hotels oder bei kleineren Kongregationen in privaten Unterkünften in den Quartieren *Xiaobei* und *Sanyuanli* angehalten werden. Ähnlich wie bei der GICF fluktuieren auch hier die Besucher-/Mitgliederzahlen im Jahresverlauf erheblich, was ebenso auf die temporären (angelegten oder erzwungenen) Aufenthalte der Kirchenmitglieder zurückzuführen ist. Weitere Gründe können aber auch mögliche Neugründungen und Abspaltungen aus bestehenden Gemeinschaften, persönliche Gründe oder gruppeninterne Konflikte sein (vgl. Kap. 5.3.1; s.a. Haugen 2013a: 84) sowie der Umstand, dass Mitglieder aufgrund von Ausschlüssen aus einer Kirchengemeinde sich mal der einen und mal der anderen christlichen Gemeinschaft anschließen (s.u.). Insbesondere die erwähnten Neugründungen und Abspaltungen lassen darauf schließen, dass es weit mehr als die erwähnten 12 Pfingstgemeinden in Guangzhou geben muss. Die genaue Zahl oder Größe scheint aber auch lokalen, leitenden Akteuren bzw. Kirchenführern und/oder Pastoren nicht bekannt zu sein. Der Pastor der Kirchengemeinde *The Will of God*, deren Mitglied ich im Rahmen der empirischen Aufenthalte sein durfte (vgl. Kap. 3.3), antwortete auf die Frage nach anderen ihm bekannte christliche Gemeinschaften nach kurzer Bedenkzeit folgendermaßen:

> „Here in Guangzhou there are a lot of African Christian people, who are settled here and go to church. Yeah, a big, good number of people are going to church. Many Nigerians they have churches here, two big Nigerian churches with hundreds of members. Every Sunday they meet, and a lot people from my country [DR Congo]. Not only from my country, but some people from different part from Africa, they also go to pray on Sunday [in different churches]. But all of these churches they are not officially known by the government. You cannot gather so many Chinese. Maybe all among you are foreigners, you can meet. But if you start gathering so many Chinese, is trouble with the government. They don't allow. Because the Chinese believe is culture, not religion. [...] But also in China there are some Chinese churches like in Yiwu, there is some big church for Chinese people, in Yiwu, very big. My friend is in Yiwu, he told me, because every Sunday he go there. But his pastor is a Korean-Chinese, is from Korea and half Chinese. Even here in Guangzhou there are some Chinese churches" (C., Guangzhou 04.10.08).

Die scheinbare Unkenntnis über andere afrikanische Kirchengemeinden in Guangzhou lässt vermuten, dass tendenziell ein geringer Austausch unter den nicht registrierten Religionsgemeinschaften und deren Kirchenführern in Guangzhou/China existiert. Während der Austausch über die Grenzen des Landes bzw. mit anderen Kirchengemeinden und Pastoren insbesondere aus der Heimat und angrenzenden Nachbarländern über christliche, zumeist personengebundene Kirchennetzwerke sowie internetbasierter Kommunikation durchaus vorhanden ist (vgl. Kap. 5.3.1)[48], wird der geringe Austausch in Guangzhou u.a. auf die Konkur-

---

48 Der Pastor der im Rahmen der Untersuchung hauptsächlich besuchten Kirchengemeinde *The Will of God* unterhält u.a. Kontakte zu Pastoren aus der DR Kongo, Burundi, Kenia, Macau und Yiwu sowie zu zahlreichen Predigern, die regelmäßig zu den Gottesdiensten in Guangzhou eingeladen und deren Reise- und Überachtungskosten i.d.R. durch Kirchenkollekten

renz um (zahlungskräftige) Mitglieder zurückgeführt. So nimmt die „freiwillige" Abgabe eines Zehntels des Einkommens jeder Kirchenmitglieder, welche zu jedem Gottesdienst über Kirchenkollekten eingesammelt wird, eine existentielle Rolle für das Fortbestehen der Pfingstgemeinden ein (vgl. Edenharder 2009). Über diese Abgaben werden nicht nur die laufenden Kosten für Anmietung eines Hotelsaals, Anschaffung von technischem Equipment und Musikinstrumenten, Reise- und Übernachtungskosten eingeladener Prediger oder Unterstützungsleistungen für notbedürftige Mitglieder finanziert (vgl. Kap. 5.3.1). Auch das Pastorengehalt hängt entscheidend von der Höhe der Einnahmen ab. Ein Verlust an Mitgliedern (an andere Religionsgemeinschaften) würde nicht nur diese Einnahmen schmälern, sondern auch die Reputation einer Kirchengemeinde als prosperierende, von „Gott durch finanziellen Wohlstand gesegnete" Gemeinschaft schmälern. Und diese Reputation wird symbolhaft insbesondere über die Größe und für Besucher der Gottesdienste sichtbar finanzielle Prosperität der Pfingstgemeinden – etwa über die Qualität des Hotels, die Ausstattung im Gottesdienstsaal, die Qualität und Professionalität des Kirchenchores und zugehörigem Equipment, etc. – hergestellt (C., Guangzhou 18.03.2010; Th., Guangzhou 31.08.2011)[49].

Ein weiterer Grund für den geringen Austausch der Kirchengemeinden in Guangzhou untereinander mag aber auch auf die existierende Unsichtbarkeit jener Gemeinschaften zurückzuführen sein, die unmittelbar mit ihrem Status als nichtregistrierte und somit vom chinesischen Staat verbotene, irreguläre Religionsgemeinschaften zusammenhängt. So begegnet man etwa in den Quartieren von *Xiaobei* und *Sanyuanli* keinem einzigen Hinweis- oder Werbungsschild, dass auf die Existenz dieser Kirchengemeinden verweist. Auch in den Hotels, in denen die Gottesdienste abgehalten werden, fehlt jeglicher Hinweis auf das Vorhandensein einer entsprechenden regelmäßigen Zusammenkunft. So werden beispielsweise die Hotelsäle nach jedem Gottesdienst wieder in ihren Urzustand zurückversetzt und jegliches Equipment oder mitgebrachte Banner mit dem Namen der Gemeinschaft oder christlichen Losungen entweder in kleinen Lagerräumen verstaut oder wieder mit nach Hause genommen. Den einzig sichtbaren Hinweis auf die Existenz dieser Gottesdienste erhalten Außenstehende dadurch, dass jeden Sonntag eine für die zumeist chinesisch-dominierenden Etablissements ungewöhnlich hohe Anzahl afrikanisch-stämmiger Personen im Eingangsbereich versammelt und zügig den entsprechenden Saal ansteuert – der häufig in einem abgelegenen Teil des Gebäudes liegt, um keine unnötige Aufmerksamkeit etwa durch die Lautstärke der Gottesdienste hervorzurufen[50]. Die zumeist anwesenden privaten Sicherheits-

---

übernommen werden (teilnehmende Beobachtung, Guangzhou 2010; C., Guangzhou 18.03. 2010).

49 Zur Bedeutung materieller Objekte wie etwa einem repräsentativen Gotteshaus für die Reputation und Selbstdarstellung von Pfingstgemeinden als von ‚Gott gewollter Gemeinschaft' siehe auch: Adogame 2004; Knibbe 2009.

50 Der von mir regelmäßig besuchte Gottesdienst fand beispielsweise in einem Saal statt, der sich am hinteren Teil des Hotelkomplexes befand und zudem keine Fenster nach außen besaß. Direkt an den Saal anschließend befanden sich lediglich Wohn- und Betriebseinheiten, die

dienste, die in China zum Alltagsbild öffentlicher und privater Einrichtungen (Wohnanlagen, Bürogebäude, Kaufhäuser, Hotels, Restaurants, etc.) gehören, haben von Seiten des Hotelmanagements die Anweisung, keine Personenkontrollen durchzuführen. Nach den Gottesdiensten, die häufig mehrere Stunden anhalten, lösen sich die Kongregationen ebenso schnell wieder auf wie sie entstanden sind und die Besucher verlassen Einzeln oder in kleinen Gruppen, zu Fuß oder mit dem Taxi, das Gebäude. Viele Besucher gehen anschließend wieder ihren Händlertätigkeiten nach, da sie auch sonntags verpflichtende Termine mit afrikanischen Kunden oder chinesischen Firmen und Agenten haben. Einige treffen sich anschließend in Restaurants oder Cafés und insbesondere im Quartier *Xiaobei* trifft man Sonntags auf öffentlichen Plätzen, wie etwa dem zentralen *Don Franc Platz* (siehe Kap. 5.1), zahlreiche für den Gottesdienst gekleidete Afrikaner (die Männer in Anzügen und die Frauen häufig in traditionellen Gewändern/Kostümen). Neben diesen spärlichen Hinweisen erfährt man jedoch nur über persönliche Einladungen der Gemeindemitglieder von den Gottesdiensten mit dem Verweis auf den vertraulichen Umgang dieser Information. Selten bekommt man anschließend eine Visitenkarte zugesteckt, auf der der Name der Kirchengemeinde, Kontakt- und Ortsadresse(n) sowie in Einzelfällen auch weitere Termine sozialreligiöser Zusammenkünfte der Gemeinschaft neben dem Gottesdienst (Gebetsabende, Bibelstudium, Morgenandacht oder Kirchenchorproben, die häufig in privaten Appartements stattfinden) verzeichnet sind. Wesentlich häufiger wird einem die Adresse, wo der Gottesdienst stattfinden soll, mündlich mitgeteilt oder man vereinbart für den entsprechenden Tag einen Treffpunkt und begibt sich anschließend gemeinsam zu Fuß oder im Taxi zum anvisierten Ort.

Die Gründe, diese räumliche „Unsichtbarkeit" aufrechtzuerhalten und sich nicht einer offiziellen Registrierung und Kontrolle durch die chinesischen Behörden zu unterziehen, sind vielfältig: Zunächst ist festzuhalten, dass nicht nur einige der Kirchenleiter/Pastoren über keinen regulären Aufenthaltsstatus für die VR China verfügen (Haugen 2013a: 88). Auch viele der Kirchenmitglieder und Besucher der Kongregationen halten sich (temporär oder langfristig) irregulär im Land auf, so dass durch eine schärfere Beobachtung und potentiellen Registrierung der Kirchenmitglieder durch den Staat eine weiterführende Teilnahme dieser Irregulären nicht mehr möglich wäre. Zudem würde durch eine offizielle Registrierung die Teilnahme von Personen chinesischer Staatsangehörigkeit, die – wenn auch nur in geringer Anzahl – ebenso fester Bestandteil diverser afrikanischer Religionsgemeinschaften sind, unterbunden[51]. Ein häufig hervorgehobener Grund ist auch, dass eine Registrierung noch keine Garantie für die genehmigte und reibungslose Ausübung der Religionsfreiheit darstellt. Neben der Anpassung der

---

ausschließlich von Bediensteten des Hotels genutzt wurden. Neben dem Haupteingang des Hotels war der Saal zudem über einen Nebeneingang für Bedienstete zugänglich.

51 So sind etwa in der Kirchengemeinde *The Will of God* zwei Frauen chinesischer Staatsangehörigkeit festes Mitglied und zudem über Heirat (und Kinder) mit einem afrikanischen Christen verbunden. Weitere chinesische Besucher, die entweder bereits einer christlichen Konfession angehören oder sich dieser anschließen wollen, sind zudem regelmäßig im Gottesdienst vertreten.

Liturgie, etwa durch eine gemäßigte Rhetorik und nicht artikulierter Kritik an Missständen in China, sind die Gemeinden auch an tagespolitisch geprägte und z.T. willkürlich aufgestellte Richtlinien gebunden. So wurden etwa während der Olympischen Spiele 2008 und der Asian Games 2010 temporäre Versammlungs-verbote christlicher Gemeinschaften ausgesprochen sowie (aktuelle und potentiel-le) Vermieter von Versammlungsräumen unter Druck gesetzt, diese Verbote mit zu unterstützen. Zudem mussten registrierte Religionsgemeinschaften eine „Ga-rantierklärung" unterzeichnen, mit der sie sich dazu verpflichteten, keine auslän-dischen Spenden oder Predigttexte anzunehmen oder ausländische Prediger einzu-laden (EKD 2010; C., Guangzhou 28.08.2011; s.a. Haugen 2013a: 88f.). Die Nichtbefolgung solcher und ähnlicher, regelmäßig aufgestellter Richtlinien kann zum Entzug einer einmal ausgestellten Lizenz führen, die generell jedes Jahr offi-ziell neu beantragt werden muss.

Nun schützt wiederum die Nicht-Registrierung einer Religionsgemeinschaft keineswegs (effizienter) vor Repressalien der chinesischen Regierung bzw. lokaler Regierungsbehörden, die sich durchaus der Existenz dieser nicht genehmigten Zusammenkünfte bewusst sind. Wird dieses Wissen in Bedarfsfällen und ähnlich wie bei den herkunftsbezogenen Migrantenorganisationen für informelle Kom-munikationswege über die führenden Pastoren zur Weiterleitung von Informatio-nen an afrikanische Gemeinschaften genutzt (siehe im Detail dazu: Haugen 2013a: 88f.), so ist eine generell repressive Vorgehensweise gegenüber irregulären Gemeinschaften eher die Regel denn eine Ausnahme. Davon zeugen regelmäßige Razzien nicht genehmigter religiöser Zusammenkünfte in Guangzhou (und ganz China) wie das folgende Zitat eines Pastors erläutert (s.a. Köckritz 2011; Reuters 2011):

> „Even in our church they [the local Chinese authorities] did razzia. Before we met in a bigger hall with nearly 300 hundred people. But then we had to change the établissement and now we are only 50 to 60 people, but from all over Africa. It changed also because of the Olym-pics [in 2008], many people have gone, because the visa this time it was difficult. Not only for you, for many people. And for the Asian games next year [in 2010] it will be maybe the same difficulties" (C., Guangzhou 14.03.09).

Die Bedeutung der Religionsgemeinschaften im Kontext sozialer und ökonomi-scher Handlungslogiken

Trotz struktureller rechtlicher Hürden, staatlicher Repressalien, eingeschränkter Gestaltungsräume, fluktuierender Mitgliederzahlen, kircheninterner Konflikte, etc. bieten die Religionsgemeinschaften über das Ausleben der gemeinsamen Religi-on, organisierter Festivitäten (z.B. bei Hochzeiten, Taufen Geburten) und anderen sozialreligiösen Zusammenkünften (Gebetsabende, Bibelstudium, Morgenandacht oder Kirchenchorproben) dennoch einen „sozialen Raum der gegenseitigen (psy-chosozialen) Unterstützung und Interaktion" an, der insbesondere für Neuan-kömmlinge ohne bestehendes soziales Netzwerk im Kontext der „Fremde" einen Ort des Vertrau(t)en(s) und der Heimat schafft. Dabei basiert dieser Sozialraum oder vielmehr die Mitgliedschaft zu einer der Gemeinschaften nicht (ausschließ-lich) auf ethnischen, nationalen oder sprachlichen Zugehörigkeiten und nicht alle Mitglieder einer Gemeinschaft kennen sich persönlich untereinander oder haben intensiven persönlichen Kontakt außerhalb des sonntäglichen Gottesdienstes (teilnehmende Beobachtung, Guangzhou 2008–2011) – so dass die Mitgliedschaft oder Zugehörigkeit und damit in gewisser Weise auch der „Grad der Geschlossenheit" (Kap. 2.4.1) der Religionsgemeinschaften als schwach oder zumindest unscharf beschrieben werden kann. Allerdings basiert die Mitgliedschaft auf einer kollektiven Vision einer (Ver-)Gemeinschaft(ung) oder einer *imagined community* (Anderson 2006), die sich einerseits im Sinne einer „Wertverinnerlichung" (Kap. 2.4.1) an einer strengen christlich-moralischen Lebensführung und einer bibeltreuen Auslegung ihres Glaubens[52] sowie andererseits (oder vielmehr zugleich) im Sinne einer „begrenzten Solidarität" (Kap. 2.4.1) am gemeinsamen Leben in der (unchristlichen) Fremde orientiert. Wie diese „Vision" oder Vergemeinschaftung ihre Bedeutung im Alltagsleben der Mitglieder erlangt, wird beispielsweise daran deutlich, dass der Verstoß gegen christlich-moralische Wert- und Normvorstellungen den Rückgriff auf kollektive Unterstützungsleistungen oder die Teilhabe am Gemeinschafts(er)leben verhindert: So führte etwa das Sexualleben eines unverheirateten Paares bzw. die Schwangerschaft der Frau zum vorübergehenden Ausschluss aus der Kirchengemeinde *The Will of God*. Die Wiederaufnahme des Paares in die Gemeinschaft erfolgte nur aufgrund eines vor der sonntäglichen Kongregation praktizierten öffentlichen Bekenntnisses zum „sündigen Leben" und der „Bitte um Vergebung" (vor Gott *und* der Gemeinschaft) sowie der Ankündigung, sobald wie möglich die Eheschließung zu vollziehen (teilnehmende Beobachtung, Guangzhou 2008). In einem anderen Fall wurde ein Afrikaner aufgrund eines Diebstahles, den er an einem anderen Mitglied der Gemeinschaft beging, sowie aufgrund seiner über mehrere Wochen anhaltenden fehlenden Einsicht über diese Tat endgültig aus der Kirchengemeinde ausgeschlossen (teilnehmende Beobachtung, Guangzhou 2009).

Wie bedeutend die Religionsgemeinschaften trotz solcher bindender Moralvorstellungen, daraus resultierender Konflikte, Ausschlüsse oder Wechsel zu anderen Kirchengemeinden für das soziale Leben der afrikanischen Migranten/ Händler im fremden Ankunftskontext sind, wird daran deutlich, dass – abgesehen von Mischehen oder ökonomisch-motivierten Austauschbeziehungen – kaum intensive, persönliche soziale Kontakte zur chinesischen „Ankunftsgesellschaft" bestehen. Gründe hierfür werden von sämtlichen afrikanischen Interviewpartnern auf eine generell unüberbrückbare Distanz zwischen ihnen und „einer chinesischen Gesellschaft und Kultur" zurückgeführt, die insbesondere dadurch geprägt sei, dass „die chinesische Gesellschaft" im interethnischen Austausch oder in multikulturellen Handlungszusammenhängen ausschließlich ökonomische Interessen verfolge. Hinzu käme, dass sich „die Chinesen" als eine über andere Nationen stehende kultiviertere oder bessere Gesellschaft begreifen würden und sie dies

---

52 Es sei an dieser Stelle darauf hingewiesen, dass die afrikanischen Kirchengemeinden, die aus der pfingstlich-charismatischen Erneuerungsbewegung entstanden sind, neben einem generellen Wertkonservatismus und einer streng bibel-gebundenen Rechtgläubigkeit auch animistische, traditionelle Elemente in ihre Glaubenslehre integrieren. Einen Überblick über den Einfluss diverser Glaubenselemente in Pfingstgemeinden bietet u.a. der Sammelband von David Westerlund (2009).

durch die zunehmende wirtschaftliche Prosperität und Entwicklung der letzten Jahrzehnte bestätigt sähen. In der Folge würden „die Chinesen" ein rassistisches und diskriminierendes Verhalten an den Tag legen, welches sich gegen jedwede fremde und insbesondere afrikanisch geprägte Gesellschaften, Nation, Person, etc. richte. Das folgende Zitat eines burundischen Händlers, der seit 2007 in Guangzhou lebt, fasst diese Vorbehalte/Stereotypisierungen gegenüber „den Chinesen" folgendermaßen zusammen:

> „It is not possible to make friendship with the Chinese people, to invite them for dinner or to speak normal with them, to sing together or just talking with them. It would never happen, that a Chinese call him on the phone to ask: How are you doing? Or to meet, to eat together or just go out together. It is only about the money with the Chinese. [...] That is the problem. I didn't find a Chinese friend, because it is only about the money, only business. [...] And they behave bad, they don't have good manners. They spy, the act bad, they don't wash themselves. It is all these experiences, that I did, this difference in mentality. [...] Their behavior, especially against Africans and against migrants, it makes me that I don't like them. Do you know how they call us Africans? They call us rich devils or black devils. When you go in a shop, they are very friendly, say thank you thousand times, very friendly and smile. You buy something, then you go out and they say behind your back: This is a crazy man. You turn and ask them, what they said. And they: No, nothing, nothing, we said nothing. Everything is good, friendly. You turn again and the same happenHrsg. It is always the same, the same opinions against black people, always this difference in mentality" (D., Guangzhou 28.10.08; vgl. D., Guangzhou 28.02.2010).

Es liegt nun nicht im Interesse der vorliegenden Arbeit, einem essentialistischen Kulturverständnis folgend homogene Kulturgesellschaften/-räume auf Basis solcher Vorbehalte zu konstruieren und diese anschließend als grenzstiftende Marker interethnischer/interkultureller Handlungszusammenhänge heranzuziehen. Vielmehr soll hier aufgezeigt werden, dass sich die Akteure/Praktizierende in ihren alltäglichen (multikulturellen) Handlungszusammenhängen unterschiedlicher Identitätskonstrukte bedienen, die durch die Wahrnehmung und das Erleben einer fremden, andersartigen und (zumeist) körperlichen Performance (z.B. Essgewohnheiten, Sprachakte, Gesten, etc.) stereotypisierende Kategorien produzieren, die je nach Aufführung, Perspektive und Motivation der Akteure/Praktizierenden differenz- oder solidaritätsstiftend wirken können (Kap. 2.6.4). Aus der Perspektive „der Afrikaner" nehmen dabei insbesondere als diskriminierend und rassistisch empfundene Handlungszusammenhänge im chinesischen Ankunftskontext eine bedeutende Rolle für die Produktion differenzstiftender Stereotypen ein, die sie in einer sozialen Dimension der Austauschbeziehungen zwischen ihnen und „den Chinesen" zur Formierung und Formulierung einer „begrenzten Solidarität unter ihresgleichen" veranlassen[53].

---

53 Die augenscheinlichsten Momente eines alltäglichen „Rassismus" gegenüber Schwarzen/ Afrikanern erlebte ich als teilnehmender Beobachter beispielsweise im öffentlichen Nahverkehr: Taxis verwehrten etwa Afrikanern den Zutritt und bevorzugten andere (nicht schwarzhäutige) Kunden; Plätze in Bussen wurden nicht besetzt oder verlassen, sobald sich ein Afrikaner dort niederließ. Ein anderes Erlebnis war eine Begegnung in einem Aufzug einer Wohnanlage, in dem durch das Eintreten eines Afrikaners, den ich begleitete, die dort bereits befindliche chinesische Bewohnerin einen Schritt zurückwich und sich anschließend mit dem

Dass diese differenzstiftenden Stereotypisierungen aber auch mit christlich-moralischen Ordnungsprinzipien eng verwoben und nicht ausschließlich auf körperliche Performances und (vermeintlich) rassistisch motivierter Handlungsakte chinesischer Gesellschaftsmitglieder zurückzuführen sind, wird in Heidi Ø. Haugens (2013a: 96ff.) Studie über afrikanische Pfingstgemeinden in China deutlich. Demnach schlägt sich ein religiös begründeter und in den Predigten der Kirchengemeinden offen formulierter Dualismus einer „Gläubigen und Nicht-Gläubigen Gesellschaft" in einer generellen Abgrenzung gegenüber anderen Bevölkerungsgruppen und Konfessionen auch christlichen Ursprungs nieder. Diesem Dualismus folgend

> „[…] Chinese are placed on the side of the meaningless since ethnic and religious boundaries in this case are nearly identical (according to African Pentecostals who do not recognize self-ascribed Christians in China as authentically Christian). Pentecostal theology is thus one of many sources of distrust between African migrants and Chinese in Guangzhou, and attitudes toward others that are focused on religious faith are especially difficult to challenge through lived experience and everyday interaction" (Haugen 2013a: 98).

Im Kontext dessen kann den hier untersuchten Austauschbeziehungen zwischen Chinesen und Afrikanern auch aus Sicht der afrikanischen (christlichen) Migranten/Händlern eine ausschließlich ökonomisch orientierte Motivation zur Herstellung und Aufrechterhaltung sozialer Beziehungen unterstellt werden.

Wie sich die christlichen-moralischen Ordnungsprinzipien auch auf eine explizit ökonomische Dimension der Austauschbeziehungen innerhalb der Religionsgemeinschaften bzw. migrantenbezogener (ethnischer) Netzwerkbeziehungen auswirkt, soll anhand des folgenden Beispiels verdeutlicht werden. In der Kirchengemeinde *The Will of God* wurde im September 2011 ein zweitägiges nachmittägliches Seminar veranstaltet, welches unter dem Motto *Doing Business in China* angelegt war (teilnehmende Beobachtung 2011). Pastor C. hatte einen kongolesischen Unternehmer als Gastredner und Leiter des Seminares eingeladen, der seit den frühen 2000er Jahren im sino-afrikanischen Handel tätig ist und einigen der Gemeindemitgliedern bereits als „wohlhabender Händler" bekannt war[54]. Über mehrere vorhergehende Sonntage wurde das Seminar in den Gottesdiensten als hilfreiche Informationsveranstaltung für „eine erfolgreiche Händlertätigkeit" angekündigt und den afrikanischen Gemeindemitglieder nahe gelegt, daran teilzunehmen. Zudem wurde damit geworben, nützliche Hinweise für handelsbezogene Tätigkeiten im spezifisch chinesischen Kontext zu erhalten. Da jedoch weder ein Programm- oder Zeitablauf noch spezifische Themenblöcke im Vorhinein kommuniziert wurden, saß man am Tag des Seminares gespannt und in Erwartung einer Business-Fortbildung im überfüllten Hotelsaal, in dem sonst der Gottes-

Rücken zu uns während der gesamten Weiterfahrt umdrehte. Zu anderen Beispielen diskriminierender Handlungszusammenhänge und ihrer Bedeutung/Interpretation für die sozioökonomische Organisation afrikanischer Händler/Migranten in Guangzhou/China s.a.: Bodomo (2010); Bork-Hüffer et al. (2015); Ciccariello-Maher & Hughey (2011); Jaffe (2012).

54 Einige Tage vor dem Seminar, als ich in Begleitung eines burundischen Gemeindemitgliedes in einem Großhandelskaufhaus in *Xiaobei* unterwegs war, wurde ich diesem Unternehmer bei einem zufälligen Treffen vorgestellt.

dienst der *The Will of God*-Gemeinde abgehalten wird. Nach einer etwa halbstündigen Eröffnungspredigt des Pastors, der „Segnung" der Kongregation und des kongolesischen Unternehmers sowie einer anschließenden gemeinsamen rund 10minütigen Gebetszeiten übergab man schließlich das Wort an den „Seminarleiter", der nochmals ein etwa fünfminütiges Gebet sprach, in dem er Gott um das erfolgreiche Gelingen des Seminars bat. Anschließend eröffnete er das Seminar, indem er an einem *Paperboard* unter dem Motto der Veranstaltung die Worte *„Doing trade as a christian believer"* notierte – die die einzigen Worte auf diesem *Paperboard* während des gesamten Seminars bleiben sollten. Der anschließende etwa zwei Stunden anhaltende Vortrag lässt sich etwa in folgenden Stichworten zusammenfassen: Materieller Wohlstand und unternehmerischer Erfolg ist ein Geschenk Gottes; nur derjenige der glaubt und in Gott vertraut, erfährt die materiellen Segnungen Gottes; Glaube, Geduld und Vertrauen auf Gottes Plan sind die Faktoren für einen lang anhaltenden Erfolg; das Streben nach kurzzeitigen Profiten/Erfolgserlebnissen aber insbesondere ein sündiges Leben verwehrt einem den für jeden Gläubigen von Gott vorherbestimmten materiellen Wohlstand.

Nach dem Vortrag hielt der Pastor nochmals eine Rede, in der er diese Aussagen durch Anlehnungen an Bibelzitate nochmals unterstrich und zum Zeugnis dessen auf im Saal anwesende afrikanische Händler verwies, die es Dank ihres Glaubens und Vertrauens in Gott zu materiellem Wohlstand (und dem Erhalt einer langfristigen Aufenthaltsgenehmigung in China) geschafft hatten. Im Sinne dieser theologischen Auslegung – die unter dem Begriff des „Wohlstandevangeliums" insbesondere in pfingstlich-charismatischen Bewegungen weite Verbreitung findet und in der Wohlstand vor allem in Form von Geldvermögen oder materiellem Besitz als sichtbare Beweise für ein christlich geführtes Leben bzw. für Gottes Gunst angesehen wird (Wariboko 2012; Yong 2012) – wird das Fehlen von Wohlstand oder vielmehr der fehlende Glaube an zukünftiges Glück und Wohlstand mit einem schwachen Glauben an Gott und damit einem sündigen Leben gleichgesetzt. Insbesondere bei jungen, afrikanischen Akteure ohne etablierte ökonomische Basis im Ankunftskontext klingen solche Prophezeiungen vielversprechend. So gaben trotz fehlendem finanziellen Startkapital für Investitionen in erste Handelsgeschäfte, fehlenden Handelserfahrungen, handelsbezogener Netzwerkkontakte zu chinesischen Firmen und afrikanischen Kunden oder chinesischen Sprachkenntnissen einige dieser jungen Afrikaner explizit an, an einen von Gott vorherbestimmten Wohlstand zu glauben (Th., Ch., El., M.). Während Heidi Ø. Haugen (2013a: 96) annimmt, dass diese Migranten

> „who can barely rustle up enough money to sustain themselves, the promise of fantastic wealth widens the gap between expectations and reality in ways that may discourage them from making steps to incrementally improve their situation",

scheint nach Angaben der in der vorliegenden Untersuchung interviewten Afrikaner eben dieser Glauben eine „Kraft" zu entwickeln, die es den jungen Migranten ermöglicht, bestimmte Umstände wie etwa die Trennung von der heimatlichen Familie oder schwierige Lebensphasen wie etwa Existenzängste aufgrund eines fehlenden Einkommens in China oder eines irregulären Aufenthaltsstatus zu überstehen. Wie sich anhand gescheiterter Karrieren und repatriierter irregulärer Migranten (christlichen Glaubens) offenbart, scheint dies letzten Endes aber dennoch kein Garant für eine stabile, ökonomische Basis als Händler in Guangzhou/China zu sein (teilnehmende Beobachtung, 2008–2011) – vorausgesetzt, dass man diesen Migranten aus genannter theologischer Perspektive keine christlich-moralischen Verfehlungen unterstellt[55]. Es sei jedoch an dieser Stelle erwähnt, dass es für eine differenzierte Auseinandersetzung zur Bedeutung des Glaubens für den ökonomischen Erfolg im sino-afrikanischen Handel auch des Einbezugs eben dieser gescheiterten „Rückkehrer" bedarf – was im Rahmen der vorliegenden Untersuchung nicht möglich war. So wäre es interessant zu erfahren, welche Gründe diese „Rückkehrer christlichen Glaubens" ihrem Scheitern zugrunde legen und wie sie dies (außerhalb des unmittelbaren Einflussbereiches der Kirchengemeinde in Guangzhou) im Kontext der pfingstlich-charismatischen Auslegung des Wohlstandsevangeliums interpretieren.

Ein Zwischenfazit zur ressourcenorientierten Perspektive auf unternehmerisches Handeln in der Migration

Es kann festgehalten werden, dass der ökonomische Erfolg (als Zwischenhändler) in China innerhalb der charismatisch-pfingstlichen Religionsgemeinschaften sehr stark durch eine christlich-moralisch Glaubensdoktrin/Wertverinnerlichung begründet ist, die eine nach innen gekehrte Geschlossenheit im Sinne einer „begrenzten Solidarität" und eine „ethnischen Isolation" dieser Gemeinschaften im fremdchinesischen Ankunftskontext produziert. Für die unternehmerische Handlungsfähigkeit in der Migration lässt sich für die einzelnen Mitglieder ein religiös begründetes Ordnungsprinzip formulieren, welches sich umgangssprachlich folgendermaßen zusammenfassen lässt: „Ein jeder ist (Kraft des Glaubens und einer christlichen Lebensführung) seines eigenen Glückes Schmied". (Erklärungs-)Faktoren wie Handelserfahrungen, Sprachkenntnisse, spezifische Wissensformen und Kenntnisse über „die chinesische Gesellschaft" oder translokale Netzwerke (außerhalb der Gemeinschaften), die ihre jeweils spezifische Bedeutung für ökonomisch erfolgreiches Handeln in einem von Informalität geprägten Geschäftsklima in Guangzhou/China und im sino-afrikanischen Handel besitzen (Kap. 6), werden in dieser religiös begründeten ökonomischen Handlungslogik bewusst oder unbewusst beiseitegeschoben. Mehr noch: Vorhandene Formen ökonomischer Austauschbeziehungen innerhalb der Religionsgemeinschaften bzw. zwischen etablierten Zwischenhändlern und jungen, afrikanischen Akteuren – wie beispielhaft in Kap. 5.3.1 vorgestellt – erzeugen und halten im Sinne eines „erzwingbaren Vertrauens" (Kap. 4.2.1) Abhängigkeitsverhältnisse aufrecht, die eine Aufwärtsmobilität neuer Akteure in Guangzhou im Marktsegment des Zwischenhandels

---

55 In diesem Zusammenhang wäre es interessant zu erfahren, welche Gründe diese Rückkehrer christlichen Glaubens ihrem Scheitern zugrunde legen und wie sie dies im Kontext der pfingstlich-charismatischen Auslegung des Wohlstandsevangeliums interpretieren.

verhindern. So werden etwa notwendige Geschäftskontakte zu chinesischen Firmen und spezifische handelsrelevante Informationen nicht an Dritte weitergegeben, sondern als ein „Gut mit hoher Rivalität" in einem durch zunehmende Konkurrenz geprägten (informellen) Markt (Kap. 4.1; Kap. 5.2) gehandelt. Zwar können die vorhandenen ökonomischen Kooperationen innerhalb der Religionsgemeinschaften im Sinne einer „Lehrlingszeit" auch positiv dargestellt werden, in dem durch das Beobachten und Nachahmen in handelsspezifischen Handlungszusammenhängen trotz mangelndem Informationsfluss ein gewisses Bewusstsein für das Handelsgeschäft in China erzeugt wird. Ein eigenes Netzwerk lukrativer Geschäftskontakte zu chinesischen *und* afrikanischen Kunden, so auch der Tenor der Interviewpartner anderer nicht-christlicher und nicht-religiöser Migrantenorganisationen, lässt sich über die Einbindung in soziale migranten-/herkunftsbezogene Organisationsformen nicht aufbauen. Vielmehr generieren sich die kollektiven Organisationsformen zur (ethnischen) Mobilitätsfalle für ihre Mitglieder, die einem religiösen und/oder sozialökonomischen Konformitätsdruck unterliegen (Kap. 2.4.2). Auch die vorhandenen in den vorherigen Kapiteln erwähnten Unterstützungsleistungen des Kollektivs für Mitglieder in Notsituationen ändern an dieser Tatsache wenig, zumal die Unterstützungsleistungen laut Heidi Ø. Haugen (2013a: 99) eher die Ausnahme als die Regel sind und diese sich zudem auch nicht auf explizite (finanzielle) Hilfe[56] für private Handelsgeschäfte der Mitglieder beziehen (vgl. Kap. 5.3.1).

Zugleich und zuletzt muss jedoch erwähnt werden, dass die Sanktionsmacht der Organisationsformen bei „Fehlverhalten" ihrer Mitglieder sowie deren Kontrollmacht über bestehende Abhängigkeitsverhältnisse nur bedingt mächtig sind, da die inhärenten Handlungserwartungen dieser geschlossenen Netzwerkstrukturen v.a. auf moralischen Verpflichtungen beruhen (Kap. 2.4.2). Ist die Bedeutung der Organisationsformen als soziales Sicherheitssystem und Unterstützungsnetzwerk vor allem für junge, afrikanische Migranten in der Ankunftsphase und in existentiellen Notlagen relevant, so zeigt etwa das Beispiel von Th. (Kap. 5.3.1), dass Akteure, sobald sie sich einen „stabilen" sozioökonomischen Status als (Zwischen-)Händler aufgebaut haben, weniger auf die Unterstützungsleistungen des Kollektivs angewiesen sind[57]. Strukturmomente wie der abnehmende Nutzen einer Einbettung in bestehende Organisationsformen, interne Konflikte und Vertrauensbrüche und/oder eine Verhinderung sozialökonomischer Aufwärtsmobilität können schließlich zu einer Neubewertung kollektiver Norm- und Wertvorstellungen, in einen (häufig vorkommenden) Wechsel zwischen den Kirchengemeinden in Guangzhou oder auch zur gänzlichen Auflösung bestehender (co-ethnischer/co-nationaler) Netzwerkbeziehungen im Ankunftskontext führen (teilnehmende Beobachtung 2008–2011).

---

56 So existieren hier beispielsweise keine kollektiv organisierten Kreditsysteme wie dies etwa aus Studien zu nigerianischen oder senegalesischen, multilokal aufgestellten Migrantengemeinschaften bekannt ist (u.a. Benjamin & Mbaye 2012; Cohen 2004).

57 Etablierte Zwischenhändler ziehen durchaus ihren ökonomischen Nutzen aus den existentiellen Notlagen junger Mitglieder, indem sie diese etwa für Botendienste für ihre eigenen Handelsaktivitäten einsetzen (vgl. Kap. 5.3.1).

6. (TRANS-)LOKALE STRUKTURMOMENTE IM KONTEXT DES UNTERNEHMERISCHEN HANDELNS IN DER MIGRATION

Wie im vorherigen Kapitel aufgezeigt, bieten migrantenbasierte, kollektive Organisationsformen aufgrund inhärent wirkender sozialer Mechanismen geschlossener Netzwerke nur wenig Ressourcen für eine unternehmerische Karriere als afrikanischer (Zwischen-)Händler im sino-afrikanischen Handel – insbesondere in Bezug auf die Herstellung lukrativer und notwendiger chinesischer *und* afrikanischer Geschäftskontakte außerhalb der Gemeinschaften. Lassen die in Kap. 5.4 zuletzt genannten Strukturmomente dieser Organisationsformen nur wenig Spielraum für die Herstellung einer unternehmerischen Handlungsfähigkeit in der Migration aus Sicht der individuellen Akteure, zeigen die Deskriptionen individueller Händlerbiographien (Kap. 5.1 und 5.3.1) zudem, dass bestehende und/oder vor Ort geknüpfte (co-ethnische/co-nationale) Netzwerkbeziehungen durch eine Vielzahl von Momenten der Unordnung, Unsicherheit und Situativität gekennzeichnet sind. Diese Momente, die u.a. zur Auflösung bestehender/geknüpfter Netzwerkbeziehungen führen können, weisen auf den im Kap. 2.2 erläuterten prozessualen und dynamischen Charakter sozialer Formationen und inhärenter Beziehungsmuster/Sozialstrukturen hin, demnach Netzwerke (und damit in Verbindung stehende Handlungszusammenhänge) als ein Ergebnis eines Prozesses und als ein Ergebnis von Handlungen individueller Akteure, ihrer zugrunde liegenden Motivationen und Abhängigkeitsformen sowie ihrer Eingebettetheit in sozialkulturelle, sozialpolitische und sozialreligiöse Kontexte betrachtet werden müssen. Dass sowohl die Netzwerke als auch die Eingebettetheit der Akteure/Praktizierenden in ihrer Bedeutung für migratorische (Entscheidungs-)Prozesse und für die Herstellung einer unternehmerischen Handlungsfähigkeit in ihrer multilokalen bzw. translokalen Ausprägung (Kap. 2.5.2 bis 2.5.4) betrachtet werden müssen, wurde bereits in den vorherigen Kapiteln u.a. an folgenden Aspekten deutlich gemacht: Berücksichtigung translokaler Marktdifferenzen/Opportunitätsstrukturen zur Generierung von Gewinnmargen im sino-afrikanischen Handel und als entscheidungsrelevanter Faktor für Migrationsprozesse (Kap. 4.4 und 5.3.2); Bedeutung grenzüberschreitender, informeller Netzwerke zur Überbrückung diverser Handels- und Investitionsbarrieren (Kap. 4.5 und 5.2.2); Bedeutung grenzüberschreitender Netzwerke und damit zusammenhängender Informationskanäle sowie potentieller Unterstützungsleistungen (in der Ankunftsphase) für Migrationsprozesse (Kap. 5.3.2 und 5.4).

Im Folgenden sollen die translokalen Lebens- und Wirtschaftsweisen bzw. Netzwerkbeziehungen noch einmal differenzierter im Kontext des unternehmerischen Handelns betrachtet werden und dabei ganz im Sinne einer translokalen

Perspektive (Kap. 2.5) auch die Austauschbeziehungen außerhalb geschlossener (herkunftsbezogener) Migrantengemeinschaften und -netzwerke sowie diverse (trans-)lokale Strukturmomente auf die translokalen Handlungen der Akteure in den Blick genommen werden (Kap. 6.1 bis 6.3).

6.1 DYNAMIKEN VON GESCHÄFTSBEZIEHUNGEN

Laut Aussage mehrerer etablierter afrikanischer Zwischenhändler in Guangzhou besteht immer die Gefahr, dass ihre afrikanischen Kunden/Handelsreisenden – insbesondere jene mit großem Handelsvolumen, langjährigen Handelsaktivitäten und Geschäftskontakten in China – den Weg über afrikanische und/oder chinesische Zwischenhändler durch direkte Kontakte zu chinesischen Produktionsfirmen langfristig zu ersetzen suchen, um so die hohen Transaktionskosten zu umgehen und höhere Gewinnmargen zu erzielen. Wie sowohl die Herstellung als auch Auflösung solch einer Geschäftsbeziehungen im Detail vonstattengehen kann und welche Motive und Geschäftsstrategien dem zugrunde liegen (können), wird anhand des folgenden Beispiels erläutert.

Pa. ist ein Geschäftsmann aus Uganda und betreibt dort ein mittelständiges Unternehmen in Kampala, welches sich neben einer Autolackiererei u.a. auf den Vertrieb von Lackstoffen und Autozubehör spezialisiert hat (Interviews und teilnehmende Beobachtung mit Pa., Guangzhou 26.10.–03.11.2008[1]). Um Kontakte zu chinesischen Herstellern aufzubauen, bereiste er zum ersten Mal 2007 mit einem kurzfristigen Geschäftsvisum (M-Visa) und einer Einladung der *Canton-Fair* ausgestattet die Handelsmetropole Guangzhou und informierte sich zunächst auf der Messe über Anbieter und Preise. Eine günstige Hotelunterkunft buchte er bereits im Voraus im Quartier *Xiaobei* im *Baohan* Hotel. Über Informationen anderer Händler in Kampala, die bereits in China waren, erfuhr er, dass sich hier zahlreiche afrikanische Handelsreisende, die mehrmals im Jahr zwischen ihrem Heimatland und China hin und her pendeln, für ihren mehrtägigen Besuch in Guangzhou niederlassen würden. Zudem gäbe es die Möglichkeit, Kontakte zu chinesischen Unternehmen in den umliegenden Großhandelskaufhäusern aufzubauen. Vor Ort stellte sich die Lage jedoch schwieriger als gedacht heraus. Zunächst entsprachen die Preise auf der *Canton-Fair* nicht den Vorstellungen Pa.'s bzw. überstiegen sein Finanzbudget. In den Großhandelskaufhäusern in *Xiaobei*, in denen nur vereinzelt chinesische Unternehmen bzw. chinesische Shopbesitzer mit Kontakten zu entsprechenden Unternehmen die anvisierte Ware anboten, konnte er aufgrund der Sprachbarriere keine zufriedenstellenden Kontakte herstellen – wäh-

---

1   Während eines einwöchigen Aufenthaltes von Pa. 2008 in Guangzhou begleitete ich täglich den Geschäftsmann, seine Tochter und drei weitere Händler aus Uganda gemeinsam mit einem burundischen Zwischenhändler (D.). Angefangen von der Ankunft und Abholung am Flughafen, über die Unterbringung im Appartement von C., diversen Besuchen von Großhandelskaufhäusern und der *Canton-Fair* bis hin zur Verabschiedung und Abreise am Flughafen konnte ich so einen tiefergehenden Einblick in den Tagesablauf eines afrikanischen Handelsreisenden bekommen.

rend in Hong Kong alle Handelsgeschäfte auf Englisch abgewickelt werden (vgl. Mathews 2012b: 210), ist die *lingua franca* auf dem chinesischen Festland Mandarin oder in der Provinz Guangdong auch häufig Kantonesisch (teilnehmende Beobachtung 2008–2011). Um Missverständnissen vorzubeugen, insbesondere wenn bei Produktionsaufträgen und Vertragsverhandlungen detaillierte und genaue Absprachen von Nöten sind, wurde Pa. sehr schnell deutlich, dass für einen reibungslosen Ablauf von Handelsgeschäften die Dienste eines (chinesischen oder afrikanischen) Übersetzers und/oder Zwischenhändlers unumgänglich sind. Nun begegnete Pa. im Viertel *Xiaobei* und insbesondere in der Hotellobby diversen chinesischen Agenten, die ihn auf Englisch ansprachen, ihre Dienste als Übersetzer anboten und mit Direktkontakten zu chinesischen Produktionsfirmen lockten. Ihr Auftreten – Pa. beschrieb sie als sehr jung, aufdringlich und ihre Englischkenntnisse seien sehr rudimentär – ließ Pa. jedoch im Zweifel über die Glaubwürdigkeit ihrer Aussagen und über ihre Expertise als Zwischenhändler.

Während der Aufenthalte im Quartier *Xiaobei* begegnete ich mehrmals solch jungen chinesischen Agenten, die mir ebenfalls ihre Dienste als Übersetzer und Vermittler zu Produktionsfirmen anboten, in der Annahme, dass ich mich als Handelsreisender in Guangzhou aufhielt. Mein Eindruck ihrer Sprachkenntnisse und potentieller Geschäftskontakte entsprach den Aussagen des ugandischen Händlers in nahezu allen Punkten. Insbesondere ihre Aufdringlichkeit – eine junge Chinesin verfolgte mich während eines mehrstündigen Aufenthaltes in *Xiaobei* auf Schritt und Tritt und ließ sich nur durch das Eingreifen eines chinesischen Hotelangestellten und eine regelrechte Flucht mit dem Taxi abschütteln – ließ auf eine fast schon verzweifelte Suche nach Kunden schließen, die nicht gerade Vertrauen bezüglich ihrer Fachkenntnisse und ihrer unternehmerischen Professionalität erweckte. Wie mir ein kongolesischer und burundischer Zwischenhändler sowie der chinesische Hotelangestellte des Don Franc Hotels in *Xiaobei* berichteten (E., Guangzhou 06.03.2010; D., Guangzhou 30.03.2010), würden zunehmend junge Chinesen/innen insbesondere aus ländlichen Regionen ihr Glück als Vermittler im sino-afrikanischen Handel in der Handelsmetropole Guangzhou suchen. Ihre englischen Sprachkenntnisse und vor allem die Aussprache seien dementsprechend rudimentär, da sie die Sprache nicht über eine schulische Ausbildung sondern „auf der Straße" erlernen würden. Ihre angeblichen Kontakte zu chinesischen Firmen seien zudem nicht vorhanden. Vielmehr würden sie auf Aufträge aus den Bereichen Textil- und Bekleidungswaren hoffen, die in irregulären Produktionsstätten und/oder durch kleinere Familienbetriebe produziert oder weiterverarbeitet werden könnten.

Letztlich knüpfte der ugandische Geschäftsmann und Handelsreisende (Pa.) Kontakt zu einem burundischen Zwischenhändler (D.), den er per Zufall bei seiner Ankunft am Flughafen in Guangzhou antraf, als dieser seine afrikanischen, englischsprachigen Kunden nach einem mehrtägigen Geschäftsaufenthalt verabschiedete[2]. Nach einem anfänglichen Informationsaustausch am Flughafen, ge-

---

2   D. spricht neben Französisch, Kirundi (beides Amtssprachen in Burundi) und Swahili auch fließend Englisch.

meinsamen Treffen in *Xiaobei*, einem Besuch in einer afrikanischen Kirchengemeinde[3] in Guangzhou, der D. angehört, und mehreren Gesprächen via Email und Telefon zwischen Uganda und China nach der Rückkehr von Pa. in sein Heimatland, vereinbarte man über rein mündliche Absprachen ohne formelle Handelsverträge mehrere kleinere Handelsgeschäfte über die kommenden eineinhalb Jahre. Pa. investierte bei diesen ersten Geschäften zunächst nur einige tausend US$ in den Import von Lackstoffen, die D. in Guangzhou einkaufen, exportieren und über den Hafen von Daressalam zum Kunden in Uganda transportieren sollte. Nach mehreren erfolgreichen Geschäftsabwicklungen und zunehmendem Vertrauen in die Zuverlässigkeit und Glaubwürdigkeit seines burundischen Zwischenhändlers in China vereinbarte Pa. ein neuerliches Treffen in Guangzhou im Herbst 2008. Im Vorfeld dieser Reise, die gemeinsam mit dem Bruder und der Tochter von Pa. sowie zwei weiteren Händlern aus Uganda stattfand, entschied sich Pa. für die Möglichkeit, seiner Tochter ein Universitätsstudium in China zu ermöglichen – mit dem langfristigen Plan, dass sie über ihren permanenten Aufenthalt und der Aneignung chinesischer Sprachkenntnisse als Zwischenhändlerin fungieren und so für zukünftige (nicht nur familieninterne) Handelsgeschäfte Transaktionskosten einsparen könne. Neben diesen ökonomischen Beweggründen im Rahmen einer familiären Haushaltsstrategie war ein wesentlicher Grund für die Entscheidung des Vaters, seine einzige Tochter (Mo.) nach China zu schicken, dass er seine Tochter in der Obhut einer christlichen Kirchengemeinschaft in Guangzhou wusste, die sich (stellvertretend durch den Pastor C.) um eine christliche Lebensführung seiner Tochter kümmern und als sozialer Ansprechpartner fungieren würde.

D. in Guangzhou organisierte in seiner Funktion als Zwischenhändler nicht nur die benötigten Dokumente für den Visaantrag der ugandischen Klientel, stellte den Kontakt zu C.[4] her, in dessen Appartement die Ugander während ihres einwöchigen Aufenthaltes übernachteten, und arrangierte Besichtigungstouren zu Großhandelskaufhäusern, zur *Canton-Fair* und zu diversen chinesischen Unternehmern

---

3   Es handelte sich hier um die Kirchengemeinde *The Will of God*.
4   C. aus der DR Kongo ist Pastor der vormals erwähnten Kirchengemeinde *The Will of God* in Guangzhou und lebt bereits seit 2003 in China (Interviews und teilnehmende Beobachtung mit C., Guangzhou 2008–2011): Für die Bereitstellung der Übernachtungsmöglichkeit erhielt er von D. einen kleineren Geldbetrag. Sein Einkommen generiert er jedoch überwiegend aus den Kircheneinnahmen (er erhält ein regelmäßiges Einkommen als Pastor, welches über wöchentliche Kirchenkollekten finanziert wird) sowie kleineren Handelsgeschäften mit seiner Frau im Kongo. Sie verkauft dort in Kinshasa Textilien- und Bekleidungswaren, die ihm ihr Mann aus Guangzhou zukommen lässt. Einen Teil der Gewinne sendet sie an ihren Mann entweder über Western Union oder bekannte Handelsreisende zurück oder sie fliegt selbst ein bis zwei Mal pro Jahr mit einem Touristenvisum nach Guangzhou. Auf dem Rückweg transportiert sie zudem Waren im Flugzeug zurück. Da seine Frau bis August 2008 ebenfalls in Guangzhou mit den damals noch zwei gemeinsamen Kindern lebte, wohnte C. noch in einer größeren Wohnung, die er aber aus Kostengründen gegen eine kleinere Wohnung außerhalb des Stadtzentrums Anfang 2009 eintauschte. U.a. auch aus Kostengründen (zu hohe Lebenshaltungskosten für die gesamte Familie bei geringen Einnahmen von C., Visagebühren, Schulgeld, etc.) leben seine Frau und mittlerweile drei Kinder (die heute 4, 7 und 9 Jahre alt sind) nun wieder im Kongo.

in der Guangdong Provinz. Er organisierte zudem für die Tochter von Pa. einen Platz in einem sechsmonatigen Chinesisch-Sprachkurs an der *Guangdong University of Foreign Studies*, welcher neben einer entsprechenden Aufenthaltsgenehmigung als Studentin und einer Unterkunft in einem Studentenwohnheim auch die Chance auf einen anschließenden Studienplatz beinhaltete (vgl. Kap. 5.3.2; Haugen 2013b). Nach einem zweiten Chinesisch-Sprachkurs für Fortgeschrittene in 2009 erhielt die Tochter schließlich zum Sommersemesterbeginn 2010 einen Studienplatz an der *Guangzhou Medical University*, wobei sie neben ihrem Studium weiterhin für das Familienunternehmen als Zwischenhändlerin in Guangzhou tätig ist – und diese Unternehmen somit die Dienste von D. nicht mehr in Anspruch nehmen muss (Mo., Guangzhou 17.07.2008, 29.03.2010, 19.09.2011).

Wie dieses Beispiel verdeutlicht, ist das Risiko einer Auflösung bestehender Geschäftsbeziehungen zwischen afrikanischen Kunden und ihren afrikanischen Zwischenhändlern sowie der damit verbundene plötzliche Verlust von Einkommensquellen (Vermittlergebühren/Provisionen) generell gegeben. Jedoch deuten die empirischen Untersuchungen darauf hin, dass etablierte Kunden-Zwischenhändler-Beziehungen, in denen sich über mehrere für beide Seiten zufriedenstellende Geschäftsabwicklungen hinweg ein gewisses „Vertrauensverhältnis" entwickelt hat, vielmehr verstetigt als aufgelöst werden (und sich zudem zugehörige Mobilitätsmuster transformieren, siehe Kap. 6.2). Die Gründe für solch eine Verstetigung einzig und allein unter vertrauensrelevante Beziehungsaspekte im Sinne einer *Tit-for-Tat*-Strategie bzw. dem Aspekt des reziproken Austausches (Kap. 2.4.1) zu subsummieren, würde allerdings den Blick auf die Eingebettetheit dieser Austauschbeziehungen (außerhalb des formellen Gütermarktes) in jene Strukturmomente verschließen, die sich als strukturelle Hürden und Hindernisse oder Zwänge unterschiedlicher Analyse- und Maßstabsebenen und Akteursperspektiven interpretieren lassen (Kap. 2.5.2):

Keine finanzstarken Handelsreisenden

Zunächst sind nicht alle afrikanischen Kunden/Handelsreisenden in der Lage, zeitgleich Handelsgeschäfte und Investitionen, die sich dann erst auf lange Sicht rechnen, zu tätigen. Auch wenn vereinzelt (sehr) wohlhabende Händler und Unternehmer anzutreffen sind (Kap. 5.2.3), so ist der überwiegende Teil der Handelsreisenden und potentiellen sowie aktuellen Kunden der interviewten afrikanischen Zwischenhändler als selbständige Unternehmer und Händler tätig, die nur über ein geringes Finanzbudget verfügen und häufig nicht mehr als ein paar hundert US$ Reingewinn mit dem Handel chinesischer Waren erwirtschaften (s.a. Bredeloup 2013; Li et al. 2013; Haugen 2012; Mathews 2012b) – wovon ein Teil für Investitionen in weitere Handelsgeschäfte genutzt werden soll. Insbesondere die Erwirtschaftung von regelmäßigen Studiengebühren für Familienangehörige in China, wie im zuvor genannten Beispiel, ist trotz geringerer Beträge als etwa in Europa oder Nordamerika ein hoher finanzieller Posten, der nicht von allen afrikanischen Unternehmern/Händlern erwirtschaftet werden kann. So betrugen im Jahr 2008 die Semestergebühren für die Teilnahme an einem sechsmonatigen *Chinese Language Training Programme* an der *Guangdong University of Foreign Studies* 9.100 CNY (rund 1.500 US$) (GDUFS 2008). Für ein vergleichbares Programm für 2014 belaufen sich die Kosten auf 8.600 CNY (rund 1.400 US$) (GDUFS 2014) plus eine einmalige Anmeldegebühr von 500 CNY (rund 80 US$). Möchten man auf dem Campus selbst wohnen, kommen noch einmal Übernachtungskosten zwischen 1.800 CNY (300 US$ im Mehrbettzimmer) und 4.000 CNY (650 US$ im Doppelzimmer) pro Monat sowie rund 400–600 CNY (65–100 US$) Nebenkosten für Wasser und Elektrizität pro Semester hinzu (GDUFS 2014). Selbst bei den in Kap. 5.2.3 genannten Beispielen mit Handelsbeträgen an die 20.000 US$ würden diese Investitionen den Reingewinn von rund 2.200 US$ pro Handelsgeschäft nahezu aufzehren. Da dieser Reingewinn jedoch für weitere Investitionen in neue Handelsgeschäfte benötigt wird – Geschäfte, die i.d.R. vom schnellstmöglichen Profit durch zeitnahen An- und Verkauf der Ware geprägt sind (vgl. Li et al. 2013: 167; Marfaing & Thiel 2011: 13; Mathews 2012b: 209) –, sind langfristige, finanzielle Investitionen ohne finanziellen Rückhalt für die meisten afrikanischen Handelsreisenden und potentiellen Kunden nicht tragbar (Guangzhou: A., 06.09.2011; Kb., 07.09.2011; S., 19.01.2011; s.a. Kap. 5.3.2). So konzentrieren sich die afrikanischen Handelsreisenden neben ihrer Tätigkeit als Einzel- oder Großhändler in ihren jeweiligen Heimatländern primär auf die Organisation und Finanzierung ihrer Reisen nach China, die sie je nach Größenordnung ihrer Geschäftstätigkeit in Afrika mehrmals im Jahr bewerkstelligen oder durch spezielle Geschäftsarrangements ersetzen (Kap. 6.2).

Aufenthaltsrechtliche Einschränkungen

Des Weiteren reist der überwiegende Teil der afrikanischen Handelsreisenden mit einem Touristenvisum in die VR China ein, welches ihnen die einmalige Einreise und einen Aufenthalt von 30 Tagen gestattet. Wäre dieser Zeitraum grundsätzlich ausreichend, um vorrätige Waren einzukaufen, zugehörige Vertragsverhandlungen abzuschließen und sozusagen mit Waren im Gepäck (bzw. bei großen Volumina im Container) wieder abzureisen, ist dies laut Aussage aller Interviewpartner in Guangzhou (und auch in anderen Handelszentren in China) aufgrund der *on-demand*-Produktion, die häufig länger als 30 Tage benötigt, nicht möglich (vgl. Mathews & Yang 2012: 113). Da es nun aber – aufgrund in Kap. 5.2 erwähnter informeller Geschäftskontakte zu chinesischen Firmen, irregulärer und/oder fehlerhafter Produktionen, Falschlieferungen, Produktpiraterie, etc. – nötig ist, neben den eigentlichen (informellen) Vertragsverhandlungen mit Herstellern, Cargo-Firmen oder Zollbehörden den Herstellungsprozess der bestellten Ware von der Produktion, über das Verpacken der Ware bis hin zur Containerbeladung zu kontrollieren[5], werden hierfür gezwungenermaßen die Dienste eines ansässigen (afri-

---

5   Laut Aussage einer Händlerin aus Gambia – seit 2004 in China –, die mit ihrem Ehemann in Guangzhou und Yiwu ein RO sowie einen Shop im *Yiwu International Trade Center (ITC)*

kanischen) Zwischenhändlers benötigt, der als Garant für die erfolgreiche Geschäftsabwicklung und die korrekte Warenlieferung eintritt. Bis vor einigen Jahren nutzte noch der Großteil der Handelsreisenden die Möglichkeit, ihr Touristenvisum in Hong Kong oder Macau zu verlängern, anschließend wieder nach Guangzhou zurückzukehren und die bestellten Waren persönlich in Empfang zu nehmen und bei Bedarf direkt vor Ort zu reklamieren. Im Zuge einer zunehmend restriktiveren Visa-Vergabe an (unerwünschte) Ausländer ab ca. 2008 im Kontext von Großveranstaltungen (Olympische Spiele 2008; Feierlichkeiten zum 60. Jahrestag der VR China 2009; Shanghai-Expo 2010; Guangzhou Asian Games 2010; etc.) und der Einführung neuer Visa-Richtlinien im Rahmen des *Exit and Entry Administration Law of the People's Republic of China* (verabschiedet im Juni 2012 und im Juli 2013 in Kraft getreten; MPS 2013), ist es vielen insbesondere afrikanischen Staatsbürgern nicht mehr gestattet, ihr Visum in Hong Kong oder Macau zu verlängern – es besteht zudem für viele afrikanische Staatsbürger auch für Hong Kong Visumspflicht (IMMD 2014) (vgl. Kap. 5.3.2). Stattdessen sind sie nun gezwungen, für Neuanträge oder Visaverlängerung in ihr jeweiliges Heimatland zurückzukehren (Bork-Hüffer & Yuan-Ihle 2014; Callahan 2013; Chodorow 2012; Pieke 2010, 2011) und/oder auf die korrekte Lieferung ihrer Waren zu hoffen.

Sprachbarrieren und fehlende Einbettung in den lokal-chinesischen Kontext

Einige afrikanische Handelsreisende versuchen zunächst ohne die Hilfe eines Zwischenhändlers in Guangzhou Handelsgeschäfte abzuschließen. Bestehen vor einer ersten Geschäftsanbahnung beispielsweise noch keine langjährigen Geschäftskontakte oder familiären Beziehungen zu afrikanischen Zwischenhändlern und/oder chinesischen Anbietern in Guangzhou, sind die afrikanischen Handelsreisenden zunächst daran interessiert, sich selbst vor Ort ein Bild über die handelsbezogene Infrastruktur (Produkte, Preise, Anbieter, Entfernungen, Großhandelskaufhäuser, Cargo-Unternehmen, Hotels, etc.) und lokale Handelsbedingungen (erforderliche Sprachkenntnisse, Art und Weise der Vertragsverhandlungen und -abschlüsse etc.) zu machen (D., Guangzhou 05.03.2010). Durch diese persönliche Erfahrung vor Ort kann nicht nur abgeschätzt werden, wie viel handelsbezogenes Wissen und finanzieller Aufwand nötig sind, um ein Geschäft (erfolgreich) abschließen und zukünftige Gewinnmargen einkalkulieren zu können (H., Guangzhou 03.09.2011; L., Hong Kong 01.02.2011; Pa., Guangzhou 28.10.2008; S., Guangzhou 19.01.2011). Es wird darüber hinaus auch und vor allem in Erfah-

---

betreibt, ist die persönliche Überwachung des Produktionsprozesses durch einen Zwischenhändler bei Aufträgen in Yiwu seltener von Nöten (F., Yiwu 14.09.2011). Sie führt dies u.a. darauf zurück, dass es in der Zhejiang Provinz bezüglich irregulärer Produktionsstätten und im ITC angebotener Produkte striktere staatliche Kontrollen gäbe als in Guangzhou. Zudem würden in Yiwu ausschließlich Produkte chinesischer Hersteller produziert und/oder angeboten, während sich der (irreguläre) Markt in Guangzhou überwiegend auf die Herstellung ausländischer Markenprodukte (und entsprechender Fälschungen) spezialisiert habe.

rung gebracht, inwiefern der Mythos erfolgreicher Migranten, neuer Möglich-keitsräume und erhoffter Gewinnmargen im sino-afrikanischen Handel basierend auf spärlichen Informationen über Preise, Produkte und Handelsbedingungen in China den tatsächlichen Gegebenheiten vor Ort entsprechen[6].

Aufgrund der Sprachbarriere handeln die Handelsreisenden mit den chinesi-schen Agenten bzw. Vertretern diverser Unternehmen in den umliegenden Groß-handelskaufhäusern in *Xiaobei* oder *Sanyuanli* mit Gesten, Handzeichen und ei-nem Taschenrechner ausgestattet Preise und Produktdetails aus und knüpfen Kon-takte zu hiesigen Cargo-Firmen – falls dieser Service nicht direkt von den chinesi-schen Agenten eingekauft oder bei nur geringen Handelsmengen die Ware nicht direkt per Flugzeug mit zurück transportiert werden kann (teilnehmende Beobach-tung 2008–2011). Abgesehen davon, dass diese Handelsreisenden – insbesondere wenn sie das erste Mal in Guangzhou sind und noch keine und nur wenige Han-delserfahrung mitbringen – noch über keine etablierten und direkten Kontakte zu chinesischen Herstellern verfügen und somit auf chinesische Agenten angewiesen sind, die ihnen kaum die günstigen Preise wie etwa etablierte afrikanische Zwi-schenhändler anbieten werden, bezahlen sie zudem auch ohne entsprechende Kon-takte und lokales Wissen höhere Preise für die Verschiffung der Ware im Contai-ner (D., Guangzhou 28.02.2010). Gordon Mathews und Yang Yang (2012: 110) berichten in dem Zusammenhang von der Strategie eines etablierten afrikanischen Zwischenhändlers, dem aufgrund seiner Nationalität (und Hautfarbe) im Ver-gleich zu chinesischen Händlern grundsätzlich ein Preisaufschlag von chinesi-schen Lieferanten angerechnet wird und der aus diesem Grunde für Vertragsab-schlüsse und Geschäftsabwicklungen einen Chinesen aus Singapur einsetzt, dem er die Hälfte des so eingesparten Geldes als Vermittlergebühr auszahlt. In gleicher Weise verfährt auch D. aus Burundi – seit 2007 in Guangzhou als Zwischenhänd-ler tätig –, der trotz chinesischer Sprachkenntnisse und zahlreichen etablierten Direktkontakten zu chinesischen Herstellern in einigen Fällen die Dienste einer chinesischen Vermittlerin in Anspruch nimmt, mit der er seit Beginn seiner Han-delskarriere in Guangzhou zusammenarbeitet oder Bestellungen über chinesische Verkäufer/Ladenbesitzer aufgibt, die ihrerseits mit Direktkontakten zu chinesi-schen Produktionsfirmen werben (siehe Kap. 7.2 und Kap. 7.3) (Interviews und teilnehmende Beobachtung mit D., Guangzhou 2008–2011; Interview mit chinesi-scher Vermittlerin, Guangzhou 30.10.2008). Zudem verfügt D. über einen engen Kontakt zu einem burundischen Landsmann (I.), der seit 2002 in Guangzhou als Zwischenhändler tätig ist und gemeinsam mit seiner chinesischen Frau ein kleines Cargo-Unternehmen in Guangzhou betreibt, mit dem sie vergleichsweise günstige Transportpreise an afrikanische Händler weitergeben können.

---

6   Diese Informationen erhalten sie vorab entweder über andere Händler in ihren Heimatländern oder durch eine erste Kontaktaufnahme zu afrikanischen Zwischenhändlern in Guangzhou, deren Kontaktdaten über Mund-zu-Mund-Propaganda in sozialen Netzwerken in Afrika wei-tergegeben werden (Guangzhou: A., 06.09.2011; C., 04.10.2008; Ch., 04.03.2010; Is., 31.08.2011; Th., 23.01.2011).

Informelles Geschäfts- und Handelsklima

Abgesehen von höheren Produkt- und Dienstleistungspreisen, fehlenden Geschäftskontakten und Sprach- bzw. Verständigungsproblemen begegnen afrikanische Handelsreisende in Guangzhou einem Geschäfts- und Handelsklima, welches im Vergleich zu Hong Kong oder Yiwu (Mathews 2012b; Hk., Hong Kong 01.02.2011, L. Hong Kong 05.02.2011, F., Yiwu 14.09.2011) mehrheitlich durch Informalität bzw. Irregularität geprägt ist. Neben einer generellen hohen Präsenz irregulärer Produktionsstätten (Kap 5.2), (der Notwendigkeit von) informellen Kontakten zu staatlichen Behörden bezüglich aufenthaltsrechtlicher und/oder Zollangelegenheiten (Kap. 4.5 und 5.2.1), der Praxis außerbilanzieller Geschäftstätigkeiten, Barzahlungen und informeller Finanztransaktionen (Kap. 5.2.2), stellen informelle Vertragsverhandlungen und -abschlüsse eine der größten Hürden dar und bergen die höchsten Risiken (nicht nur) für afrikanische Handelsreisende. Zunächst werden Verträge zwischen afrikanischen Kunden und (informell agierenden) chinesischen Herstellern oder Agenten in Guangzhou mehrheitlich mündlich vereinbart und getätigte Absprachen handschriftlich in chinesischer Zeichenschrift – welche die afrikanischen Kunden i.d.R. nicht beherrschen – seitens der Anbieter festgehalten und als Vertragsdokument und/oder Abholschein an die Käufer weitergegeben (teilnehmende Beobachtung 2008–2011). Doch selbst wenn offiziell gültige Handelsverträge abgeschlossen und in englischer Sprache verfasst werden, stellt dies keine Garantie für die Verlässlichkeit getätigter Absprachen dar. In Guangzhou ansässige Zwischenhändler berichteten etwa, dass es – trotz etablierter Geschäftskontakte zu chinesischen Herstellern, regelmäßiger Produktionskontrolle und fest ausgehandelter Preise – zu regelmäßigen Neuverhandlungen der Geschäftsbedingungen im Laufe der Produktion käme (Guangzhou: Kb., 07.08.2011; El., 03.09.2011; D., 20.01.2011). So würden von chinesischen Herstellern und/oder Agenten nach Anlauf der Produktion neue Einkaufspreise etwa aufgrund gestiegener Energiekosten verlangt, die gelieferte Ware wäre teilweise unvollständig oder fehlerhaft oder vereinbarte Serviceleistungen wie die Übernahme von Verpackungskosten oder der Transport zu Lagerhäusern würden nicht erbracht. Es verwundert deswegen zunächst nicht, dass sämtliche Interviewpartner ein generelles Misstrauen gegenüber chinesischen Handelspartnern äußern und dabei die Meinung vertreten, dass letztere jede Gelegenheit nutzen würden, um auf Kosten und zum Nachteil ihrer (ausländischen) Kundschaft Profit zu schlagen[7] – ungeachtet dessen, ob die Interviewpartner selbst Opfer von „Vertragsbrüchen" waren oder nicht. Zugleich muss aber auch erwähnt werden, dass ein Großteil der chinesischen Firmen aufgrund praktizierter *on demand*-Produktion sowie limitierter Lagerkapazitäten i.d.R. Interesse daran hat, ihre Ware so schnell wie möglich

---

7   Im Laufe der empirischen Forschungsaufenthalte konnte man den Eindruck gewinnen, dass sich innerhalb der afrikanischen Händlergemeinschaften ein gewisser Stereotyp des „chinesischen Händlers" herausgebildet hat (vgl. Kap. 5.4), dessen Charaktereigenschaften – nicht vertrauenswürdig, ausschließlich am Profit orientiert, rassistisch gegenüber Afrikanern eingestellt, kein Interesse an sozialen Kontakten zu Afrikanern – einem Mantra gleich in allen Interviews reproduziert wurden.

an ihre Kunden auszuliefern (Kap. 5.2.1), was dem hier erwähnten Generalverdacht bewusster Täuschungsstrategien zur Generierung höherer Profite widersprechen würde. Im Kontext eines ökonomisch orientierten Interesses und einer zunehmenden Konkurrenz durch afrikanische *und* chinesische Zwischen-/ Großhändler in China *und* Afrika sowie zunehmender Direktkontakte zwischen Handelsreisenden und Anbietern können die erwähnten Aussagen afrikanischer Zwischenhändler auch so interpretiert werden, dass sie den Wert ihrer Position und Tätigkeit in China für das Gelingen eines (informellen) Handelsgeschäftes hervorheben sollen – ein Aspekt, der in der Diskussion um die Generierung einer unternehmerischen Handlungsfähigkeit im lokal-chinesischen Kontext noch einmal aufgegriffen wird (Kap. 7).

Allerdings lassen sich Erfahrungen und Erfahrungsberichte afrikanischer Händler von Vertragsbrüchen, falschen oder unvollständigen Lieferungen, Wucherpreisen und Betrugsfällen nicht leugnen (A., Guangzhou 06.09.2011; D., Guangzhou 31.03.2010; El., Guangzhou 03.09.2011; I., Guangzhou 31.03.2010; Kb. Guangzhou 07.09.2011; s.a. Interview mit Dalila Nadi, Shanghai 19.09.2011; Bredeloup 2013; Li et al. 2013; Mathews 2012b). Die empirischen Untersuchungen deuten jedoch darauf hin, dass es sich hier in der Regel um Vorkommnisse handelt, die von unerfahrenen afrikanischen Handelsreisenden erlebt wurden und/oder bei ersten Kontaktanbahnungen und Handelsgeschäften zwischen Kunden und Anbietern in Guangzhou aufgetreten sind. Wie unbedacht dabei einige afrikanische Händler bei ersten Geschäftskontakten zu chinesischen Anbietern vorgehen, zeigt die folgende Erzählung, die auf eigenen Beobachtungen basiert sowie durch Berichte zahlreicher Zwischenhändler und erfahrener Handelsreisender bestätigt wurde (teilnehmende Beobachtung 2008–2011; A., Guangzhou 06.09.11; Ch., Guangzhou 28.08.11; El., Guangzhou 03.09.2011; K., Guangzhou 28.10.08; R.A., Yiwu 11.09.11; T., Guangzhou 31.08.2011; Y., Guangzhou 06.09.11): So besuchen einige noch unerfahrene afrikanische Handelsreisende die umliegenden Großhandelskaufhäuser in *Xiaobei* oder *Sanyuanli* und verhandeln mit den dort ansässigen und zumeist chinesischen Shopbesitzern über Preise und Mengenrabatte potentieller Produktionsaufträge. Als Grundlage für Verhandlungen beziehen sich die Händler auf die dort ausgestellten Waren, legen die gewünschten Mengen fest und gehen dann bei Aufträgen davon aus, exakt die gleiche Ware zu erhalten – ohne etwa bei Bekleidungswaren vertraglich festgehaltene und detaillierte Absprachen über Material, Schnitt, Größe oder Angaben beispielsweise zu Knöpfen, Schriftaufdrücken, Innentaschenmaterial und -länge zu vereinbaren. Zudem bezahlen diese afrikanischen Händler bereits einen Großteil des Handelsvolumens in Bar voraus und erhalten im Gegenzug, wie bereits erwähnt, lediglich eine auf chinesischer Schriftsprache handschriftlich gezeichnete Quittung. Nicht selten kommt es vor, dass informell agierende chinesische Firmen nach solch einer Anzahlung plötzlich untertauchen (A., Guangzhou 06.09.2011; D., Guangzhou 20.01.2011; vgl. Bredeloup 2013; Mathews & Yang 2012).

Aber auch wenn exakte Absprachen gemacht und schriftlich festgehalten werden, kommt es – insbesondere, wenn es sich um „Verträge" mit irregulären Produktionsstätten und Nachahmungen von Markenprodukten handelt – bei der

Rückkehr im Heimatland und Auslieferung der Ware schließlich zu ungeahnten Überraschungen: So werden etwa Jeans ohne Innentaschen oder in falscher Länge geliefert, Elektronik-Neuware wird durch gebrauchte Produkte oder gebrauchte Teilkomponenten ersetzt, Aufdrucke und Labels werden falsch buchstabiert, die Hälfte der Ware ist defekt, fehlerhaft, oder entspricht nicht der geforderten Qualität, etc. (vgl. Kap. 5.2). Handelt es sich bei den afrikanischen Handelsreisenden um selbständige Händler ohne großes Finanzkapital, die mit der Hoffnung auf schnellen Profit, Reichtum und Prestige zum ersten Mal in ihrem Leben Handelsgeschäfte tätigen, im Ausland sind und/oder nach China reisen, und sich zudem noch deren geringes Finanzbudget aus Spenden diverser Familienangehöriger zusammensetzt – die wiederum ihre Hoffnung auf das Gelingen dieser entsandten Verwandten setzen –, können solche ungeahnten Überraschungen, Vertragsbrüche, Falschlieferungen, etc. zum Zusammenbruch nicht nur ihrer eigenen sondern auch der familiären Lebensgrundlage führen (vgl. Mathews 2012b: 213).

Die Chance auf die Rückerstattung von Zahlungen oder die Reklamation der Waren sind in solchen Fällen laut Aussagen aller Interviewpartner so gut wie aussichtslos. Auch wenn afrikanische Händler noch die Mittel hätten, um eine weitere Reise nach Guangzhou zu finanzieren, wären sie lediglich mit jener chinesischsprachigen Quittung ausgestattet, die sie nicht zu lesen im Stande sind. Eine Beschwerde bei örtlichen, zuständigen Behörden wie etwa der lokalen Polizeistation ist ohne die Unterstützung staatlicher Behörden oder privater Organisationen, die als Interessensvertreter von Händlergemeinschaften ihre Kontakte zu chinesischen Behörden geltend machen könnten[8], ebenso aussichtslos. So berichtete etwa ein ghanaischer Zwischenhändler (Em., Guangzhou 03.09.2011), der seit 2008 in Guangzhou lebt und mit seiner chinesischen Frau einen Verkaufsladen in der *Oversea Trading Mall* im Quartier *Xiaobei* unterhält, von der Beschwerde eines ihm bekannten afrikanischen Händlers bei der lokalen Polizeibehörde in Guangzhou. Dort gab der Händler – mit Fotomaterial der Falschlieferung und dem handschriftlichen „Vertrag" in chinesischer Zeichensprache ausgestattet – an, dass ihm sein chinesischer Anbieter trotz schriftlicher Absprachen mangelhafte Waren geliefert habe. Auf der Polizeistation musste der afrikanische Händler jedoch feststellen, dass die Quittung widersprüchliche Angaben zu seinen Aussagen bzw. vermeintlichen Vertragsabsprachen enthielt, die er bei Vertragsabschluss aufgrund fehlender Kenntnisse chinesischer Zeichensprache nicht hatte entziffern können. Eine Aufklärung oder zumindest eine vermittelnde Funktion seitens der Polizeibehörde sei zudem aufgrund einer eindeutigen Parteinahme der Polizeibeamten

8   So soll die bei der chinesischen Botschaft seines Heimatlandes eingegangene Beschwerde eines wohlhabenden afrikanischen Händlers über defekte und falsch gelieferte Ware im Rahmen eines über mehrere hundert Tausend US$ umfassenden Handelsgeschäftes zwischen ihm und einem chinesischen Anbieter in Guangzhou zur mehrmonatigen Schließung eines Großhandelskaufhauses im Quartier *Xiaobei* geführt haben. Laut chinesischen Medienberichten und staatlichen Behörden ist die Schließung dieses Großhandelskaufhauses jedoch eingebettet in eine politische Agenda, die sich dem Kampf gegen informelle Ökonomien und Produktpiraterie in der Provinz Guangdong widmet und dabei insbesondere die „afrikanischen" Märkte im Quartier *Xiaobei* und *Sanyuanli* im Visier hat (Zheng 2002; IPR 2011).

für die chinesische Verhandlungspartei nicht möglich gewesen. Dass hier durchscheinende Misstrauen gegenüber staatlichen Behörden, welches sich auch in anderen Interviews und Gesprächen mit afrikanischen und chinesischen Händlern offenbarte, wird von dem ghanaischen Zwischenhändler und Shopbesitzer folgendermaßen zusammengefasst:

> „I will send you to police station, they cannot help you. Because you are foreigner, they will never, especially [when you are] from Africa […].You will never go there. […] One thing, you cannot read their language. So maybe they [the Chinese suppliers] write a receipt for you. So maybe you want to order this one, they write on receipt. You cannot read it. So when you go to the police station, they [the Chinese suppliers] present their way is right. That is why the police cannot do a thing. So maybe you read an A, than the person [from the Chinese suppliers] write C, you don't know. So when you go to police station, they [the Chinese] will show to police and ask them: This is A? The police people say no. You: No, I tell you, I wanted A. But at the end C is written. […] That is the problem" (Em., Guangzhou 03.09.2011).

Auch wenn ein bedeutender Anteil am Misslingen sino-afrikanischer Handelsgeschäfte in der vorliegenden Untersuchung auf informelle Vertragsabschlüsse und Austauschbeziehungen, fehlenden etablierten Geschäftskontakten, sprachliche Hürden und einem Mangel an Erfahrung im lokalspezifischen Handelskontext zurückgeführt werden kann, so wird die hier auf das chinesische Festland beziehende Kritik sowohl an der Verlässlichkeit staatlicher Behörden und rechtlicher Abkommen (Gesetze) als auch an der Verlässlichkeit informeller Handelsbeziehungen von zahlreichen Interviewpartnern und anderen Studien zu afrikanischen Händlern in China geteilt (u.a. Mathews 2012b; Mathews & Yang 2012; Yang 2012) – und etwa als bedeutender Grund dafür angeführt, seine Handelsgeschäfte nach wie vor und primär in Hong Kong zu tätigen, obwohl die Einkaufspreise hier ungleich höher als beispielsweise in Guangzhou wären (Hk. und L., Hong Kong 01.02.2011).

6.2 TRANSFORMATION VON MOBILITÄTSPRAKTIKEN

Aufgrund dieser „strukturellen" Handelsbarrieren und -risiken im Kontext informeller Geschäftskontakte in Guangzhou, kombiniert mit einer zunehmend restriktiveren Vergabe von kurzfristigen Touristen- und Geschäftsvisa an afrikanische Händler (vgl. Bork-Hüffer & Yuan-Ihle 2014; Yang 2011; Bredeloup 2012; Haugen 2012), Sprachbarrieren und fehlender Einbettung in den lokal-chinesischen Kontext, fehlenden handelsbezogenen (informellen) Netzwerkkontakten in China und Afrika (Kap. 5.2.1) sowie dem Bestreben, aufgrund generell geringer oder gering kalkulierter Finanzbudgets unnötige Transaktionskosten (wie etwa Reise- und Visakosten) einzusparen, sind zahlreiche Handelsreisende nach ersten missglückten Handelsgeschäften oder nach ihrem ersten, zweiten oder dritten Aufenthalt in Guangzhou sowie ersten erfolgreichen Kooperationen mit einem afrikanischen Zwischenhändler (wieder) dazu übergegangen, die Zusammenarbeit mit einem afrikanischen Zwischenhändler in Guangzhou zu etablieren und langfristig zu verstetigen. Dies schließt u.a. auch mit ein, dass die afrikanischen Kun-

den/Handelsreisenden sukzessive ihre Reisen nach China zum Zwecke des Wa-
reneinkaufs einstellen und stattdessen in ihrem Heimatland verbleiben, dort ihre
Tätigkeit als Einzel- oder Großhändler weiter ausüben und ihre Zwischenhändler
in Guangzhou mit regelmäßigen Warenlieferungen über Email oder Telefon be-
auftragen (teilnehmende Beobachtung 2008–2011). In diesen Fällen ersetzt die
Position eines afrikanischen Zwischenhändlers in Guangzhou bislang etablierte
Mobilitätsformen afrikanischer Handelsreisender.

Multilokale Geschäftskooperationen

Darüber hinaus zeigt sich anhand folgender Geschäftsarrangements, dass die Zwi-
schenhändler-Position nicht nur bereits praktizierte sondern auch potentielle Pendelmigrationen afrikanischer Handelsreisender zwischen Afrika und China unter-
bindet. So konnte beispielsweise Kb. aus Mali (neben anderen Handelskontakten,
Kap. 5.1) einen ehemaligen Geschäftskontakt seines Onkels reaktivieren und
langfristig zu einem für sich lukrativen Handelsnetzwerk ausbauen, indem er trotz
seiner „temporären Immobilität" auf lokal disperse Ressourcen zurückgreifen
kann. Dieser Geschäftskontakt ist eine Frau aus der Republik Sambia, die dort
eine Handelsagentur betreibt und Kundenanfragen zu chinesischen Produkten an
Kb. in Guangzhou weiterleitet, die dieser wiederum bei Bedarf und Vorauskasse
in China einkauft und an die Kunden in Sambia mithilfe dieser Frau ausliefert. Bis
auf Absprachen per Telefon oder Email ist Kb. bisher weder persönlich bzw. *face-
to-face* mit den Kunden aus Sambia in Kontakt gekommen noch haben diese je
eine Reise nach China unternommen (Kb., Guangzhou 09.09.2011).

Ein weiteres Beispiel ist Ch. aus Burundi, der Ende 2008 nach Guangzhou
kam und sich dort als Zwischenhändler etablieren konnte (teilnehmende Beobachtung und Interviews mit Ch., Guangzhou 2008–2011). Im Gegensatz zu Kb. verfügte Ch. anfangs zwar noch über keine etablierten Händlernetzwerke und -
erfahrungen – nach einer Soldatenlaufbahn beim ruandischen Militär und einem
Bachelorabschluss der Computer- und Kommunikationstechnik in Ruanda kehrte
er 2003 nach Burundi zurück, wo er eine Anstellung in einer Computer-Firma
fand. Aufgrund seines räumlich weit verzweigten sozialen Netzwerkes[9] in Afrika
(und darüber hinaus) erhält Ch. jedoch regelmäßig Anfragen über Email von
Verwandten, Bekannten oder ihm unbekannten Personen, die von seinem Aufenthalt in Guangzhou oder von ihm bereits organisierten (erfolgreich abgeschlossenen) Handelsgeschäften über Mund-zu-Mund-Propaganda erfahren haben und nun

---

9   Seine Mutter stammt aus Burundi und sein Vater aus Ruanda. Ch. und seine zwei älteren
     Brüder sind in Burundi geboren. Als Ch. 15 Jahre alt war, im Jahr 1991, ist die Familie nach
     Ruanda gezogen, wo Ch. bis zu seinem 28. Lebensjahr blieb. Neben zahlreichen Verwandten
     in Burundi, Ruanda und der DR Kongo lebt ein großer Teil der Verwandtschaft mittlerweile
     in Kanada – 12 Personen plus Familie leben in Montreal – sowie vereinzelt in diversen Län-
     dern Europas (Belgien, Frankreich und Niederlande). Neben dem Familiennetzwerk hat Ch.
     zudem viele Kontakte über seine Mitgliedschaft in einer großen christlichen Pfingstgemeinde
     in Burundi.

Waren aus China beziehen möchten. Zwar handelt es sich hierbei i.d.R. bislang nur um kleinere Warenbestellungen und Handelsvolumina im Wert von maximal 2.000 US$ pro Warenlieferung. In der Summe reichen die Einnahmen aus diesen Handelsgeschäften aber aus, um Ch.'s Lebenshaltungskosten[10] in Guangzhou zu decken und nebenbei kleinere Investitionen in eigene Handelsgeschäfte in Zusammenarbeit mit einem seiner Brüder, der in Bujumbura einen kleinen Verkaufsladen betreibt, zu tätigen.

Ein drittes Beispiel, bei dem die Position eines afrikanischen Zwischenhändlers in Guangzhou internationale Mobilitätspraktiken afrikanischer Händler ersetzt, ist A., 43 Jahre alt und aus dem Niger, der seit 2003 als Zwischenhändler in Guangzhou tätig ist (A., Guangzhou 06.09.–09.09.2011). Seinen wichtigsten Handelskontakt zu einem jamaikanischen Kunden knüpfte er durch eine Jamaikanerin, die er während ihres mehrwöchigen Aufenthaltes 2004 in Guangzhou kennen lernte und mit der er sich kurzzeitig ein Appartement teilte[11]. Einige Zeit nach ihrer Rückkehr nach Jamaika gab sie A.'s Kontaktdaten in Guangzhou an einen ihrer Onkel weiter – ein wohlhabender Geschäftsmann, der bei einem zufälligen Gespräch mit seiner Nichte Interesse an Geschäftskontakten in China äußerte und von dem Aufenthalt seiner Nichte in China erfahren hatte. Daraufhin kontaktierte der Onkel A. in Guangzhou über Email und man vereinbarte nach mehreren telefonischen und Email-Absprachen – ohne vertraglich-institutionelle Garantien[12] und ohne jemals in *face-to-face*-Kontakt getreten zu sein – ein erstes Handelsgeschäft, dem bis heute regelmäßige und sehr umfangreiche Handelsgeschäfte folgten (siehe Kap 5.2.3). Erst zwei Jahre nach dem ersten Handelsgeschäft lernten sich beide während einer Geschäftsreise des Jamaikaners in Guangzhou persönlich kennen.

10   Da Ch. seit Anfang 2011 nach zwei Jahren Sprachschule in Guangzhou als Student der Kommunikationswissenschaften eingeschrieben ist, muss er neben den üblichen Lebenshaltungskosten (Wohnung, Visa, Lebensmittel, etc.) für seine Finanz-Verhältnisse hohe Studiengebühren finanzieren.

11   A. und die Jamaikanerin hatten nach A.'s Angaben jedoch kein Verhältnis miteinander. Vielmehr gestaltete sich das Zusammenwohnen als sehr schwierig, da es ständig persönliche Auseinandersetzungen zwischen ihm, der Jamaikerin und dem dritten Mitbewohner – einem Tansanier, den A. in Guangzhou kennenlernte und mit dem sich A. primär das Appartement teilte – gab. So verwunderte es A. auch, dass sich einige Zeit später der Onkel der Jamaikanerin bei ihm per Email meldete und Interesse an einer Zusammenarbeit bekundete.

12   Der Jamaikaner überwies A. für das erste Handelsgeschäft eine Anzahlung von 125.000 US$ auf A.'s Konto in Hong Kong. A. war zunächst überwältigt von solch einem hohen Geldbetrag und dem blinden Vertrauen, welches ihm der Jamaikaner entgegenbrachte. A. hatte noch nie zuvor in seinem Leben so viel Geld zur Verfügung gehabt und war kurzfristig versucht, mit dem Geld unterzutauchen – was ihm, wie er sagte, durchaus möglich gewesen wäre ohne jemals vom Jamaikaner aufgespürt zu werden. Nach einer kurzen Bedenkzeit und mit der Möglichkeit auf weitere lukrative Handelsgeschäfte entschied sich A. jedoch zur Zusammenarbeit mit dem Jamaikaner, der bis heute sein größter Kunde ist.

Praktiken des Netzwerkens und die Bedeutung lokaler meeting places

Neben der Transformation von Mobilitätsmustern oder der Unterbindung potentieller Wanderungsbewegungen fällt zudem auf, dass die Geschäftskontakte der Zwischenhändler zu ihren afrikanischen Kunden nicht ausschließlich auf co-ethnischen oder co-nationalen Netzwerken beruhen – auch wenn nach wie vor herkunftsbezogene Netzwerke afrikanischer Zwischenhändler den sino-afrikanischen Handel dominieren. Vielmehr zeigen die oben herangezogenen Beispiele – die exemplarisch für den Großteil der interviewten Zwischenhändler und ihrer Handelsnetzwerke zutreffen –, dass sich hier Ethnien und/oder Nationalitäten übergreifende, translokale Beziehungskonstrukte etabliert haben, deren Entstehung unterschiedlichen Netzwerkpraktiken zugeordnet werden kann, die bei sämtlichen interviewten Zwischenhändlern in unterschiedlicher Ausprägung in Erscheinung treten. Neben den im vorherigen Absatz bereits beschriebenen Praktiken der *Mund-zu-Mund Propaganda*, die entweder über bestehende handelsbezogene, verwandtschaftliche oder religiöse und grenzüberschreitende Netzwerke operiert und durch instrumentelle Interessen geleitet handels- und/oder migrationsfördernde Netzwerkkontakte aktiviert (und reaktiviert) (s.a. Kap. 5.1 und 5.3.1), nehmen herkunftsunabhängige Netzwerkpraktiken über *face-to-face*-Kontakte im lokal-chinesischen Kontext eine bedeutende Rolle zur Herstellung von Geschäftsbeziehungen zwischen afrikanischen Zwischenhändlern und ihren afrikanischen Kunden/Handelsreisenden ein. Wie diese *face-to-face*-Kontakte einerseits durch Situativität und andererseits durch sozialräumlich (re-)produzierte Alltagspraktiken gekennzeichnet und hergestellt werden, in denen spezifische Lokalitäten eingebunden sind, soll anhand der folgenden Erzählung erläutert werden:

Nach dem Gottesdienst der *The Will of God*-Kirchengemeinde, der jeden Sonntag zwischen 14 und ca. 17 Uhr in einem Hotelsaal in etwa 10minütiger fußläufiger Entfernung zum *Xiaobei*-Quartier stattfindet, löste sich die Kongregation wie üblich sehr schnell auf. Während einige der Gemeindemitglieder mit dem Bus, Taxi oder eigenem Auto den Weg nach Hause antraten oder diversen Handelsaktivitäten in umliegenden Großhandelskaufhäusern nachgingen, versammelten sich noch einige Mitglieder in kleineren Gruppen in der Lobby des Hotels, tauschten Neuigkeiten aus oder nutzten die Gelegenheit, um beispielsweise mit dem Pastor der Gemeinde private Angelegenheiten zu besprechen. Ich selbst schloss mich zwei Mitgliedern des Kirchenchores an – D. und Th. aus Burundi –, die ebenfalls dort verweilten und in ein Gespräch über einen Musiker vertieft waren, den sie in einem „Missionarsvideo" gesehen hatten. Nach etwa einer halben Stunde löste sich auch diese Versammlung allmählich auf, wobei sich alle Gruppen unabhängig voneinander zu Fuß auf den Weg zum Quartier *Xiaobei* begaben. D. und Th. hatten sich derweilen übers Mobiltelefon mit drei anderen burundischen Bekannten für ein abendliches Treffen auf dem *Don Franc* Platz vor der *Oversea Trading Mall* verabredet, wobei keine bestimmte Uhrzeit ausgemacht wurde (Abb. 4). Vor Ort angekommen stellte sich heraus, dass auch andere Gemeindemitglieder für einen kurzen Austausch oder ein verabredetes Treffen mit

Freunden oder ihren Kunden den *Don Franc* Platz oder die Lobby des angrenzenden *Don Franc* Hotels gewählt hatten. Das *Don Franc* Hotels selbst ist auf den
ersten Blick kaum zu auszumachen, da es baulich so weit in die *Oversea Trading
Mall* integriert ist, dass beispielsweise der vordere Haupteingang des Großhandelskaufhauses zugleich als Hotellobby und Rezeption des Hotels fungiert. Zudem
trägt die offene Parterre-Architektur – bestehend aus zumeist offen stehenden
Glastürreihen – zum davor befindlichen *Don Franc* Platz dazu bei, dass nicht nur
Hotelbesucher und Kunden des Kaufhauses den Eingangsbereich für sich beanspruchen, sondern auch „Akteure des öffentlichen Raumes" wie selbstverständlich
die sich dort befindlichen Sitzmöglichkeiten regelmäßig nutzen. Zudem bietet ein
kleiner *Callcenter* in der Eingangshalle des Hotels/Großhandelskaufhauses, der
von einem kongolesischen Afrikaner geführt wird, günstige Telefonate ins Ausland an, so dass auch seine zumeist afrikanischen Kunden einen Teil der
Sitzmöglichkeiten zum Verweilen nutzen.

*Abb. 4: Sicht vom Don Franc Platz auf die Oversea Trading Mall (links) und das Don Franc Hotel
(rechts) (eigene Aufnahmen, Guangzhou 2011)*

Auch Th., D. und ich saßen eine Weile dort, unterhielten uns und schauten dem
regen Treiben zu, welches sich vor unseren Augen in der Hotellobby und auf dem
Don Franc Platz abspielte: Zahlreiche Gruppen und Einzelpersonen unterschiedlichster zumeist afrikanischer und „arabischer" (Mittlerer/Naher Osten oder
Maghreb) Herkunft, die als Handelsreisende in den nahe gelegenen Hotels wohnen oder in Guangzhou ansässig sind, nutzten den Ort für einen kurzen oder längeren Austausch untereinander oder frequentierten die gegen Abend sich aufbauenden chinesischen Straßenhandelsstände (häufig von Uiguren aus der Provinz

Xinjiang betrieben) sowie die bis spät in die Nacht geöffneten Einzel- und Groß-handelsshops und Kioske; muslimische Hui-Chinesen aus den nordwestlichen Provinzen Chinas zählten in ihrer Tätigkeit als informelle Geldwechsler auf dem *Don Franc* Platz in kleinen Gruppen bündelweise Hundert-Yuan-Scheine ab, ver-stauten diese in quadratische Umhängetaschen und übergaben diese an andere Personen ihrer Gruppe; chinesisch und afrikanisch stämmige Prostituierte boten etwas abseits des Hoteleingangs mit dezenten Gesten ihre Dienste an; chinesische Schuhputzer an der gegenüber liegenden Seite des Platzes riefen hingegen laut-stark ihr Angebot den Vorbeilaufenden entgegen; chinesische Träger, zumeist Binnenmigranten aus unterschiedlichen Provinzen Chinas, warteten mit Handkar-ren ausgestattet zwischen der *Oversea Trading Mall* und dem *Hong Hui Interna-tional Commercial Center* auf die zumeist afrikanische Kundschaft (Abb. 5); die-se Kundschaft wird durch informell tätige Fahrer (aus der Provinz Henan) von Kleinbustaxis hergefahren, die direkt vor dem Hotel auf reservierten Parkmög-lichkeiten anhalten (Abb. 5); die Taxifahrer werden von den ausländischen Han-delsreisenden (über verdeckte Provisionen oder ausgehandelte Fahrpreise) enga-giert, um diese zu diversen Großhandelskaufhäusern und Lagerstätten im Groß-raum Guangzhou zu fahren und Waren zu transportieren; zusätzlich boten motori-sierte Dreiradtaxis ihre informellen zumeist von Uiguren getätigten Fahrdienste an; in der Hotellobby wurden Waren, die von den Kleinbustaxis transportiert wur-den, von afrikanischen Händlern auf einer dort eigens für solche Zwecke aufge-stellten Waage gewogen, umgepackt und in transportable häufig für den Flug-zeugtransport geeignete Größenmengen neu verpackt und anschließend in der Hotellobby selbst oder in einem angrenzenden hoteleigenen kleinen Lagerraum bis zum Weitertransport bzw. bis zur Abreise der Händler verstaut.

Abb. 5: Warenträger (links) und Kleinbustaxis (rechts) auf dem Don Franc Platz (eigene Aufnahmen, Guangzhou 2011)

Th., D. und ich verließen nach etwa einer halben Stunde die Hotellobby und be-grüßten die auf dem *Don Franc* Platz eintreffenden ebenso in feierliche Gottes-dienst-Outfits gekleideten Bekannten, die sich sogleich angeregt in einem Mix aus

Französisch und Kirundi[13] (und mir zugewandt auf Englisch) unterhielten. Nach kurzer Zeit sprach uns ein kongolesischer Händler auf Französisch an, der unser Gespräch eine Weile belauscht hatte und aufgrund der Sprachen bereits auf die burundische Herkunft der Afrikaner in seinen Eingangsworten schloss. Wie sich herausstellte, war der Händler zwei Tage zuvor in Guangzhou angekommen und besuchte zum ersten Mal China, hatte aber offensichtlich Schwierigkeiten, sich aufgrund fehlender (Handels-)Kontakte und Sprachkenntnissen in der Stadt zurechtzufinden. Auf die Frage, wie er den Weg nach Xiaobei gefunden habe, erzählte er, dass er am Flughafen in ein Taxi gestiegen sei und den Fahrer bat, ihn dort hinzufahren, wo sich seiner Meinung nach das Handelsviertel der Stadt und andere afrikanische Händler befanden. Der Taxifahrer selbst konnte jedoch weder Französisch noch Englisch, fuhr ihn aber ohne weitere Erklärungen nach etwa eineinhalbstündiger Fahrt ins Quartier *Xiaobei*. Wie der kongolesische Händler weiterhin erklärte, sei er nun auf der Suche nach jemandem, der ihm bei seinen Handelsgeschäften in China, insbesondere bei der Suche nach Produkten und für Übersetzungsdienste, behilflich sein könnte. D. gab ihm schließlich seine Visitenkarte, verabredete ein Treffen für den nächsten Tag und versprach dem Kongolesen mit dem Hinweis auf seine Tätigkeit als Zwischenhändler, ihn bei seiner Suche zu unterstützen. Nach dem sich der kongolesische Händler verabschiedet hatte, erklärte mir D., dass solche zufälligen Begegnungen nichts Ungewöhnliches seien und sich daraus auch durchaus langfristige und für ihn lukrative Geschäftsbeziehungen entwickeln könnten. Mit dem Hinweis auf eine ähnlich zufällige Begegnung zwischen ihm und einem ugandischen Händler am *Baiyun* Flughafen (siehe Kap. 6.1) führte D. als Schlüsselfaktor für die Entstehung solcher Kontakte v.a. die gemeinsam gesprochene Sprache an, die im fremdchinesischen Ankunftskontext als Referenz- oder Orientierungspunkt für afrikanische und des Mandarin nicht mächtige Händler/Migranten fungiere.

Neben dem *Don Franc* Platz stellen weitere solcher *meeting place*s in Xiaobei bzw. Guangzhou – die hier als Ausdruck translokaler Raum-Konfigurationen sozialer Beziehungen und Praktiken des Netzwerkens „defined by the ways the people in the place interacts with places and social processes beyond [and within it]" (Gielis 2009: 277) verstanden werden (Kap. 2.5.2) – wichtige Orte für soziales und ökonomisches Netzwerken im Kontext des sino-afrikanischen Handels dar (teilnehmende Beobachtung 2008-2011). So treffen sich allabendlich beispielsweise im *Lounge Coffee* im Erdgeschoss des Großhandelskaufhauses *Tianxiu* im Quartier *Xiaobei* regelmäßig westafrikanische, in China temporär ansässige Händler und sitzen in kleinen, zumeist herkunftsbezogenen Gruppen etwa aus Mali, dem Niger oder Burkina Faso bis spät in die Nacht zusammen. In der *Elephant Mall* bieten zahlreiche zumeist von zentral- und ostafrikanischen Migranten geführte Friseursalons Orte des Austausches. Zudem gibt es neben den rund 60–70 offiziell registrierten (auf afrikanische, arabische, südasiatische und chinesische

---

13 Kirundi wird von einem Großteil der Bevölkerung in Burundi gesprochen und gehört zur Gruppe der Bantusprachen, zu der auch die in Zentral- und Ostafrika am häufigsten genutzte Verkehrssprache Swahili gehört (Nurse/Philippson 2006).

Küche ausgerichteten) Restaurants im Quartier *Xiaobei* (Stephan 2013), zahlreiche „informelle Küchen", die häufig von afrikanischen Migrantinnen geführt werden und sich in privaten Appartements (z.B. im rückseitigen Wohnkomplex des *Tianxiu* Gebäudes) oder in den als Shops getarnten Ausstellungsflächen der umliegenden Großhandelskaufhäuser (z.B. im Hong Hui International Commercial Center) befinden. Neben den bereits erwähnten informellen christlichen Kirchengemeinden im Quartier zeugt eine islamisch geprägte Infrastruktur (*Halal*-Restaurants, kleinere Gebetsräume in den Kaufhäuser/Cafés/Restaurants, *Shisha*-Cafés) zudem von der Präsenz muslimischer Händler und Migranten nicht nur aus Afrika, sondern auch diversen anderen Herkunftsgebieten aus dem Nahen und Mittleren Osten (vgl. Bredeloup 2013).

6.3 AUSTAUSCH, ZUSAMMENKUNFT UND BRÜCKENKOPF – DIE SOZIALE KONSTRUKTION GUANGZHOUS ALS TRANSLOKALER HANDELSORT

Diese Heterogenität an Migranten, Händlern, Unternehmern, Wohnbevölkerungen etc. unterschiedlichster chinesischer und ausländischer Provenienz, sowie die Heterogenität an sozialräumlichen Alltagspraktiken, Dienstleistungen, stadträumlichen Funktionen etc. des spezifischen Quartiers *Xiaobei* deutet bereits daraufhin, dass die von einigen Autoren vorgenommene Konzeptionalisierung dieses Viertels als ein in sich abgeschlossener Raum ausschließlich afrikanischer Gemeinschaften zu kurz greift. Zwar ist die hier v.a. sichtbare Dominanz afrikanischer Akteure im Vergleich zu anderen Quartieren und Distrikten der *Megacity* Guangzhou nicht von der Hand zu weisen – eine Sichtbarkeit, die dem Quartier in der chinesisch-medialen aber auch wissenschaftlichen Berichterstattung die kontrovers zu diskutierenden Beinamen „Chocolate City" (Li et al. 2012; Pan et al. 2008) oder „Little Africa" (Cotrell o.A.; Lagarde 2013) eingetragen hat. Im Angesicht der oben aufgezeigten Heterogenität lassen sich Kategorisierungen wie „African enclave" (Li et al. 2009, 2012; Lyons et al. 2012) oder „African trading community" (Bodomo 2010) und damit implizierte Konzeptionalisierungen eines in sich eng verschlungenen Systems sozialökonomischer Organisation, basierend auf ausschließlich co-ethnischen sozialen Netzwerken einer sich selbst versorgenden homogenen Nachbarschaft (Light & Gold 2000; Zhou 2010), jedoch nur schwer aufrechterhalten. Damit soll die Existenz (und Bedeutung) co-ethnischer (Händler-)Netzwerke und ethnischer Ökonomien in *Xiaobei* oder auch *Sanyuanli*[14] nicht etwa in Frage gestellt werden. So vermittelte etwa einer im Rahmen dieser Untersuchung seltener Besuch des in sich abgeschlossenen *Tianxiu*-Wohnkomplexes, welcher i.d.R. nur durch persönlichen Kontakt zu den dortigen Bewohnern zugänglich ist, durchaus den Eindruck eines in sich abgeschlossenen „afrikanisch-ethnischen Kosmos": So waren etwa Wohnappartements umfunktio-

---

14 *Sanyuanli* ist insbesondere durch eine hohe Konzentration nigerianischer Händler und Migranten gekennzeichnet (siehe u.a. Haugen 2012; Mathews & Yang 2012).

niert zu informellen Küchen, Ausstellungsräumen oder Handelsbüros, in denen Afrikaner (überwiegend westafrikanischer Provenienz) ein und ausgingen; afrikanische Frauen in traditionellen Gewändern nutzten die ständig überfüllten und belegten Aufzüge, um mit ihren Kindern andere afrikanische Frauen in anderen Stockwerken und Appartements des Wohnkomplexes zu besuchen; zudem war der Vorplatz des Wohnkomplexes, in dessen Mitte sich zusätzlich noch ein Hotel befand, durch ausschließlich afrikanische Handelsreisende frequentiert, die mit ihren gemieteten chinesischen Kleinbustaxis eingekaufte Waren anlieferten und damit im Gebäudekomplex verschwanden. Für eine Blaupause *Xiaobeis* als eine neue „Chinatown" (Zhou 1992) im afrikanischen Gewande sprechen diese kleinräumigen Beobachtungen jedoch wohl kaum. Und auch andere Autoren betrachten die Annahme einer Enklave ähnlichen Agglomeration und damit implizierter sozialökonomischer Organisationsmechanismen afrikanischer Gemeinschaften in Guangzhou/China eher kritisch (u.a. Bredeloup 2012).

Vielmehr lässt sich das Quartier und die Lokalität *Xiaobei* als ein Ort begreifen, der anhand diverser sozioökonomischer Alltags- und Netzwerkpraktiken von Akteuren unterschiedlichster Provenienz und unterschiedlichster (Aufenthalts-) Dauer (zunächst nur) als eine Lokalität des Austausches und der Zusammenkunft interpretiert werden kann. Diese Lokalität ist zugleich durch die physische Ausstattung und Konzentration von auf Export orientierter, handelsbezogener Infrastruktur (Großhandelskaufhäuser, chinesische und afrikanische Handelsbüros/ *Representative Offices*, Cargo-Unternehmen, Geldwechselstuben, etc.) sowie handelsbezogener Dienstleistungsangebote (Minibus- und Dreiradtaxis, Warenträger, Wiegemöglichkeiten, etc.) als ein expliziter Ort des internationalen Handels zu begreifen, der durch das überwiegende Angebot von Waren minderwertiger Qualität für den ausländischen Markt charakterisiert ist (vgl. Le Bail 2009; Zhang 2008). Tragen diese lokalen Standortofferten zur Anziehung und Attraktivität des Handelsortes für afrikanische Handelsakteure und neu hinzu kommende afrikanische Migranten im Sinne einer „African trading post" (Bertoncello & Bredeloup 2007) bei, und wird dieser Handelsort zusätzlich durch den medialen und wissenschaftlichen Diskurs als explizit „Afrikanischer Handelsort" verhandelt, sind es jedoch erst die aus den diversen sozialökonomischen Alltags- und Netzwerkpraktiken entstehenden multilokalen Beziehungskonstrukte und damit einhergehenden Handlungszusammenhänge, die dem Ort seine ihm eigene und dabei nicht nur handelsbezogene Bedeutung geben: neue ökonomische Möglichkeitsräume für chinesische Binnenmigranten und afrikanische Migranten außerhalb explizit handelsbezogener Dienstleistungen; sozialer und ökonomischer Treffpunkt für Händler und Migranten aus Afrika sowie dem Nahen und Mittleren Osten; bevorzugter Niederlassungsort zahlreicher ausländisch geführter, formeller wie informeller Handels- und Repräsentanzbüros mit Schwerpunkt auf den Export in Entwicklungsländer; etc.

Im Kontext hier aufgezeigter, multilokal und multiethnisch aufgestellter translokaler Händlernetzwerke und Geschäftskooperationen afrikanischer Zwischenhändler, die ihren ökonomischen Operationsschwerpunkt in Guangzhou besitzen – auch wenn der Wohnort selbst nicht mit dem Quartier oder gar der Stadt selbst übereinstimmen muss (vgl. Bork-Hüffer et al. 2014) – bietet das Quartier *Xiaobei* die Möglichkeit, über *face-to-face* Begegnungen lukrative Geschäftskontakte zu afrikanischen Handelsreisenden aufzubauen, die gezielt oder durch Dritte geleitet diese Lokalität für ihre unternehmerischen Interessen ansteuern. In diesem Kontext kann der Ort auch als ein Brückenkopf verstanden werden, der über seine Funktion der Zusammenkunft und inhärenter Alltags- und Netzwerkpraktiken diverse Lokalitäten und Akteure miteinander verbindet, die über den Fokus auf die organisationalen Geschäftsarrangements afrikanischer Zwischenhändler in *Xiaobei*/Guangzhou sichtbar werden: Afrikanische Handelsreisende unterschiedlichster Provenienz, die mit einem Touristenvisum die Handelsmetropole Guangzhou und das Quartier *Xiaobei* bereisen; afrikanische Händler/Unternehmer, die in ihrem Heimatland verweilen und über Zwischenhändler in *Xiaobei*/Guangzhou Waren beziehen; chinesische Firmen und Agenten, die entweder selbst vor Ort agieren oder aus anderen Städten und Provinzen der VR China stammen und über Kontakte zu afrikanischen Zwischenhändlern mit der Lokalität *Xiaobei*/Guangzhou verbunden werden; die autonome Region Hong Kong, die u.a. durch informelle Finanztransaktionen afrikanischer Zwischenhändler mit der Lokalität *Xiaobei*/Guangzhou verknüpft ist.

Diese Lesart, die eine explizit geographisch-relationale, sozialräumliche Perspektive auf soziale Formationen einnimmt, ermöglicht es, die sozioökonomischen Organisationsformen afrikanischer Zwischenhändler mit (temporärem) Aufenthalt in Guangzhou als eine Form der multilokalen Eingebettetheit in diverse Lokalitäten, Handlungszusammenhänge und Beziehungskonstrukte zu beschreiben. Dabei führen

– das explizite zum Teil erst vor Ort angeeignete Wissen um Differenzpotentiale zwischen afrikanischen und chinesischen (und anderen nationalen) Märkten (Kap. 5.2 und 5.3),
– die Ausnutzung bestehender oder neu geknüpfter informeller Informationskanäle zur Überbrückung diverser Handels- und Investitionsbarrieren in Afrika und China (Kap. 4.5, 5.2.1 und 5.2.2),
– der Rückgriff auf spezifische soziale Netzwerkressourcen zur Überwindung geographischer, politischer, kultureller oder sozialer Hürden im Migrationskontext (Kap. 5.3.2 und 5.4),
– Adaptionsstrategien zur Überwindung aufenthaltsrechtlicher Hürden (Kap. 5.3.2 und 6.1),
– der Rückgriff auf lokal disperse Ressourcen durch grenzüberschreitende Geschäftskooperationen in einer *mixed economy* (Kap. 6.2),
– sowie diverse „Mobilitätskulturen", Mobilitätsformen und deren Transformation durch spezifische Geschäftsarrangements (Kap. 5.2, 5.3 und 6.2)

zur Formierung translokaler, flächenraumübergreifender Sozialräume afrikanischer Händler in Guangzhou.

Diese translokalen Sozialräume sind jedoch nicht als statische Entitäten zu betrachten, die als Ergebnis hier vorgestellter etablierter informeller und formeller Geschäftsmodelle und Netzwerkbeziehungen afrikanischer Zwischenhändler in Guangzhou/China unumstößlich sind. Oder anders ausgedrückt: Die Einbettung in multilokale Beziehungskonstrukte, der Rückgriff auf Ressourcen innerhalb gemischter Ökonomien sowie das explizite Wissen um und die Nutzung von translokalen Opportunitäten, Differenzpotenzialen und lokale disperse Ressourcen eines grenzüberschreitenden Marktes sind ganz wesentlich durch Momente der Unordnung, Unsicherheit und Situativität gekennzeichnet, die durch ständig neue Strukturmomente dem unternehmerischen Handeln in der Migration eine Dynamik und Prozesshaftigkeit verleihen.

　　　Dabei sind es nicht allein soziale Mechanismen kollektiver Organisationsformen (Kap. 2.4), die durch interne Konflikte und Vertrauensbrüche, sich ändernde Abhängigkeits- und Machtverhältnisse und divergierende Interessenslagen im Kontext unternehmerischer Handlungslogiken (Kap. 5.4) immer wieder neue Strukturmomente erzeugen und zur Auflösung und/oder Neugründung von Netzwerkbeziehungen innerhalb und außerhalb geschlossen-konzipierter Gemeinschaften führen. Auch die sich ständig neu ergebenden sozio-ökonomischen und politisch-institutionellen Rahmenbedingungen diverser Lokalitäten wirken sich – als „strukturelle Zwänge" in einem translokalen Strukturationsprozess (Kap. 2.5.2) verstanden – strukturierend auf das unternehmerische Handeln in den beschriebenen translokalen Sozialräumen aus und verlangen den Akteuren die Generierung immer neuer Handlungsalternativen ab. So ließ etwa die globale Finanz- und Ölkrise 2008/2009 die Produktionskosten für chinesische Konsum- und Industriegüter steigen (höhere Kosten für Rohmaterialien und höhere Löhne) und zeitigte fühlbare Auswirkungen auf die chinesische Exportindustrie in der Provinz Guangdong – rund 25 Millionen Binnenmigranten verloren damals ihre Arbeitsplätze (Gransow 2012). Damit verbundene höhere Einkaufspreise in China sowie ständig fluktuierende Wechselkurse führten zu geringeren Gewinnmargen, die einige afrikanische Händler dazu veranlass(t)en, potentielle Handelsgeschäfte mit chinesischen Anbietern und afrikanischen Zwischenhändlern zu vertagen oder sich gleich neuen internationalen Handelsorten mit günstigeren Standortofferten (geringere Arbeitslöhne und Materialkosten) wie etwa Dubai, Bangkok oder in Indien zuzuwenden (Guangzhou: A., 06.09.2011; I., 27.03.2010; Kb. 09.09.2011; chinesischer Shopbesitzer in Xiaobei, 04.10.2008; s.a. Bredeloup 2013: 208; Li et al. 2013: 167; Mathews & Yang 2012: 113).

　　　Zudem wirkt sich die steigende Konkurrenz nicht nur durch afrikanische Migranten bzw. Zwischenhändler in China sondern und v.a. auch durch chinesische (Groß-)Händler in Afrika (und andernorts) negativ auf die zurzeit bestehenden und zum Teil stabilen ökonomischen Geschäftsarrangements afrikanischer Zwischenhändler in Guangzhou/China aus. So etablierten sich etwa in den letzten Jahren immer mehr chinesische Privatunternehmen und Großhändler in Afrika, folgten dabei den Handelsrouten afrikanischer Händler bzw. Distributionswegen chinesischer Waren und sorgten etwa durch etablierte(re) Direktkontakte zu chinesischen Produktionsfirmen, als Direktvertrieb eigener Produktionsunternehmen aus China oder durch den Zugang zu großem Finanzkapital für zunehmenden Konkurrenzdruck im Import-Export-Handel chinesischer Produkte (u.a. Axelsson 2012; Dittgen 2010; Giese & Thiel 2014; Haugen 2011; Lampert & Mohan 2014; s.a. Kap.. 5.3.2). Der Geschäftsführer eines chinesischen Möbelherstellers, der den Bau einer direkten Verkaufs-/Großhandelsfiliale in Nigeria plant, bringt die Vorteile und Abwägungen chinesischer nicht-staatlicher Akteure für ein stärkeres Engagement in Afrika folgendermaßen auf den Punkt:

> „Despite high costs in the initial stages, a direct selling company will help us rake in more benefits in the long run, because it is closer to the African market, and will have a quicker market response" (Xinhua 2014)[15].

Während dieses nicht-staatliche Engagement in afrikanischen Ländern durchaus als eine *Win-Win*-Situation dargestellt werden kann, in der etwa afrikanischen marginalisierten Bevölkerungsgruppen Job-Opportunitäten oder afrikanischen Konsumenten günstigere Einkaufspreise angeboten werden (Giese & Thiel 2014; Lampert & Mohan 2014), wirkt sich dies für afrikanische Akteure in China im sino-afrikanischen Marktsegment des Zwischenhandels grundlegend geschäfts-hemmend aus. Abnehmende Provisionen chinesischer Firmen für afrikanische Zwischenhändler, tendenziell abnehmende oder fluktuierende Nachfrage nach Vermittlungsdiensten durch afrikanische Handelsreisende (Guangzhou 2008–2011: A., An., C., D., Em., I., Kb., P., S., Th., Y., V.) sowie eine in Guangzhou festzustellende Marktsättigung im Zwischenhandelsgeschäft[16] (Bredeloup 2013: 209) zwingen einige afrikanische Zwischenhändler zur Diversifizierung ihres Ge-schäftsmodells (Kap. 5.1, 5.2.3, 5.3.1), andere – ohne familiären Rückhalt, finan-zielle Unterstützung und/oder etablierte Geschäftskontakte – wiederum zur Auf-gabe ihrer Händlertätigkeit in Guangzhou und Rückkehr ins Heimatland oder zur „Flucht" in die Irregularität und einem „second state of immobility" (Haugen 2012). Nicht zuletzt fordert eine zunehmend restriktiv ausgerichtete chinesische Migrations- und damit zusammenhängende Sicherheitspolitik (siehe Kap. 5.3.2) als weiterer und bedeutender Strukturmoment im Kontext des unternehmerischen Handelns in der Migration eine situative Anpassung afrikanischer Akteure im sino-afrikanischen Handel, die sich durch diverse Mobilitätspraktiken (zyklische Wanderungsbewegungen zwischen China und Afrika, Pendelmigration zwischen Hong Kong und Guangzhou, Wohnortverlagerungen innerhalb Chinas, etc.), durch Transformationen von Mobilitätspraktiken oder durch informelle Aufent-haltskonstrukte (informelle Visabeschaffung, Studentenstatus als Händler, Leben in der Irregularität) gekennzeichnet ist.

---

15 Im Kontext eines globalen Wettbewerbs um Marktanteile ist in diesem spezifischen Fall interessant zu erfahren, dass mittlerweile rund ein Drittel des globalen Möbelmarktes von chinesischen Unternehmen kontrolliert wird (van der Horst 2011).

16 Laut Sylvie Bredeloup (2013: 209) wird der sino-afrikanische Zwischenhandel in Guangzhou, der vormals überwiegend durch afrikanische Akteure mit (oder ohne) eigenem Repräsentanzbü-ro/Handelsagentur besetzt war, verstärkt durch chinesische Agenten erschlossen und zunehmend kon-trolliert (Bredeloup 2013: 209).

7. LOKALE STRUKTURMOMENTE
IM KONTEXT DES UNTERNEHMERISCHEN HANDELNS
IN DER MIGRATION

In Kap. 5 und 6 wurden die translokalen Sozialräume afrikanischer Akteure in China über die multilokale Einbettung in multiple Netzwerkbeziehungen, Geschäftsarrangements, Organisationsformen und Strukturmomente (diverser Standorte und ihrer Verbindungen auf unterschiedlichem Skalenniveau) sowie im Kontext strategisch-instrumenteller Handlungslogiken, Abhängigkeitsverhältnisse und Netzwerkpraktiken erschlossen. Dabei zeigte der Blick auf die Gesamtheit einschränkender und ermöglichender (individueller und kollektiver) Ressourcen sowie die Heterogenität und Situativität diverser Adaptionsstrategien und sozialräumlicher Praktiken in einem von Dynamik und Veränderlichkeit geprägtem translokalen Sozialraum, wie diese afrikanischen Akteure in China die Überwindung diverser zeitlicher, geographischer, politischer, ökonomischer und/oder sozialer Hürden im sino-afrikanischen Handel bewältigen und sich so längerfristig als Zwischenhändler in China etablieren konnten.

Diese translokale, relationale Perspektive auf unternehmerisches Handeln in der Migration, die über den Rückgriff auf handelsbezogene Ressourcen innerhalb gemischter Ökonomien sowie über das zirkulierende explizite (z.T. unvollständige) Wissen um translokale Opportunitäten, Differenzpotentiale und lokal disperse Ressourcen eines grenzüberschreitenden Marktes aufgrund einer multilokalen Eingebettetheit Rückschlüsse auf die Generierung einer unternehmerischen Handlungsfähigkeit im bisher erläutertem Sinne zulässt, darf in ihrer Erklärungskraft für den „Erfolg" oder „Misserfolg" unternehmerisch tätiger Akteure im (informellen) sino-afrikanischen (Klein-)Handel jedoch nicht überbewertet werden (Kap. 2.6). Oder anders ausgedrückt: Eine translokale Lebens- und Wirtschaftsweise sagt noch nichts oder nicht ausreichend etwas über das individuelle unternehmerische Vermögen aus, wie aus den bestehenden Ressourcen, Marktinformationen und Organisationsformen unternehmerische Handlungsfähigkeit generiert und aufrechterhalten werden kann. Während der Blick auf einschränkende und ermöglichende Eigenschaften sozialer Formationen, individuelle Abhängigkeitsverhältnisse, Zwangsmomente und als notwendig dargestellte Ressourcenausstattungen (Handelserfahrungen, Finanzkapital, Sprachkenntnisse, Marktinformationen, etc.) bereits Hinweise für die Notwendigkeit eines differenzierteren und zugleich holistischen Blicks auf unternehmerischen „Erfolg" liefern, soll der nun folgende Fokus auf (weitere) lokale Strukturmomente multikultureller Handlungszusammenhänge neue Erklärungsansätze für die Herstellung einer unternehmerischen Handlungsfähigkeit innerhalb translokaler Lebens- und Wirtschaftsweisen liefern. Dabei soll ein expliziter Blick auf „soziale Räume der Verständigung" und inhärente

Akte der Aushandlung zur Herstellung und Aufrechterhaltung multikultureller Austauschbeziehungen die Bedeutung von Momenten der lokalen Bindung für die Herstellung translokaler Lebens- und Wirtschaftsweisen und einer unternehmerischen Handlungsfähigkeit hervorheben (Kap. 2.6) – ohne dabei die Momente der „globalen Bewegung" gänzlich außer Acht zu lassen (Kap. 2.5.3 und 2.5.4).

7.1 AFRIKANISCHE ZWISCHENHÄNDLER IN GUANGZHOU/CHINA – EIN KURZER BLICK ZURÜCK

Zunächst werden noch einmal die wesentlichen handelsbezogenen Tätigkeiten und Geschäftscharakteristika afrikanischer Zwischenhändler in Guangzhou/China zusammengefasst, bevor eine differenzierte Auseinandersetzung mit den „sozialen Räumen der Verständigung" erfolgt (Kap. 7.2 und 7.3). Wie bereits in Kap. 5.2 und 6.1 erläutert, besteht die wesentliche Aufgabe afrikanischer Zwischenhändler in Guangzhou darin, zwischen chinesischen Firmen/Anbietern und afrikanischen Kunden/Handelsreisenden Handelsgeschäfte zu vermitteln, sich um die Kontrolle des Produktionsprozesses zu kümmern und den Transport der Ware Richtung Afrika zu organisieren. Auf Basis etablierter Geschäftskontakte zu chinesischen Anbietern, informeller Kontakte zu staatlichen Behörden, informeller Finanztransaktionen, des Besitzes von expliziten Wissens über Angebotspreise, Qualitätsstandards, Produktions- und Lieferketten, Transportinfrastruktur, gesetzlicher Richtlinien etc. in ganz China, der Anwendung von Kontrollstrategien (insbesondere bei informellen Transaktionen) sowie vor Ort erworbener Sprachkenntnisse in Mandarin und z.T. auch in Kantonesisch fungieren afrikanische Zwischenhändler in Guangzhou/China nicht nur als Garant eines erfolgreichen Geschäftsabschlusses – der erst mit der korrekten Warenanlieferung beim Kunden in Afrika beendet ist. Sie sind zugleich in diversen Tätigkeitsbereichen eines Zwischenhändlers (nach der Kategorisierung von Hans-Joachim Schramm, 2012; siehe Kap. 2.6.4) anzutreffen und kombinieren dabei unterschiedliche Aktivitäten wie den An- und Verkauf von Waren, Suchen und Abgleichen von Angeboten/Preisen, Vermittlung von Handelsgeschäften, Waren- und Transportkontrollen, Fabrikbesichtigungen, Buchhaltung, Begleitung neuer Kunden vor Ort, Finanz-/Bankgeschäfte, Beschaffung von Visa oder Dokumenten für Visaanträge, Herstellung von Kontakten.

Der Aufbau von Geschäftskontakten in China, das Aneignen expliziten handelsbezogenen Wissens sowie der Erwerb von chinesischen Sprachkenntnissen ermöglichte es einigen afrikanischen Akteuren – trotz zunehmender Konkurrenz und mithilfe formeller wie informeller Netzwerke in China und Afrika sowie formeller wie informeller Adaptionsstrategien zum Erwerb einer Aufenthaltsgenehmigung in China –, sich längerfristig in Guangzhou in der Marktnische des Zwischenhandels zu etablieren und ein relativ stabiles Einkommen zu generieren. Wie die empirischen Untersuchungen ergeben haben, agieren die Zwischenhändler dabei sehr autonom und nutzen ihr soziales Kapital – in Form eines etablierten Zugangs zu Marktinformationen und Geschäftskontakten in China und Afrika – als ein Gut mit hoher Rivalität (Kap. 5.4). Bestehen außerhalb familiärer, grenzüberschreitender Kooperation (Kap. 5.1 und 5.3.1) zwar vereinzelt Geschäftsko-operationen zwischen Zwischenhändlern in Guangzhou – etwa zwischen Th. und I. aus Burundi oder zwischen etablierten und jungen Zwischenhändler in Form von „Lehrlingszeiten" – wird nach Aussage sämtlicher Interviewpartner darauf geachtet, lukrative Geschäftsbeziehungen und -informationen vor Dritten zu wah-ren. Neben limitierten ökonomischen Opportunitäten in China außerhalb des Han-dels (vgl. Haugen 2012: 70), abnehmender Gewinnmargen im Kontext einer zu-nehmenden Konkurrenz und steigender Produktionskosten in China (Kap. 6.3) sowie einem informell geprägten Handels- und Geschäftsklima (Kap. 6.1) wird als Hauptgrund für das selbständige Agieren der afrikanischen Zwischenhändler ein generelles Misstrauen unter potentiellen Geschäftspartnern angeführt (vgl. Kap. 6.1).

Während nahezu alle Interviewpartner dieses Misstrauen auf individuelle Er-fahrungen des Vertrauensbruchs oder Betrugs in ehemals eingegangenen, infor-mellen Geschäftskooperationen mit afrikanischen *und* chinesischen Akteuren zu-rückführen (vgl. Kap. 6.1), nehmen bei den zentral- und ostafrikanischen Inter-viewpartnern zusätzlich Bürgerkriegserfahrungen der 1990er Jahre im Kontext des Jahrzehnte andauernden Konfliktes zwischen den Volksgruppen der Hutus und Tutsis eine bedeutende Rolle ein (s.a. Kap. 5.3.1). So berichtete ein burundi-scher Zwischenhändler bei einem Gespräch in Guangzhou, dass es – auch als Christ, der an Vergebung glauben soll – nahezu unmöglich wäre, aufgrund unbe-schreiblicher Morde zwischen Nachbarn, langjährigen Freunden und zum Teil auch zwischen Verwandten weiterhin vorbehaltlos seinem Nächsten zu vertrauen (I., Guangzhou 31.03.2010). So seien seiner Meinung nach die Burundier von Grund auf keine „ehrlichen" Menschen, sondern würden u.a. aufgrund dieser Er-fahrungen eine Fassade aufsetzen, die es dem Gegenüber nicht ermögliche, die „wahren" Gefühle oder Absichten dahinter zu erkennen: „Someone could hate you, really hate you, but he is smiling, laughing with you. He is doing like your friend. But you cannot trust him, because he is wearing a mask" (I., Guangzhou 31.03.2010). Die Kooperation mit seinem Landsmann Th. – Th. arbeitet seit 2010 im Cargo-Unternehmen von I. und seiner chinesischen Frau und übernimmt gegen Bezahlung diverse organisatorische Aufgaben wie etwa die Betreuung von afrika-nischen Kunden per Email und vor Ort oder die Organisation und Überwachung von Container-Beladungen (vgl. Kap. 5.3.1) – beschreibt I. zwar als vertrauens-volle Beziehung, die sich über mehrere Jahre zwischen ihm und Th. aufgebaut habe und in denen I. durch Beobachtungen und Teilhabe an Konfliktsituationen auch das „wahre Gesicht" Th.'s kennen lernen durfte. Trauen würde er Th. jedoch nur zu 80 Prozent (I., Guangzhou 31.03.2010).

Dieser Rest an Misstrauen bestätigte sich auch durch ein Gespräch mit Th., der zwar einräumte, dass I. sein bester Freund in Guangzhou sei und auch das Th. im Unternehmen von I. gewisse handelsbezogene Aufgaben übernehmen würde. Allerdings würden er und I. ihre jeweiligen „Zukunfts-Projekte" und Handelsge-schäfte weder miteinander teilen, untereinander kommunizieren noch zukünftige Kooperationen planen. So antwortete Th. auf die Frage nach seinen eigenen Handelsnetzwerken, Zukunftsprojekten und der Art ihrer jetzigen Zusammenarbeit, die zum Zeitpunkt des Gespräches bereits seit mehr als einem Jahr andauerte:

> „I'm not working with I. on this. I. is another branch than me. He doesn't know anything about it. He is not involved in my business. He is doing the same. He has his own part I don't know. But we have a common ground. Shipping is a common ground, shipping goods to Africa. I don't have a shipping company. […]. He is, he is my brother. But business-talking have some limits, you know. When I need him, I involve him, I call him. […] Everybody has his secrets. Everybody has his connections. You never know who is who in business. […] It is not only the trust matter. Is the policy, police of working, business mind. You see, I. is handling a business. In business there is a part you want to reveal it to me, simple, because you want my participation in. To make the project clear in my head, you have to explain it to me. There is a part you reveal to me and a part you may not. There is the other side that I will never reveal. I give you an example [from the perspective of I.]: ‚How are you getting the container? Because you know, if I will tell it Th., it would be easy for him to open a shipping company. So I don't want him to open a shipping company. I want him to work with me in *my* shipping company.‘ See that problem? So for me, I cannot stay thinking about work for I. all the time. Because now, I am working like a worker. So what about business growth, I need to make it bigger, I need to make a bigger deal. So you never make a business bigger as long as you are working like a worker. Being employed [or working for someone else], you understand?“ (Th., Guangzhou 05.02.2011).

Dieser kurze Exkurs zur Bedeutung individueller biographischer Erfahrungshorizonte (in lokalen oder regionalen Kontexten) (vgl. Kontos 2005) im Kontext unternehmerischer Netzwerkpraktiken und Geschäftsaktivitäten afrikanischer Zwischenhändler in Guangzhou/China verweist – neben der Berücksichtigung individueller Abhängigkeitsverhältnisse und strategisch-instrumenteller Beweggründe (Kap. 5.4 und 5.3.2), der multilokalen Einbettung in sozialkulturelle, politische und ökonomische Kontexte (makro-analytischer Blick) (Kap. 5.3.2, 6.1 und 6.2) sowie der Berücksichtigung einschränkender und ermöglichender Eigenschaften sozialer Formationen/Mechanismen (meso-analytischer Blick) (Kap. 5.4) – noch einmal auf die Bedeutung und Notwendigkeit einer zusätzlichen mikro-analytischen, akteurs- und handlungszentrierten Perspektive auf soziale Netzwerke und unternehmerisches Handeln in der Migration (Kap. 3.1). Im Folgenden soll nun anhand eines Ereignisses, welches sich zwischen einem afrikanischen Zwischenhändler und einer chinesischen „Verkäuferin" in einem Großhandelskaufhaus in Guangzhou abspielte, eine praktikentheoretische Perspektive auf multikulturelle Handlungszusammenhänge eingenommen werden, um die komplementäre Bedeutung lokaler Strukturmomente bzw. lokal verorteter Interaktions- und Kommunikationsprozesse zur Herstellung und Aufrechterhaltung von ökonomischen Austauschbeziehungen im Kontext einer „gewählten" selbständigen Tätigkeit als Zwischenhändler hervorzuheben. Es sei an dieser Stelle jedoch bereits oder noch einmal darauf hingewiesen, dass diese lokalen Elemente als Teil einer strukturationstheoretischen, translokalen Netzwerkperspektive auf unternehmerisches Handeln in der Migration und als Teil einer translokalen Lebens- und Wirtschaftsweise betrachtet und konzeptionalisiert werden (müssen) (siehe Kap. 3.1), in der unternehmerische Handlungsfähigkeit erst über die *multilokale* Einbettung und Teilhabe an diversen „lokalen Kontexten" generiert werden kann.

7.2 „SOZIALE RÄUME DER VERSTÄNDIGUNG" IN MULTIKULTURELLEN HANDLUNGSZUSAMMENHÄNGEN

D., ein burundischer Zwischenhändler, der seit 2007 in Guangzhou tätig ist[1], hatte im Vorfeld des nun folgenden Ereignisses (Guangzhou, 20.01.2011) (Abb. 6), dem ich als teilnehmender Beobachter[2] beiwohnte, für einen Kunden aus Burundi eine Bestellung über zwei digitale Videokameras der Marke Sony im Wert von mehreren tausend US$ bei einer chinesischen Verkäuferin aufgegeben. Diese Verkäuferin betreibt in einem Elektronik-Großhandelsmarkt im *Yuexiu*-Distrikt in Guangzhou einen kleinen Verkaufsladen/Ausstellungsraum, der mit dem Direktvertrieb einer chinesischen Produktionsfirma elektronischer Produkte sowie günstigen Angeboten ausländischer Elektronikprodukte wirbt. D. hatte bereits vor einigen Monaten ein Handelsgeschäft mit dieser chinesischen Verkäuferin zur Zufriedenheit D.'s und seines burundischen Kunden abgeschlossen und hoffte bei der erneuten Inanspruchnahme ihrer Dienste auf ein ebenso reibungsloses Austauschgeschäft sowie vereinbarte Vermittlungsprovisionen[3]. Eine Anzahlung über rund ein Viertel der Verkaufssumme hatte D. im Vorfeld bereits getätigt.

Nachdem die chinesische Verkäuferin D. anrief und ihm die Ankunft der bestellten Ware mitteilte, begaben sich D. und ich mit einem Taxi zum besagten Großhandelsmarkt, um die Waren in Empfang zu nehmen. Da D. am gleichen Nachmittag noch einen weiteren Termin wahrzunehmen hatte – er betreute einen kongolesischen Kunden während seines zweiwöchigen Aufenthaltes in Guangzhou –, hoffte er darauf, dass die Abwicklung des Geschäftes nicht länger als eine Stunde in Anspruch nehmen würde. Vor Ort angekommen nahmen wir im Verkaufsraum Platz und bekamen von der Verkäuferin zunächst einen Tee angeboten. D. und sie wechselten ein paar Begrüßungsworte auf Mandarin, die mir D. zeitgleich ins Englische übersetzte. Schließlich ging die Verkäuferin in einen kleinen rückwärtigen Lagerraum und holte die bestellte Ware, die in zwei Kartons verpackt war, nach vorne und stellte diese auf die gläserne Ladentheke, die sich zwischen uns befand. Anschließend verschränkte sie ihre Arme über Kreuz, lehnte sich zurück und beobachtete abwartend D.'s Reaktion.

---

1   Mehr Details zu D.'s Handels- und Migrationsbiographie siehe Kap. 5.3.1
2   Sowohl während der Beobachtung als auch danach übersetzte mir D. alle wesentlichen Kommunikationsinhalte, die entweder auf Mandarin (mit der chinesischen Verkäuferin) oder Französisch und Kirundi (mit dem Kunden in Burundi) erfolgten. Zudem erläuterte er mir fortlaufend seinen eigenen Gedankengänge, Vermutungen oder Befürchtungen hinsichtlich auftretender Konfliktsituationen, so dass ich im Sinne der ‚go-along' Interviewtechnik (Kap. 3.3) unmittelbar an den gedanklichen Reflektionen, Handlungsmotivationen und Interpretationen von I. teilhaben konnte.
3   D. konnte durch das Handelsgeschäft eine Provision von knapp 1000 US$ für sich erwirtschaften. Diese Provision setzte sich zum einen durch eine Vermittlungsgebühr seitens des afrikanischen Kunden und eine anteilige Geschäftsprovision seitens der chinesischen Produktionsfirma zusammen, die im Verkaufspreis an den afrikanischen Kunden bereits mit einkalkuliert ist.

Abb. 6: Verhandlungen eines burundischen Zwischenhändlers mit chinesischer Verkäuferin (eigene Aufnahmen, Guangzhou 2011)

D. selbst wartete ebenso einige Sekunden ab, wie mir schien, ebenso auf eine Re-aktion der Verkäuferin wartend, und fragte schließlich, nachdem sich keiner rühr-te, ob sich in den Kartons neben den Kameras auch die bestellten Accessoires befinden würden – neben zwei ausklappbaren Stativen und zusätzlichen Kabeln hatte D. noch zwei Tragetaschen sowie zwei *Hardcases* für den sicheren Trans-port im Flugzeug mitbestellt. Ohne eine Antwort darauf verschwand die Verkäu-ferin wieder im Lagerraum und holte schließlich nach und nach die zusätzlichen Accessoires nach vorne. D. tauschte währenddessen mit mir ein paar Blicke aus, bei denen er die Augen rollte und mir damit zu verstehen gab, dass er langsam etwas ungeduldig wurde. Zudem deutete er mir mit einem zweifelnden Gesichts-ausdruck und prüfenden Blick auf die hervorgeholten Accessoires an, dass er ne-ben der fortschreitenden Zeit mit irgendetwas anderem ebenfalls nicht zufrieden war. Auf meinen fragenden Blick hin – die Verkäuferin hatte sich wieder abwar-tend zurückgelehnt – äußerte D. mir gegenüber auf Englisch, dass die Accessoires nicht „original" verpackt seien. Er müsse nun anhand der Liste, die ihm sein Kun-de aus Burundi per Email hat zukommen lassen, überprüfen, ob alle bestellten Einzelteile vollständig und für die georderten Kameras passend sind. Zudem wol-le er als erstes einen Blick in die mit Paketband verschlossenen Kartons werfen, um auch deren Inhalt zu überprüfen. Denn auch wenn die Kartonage in diesem Fall den Anschein einer Originalverpackung hatte, müsse man, wie ihm seinen bisherigen Erfahrungen in China gezeigt haben, immer alle Teile genauestens auf ihre Funktionalität und Originalität hin überprüfen.

Nachdem D. nun die Kartons öffnete und die Kameras herausholte – die Ver-käuferin gab uns nur widerwillig eine Schere zum Durchtrennen der Paketbänder –, schienen die Kameras auf den ersten Blick im Originalzustand, ordnungsgemäß verpackt und nach einem ersten Test funktionstüchtig zu sein. D. bemerkte jedoch recht bald kleine Unterschiede zwischen den beiden Kameras. Nach der Überprü-fung einer eingestanzten Typnummer stellte er schließlich fest, dass eine der bei-den Kameras trotz anderslautendem Verpackungshinweis ein Modell des Vorjahres war, jedoch durch ein falsches aufgeklebtes Label auf der Kamera selbst zum neuen Modell umetikettiert wurde.

Mittlerweile hatte sich die chinesische Verkäuferin aus ihrer abwartenden Haltung gelöst und wurde nun ebenfalls etwas ungeduldig, zeigte mit sehr rasch aufeinander folgenden Handzeichen auf alle ausgebreiteten Teile, redete dabei sehr schnell und deutlich lauter als bisher auf Mandarin auf D. ein und forderte nun mit Verweis auf die Vollständigkeit der bestellten Ware und einer mit dem Taschenrechner ausgeführten Kalkulation die Begleichung des ausstehenden Betrages. Da die Situation aufgrund der Lautstärke ihrer Stimme und Bestimmtheit ihrer Gesten eine aggressive Atmosphäre hervorrief – einige Passanten, unter denen sich auch zwei Personen des privaten Sicherheitsdienstes des Kaufhauses befanden, und angrenzende Ladenbesitzer hatten sich bereits aufmerksam dem Geschehen zugewandt und die Verkäuferin nutzte die Aufmerksamkeit, indem sie diesem Publikum zugewandt mit erhobenen Händen, mehrmaligem Schulterzucken und dem Fingerzeig auf den Taschenrechner ihrem „Ärger" zusätzlich Ausdruck verlieh –, war ich gespannt, wie die Verhandlungen nun weiterlaufen würden. D. ließ sich jedoch, wie mir schien, nicht sonderlich von diesen Gesten beeindrucken und verhielt sich in Anbetracht des offensichtlichen Betrugsversuches – den er jedoch mit keinem Wort gegenüber der Verkäuferin andeutete – ausgesprochen ruhig und fast schon passiv abwartend in dieser Situation. Nach ein paar Minuten bat er die Verkäuferin lediglich mit einem freundlichen Lächeln um etwas Geduld und gab an, dass er sich mit seinem afrikanischen Kunden in Burundi noch über „letzte Details" des Handelsgeschäftes einig werden müsse. Gleichzeitig holte er diverse Unterlagen aus seiner mitgebrachten Businesstasche heraus, durchblätterte ein paar Notizzettel und ausgedruckte Email-Korrespondenzen und ließ dabei einen kurzen Blick auf ein großes Bündel 100er-Yuan-Geldscheine zu, welches er durch seine Finger gleiten ließ und sogleich wieder in seine Tasche verstaute. Mit dem Blick auf die Geldscheine beruhigte sich die Verkäuferin sogleich wieder, goss uns einen weiteren Tee ein, lehnte sich wieder abwartend und mit einem kleinen Lächeln auf ihrem Gesicht zurück und beschäftigte sich mit dem Schreiben von Kurznachrichten auf ihrem Mobiltelefon. Stehengebliebene Passanten gingen schließlich weiter und auch die zwei Personen des Sicherheitsdienstes verließen nun wieder den Ort des Geschehens.

D. rief nun seinen Kunden in Burundi an und tauschte auf Französisch und Kirundi Neuigkeiten aus, erkundigte sich nach der Befindlichkeit der Familie seines Kunden, lachte mehrmals, und kam dann auf das vorliegende Handelsgeschäft zu sprechen. Wie mir D. später erläuterte, erklärte er seinem Kunden bei diesem ersten Telefonat lediglich von „gewissen Unklarheiten" bei der Auslieferung der Ware, die er durch die Überprüfung anhand von Typnummern sowie technischen Details in Rücksprache mit seinem Kunden klären wollte, um ihm die spätere korrekte Warenlieferungen zusichern zu können. Von dem tatsächlichen Konflikt vor Ort erzählte D. nichts. Nachdem sie nochmals am Telefon gemeinsam die Details unter Zuhilfenahme der zugesandten Liste und einer weiteren Inaugenscheinnahme der Einzelteile durch D. durchgingen, beendete D. das Telefonat und wandte sich schließlich wieder mit einem Lächeln an die Verkäuferin. Was nun folgte, war ein rund dreistündiger Aushandlungsprozess zwischen den drei beteiligten Parteien. In dieser Zeit führte D. weitere vier Telefongespräche mit seinem Kunden in Burundi, in denen der Kunde detaillierte Fragen zu technischen Details der Kameras beantwortet haben wollte, was D. mit der Verkäuferin und mithilfe der Gebrauchsanweisung, die zunächst nicht den Paketen beilag und erst durch die Verkäuferin im rückwärtigen Lagerraum unter wütenden wenn auch leisen Kommentaren ihrerseits hervorgeholte wurde, bewerkstelligte. Zwischen den Telefonaten entspannte sich jedoch ein scheinbar freundliches und recht humorvolles Gespräch zwischen D. und der Verkäuferin. So amüsierte sich die Verkäuferin etwa über die Aussprache D.'s einzelner chinesischer Wörter, lobte zugleich aber seine Sprachkenntnisse, die sie von einem „Afrikaner" nicht erwartet hätte. D. hingegen versuchte, der Verkäuferin ein paar französische und kirundische Wörter beizubringen und amüsierte sich seinerseits über ihre Versuche, den korrekten Wortlaut wiederzugeben. Zudem tauschten beide ihre unterschiedlichen Sichtweisen auf die jeweilig andere „Kultur" aus und lachten gemeinsam über die Versuche beiderseits, diese Sichtweisen durch Nachahmungen und Erzählungen zu verdeutlichen: So ahmte die Verkäuferin beispielsweise das „machohafte" Auftreten mancher afrikanischer Kunden nach, beschwerte sich zugleich darüber, dass nach stundenlanger Begutachtung ausgelegter Waren doch kein Geschäft zustande käme oder deutete mit einem Lachen und zugehaltener Nase auf den ihrer Meinung nach im Vergleich zu „den Chinesen" intensiven Körpergeruch mancher afrikanischer Kunden hin, den sie bei D. allerdings nicht feststellen könne. D. hingegen ahmte das laute Schlürfen und Schmatzen „der Chinesen" beim Essen und Trinken nach – mit dem Hinweis, dass sie den Tee ja interessanterweise ganz geräuschlos trinken würde, worüber die Verkäuferin lachen musste –, amüsierte sich über die Verhaltensweise von Chinesen beim Betreten überfüllter Busse und Bahnabteile und wunderte sich darüber, dass immer noch so wenige Chinesen trotz der „Einbindung in die globale Marktwirtschaft" kein Englisch sprechen würden. Zudem erzählte er der chinesischen Verkäuferin von der Schönheit seines Heimatlandes und der dortigen Natur und lud sie ein, ihn und seine Familie in Burundi zu besuchen. Dieses wenn auch nur oberflächlich gemeintes Angebot schmeichelte offensichtlich der Verkäuferin und veranlasste sie dazu, weitere Fragen zu „Land und Leuten" in Burundi respektive Afrika zu stellen, so dass dieser (humorvolle) „kulturelle Austausch" bis zum Ende des Ereignisses fortgeführt wurde.

Im Verlaufe der gleichzeitig stattfindenden Überprüfung technischer Details und wiederholter Rücksprachen mit dem Kunden und zwischen den humorvollen Anekdoten informierte D. die Verkäuferin – fast schon in einem unbedeutenden Nebensatz – darüber, dass eine der Kameras „nun doch nicht mehr" den Ansprüchen seines Kunden genügen würde, so dass der Kunde um einen gleichwertigen Ersatz dieser Kamera sowie zugehöriger Accessoires „gebeten" hätte. Wie mir D. nach dem Ereignis noch einmal versicherte, wusste sein Kunde in Burundi weder von der „falschen Kamera", dem tatsächlichen Konfliktgrund noch von der vereinbarten Provision, die D. von chinesischer Seite für die Vermittlung des Handelsgeschäftes erhielt. Die chinesische Verkäuferin nahm diese Information ebenso ungerührt auf wie sie vorgetragen wurde und führte zunächst das laufende Gespräch über Burundi weiter. Mit einem Blick auf ihr vibrierendes Mobiltelefon, welches sie während der zurückliegenden Stunden immer wieder bediente, verließ sie jedoch plötzlich den Verkaufsraum und begab sich in den rückwärtigen Lagerraum, aus dem sie nach einigen Minuten mit einer weiteren Videokamera zurückkehrte und diese zum Eintauschen anbot. Wie sich nach einem eingehenden Vergleich durch D. herausstellte, handelte es sich hierbei nun endlich um die bestellte Originalkamera. Nachdem D. diese noch kurz auf ihre Funktionalität und Vollständigkeit hin testete, verstaute er sie mit der zweiten Kamera und dazugehöriger Accessoires in die mitbestellten Tragetaschen und *Hardcases*, holte das Bargeld aus seiner Businesstasche heraus und übergab der Verkäuferin schließlich den, wie D. mir später berichtete, ursprünglich vereinbarten Betrag von 54.000 CNY (rund 8.800 US$) in Bar. Nachdem diese den Betrag mithilfe eines Geldzählautomaten überprüft und mit einem „OK" bestätigt hatte, verließen wir schließlich ohne umfangreiche Abschiedsworte das Kaufhaus und fuhren nach einem insgesamt rund vierstündigen Aufenthalt mit dem Taxi und der Ware nach Xiaobei, wo der kongolesische Kunde von D. bereits in einer Hotellobby auf uns wartete. Die Ware ließ D. am selben Abend noch von einem Kleinbustaxi und in Begleitung eines burundischen „Boten" in der Hotellobby abholen und zu einem Warenlager transportieren, wo bereits schon andere Güter anderer Kunden von D. für den Transport Richtung Afrika zwischengelagert wurden.

7.3 DIE BEDEUTUNG INHÄRENTER WISSENSFORMEN IN MULTIKULTURELLEN HANDLUNGSZUSAMMENHÄNGEN

Welche neuen Rückschlüsse lassen sich aus dem zuvor beschriebenen multikulturellen Interaktions- und Kommunikationsprozess für die Generierung einer unternehmerischen Handlungsfähigkeit in der Migration und in einem von Informalität geprägtem translokalen Sozialraum des sino-afrikanischen Handels ziehen? Der Fokus auf diverse Wissensformen „situiert in Praktiken" (Kap. 2.6) sowie auf die Anwendung und Generierung dieser Wissensformen in einem „kreativen Akt der Rekonstruktion von Wirklichkeit" (Kap. 2.6.3) soll hier entscheidende Erklärungsansätze liefern.

Zunächst wurde gleich zu Beginn des Kap. 7.2 deutlich gemacht, dass aufgrund eines bereits erfolgten und reibungslos abgeschlossenen Handelsgeschäftes zwischen den drei beteiligten Parteien ein gewisses „Vertrauensverhältnis" bestand, welches auf dem „Gefühl der Verlässlichkeit" trotz informeller Absprachen und damit verbundener Risiken (Kap. 6.1) fußte. So wurde nicht nur das erste sondern auch das oben beschriebene Handelsgeschäft ohne vertraglich festgehaltene Absprachen und Garantien vereinbart. Während dieses Gefühl der Verlässlichkeit seitens des afrikanischen Kunden gegenüber den Diensten seines Zwischenhändlers einerseits durch die Reputation D.'s als verlässlicher Geschäftspartner begründet und durch das erfolgreiche Abschließen eines ersten Handelsge-

schäftes bestätigt wurde[4], stellte sich dieses Gefühl bei D. gegenüber der chinesischen Verkäuferin erst nach dem Abschluss des ersten Handelsgeschäftes ein –
mit der Hoffnung auf eine erneute reibungslose Geschäftskooperation.

Zugleich betonte D. nicht nur im Rückblick auf den beschriebenen Betrugsversuch sondern auch mit den in anderen Interviews erwähnten Erfahrungen von
„Vertragsbrüchen" mit chinesischen Handelspartnern (D., Guangzhou: 28.10.
2008, 05.03.2010, 31.03.2010, 20.01.2011), dass ihn dieses explizite auf Erfahrungen beruhende Wissen – welches u.a. zur Produktion eines differenzstiftenden
Stereotyps „des chinesischen Händlers" als nicht vertrauenswürdig, ausschließlich
am Profit orientiert und tendenziell rassistisch gegenüber Afrikanern eingestellt
beiträgt (vgl. Kap. 5.4 und 6.1) – dazu veranlasst habe, gewisse Kontrollstrategien
zu entwickeln (s.a. Kap. 5.2.1 und Kap. 6.1). So überprüfe er bei jedem Kauf bzw.
der Anlieferung/Übergabe der Ware – unabhängig von formellen oder informellen, langfristigen oder kürzlich erst geschlossenen Geschäftskontakten –, deren
Funktionalität, Qualität und wenn geordert Originalität, bevor die Ware für den
Transport verpackt und die endgültige Bezahlung getätigt wird. Handelt es sich
bei der Bestellung um eine sehr große Anzahl an Einzelteilen wie beispielsweise
Textilwaren, die D. aufgrund fehlender Kapazitäten nicht selber reisefertig verpacken könnte, so kontrolliere er dennoch alle einzelnen Schritte des Verpackungs-
prozesses, um sicher gehen zu können, dass nicht etwa ein Teil der Ware durch
minderwertigere oder defekte Ware ausgetauscht wird (s.a. Mathews & Yang
2012: 110).

Bis zu dem Zeitpunkt, in dem D. das erste Mal ein Gefühl des Zweifels über
die Vollständigkeit und Originalität der bestellten Waren überkam, schien dem
„Erfolg" dieser Geschäftskooperation nichts im Wege zu stehen. Die Herstellung
des multilokalen Geschäftsarrangements durch den afrikanischen Zwischenhändler über seine Einbettung in diverse (grenzüberschreitende) Netzwerke, Lokalitäten und Informationskanäle, sein explizites Wissen um das günstigste Angebot
vor Ort und die Differenz zum Nachfragemarkt, sein Erfahrungswissen über die
Notwendigkeit von Kontrollstrategien in einem informell geprägten Markt, die
Ausnutzung von/der Rückgriff auf lokal disperse Ressourcen[5] einer gemischten
Ökonomie für die Organisation des Handelsgeschäftes, kurzum, die Einbettung
und Organisation des Handels in einen translokalen Sozialraum (Kap. 6.3) scheint

---

4   Wie mir D. berichtete, wurde er durch einen anderen Händler aus Burundi, für den er bereits
     mehrere Male als Zwischenhändler tätig war, an den oben genannten burundischen Kunden
     weiterempfohlen.

5   Diese lokal dispersen Ressourcen basieren in diesem Falle auf der Diversifizierung unter-
     schiedlicher Aufgabenbereiche innerhalb der Handelsorganisation. So hat sich die chinesische
     Verkäuferin über ihre Kontakte zu Herstellern/Produzenten in China um die Bestellung der
     Ware gekümmert und einen günstigen Einkaufspreis für D. aushandeln können. Der Kunde in
     Burundi übernimmt den Empfang und Transport der Ware vom Flughafen in Nairobi bis nach
     Bujumbura und ersetzt durch seine Nachfrage die Notwendigkeit für D., selbst Kundenkon-
     takte zu akquirieren oder etwa eine Marktanalyse in Burundi durchzuführen. D. übernimmt
     stattdessen die Kontaktherstellung, Finanztransaktion sowie Vermittlung und Abwicklung des
     Handelsgeschäftes und tritt als Garant für den Erfolg der Handelskooperation ein.

bis hierhin als Erklärungsmoment für das potentielle Gelingen des Handelsgeschäftes und der Generierung einer unternehmerischen Handlungsfähigkeit in der
Migration zu genügen. In dem Moment, in dem das explizite, handelsbezogene
Wissen, die Verlässlichkeit auf die Wirkungskraft von Kontrollstrategien oder
allgemein die etablierten Handlungsgewohnheiten an den „Widerständigkeiten der
Welt" (Dewey 2001: 223) in dem beschriebenen multikulturellen Handlungszusammenhang (Kap. 7.2) abprallen und so eine Irritation auftritt, die in Form eines
zweifelnden Gesichtsausdrucks D.'s zum Ausdruck kommt, wird jedoch eine situative Neubeurteilung vereinbarter (oder erhoffter) Geschäftsmodalitäten (und ver-
meintlicher Erfolgsfaktoren für das Gelingen des Handelsgeschäftes) nötig, die D.
zur reflexiven Aushandlung im Sinne des *knowing in practice* Konzeptes (Kap.
2.6.3) zwingt.

Wie in Kap. 7.2 beschrieben, reagierte D. nach der Überprüfung der Waren,
der anschließenden Erkenntnis des Betrugsversuches und der sich aufbauenden
aggressiven Atmosphäre zunächst zurückhaltend, indem er weder durch Gesten
noch durch Sprache seiner Verärgerung und seiner Angst vor dem Abbruch des
Handelsgeschäftes Ausdruck verlieh. Vielmehr verhielt er sich abwartend und
suchte, wie er im Rückblick erläuterte, nach Möglichkeiten, die Verkäuferin zum
Tausch der falschen Ware zu überzeugen, ohne dass sie dabei ihr „Gesicht verlieren" würde. Aus Erfahrungen ähnlicher Konfliktsituationen sowie aus Berichten
anderer Zwischenhändler wusste er bereits, dass die Bloßstellung des chinesischen
Geschäftspartners und ein empörtes/aggressives Reagieren seinerseits wenig
Hoffnung auf Erfolg zeitigen würde – insbesondere dann, wenn es sich um einen
informell vereinbarten Handelsaustausch handelt, bei dem keine schriftlichen
Vereinbarungen getroffen werden und somit keine eindeutigen „Beweismittel" zur
Verfügung stehen (vgl. Kap. 6.1). Vielmehr noch könne solch eine Reaktion, das
zu erwartende Eingreifen der „plötzlich" anwesenden Sicherheitsbeamten und/
oder eine mögliche polizeiliche Untersuchung des Falles – in der es ohne Beweismittel Aussage gegen Aussage stünde und im Zweifelsfalle eine Parteinahme
der Behörden für die chinesische Seite zu erwarten wäre – zum Verlust des bereits
angezahlten Geldbetrages führen. Zudem könne D., so eine weitere Befürchtung,
durch die Offenbarung des Konfliktes gegenüber seinem Kunden aus Burundi
seine Reputation als Zwischenhändler und als Garant für eine erfolgreiche, reibungslose Geschäftsabwicklung verlieren, würde dieser Konflikt und/oder ein
potentieller Verlust des Anzahlungsbetrages über soziale Netzwerke an potentielle
Kunden weiterkommuniziert.

Zugleich hoffte D. jedoch darauf, dass die chinesische Verkäuferin trotz ihrer
„Drohgebärden" und der Inszenierung ihrer Machtposition durch den Einbezug
des umstehenden Publikums bzw. des anwesenden Sicherheitspersonals ebenfalls
ein intrinsisches Interesse[6] daran haben würde, das informelle Handelsgeschäft

---

6   Welche Motivation, Gründe, (finanzielle) Investitionen und Abhängigkeitsverhältnisse auf
     Seiten der chinesischen Verkäuferin letzten Endes hinter dem Betrugsversuch gestanden ha-
     ben und ob noch weitere Akteure/Hintermänner darin verwickelt waren und welche Rolle
     diese im Vorfeld und/oder im Aushandlungsprozess selbst gespielt haben, entzog sich jedoch

zum Abschluss zu bringen und so den noch ausstehenden Geldbetrag und den damit verbundenen höheren Profit zu erhalten. Aufgrund der nicht schriftlich festgehaltenen Absprachen ging D. zudem davon aus, dass die chinesische Verkäuferin das Handelsgeschäft außerhalb ihrer Auftrags- und Bilanzierungsbücher abzuwickeln gedachte. Das mit dem Einbezug staatlicher Behörden verbundene Risiko, diesen irregulären Vorgang „offenbaren zu müssen", würde die Verkäuferin ebenso wie D. genauso scheuen, so dass hier ein geteiltes Interesse über eine gemeinsame Lösung des Problems/Konfliktes außerhalb der staatlichen Kontrollmacht bestünde. Ob das anschließende „Zählen" des Geldbündels nun als bewusster oder unbewusster, als strategisch eingesetzter oder intuitiver Handlungsakt von D. interpretiert werden kann, der die Verkäuferin zur Einlenkung, Beruhigung oder Hoffnung auf den Geschäftsabschluss veranlasste (oder veranlassen sollte), ließ sich in der rückblickenden Analyse des Ereignisses nicht eindeutig ermitteln. Dennoch zeigte dieser Handlungsakt unter Einbezug des physischen (vermittelnden) Artefaktes „Geldschein" Wirkung, indem sich die bis dahin noch anhaltende aggressive und bedrohende Stimmung um das Geschehen herum beruhigte und ein (erster) stillschweigender Moment bzw. „sozialer Raum der Verständigung" über den Fortgang der Verhandlungen entstand – der durch beiderseitige Gesten der Zurückhaltung und des Abwartens (Zurücklehnen, Verschränken der Arme), des Schweigens (über den Betrug), durch Gesten der Gastfreundschaft (Einschenken des Tees), durch Momente der Gemeinschaft (gemeinsames Lachen) oder auch durch den Rückzug des Sicherheitspersonals bestätigt wurde.

Durch den nun folgenden Einbezug des burundischen Kunden in den lokalen Aushandlungsprozess, in dem bislang die Wahrnehmung, Deutung und Interpretation körperlicher Performances (unter Zuhilfenahme materieller Artefakte) in einer *face-to-face*-Interaktion sowie die sich darauf beziehenden (bewussten oder unbewussten) reflexiven Handlungsakte den Herstellungsprozess von einem „sozialen Raum der Verständigung" bestimmten, wird dieser Raum über das technische Hilfsmittel des Mobiltelefons zu einem multilokalen Aushandlungsprozess erweitert. Im Verlauf des multilokalen Aushandlungsprozesses – zudem auch der Einbezug etwaiger vermuteter „Hintermänner" der chinesischen Verkäuferin hinzugezogen werden müssten, die, ebenfalls nur vermutet, über ihr Mobiltelefon am Prozess teilhaben – wird jedoch relativ bald deutlich, dass der burundische Kunde nur wenig Einflussmöglichkeiten auf den Ausgang des Handelsgeschäftes besitzt. Kann dies zunächst sehr allgemein auf die physische Distanz zurückgeführt werden, die dem Kunden eine (re-)aktive Teilnahme am Geschehen verwehrt, so muss jedoch die bewusst erzeugte Ahnungslosigkeit des Kunden über die tatsächliche Konfliktsituation seitens des Zwischenhändlers als *explanans* mit einbezogen werden. Zugleich kann ihm eine bedeutende Einflussnahme auf den lokalen Aushandlungsprozess dennoch abgesprochen werden, da er die Konfliktsituation

der Kenntnis von D. Der ständige Blick auf ihr Mobiltelefon und der Austausch von Kurznachrichten während des gesamten Ereignisses sowie das ‚plötzliche' Hervorholen der Originalkamera nach dem Erhalt einer Kurznachricht am Ende der Verhandlungen lässt jedoch den Einbezug weiterer Akteure in den Aushandlungsprozess vermuten.

oder vielmehr die körperliche Performance der Praktizierenden des Handlungszusammenhangs – zu dem neben der körperlichen Performance menschlicher Akteure auch physische Artefakte wie Geldscheine und ihre vermittelnde Wirkung auf
den Handlungszusammenhang gezählt werden (müssen) – eben aufgrund seiner
physischen Distanz nicht wahrnehmen kann. Zudem verfügt er nicht über das explizite Erfahrungs- und Alltagswissen des afrikanischen Zwischenhändlers im
lokal-chinesischen Kontext – wie etwa über die möglicherweise zu erwartenden
Reaktionen oder Folgen einer polizeilichen Einmischung –, welches er in den reflexiven Aushandlungsprozess mit einfließen lassen könnte. Für D. war der Einbezug des burundischen Kunden dennoch immanent für den letzten Endes erfolgreichen Abschluss des Handelsgeschäftes, da er sich, wie er später erläuterte, erst
anhand des detaillierten technischen Fachwissens des Kunden der eindeutigen
Originalität der bestellten Waren sicher sein konnte. Sein eigenes Fachwissen in
Bezug auf die bestellten Waren erstreckte sich lediglich auf die Kenntnis der Typnummern, Informationen aus der Email-Korrespondenz mit seinem Kunden und
der Gebrauchsanweisung sowie auf den Ein- und Verkaufspreis der Ware.

   Ein weiterer „sozialer Raum der Verständigung" offenbarte sich während des
auf den ersten Blick belanglosen Austausches über die unterschiedlichen Sichtweisen auf die jeweilig andere „Kultur", der während des gesamten Aushandlungsprozesses anhielt. Versicherte man sich zunächst durch Nachahmungen und
Erzählungen des Vorhandenseins „kultureller Stereotypen" und der beiderseitigen
Ablehnung der jeweils anderen (kulturell-essentialistisch konstruierten) Verhaltensweisen, Essenskulturen, Hygieneerscheinungen, etc., so schien das gemeinsame Lachen eine Form der geteilten Wahrnehmung und Übereinkunft darüber zu
sein, dass sein Gegenüber nicht in diese Stereotypisierung passen würde – eine
Bestätigung, die auch sprachlich zum Ausdruck kam, indem man explizit auf das
Nicht-Vorhandensein bestimmter stereotyper Eigenschaften beim Gegenüber
hinwies. Dieser gleichzeitige Rückgriff auf solidaritäts- und differenzstiftende
Identitätskonstrukte über emotionale und sprachliche Aufführungen ermöglichte –
im Sinne einer pragmatischen Perspektive des alltäglichen Kosmopolitismus auf
multikulturelle Handlungszusammenhänge (Kap. 2.6.4) – die Herstellung einer
„Wir-Beziehung", in der eine intersubjektiv und interaktiv geteilte Bestätigung
darüber erfolgte, welche körperliche Performance in einer spezifischen Situation
mit den eigenen erwarteten Rollen oder dem sozialen Selbst übereinstimmt. Auch
wenn in Anbetracht des offensichtlichen wenn auch nicht ausgesprochenen Betrugsversuches und einer ökonomisch-strategisch ausgerichteten Handlungslogik
mit dem (pragmatisch gesetzten) Ziel eines Geschäftsabschlusses ohne den Einbezug staatlicher Kontrollbehörden davon ausgegangen werden kann, dass diese
„Wir-Beziehung" als situativ und nur von kurzer Dauer zu betrachten ist, so kann
festgehalten werden, dass dieser „soziale Raum der Verständigung" dazu beigetragen hat, eine unternehmerische Handlungsfähigkeit im Kontext dieses spezifisch informellen Austauschprozesses aufrechtzuerhalten.

   Diese Aufrechterhaltung und Generierung einer Handlungsfähigkeit kann hier
auch als ein kreativ-reflexiver Akt der Handlungssteuerung im Kontext einer „kooperativen Wahrheitssuche" (Joas 2012: 189) bezeichnet werden, in dem trotz

zunächst scheinbar aussichtsloser Ausgangslage, unüberwindlicher Hindernisse und „kultureller" Differenzen die Erschließung eines Möglichkeitsraumes erfolgte, der über die Herstellung von „sozialen Räumen der Verständigung" über den Rückgriff auf *besitzbare Wissensformen* sowie der situativen Aushandlung *kollektiver Formen des Verstehens und Bedeutens über körperliche Performances* zur Lösung des Konfliktes beitrug (vgl. (Reckwitz 2003: 287). Dabei kann der Rückgriff auf besitzbare Wissensformen als wesentliche Elemente der Handlungssteuerung einerseits als ermöglichender Strukturmoment im Aushandlungsprozess (je nach Akteursperspektive) dargestellt werden, indem beispielsweise der Rückgriff auf explizites Erfahrungswissen über die Notwendigkeit von Kontrollstrategien seitens des Zwischenhändlers zur Aufdeckung des Betrugsversuchs führte, oder das implizite Wissen der chinesischen Verkäuferin *und* des Zwischenhändlers über die Wirkmächtigkeit von „Drohgebärden" und des Einbezugs einer „dritten Kontrollmacht" die Behauptung von Machtpositionen ermöglichte. Andererseits kann der Rückgriff auf (die gleichen) besitzbare(n) Wissensformen und damit verbundene(n) Handlungserwartungen auch zur Einschränkung einer unternehmerischen Handlungsfähigkeit führen. So wird etwa das Wissen um (und das Vertrauen in) die Verlässlichkeit des Geschäftspartners oder das Wissen um die Wirkmächtigkeit von Kontrollstrategien und Drohgebärden und die damit verbundenen Erwartungen auf ein erfolgreiches Handelsgeschäft durch den Moment des Aufdeckens des Betrugsversuches wirkungslos. Oder anders ausgedrückt: Der Moment des Aufdeckens erfordert neue Momente/Akte der Aushandlung, in denen – unter der Annahme einer beiderseitigen (stillschweigenden) Übereinkunft und Bereitschaft über den Fortgang der Verhandlungen bzw. dem Abschluss der Geschäftskooperation – besitzbare explizite wie implizite Wissensformen zwar als Werkzeuge fungieren können, nicht aber per se zur Lösung des Problems allein beitragen: So ermöglichten die Fortführung von Kontrollstrategien und der Einbezug von neuem Fachwissen mithilfe physischer Artefakte *zwar* die Feststellung der Originalität der Waren; die sichtbare Aufführung dieses Wissens durch das haptische Kontrollieren vermittelte *zwar* das Wissen um den Betrugsversuch und stellte somit neue Machtpositionen her; das implizite Wissen um die Konsequenzen des Einbezugs einer „dritten Kontrollmacht" erzeugte *zwar* wiederum neue Machtverhältnisse und stellte zugleich ein (implizites Wissen über das) Risiko dar, welches beide Parteien in Anbetracht der Informalität des Austauschgeschäftes letztes Endes scheuten etc. Aber erst die Verhandlung darüber, wie dieses explizite und implizite Wissen genutzt oder eben auch nicht genutzt wurde oder vielmehr erst die Art und Weise, wie diese besitzbaren Wissensformen in der körperlichen Aufführung neu verhandelt wurden und zur Herstellung von „sozialen Räumen der Verständigung" beitrugen, offerierte den Konfliktparteien die Möglichkeit, eine gemeinsame Lösung des Problems trotz (offensichtlicher) Differenzen zu finden und so unternehmerische Handlungsfähigkeit herzustellen.

Dabei kam der beiderseitigen Bereitschaft zur Herstellung einer

> „*cosmopolitan sociability* as consisting forms of competence and communication skills that
> are based on the human capacity to create social relations of inclusiveness and openness to
> the world" (Glick Schiller et al. 2011: 402)

eine wesentliche Bedeutung zu. Die Bereitschaft, sich trotz (ökonomischer oder
sozialkultureller) Differenzen, ökonomischer Risiken und Machtdemonstrationen
zu einigen und dies über eine gemeinsame geteilte Kommunikationssymbolik
mithilfe physischer Artefakte, stillschweigender Gesten/sprachlicher Formen der
Übereinkunft und/oder humorvollen Momenten der Gemeinschaft zu bewerkstelligen, kann hier als eine kosmopolitische Fähigkeit der situativen Aushandlung
beschrieben werden (Kap. 2.6.4), die mit zur Lösung des Konfliktes in Anbetracht
fehlender formeller Regeln des ökonomischen Austausches beigetragen hat. Diese
kosmopolitische Fähigkeit wiederum kann als eine Form des inkorporierten und
damit besitzbaren (Erfahrungs-)Wissens begriffen werden, welche mithilfe einer
soziokulturellen und sprachlichen Einbettung in den jeweiligen (lokalen) Kontext
und dem sich daraus ergebenden Zugang zu dem jeweiligen „kulturspezifischen"
und handelsbezogenen Symbolsystem (Kap. 2.6.4) durch die aktive Teilhabe am
Aushandlungsprozess im Sinne eines Lernprozesses des „sich auf etwas verstehen" (Reckwitz 2008a: 111) vor Ort generiert werden kann.

Aufgrund der Situativität und der Prozesshaftigkeit dieses Aushandlungsprozesses, in dem Machtpositionen, Stereotypen und (institutionalisierte) Regeln oder
Strategien ständig neu verhandelt oder verworfen werden, wird jedoch auch deutlich, dass diese kosmopolitische Fähigkeit eine Form des kontextspezifischen lokalen praktischen Wissens im Sinne der *knowing in practice*-Perspektive darstellt
(Kap. 2.6.3). So ist die kosmopolitische Fähigkeit der situativen Anpassung – als
wesentliches Element der Generierung einer unternehmerischen Handlungsfähigkeit – nicht als eine explizite Strategie oder angepasste Lösung zu verstehen, die
unabdingbar zum Erfolg des informellen Austausches führt. Auch die Übertragbarkeit dieser Fähigkeit bzw. des praktischen Wissens auf zukünftige Problemlösungssituationen ist aufgrund der Situativität dieer Wissensform nicht ohne weiteres möglich. So lassen sich allein schon aufgrund der Vielzahl potentieller Momente der Unordnung, Unsicherheit und Situativität in informellen Austauschbeziehungen keine eindeutigen Strategien formulieren, die etwa im Sinne einer *best
practice* an Dritte weitergegeben werden oder das Auftreten solcher Konfliktsituationen verhindern könnten. Vielmehr müssen sich Praktizierende des hier beschriebenen multikulturellen Handlungszusammenhangs immer wieder an neue
Strukturmomente der Aushandlung über den Rückgriff auf besitzbare Wissensformen und der Generierung neuer kollektiv hergestellter Wissensformen über
körperliche Performances anpassen. Die sich daraus schließende Notwendigkeit,
sich im Kontext informeller Austauschbeziehungen im sino-afrikanischen (Klein-)
Handel immer wieder neuen Momenten der Aushandlung zu stellen und mithilfe
eines „generativen Tanzes" (Cook & Brown 1999: 394) von expliziten, impliziten
und praktischen Wissensformen neue „soziale Räume der Verständigung" herzustellen, macht auch darauf aufmerksam, dass es zum erfolgreichen Abschluss ei-

nes Handelsgeschäftes – der mit der korrekten Auslieferung der Ware an den
Kunden in Afrika endet – der aktiven Teilhabe des afrikanischen Zwischenhändlers am Aushandlungsprozess vor Ort bedarf. Über die rein ökonomisch-funk-
tionale Betrachtungsweise seiner vermittelnden Tätigkeit hinaus – in der der Zwischenhändler über seine multilokale Einbettung in multiple Netzwerke, dem
Rückgriff auf explizite Marktinformationen und etablierte Geschäftsarrangements
bereits als Garant eines ökonomischen Austausches ausgemacht wurde (Kap.
5.2.1 und 6.1) – kann festgehalten werden, dass der afrikanische Zwischenhändler
in Guangzhou/China über den Rückgriff auf und die Anwendung von lokalspezifischen Wissensformen und kosmopolitischen Kompetenzen den ökonomischen
Austausch erst „kulturell" möglich macht und so zur Überwindung „struktureller
(und geographischer) Löcher" im sino-afrikanischen Handel beiträgt.

8. SCHLUSSBETRACHTUNG(EN)

Die Vielfalt an Ergebnissen aus der empirischen Untersuchung translokaler Händlernetzwerke afrikanischer Zwischenhändler in Guangzhou/China und die Vielschichtigkeit an Erkenntnissen aus den drei eingenommenen Perspektiven auf soziale Formationen und auf unternehmerisches Handeln in der Migration sollen im Folgenden in Form eines zusammenfassenden Querschnitts der Ergebnisse aufgegriffen werden. Dabei werden ausgewählte Gesichtspunkte aus den einzelnen Teilkapiteln und insbesondere aus den Zwischenfazits (Kap. 5.4, 6.3 und 7.3) noch einmal herausgearbeitet und auf deren Wirkmächtigkeit auf die Ausgestaltung der translokalen Organisation des informellen sino-afrikanischen (Klein-) Handels und auf die Herstellung und Aufrechterhaltung einer unternehmerischen Handlungsfähigkeit in der Migration diskutiert. Eine sich anschließende Diskussion der Ergebnisse und Erkenntnisse im Kontext raumspezifischer Fragestellungen und translokaler Raumkonzeptionen in der geographischen Migrationsforschung soll zudem aufzeigen, welchen Beitrag die hier eingenommene strukturationstheoretische, translokale Netzwerkperspektive zur Diskussion um die Bedeutung unterschiedlicher (Sozial-)Raumkonzepte liefern kann.

Aus einer ressourcenorientierten Perspektive auf unternehmerisches Handeln in der Migration wurde deutlich, dass der Rückgriff auf etablierte, grenzüberschreitende Netzwerke und inhärente (diffuse) Informationsflüsse dazu beiträgt, den durch Pioniermigranten einmal in Gang gesetzten und durch diverse Mobilitätsformen geprägten Migrationsprozess zwischen diversen afrikanischen Ländern und der Handelsmetropole Guangzhou im Sinne einer Kettenmigration aufrechtzuerhalten und zu beschleunigen. Kann dieser Migrationsprozess aus einer makrostrukturellen Perspektive und unter Einbezug statistischer Daten durchaus unter einer ökonomisch, unternehmerisch motivierten Migration eingeordnet werden (vgl. Kap. 4.4) – und damit die Aussage von Russel King (2012: 148) bestätigt werden, demnach

> „[d]espite the cultural turn, much migration [still] remains at base an economic phenomenon, driven by economic motives and forces, linked to economic systems, and with powerful economic effects"

– so zeigte die in Kap. 5.3.2 geführte Auseinandersetzung mit entscheidungsrelevanten Motiven für eine Migration und für die Aufnahme einer Tätigkeit als Händler, dass eine einfache ökonomisch-rationale, marktorientierte *push*-und-*pull*-Logik hier zu kurz greift. Trifft dies möglicherweise auf die Pioniermigranten zu (Kap. 5.2) – würde man deren Suche nach dem günstigsten Warenangebot ausschließlich als eine Handlung in einem dynamischen System internationaler Handelsorte interpretieren (Bertoncello & Bredeloup 2007; Bertoncello et al. 2009; Bredeloup 2012, 2013) –, so entfaltet sich der gesamte Entscheidungsprozess für

Guangzhou/China als „Destination und Möglichkeitsraum" sowohl bei den etablierten als auch neuen afrikanischen Migranten erst über den Rückbezug auf deren
Einbettung in multiple sozialkulturelle, sozialpolitische und sozialökonomische
Strukturmomente, die durch Diskurse, Mythen, Identitätskonstrukte, strategisch-
instrumentelle Abwägungsprozesse und bereits er- oder gelebte translokale Da-
seinsformen ständig neu erzeugt werden (vgl. Kap. 5.3.2). Grenzüberschreitende
Mobilität ist somit bereits fester Bestandteil der Lebensrealität und/oder Wirtschaftsweisen untersuchter Akteure. Temporär angelegte Migration und eine mobile Lebenspraxis wird dabei nicht ausschließlich als eine ökonomische Notwendigkeit der Suche nach neuen Arbeitsplätzen in einem globalen Weltmarkt verstanden, sondern als sozialkulturelle Alltagspraxis, in der durch Mobilität ein neuer Möglichkeitsraum erschlossen werden kann, der in Anbetracht einer gefühlten
oder erlebten (ökonomischen) Stagnation in bisherigen translokalen Verflechtungszusammenhängen und Raumkonstrukten nicht erreichbar scheint. Sino-afrikanischer Handel und eine Migration nach Guangzhou als neue Daseinsform und
neuer Möglichkeitsraum kann somit als Folge bereits vorhandener translokaler
Verflechtungszusammenhänge gelesen werden, in der der Einbezug einer neuen
Lokalität den bisherigen Lebens- und Wirtschaftsraum einzelner Akteure zunächst
nur sozialräumlich erweitert. Diese Erweiterung impliziert jedoch zugleich die
Generierung neuer Opportunitätsstrukturen, die im Sinne einer Strukturation des
Translokalen als (intendierte und unintendierte) Folge translokaler Handlungen
verstanden werden können.

  Der Rückgriff auf etablierte, grenzüberschreitende Netzwerke und inhärente
Ressourcen kann in der vorliegenden Untersuchung als wesentlicher Beitrag zur
Generierung neuer Opportunitätsstrukturen herausgestellt werden, indem einerseits spezifische Unterstützungsleistungen für die Organisation des Migrations-
prozesses und andererseits spezifische Formen der Vergemeinschaftung im Ankunftskontext für die Überbrückung psychosozialer Risiken einer Migration zur
Aufrechterhaltung der afrikanischen Migration Richtung Guangzhou/China und
zur Überwindung insbesondere aufenthaltsrechtlicher Hürden im Ankunftskontext
beitragen (vgl. Kap. 5.3.1, 5.4 und 6.1). Zugleich wurde in der Auseinandersetzung mit strategisch-instrumentellen Aspekten einer Einbettung in soziale Netzwerkstrukturen bzw. durch einen kritischen Blick auf den Nutzen sozialer Beziehungen für unternehmerisches Handeln unter Berücksichtigung individueller Abhängigkeitsverhältnisse und auf den vermeintlich universellen und uneingeschränkten Zugriff auf kollektive Ressourcen deutlich, dass sich der Rückgriff auf
die in Kap. 5.4 genannten institutionalisierten, sozialen Organisationsstrukturen
afrikanischer Migranten/Händlern für den Aufbau einer langfristig angelegten
ökonomischen Basis als Zwischenhändler in Guangzhou als ökonomische (ethnische) Mobilitätsfalle erweist, welche die Akteure dazu zwingt, sich beim Aufbau
ihrer ökonomischen Existenz Kontakten außerhalb geschlossener (ethnischer)
Gemeinschaften im Sinne einer *mixed economy* zuzuwenden. Ist diese Erkenntnis
im Zusammenhang einer theoretischen Diskussion um die einschränkenden und
ermöglichenden Eigenschaften geschlossener sozialer Formationen nicht neu und
auch durch andere Studien über die Organisationsstruktur von Migrantenökono-

mien belegt (vgl. Kap. 2.4.2 und 2.5.4), so kann der einschränkende Charakter kollektiver (ethnischer) Ressourcen für die Herstellung einer unternehmerischen Handlungsfähigkeit in der Migration als wesentliches Element vorgefundener Austauschbeziehungen in geschlossenen sozialen Formationen herausgestellt werden – ein Element, das sich erst über den mikro-analytischen Blick auf strategisch-instrumentelle Aspekte im Prozess der Netzwerkherstellung und -aufrechterhaltung erschließen ließ. Gleichzeitig kristallisierte sich heraus, wie sich mit zunehmender Einbettung der Akteure in religiöse (christliche) soziale Organisationsformen und religiös begründete ökonomische Handlungslogiken ein Handlungskontext formiert, der über die ökonomische Dimension des Austausches und des Nutzens sozialer Beziehungen hinaus bereits eigene Zwangs- bzw. Strukturmomente auf der Meso-Ebene sozialer Netzwerke erzeugt und eine Aufwärtsmobilität im Marktsegment des sino-afrikanischen Zwischenhandels verhindert sowie die Generierung einer unternehmerischen Handlungsfähigkeit in der Migration erschwert.

Aus einer translokalen Perspektive auf unternehmerisches Handeln in der Migration wurde zunächst deutlich, dass die Berücksichtigung multipler lokaler Strukturmomente und ihr sich gegenseitig bedingendes Verhältnis nötig war, um einerseits die (Differenz-)Potenziale im grenzüberschreitenden sino-afrikanischen Handel herauszustellen und andererseits auf strukturelle Hürden hinzuweisen bzw. neuen globalen und lokalen Strukturmomenten im Kontext des sino-afrikanischen Handels und der Aufrechterhaltung einer ökonomischen Basis und einer unternehmerischen Handlungsfähigkeit nachzuspüren. Zugleich konnte deutlich gemacht werden, dass diese (trans-)lokalen Strukturmomente (wie hohe Handels- und Investitionsbarrieren, fehlender Zugang zu Märkten und Marktinformationen, informelles Handels- und Geschäftsklima, Sprachbarrieren, aufenthaltsrechtliche Einschränkungen, hohe Transaktionskosten, steigende Produktionskosten, zunehmende Konkurrenz etc.) nicht als determinierende strukturelle Zwänge von außen wirken, die im Sinne einer Giddenschen Zweck-Mittel-Rationalität (Giddens 1997: 365) keine gangbaren Handlungsalternativen zulassen. Vielmehr entfalten die Akteure unter Beibehaltung ihrer handlungsanleitenden Motive über ihre multilokale Einbettung in diverse Lokalitäten, Handlungszusammenhänge und Beziehungskonstrukte, über den Rückgriff auf besitzbare, explizite wie implizite Wissensformen und über die Generierung informeller Anpassungsstrategien (re-)aktiv neue Handlungsalternativen, die im Sinne einer Strukturation des Translokalen zur Entstehung neuer translokaler Opportunitätsstrukturen und Handlungskontexte sowie zur Überwindung dieser Strukturmomente beitragen. Diese neuen translokalen Opportunitätsstrukturen werden in den organisationalen, grenzüberschreitenden, informellen Geschäftsarrangements afrikanischer Zwischenhändler in Guangzhou sichtbar (vgl. Kap. 6.3), die im Sinne der hier eingenommen translokalen Perspektive als translokale Sozialräume unternehmerischer Kooperation in einer *mixed economy* (Nederveen Pieterse 2003; Nee et al. 1994) konzipiert werden. Dabei weisen die inhärenten Geschäftsbeziehungen des Kunden-Zwischenhändler-Anbieter-Modells eine Kooperationsform auf, die mit dem Begriff der „economy of synergy" (Yeung 1998: 59) umschrieben werden kann. Diese *eco-*

nomy of synergy weist zunächst nur darauf hin, dass es in (grenzüberschreitenden) Organisationsnetzwerken eine Diversifizierung unterschiedlicher Aufgabenbereiche und Tätigkeiten gibt, die von unterschiedlichen Akteuren an unterschiedlichen Standorten wahrgenommen und mithilfe ihrer jeweiligen Ressourcenausstattung (Fachwissen, Informationen, Marktzugang, Sprachkenntnisse etc.) bewältigt werden können. Zugleich verdeutlicht der Hinweis auf das Vorhandensein von Synergien, dass erst der strategisch-instrumentelle Rückgriff auf und die Zusammenführung von lokal dispersen Ressourcen über die multilokale Eingebettetheit in diese organisationalen, grenzüberschreitenden Geschäftskooperationen und Händlernetzwerke eine erfolgreiche Abwicklung sino-afrikanischer Handelsgeschäfte und die Aufrechterhaltung einer unternehmerischen Handlungsfähigkeit (mit) ermöglichen:

> „[P]articipants and agents in a network often benefit from ‚economy of synergy' through which they can achieve what is impossible if they were to go it alone. These ‚economy of synergy' are manifested in information sharing, pooling of ressources (capital, labour and technology), mutual commitments, strategic commonality, personal favours and so on" (Yeung 1998: 59).

Während sich Henry W.-C. Yeung in seiner Analyse der grenzüberschreitenden, organisationalen Struktur von Hong Kong-Firmen in der ASEAN-Region (*Association of Southeast Asian Nations*) auf Synergien bezieht, die auf der Basis institutionalisierter Regeln des Austausches (von Informationen, Waren, Dienstleistungen, etc.) im formellen Gütermarkt entstehen, deren Einhaltung wiederum über formell justiziable Verträge und Verbindlichkeiten abgesichert werden, so handelt es sich in der vorliegenden Arbeit jedoch vor allem um informelle, ökonomische, multikulturelle Austauschbeziehungen, die durch diverse (Struktur-) Momente der Unordnung, Unsicherheit und Situativität gekennzeichnet sind (vgl. Kap. 6 und Kap. 7).

Aus einer praktikentheoretischen Perspektive auf unternehmerisches Handeln in der Migration konnte schließlich deutlich gemacht werden, dass es zur Überwindung dieser (Struktur-)Momente in den untersuchten informellen ökonomischen Austauschbeziehungen der Dienste eines Zwischenhändlers bedarf, der als Garant eines erfolgreichen Geschäftsabschlusses zwischen den Parteien vermittelt. Die Fähigkeit zur Vermittlung erschloss sich jedoch nicht (allein) über die individuelle Ressourcenausstattung eines Zwischenhändlers in einem translokalen Sozialraum. Oder anders ausgedrückt: Der Rückgriff auf und Besitz von explizitem Wissen um translokale Opportunitäten, Differenzpotentiale und Synergien eines grenzüberschreitenden Marktes, der Rückgriff auf und Besitz von explizitem und implizitem Wissen um „kulturspezifische" und handelsbezogene Symbol- und Sprachsysteme, der Rückgriff auf translokale Ressourcen einer multilokalen Einbettung in diverse formelle wie informelle, ethnische und nicht-ethnische, geschlossene und offene, starke und schwache Netzwerkbeziehungen sagte noch nichts oder noch nicht ausreichend etwas über das individuelle (unternehmerische) Vermögen eines Zwischenhändlers aus, wie er aus diesen vorhandenen Ressourcen, Wissensformen und multilokalen Organisationsformen „unternehmeri-

sches Kapital schlagen kann". Die Frage nach dem, was Akteure in diesen informellen, ökonomischen Austauschbeziehungen über ihre translokale Lebens- und
Wirtschaftsweise und der damit verbundenen individuellen Ressourcenausstattung
hinaus befähigt, erfolgreich zu vermitteln und über diese Vermittlung unternehmerische Handlungsfähigkeit zu generieren und aufrechtzuerhalten, blieb also
bislang unbeantwortet. Eine Erweiterung um organisations- und praktikentheoretische Ansätze, die auf die situative, prozessuale Anwendung, Generierung und
Veränderlichkeit von Wissensformen in (ökonomisch-organisationalen) Austauschbeziehungen fokussieren, sollte hier spezifische Erklärungsansätze liefern.

Aus einer wirtschaftsgeographischen Perspektive auf ökonomische Austauschbeziehungen stellen Peter Meusburger und Kollegen (Meusburger et al.
2011) zunächst fest, dass die

> „meisten Kategorien von höherwertigem Wissen [...] [zur Herstellung einer unternehmeri-
> schen Handlungsfähigkeit] im Rahmen von Interaktionen, Praktiken und Lernprozessen mehr
> oder weniger mühsam erworben" (Meusburger et al. 2011: 225)

werden müssen. Dies erfordert neben der Ko-Präsenz von Praktizierenden in den
Interaktions- und Lernprozessen (vgl. Kap. 2.6.3) vor allem eine (Berufs-)Erfah-
rung im jeweiligen soziokulturellen Umfeld – in dem die Interaktions- und Lernprozesse stattfinden –, um das so erworbene Wissen für andere Kontexte brauch-
bar zu machen oder für andere Organisationszusammenhänge einzusetzen. Diese
Erkenntnis macht darauf aufmerksam, dass das „höherwertige Wissen" ganz im
Sinne der hier eingenommenen *knowing in practice*-Perspektive keine

> „angeborene Eigenschaft von besonders begabten Individuen ist, sondern sich über lange
> Zeiträume hinweg durch komplexe und dynamische Interaktionen zwischen Individuen und
> ihrem sozialen, kulturellen und materiellen Umfeld entwickelt" (Meusburger et al. 2011:
> 227).

Dabei determiniert der Arbeits-, Zeit- und Kostenaufwand die Möglichkeit potentieller Akteure oder Praktizierender, an diesen Prozessen auch teilnehmen zu können, um so das spezifisch relevante „Vorwissen und jene Kompetenzen zu erwerben, die für das Verständnis und die Bewertung von Informationen notwendig
sind" (Meusburger et al. 2011: 226). Zugleich machen die Autoren darauf aufmerksam, dass insbesondere in einer ökonomischen Wettbewerbsposition weniger
die Informationen, das Vorwissen oder die Kompetenzen – über die letztlich auch
viele andere Akteure verfügen – entscheidende Variablen für erfolgreiches unternehmerisches Handeln darstellen, sondern der Vorsprung in der Akquise von Informationen sowie der Vorsprung im Erwerb von Kernkompetenzen und Fachwissen zur Besetzung und Behauptung einer potentiellen Marktnische (s.a. Liefner & Schätzl 2012: 140; Jansen & Wald 2007: 189). Diesen Vorsprung

> „kann man sich in der Regel nur an bestimmten Standorten, in bestimmten Netzwerken oder
> unter bestimmten Kontextbedingungen erwerben. [...] [Akteure sind hierbei] auf die unmit-
> telbare Beobachtung der Konkurrenz, auf die Interpretation von Gesten, Gerüchten und Ver-
> haltensmustern und den Zugang zu gut informierten Kreisen angewiesen" (Meusburger et al.
> 2011: 225f.).

Diese Bedeutungszuschreibung einer Ko-Präsenz im Herstellungsprozess einer unternehmerischen Handlungsfähigkeit in ökonomischen Austauschbeziehungen rückt noch einmal den Wettbewerbs- und Wissensvorsprung („kulturspezifisches" und handelsbezogenes Wissen, Sprachkenntnisse, Adaptionsstrategien zur Überwindung aufenthaltsrechtlicher Hürden, etc.) in den Vordergrund, den sich afrikanische Zwischenhändler über ihren z.T. langjährigen Aufenthalt im lokal-chinesischen Kontext gegenüber anderen Handelsakteuren/Migranten mühsam erworben haben. So bedeutend Ko-Präsenz und physische Nähe in Interaktionszusammenhängen und die sich daraus ergebenden besitzbaren Wissensformen für die Aufrechterhaltung einer unternehmerischen Handlungsfähigkeit in diesem spezifischen Zusammenhang auch sind, verlieren Ko-Präsenz und *face-to-face*-Kontakte, so die Schlussfolgerung von Peter Meusburger und Kollegen (2011), jedoch mit der Zeit an Bedeutung, „sobald Vertrauen aufgebaut, Regeln gefunden und Kooperationsabläufe vereinbart worden sind" (ebd.: 227). Dieser Zusammenhang zwischen physischer Nähe, physischer Distanz und Zeit in organisationalen Kooperationsformen und der Rolle von institutionalisierten Regeln des (unternehmerischen) Austausches für den Bedeutungsverlust einer Ko-Präsenz innerhalb dieser Organisationsstrukturen berücksichtigt jedoch (wieder einmal) keine außerhalb des formellen Gütermarktes angesiedelten Austauschbeziehungen, die durch Momente der Unordnung, Unsicherheit und Situativität gekennzeichnet sind. Auch werden hier keine Austauschbeziehungen in den Blick genommen, die sich zwischen mehreren eigenständigen unternehmerischen Einheiten aufspannen und in denen die Wahrung lukrativer/innovativer Kontakte und Informationen gegenüber Dritten sowie der bewusste Nicht-Austausch von Wissen sowohl zur Wahrung von Wettbewerbs- und Machtpositionen als auch zum erfolgreichen Abschluss des unternehmerischen Austausches führen (vgl. Kap. 7).

Erst mit dem differenzierten, praktikentheoretischen Blick auf den Aushandlungsprozess in multikulturellen (und zugleich multilokalen) Handlungszusammenhängen (vgl. Kap. 7.2 und Kap. 7.3) wurde deutlich, dass es trotz der individuellen Ressourcenausstattung eines Zwischenhändlers bzw. trotz bereits vorhandener Wissensformen, Kontrollstrategien, grenzüberschreitender Organisationsmodelle und „vertrauensbasierter" Geschäftsarrangements weiterhin der Notwendigkeit einer Ko-Präsenz oder physischer Nähe bedarf, in der durch den interpretativ-kreativen Akt der Welterschließung über körperliche *Performances* kosmopolitische Fähigkeiten der situativen Aushandlung generiert werden, die zur Produktion von „sozialen Räumen der Verständigung" und zum Gelingen des (unternehmerischen) Austausches beitragen. Inhärente besitzbare Formen des Wissens wurden dabei aber nicht etwa transformiert und verändert (Nonaka & Takeuchi 1995). Vielmehr wurden diese besitzbaren Wissensformen wie etwa soziokulturell konzipierte Stereotypen, Fachwissen, Wissen um die Wirkmächtigkeit von Kontrollstrategien und Drohgebärden etc. im Aushandlungsprozess bestätigt, reproduziert und strategisch-instrumentell zu Werkzeugen der Aushandlung für den spezifischen Aushandlungskontext übersetzt. Dieser Prozess einer *knowledge translation* (Williams 2005) in der Aushandlung ist somit als zweckorientierte Suche und als ein „generativer Tanz" (Cook & Brown 1999: 393) im interpretativ-kreativen Akt der Welterschließung (Joas 2012: 190) zu verstehen, in dem durch das Zusammenspiel von Wissen und *knowing* – im Sinne einer bewusst-reflexiven und dynamischen Handlungssteuerung mit Vergangenheitsbezug zu repetitiv und sozialkulturell typisierten Praktiken/Sequenzen von *skillful performances* (Reckwitz 2007: 319) – neue Wege des *knowing how* generiert werden können, „which knowledge alone cannot do" (Cook & Brown 1999: 394; s.a. Sole & Edmondson 2002; Price et al. 2012.). Durch den kreativen Akt des Handelns erfolgt dabei die Erschließung eines Möglichkeitsraumes im Sinne eines alltäglichen Kosmopolitismus (vgl. Kap. 2.6.4), wobei hier nicht die Beseitigung von Hindernissen im Sinne eines bereits vorgezeichneten Weges über prerequisite, statische Wissensbestände (explizites und implizites Wissen), *best practices* oder dem alleinigen Rückgriff auf jedwede Art von (transnationalen oder translokalen) Ressourcen gemeint ist, sondern im Prozess der „kooperativen Wahrheitssuche zur Bewältigung realer Handlungsprobleme" (Joas 2012: 189) ständig neue oder andere Aspekte der Wirklichkeit wahrgenommen werden müssen, die das Handeln in der Praktik dann verändert anleiten (vgl. Martin 2012: 129). Kreatives Handeln im Sinne der *knowing in practice*-Perspektive – und als Voraussetzung für die Generierung einer unternehmerischen Handlungsfähigkeit – wird damit als instrumentalistisch für das Lösen praktischer Probleme in konkreten Situationen und für die Entwicklung neuer oder veränderter Mittel gedeutet (Joas 2012: 191ff.), wodurch sich die praktikentheoretische Handlungslogik in Anlehnung an den Pragmatismus (vgl. Kap. 2.6.3) von einer reinen Zweck-Mittel-rationalistischen Perspektive auf unternehmerisches Handeln abgrenzt.

Bezieht sich das kreative Handeln und die kosmopolitische Fähigkeit der situativen Aushandlung ausschließlich auf intersubjektive Handlungszusammenhänge und auf die Wahrnehmung körperlicher *Performances* in der Praktik – ohne das Hilfsmittel materieller Artefakte, die aufgrund ihrer technologischen Eigenschaften räumlich-geographische Grenzen zu überwinden vermögen –, so kann die (unternehmerische) Handlungsfähigkeit tatsächlich nur vor Ort hergestellt werden (Barnes 2004: 267; Ibert 2007: 106; Reckwitz 2003: 292). Oder anders ausgedrückt: Erst die Möglichkeit, permanent physisch vor Ort zu sein und somit an ähnlich strukturierten multikulturellen Handlungszusammenhängen *face-to-face* partizipieren zu können, ermöglicht das Generieren einer kosmopolitischen Fähigkeit der situativen Aushandlung im Sinne eines Lernprozesses durch partizipative Aktivität (Amin & Cohendet 2004: 77; Gherardi 2000: 215; Katenkamp 2011: 61; Maller & Strengers 2013: 244), welche für das unternehmerische Handeln und die translokale Organisation des (informellen) Handels in der vorliegenden Untersuchung von Bedeutung ist und bleibt. Durch diese „Wiederentdeckung" des Lokalen, durch den Fokus auf die Situativität des lokalen Aushandlungsprozesses, in der durch die (re-)aktive Partizipation und das persönliche Einbringen Praktizierender eine ständig neu zu entwickelnde Anpassungsleistung erbracht wird und angesichts ständig neu auftretender Strukturmomente erbracht werden muss (Berndt 2005: 52; Blackler 1995: 1041; Maller & Strenger 2013: 243), kann die praktikentheoretische Perspektive damit als ein elementarer und notwendiger Baustein einer translokalen, sozialräumlichen Perspektive auf unternehmerisches Handeln in der Migration verstanden werden. Aber genauso wenig wie die praktikentheoretische Perspektive eine ausschließlich lokale Perspektive auf kleinräumige soziale Phänomene darstellt (Schatzki 2011), genauso wenig führen Ko-Präsenz, *face-to-face*-Kontakte oder physische Nähe im lokalen Aushandlungsprozess per se und allein zu kreativen, innovativen Prozessen der Wissensgenerierung oder zu unternehmerischer Effektivität und der Herstellung einer unternehmerischen Handlungsfähigkeit. Spätestens durch den Einbezug lokal disperser Ressourcen und physisch distanzierter Akteure über das Hilfsmittel materieller Artefakte (Kap. 7) wurde deutlich, dass der lokale Aushandlungsprozess und der inhärente, notwendige interpretativ-kreative Akt der Welterschließung – im Sinne einer Regel des informellen Austausches in der Praktik – zur Herstellung einer situativen Handlungsfähigkeit als Teil einer translokalen Organisation des sino-afrikanischen Handels betrachtet werden muss und sich somit als komplementärer Teil einer holistischen, relationalen Raumkonzeption verstehen lässt. In den translokalen Organisationsformen und Handlungszusammenhängen müssen die (Inter-)Akteure ihre unternehmerische Handlungsfähigkeit sowohl über den Rückgriff auf ihre individuelle Ressourcenausstattung als auch über Wissensformen/Fähigkeiten situiert in Praktiken immer wieder neu herstellen. Zugleich wurde deutlich, dass in diesem Herstellungsprozess und der translokalen Organisation dieses Prozesses sowohl physische und relationale Nähe- als auch Distanzverhältnisse, sowohl globale als auch lokale Strukturmomente, sowohl individuelle Ressourcen als auch kollektiv-situativ hergestellte Fähigkeiten gleichzeitig wirksam sind, sich im Sinne einer Strukturation des Translokalen gegenseitig bedingen und in einem translokalen Sozialraum der Organisation des (informellen) sino-afrikanischen (Klein-)Handels miteinander verschmelzen.

Diese Gleichzeitigkeit macht zudem deutlich, dass Lokalitäten, *places* oder spezifische Orte nicht nur als weitere topographische Elemente eines ansonsten global konzipierten *Space* des sino-afrikanischen Handels, eines bestehenden Systems internationaler Handelsorte im Kontext globaler kapitalistischer Wirtschaftsmechanismen (Bredeloup 2012; Sassen 2012) oder einer *globalisation from above* (Falk 2003) zu verstehen sind. Auch der Begriff der *globalisation from below* (Mathews & Yang 2012), der auf die Bedeutung des transitiven und informellen Charakters des hier untersuchten Handels- und Migrationsphänomens aufmerksam macht und dabei ebenfalls die Bedeutung physischer Ko-Präsenz herausstellt „in order to consummate deals and ensure that they [the African traders in China] are not being cheated" (Mathews & Yang 2012: 116), wird als nur unzureichend erachtet, da er ebenfalls zu sehr in einem konzeptionellen Dualismus globaler versus lokaler Raumkonstrukte verharrt. Stattdessen wurde aus der hier eingenommenen strukturationstheoretischen, translokalen Netzwerkperspektive und des sich daraus ergebenden poststrukturalistischen, geographischen Verständnisses eines *relational space* (Jones 2009; Murdoch 2005) folgendes deutlich: *Places* vereinen über den Rückbezug auf die multilokalen Verbindungen, Austauschprozesse sowie Alltags- und Netzwerkpraktiken und über die sozialkonstruktivistische Konzeptionalisierung dieser *places* als „Lokalitäten des Austausches und der Zusammenkunft" (Kap. 6.3) und als Orte, an denen „soziale Räume der Verständigung" (Kap. 7.2) hergestellt werden, sowohl (Struktur-)Momente und (Sozial-) Raumkonzepte der globalen Bewegung als auch der lokalen Bindung. Nur die Berücksichtigung dieser Gleichzeitigkeit lässt einen holistischen Blick auf die translokale Organisation des (informellen) sino-afrikanischen (Klein-)Handels zu. Für die Geographische Migrationsforschung, die sich dieser Gleichzeitigkeit von *space* und *place* und der notwendigen, simultanen Berücksichtigung von globalen und lokalen Strukturmomenten für die Ausgestaltung und Organisation multilokaler Lebens- und Wirtschaftsweisen heutiger Migranten bereits bewusst ist, erschließen sich daraus nicht zwangsläufig neue (raum-)konzeptionelle Fragestellungen. Gleiches gilt für die Wirtschaftsgeographie, die sich spätestens mit der Ausgabe des *Journal of Economic Geography* von 2003 (Bd. 3, Heft 2) als relationale Wirtschaftsgeographie begreift, „where actors and the dynamic processes of change and development engendered by their relations are central units of analysis" (Boggs & Rantisi 2003: 109). Relationales Denken und ein relationales (Sozial-)Raumverständnis sind somit wesentliche Bestandteile geographischer Analysen. Die sich aus diesen relational-analytischen Perspektiven erschlossenen Strukturen oder Strukturmomente einer Organisation des Handels, der Migration, des ökonomischen und/oder sozialen Austausches etc. werden jedoch – trotz einer Betonung auf dynamische, prozessuale Elemente – immer noch allzu häufig als statische Elemente dargestellt, die, einmal (re-)produziert und etabliert, als Erklärungsmaxime für das Gelingen des Austausches und der Organisation fortan unumstößlich und stabil erscheinen. Spätestens mit dem hier vorgenommenen praktikentheoretischen Blick auf den situativen Aushandlungsprozess in (ökonomischen) Austauschbeziehungen wurde deutlich, dass sich die Regeln des Austausches und damit die Strukturen sozialer Formationen und inhärenter sozialer Mechanismen jedoch nicht als statische Entitäten oder Ordnungsprinzipien des Sozialen lesen lassen, die, einmal verinnerlicht, zum Gelingen des Austausches und der Organisation führen. Stattdessen müssen diese Regeln, Strukturen und Mechanismen in der Aushandlung bzw. in der Praktik immer wieder neu hergestellt, ausgehandelt und dynamisch weiterentwickelt werden, wobei das Ergebnis des Austausches und damit die Aufrechterhaltung einer (unternehmerischen) Handlungsfähigkeit letzten Endes ein offener Prozess bleibt.

9. LITERATUR

Adogame, A. (2004) Contesting the ambivalence of modernity in a global context: The Redeemed Christian Church of God, North America, in: *Studies in World Christianity* 10, 25–48.

Agunias, D.R., Newland, K. (2007) *Circular migration and development: Trends, policy routes and ways forward.* Washington, D.C: Migration Policy Institute.

Albrecht, D. (2011) *Markteintritt in die VR China.* Online: http://www.da-legal.com/blog/media/upload/2011/02/41_markteintritt_china.pdf (Zugriff: Juni 2014)

Alden, C., Hughes, C.R. (2009) Harmony and discord in China's Africa strategy: Some implications for foreign policy, in: *The China Quarterly* 199, 563–584.

Aldrich, H.E., Waldinger, R. (1990) Ethnicity and entrepreneurship, in: *Annual Review of Sociology* 16, 111–135.

Ali, S., Jafrani, N. (2012) China's growing role in Africa: Myths and facts, in: *International Economic Bulletin*, 9. Februar. Online: http://carnegieendowment.org/ieb/2012/02/09/china-s-growing-role-in-africa-myths-and-facts/9j5q (Zugriff: Juni 2014)

Allé, E. (2001) Confucius, Allah et Mao. L'islam en Chine, in: Feillard, A. (Hrsg.) *L'islam en Asie, du Caucase à la Chine.* Paris: La Documentation Française, 207–239.

Amelina, A., Faist, Th. (2012) De-naturalizing the national in research methodologies: Key concepts of transnational studies in migration, in: *Ethnic and Racial Studies* 35(10), 1707–1724.

Amin, A. (2004) Regions unbound: Towards a new politics of place, in: *Geographiska Annaler Series B* 86(1), 33–44.

Amin, A., Cohendet, P. (2004) *Architectures of knowledge: Firms, capabilities and communities.* Oxford, NY: Oxford University Press.

Amin, A., Thrift, N. (2007) Cultural-economy and cities, in: *Progress in Human Geography* 31(2), 143–161.

Angenendt, S., Hohlfeld, E. (2012) Zirkuläre Migration. Ein Modell für künftige Arbeitsmigration? Erfahrungen und Perspektiven. In: Fassmann, H. (Hrsg.) *Geographie für eine Welt im Wandel: 57. Deutscher Geographentag 2009 in Wien.* Göttingen: V&R Unipress, 121–138.

Appadurai, A. (2010) Disjuncture and difference in the global cultural economy, in: Featherstone, M. (Hrsg.) *Global culture: Nationalism, globalization and modernity.* Neuauflage. London [u.a.]: Sage, 295–310.

Appadurai, A. (1995) The production of locality, in: Fardon, R. (Hrsg.) *Counterworks: Managing the diversity of knowledge.* London: Routledge, 204–25.

Archer, M.S. (2000) *Being human: The problem of agency.* Cambridge: Cambridge University Press.

Argyle, M. (2005) *Körpersprache und Kommunikation: Das Handbuch zur nonverbalen Kommunikation.* Paderborn: Junfermann.

Atomre, E., Odigie, J., Eustace, J., Onemolease, W. (2009) Chinese investments in Nigeria, in: Baah, A.Y., Jauch, H. (Hrsg.) *Chinese investments in Africa: A labour perspective.* Accra and Windhoek: African Labour Research Network, 333–365. Online: http://www.cebri.org/midia/documentos/315.pdf (Zugriff: Juni 2014)

Auswärtiges Amt der BRD (2014) *China: Reise- und Sicherheitshinweise*, 16. April. Online: http://www.auswaertiges-amt.de/sid_8AD0DA366BC603489A9D7D7A716B2593/DE/Laenderinformationen/00-SiHi/ChinaSicherheit.html?nn=334554#doc334524bodyText5 (Zugriff: August 2014)

Axelsson, L. (2012) *Making borders: Engaging the threat of Chinese textiles in Ghana*. Stockholm: Acta Universitatis Stockholmiensis. Online: http://uu.diva-portal.org/smash/get/diva2: 551083/FULLTEXT01 (Zugriff: August 2014)

Axelsson, L., Sylvanus, N. (2010) Navigating Chinese textile networks: Women traders in Accra and Lomé, in: Cheru, F., Obi, C. (Hrsg.) *The rise of China and Africa in India: Challenges, opportunities and critical interventions*. London [u.a.]: Zed Books, 132–141.

Baah, A.Y., Otoo, K.N., Ampratwurm, E.F. (2009) Chinese investments in Ghana, in: Baah, A.Y., Jauch, H. (Hrsg.) *Chinese investments in Africa: A labour perspective*. Accra and Windhoek: African Labour Research Network, 85–123. Online: http://www.cebri.org/midia/documentos/ 315.pdf (Zugriff: Juni 2014)

Baecker, J., Borg-Laufs, M., Duda, L., Matthies, E. (1998) Sozialer Konstruktivismus: Eine neue Perspektive in der Psychologie, in: Schmidt, S.J. (Hrsg.) *Kognition und Gesellschaft: Der Diskurs des radikalen Konstruktivismus 2*. Frankfurt a.M.: Suhrkamp, 116–145.

Bair, J. (2008) Analysing global economic organization: Embedded networks and global chains compared, in: *Economy and Society* 37(3), 339–364.

Bakewell, O. (2010) Some reflections on structure and agency in migration theory, in: *Journal of Ethnic and Migration Studies* 36(10), 1689–1708.

Baláž, V., Williams, A.M. (2004) Been there, done that: International student migration and human capital transfer from the UK to Slovakia, in: *Population, Space and Place* 10(3), 217–237.

Ballard, R. (1994) Introduction: The emergence of Desh Pardesh, in: Ballard, R., Banks, M. (Hrsg.) *Desh Pardesh: The South Asian presence in Britain*. London: Hurst, 1–34.

Bao, S., Chang, G.S., Sachs, J.D., Woo, W.T. (2002) Geographic factors and China's regional development under market reforms, 1978–1998, in: *China Economic Review* 13(1), 89–111.

Barley, S.R., Tolbert, P.S. (1997) Institutionalization and structuration: Studying the links between action and institution, in: *Organization Studies* 18(1), 93–117.

Barnes, J.A. (1972) *Social networks*. Boston: Addison-Wesley.

Barnes, T.J. (2003) The place of locational analysis: A selective and interpretive history, in: *Progress in Human Geography* 27(1), 69–95.

Basch, L., Glick Schiller, N., Szanton Blanc, C. (1994) *Nations unbound: Transnational projects, postcolonial predicaments, and deterritorialized nation-states*. Langhorne, PA: Gordon and Breach.

Bassens, D., Derudder, B., Otiso, K.M., Storme, T., Witlox, F. (2014) African gateway: Measuring airline connectivity change for Africa's global urban networks in the 2003–2009 period, in: *South African Geographical Journal* 94(2), 103–119.

Bathelt, H., Malmberg, A., Maskell, P. (2004) Clusters and knowledge: Local buzz, global pipelines and the process of knowledge creation, in: *Progress in Human Geography* 28(1), 31–56.

Beaverstock, J.V. (2005) Transnational elites in the city: British highly skilled intercompany transferees in New York City's financial district, in: *Journal of Ethnic and Migration Studies* 31(2), 245–268.

Beaverstock, J.V., Smith, R.G., Taylor, P.J. (2006) World-city network: A new metageography?, in: Brenner, N., Keil, R. (Hrsg.) *The global cities reader*. London [u.a.]: Routledge, 96–103.

Beck, U., Grande, E. (2008) *Cosmopolitan Europe*. Cambridge [u.a.]: Polity Press.

Beckert, J. (1996) What is sociological about economic sociology? Uncertainty and the embeddedness of economic action, in: *Theory and Society* 25(6), 803–840.

Beckert, J., Deutschmann, Ch. (Hrsg.) (2010) *Wirtschaftssoziologie*. Wiesbaden: VS.

Bell, G.G., Zaheer, A. (2007) Geography, networks, and knowledge flow, in: *Organization Science* 18(6), 955–972.

Benjamin, N., Mbaye, A.A. (2012) *The informal sector in francophone Africa: Firm size, productivity and institutions*. Washington, D.C.: World Bank Publications. Online: https: //openknowledge.worldbank.org/bitstream/handle/10986/9364/699350PUB0Publ067869B09 780821395370.pdf?sequence=1 (Zugriff: Juni 2014)

Bensaâd, A. (2008) *Mauritanie: L'inhibition des „efets retour" de circulations migratoires di-verses et intenses.* CARIM-AS, Notes d'analyse et de synthèse 15. Série sur la migration cir-culaire module politique et social. San Domenico di Fiesole: Robert Schuman Centre for Ad-vanced Studies. Online: http://cadmus.eui.eu/bitstream/handle/1814/8336/CARIM_AS%26N _2008_15.pdf?sequence=1 (Zugriff: August 2014)

Bercht, A.L. (2013) Glurbanization of the Chinese megacity Guangzhou: Image building and city development through entrepreneurial governance, in: *Geographica Helvetica* 68(2), 129–138.

Bergesen, A. (2008) *The new surgical colonialism: China, Africa, and oil.* Boston, MA: Konfer-enzpaper zum „Annual meeting of the American Sociological Association", 31. Juli. Online: http://citation.allacademic.com//meta/p_mla_apa_research_citation/2/3/7/1/9/pages237190/p2 37190-1.php (Zugriff: Juni 2014)

Berndt, A. (2005) *Ressourcenbasierter Ansatz und das Konzept des knowing: Sinnvolle Basis oder Widerspruch?* [s.l.]: GRIN.

Bernstein, N.A. (1996) On dexterity and its development, in: Latash, M.L., Turvey, M.T. (Hrsg.) *Dexterity and its development.* Mahwah, NJ: Erlbaum, 3–44.

Bertoncello, B., Bredeloup, S. (2007) The emergence of new African „trading posts" in Hong Kong and Guangzhou, in: *China perspectives* 1, 94–105.

Bertoncello, B., Bredeloup, S., Pliez, O. (2009) Hong Kong, Guangzhou, Yiwu: De nouveaux comptoirs africains en Chine, in: *Critique Internationale* 44, 105–120.

Besada, H., Wang, Y., Whalley, J. (2008) *China's growing economic activity in Africa.* Cambridge: NBER National Bureau of Economic Research, WP 14024.

Bhabha, H.K. (1994) *The location of culture.* London [u.a.]: Routledge.

Bickers, R.A. (2011) *The scramble for China: Foreign devils in the Qing Empire, 1832–1914.* London [u.a.]: Allen Lane.

Blackler, F. (2002) Knowledge, knowledge work, and organization: An overview and interpreta-tion, in: Choo, C.W., Bontis, N. (Hrsg.) *The strategic management of intellectual capital and organizational knowledge.* Oxford [u.a.]: Oxford University Press, 47–62.

Blackler, F., Regan, S. (2009) Intentionality, agency, change: Practice theory and management, in: *Management Learning* 40(2), 161–176.

Bleck, J., van de Walle, N. (2011) Parties and issues in Francophone West Africa: Towards a theo-ry of non-mobilization, in: *Democratization* 18(5), 1125–1145.

Bodomo, A., Teixeira-E-Silva, R. (2012) Language matters: The role of linguistic identity in the establishment of the Lusophone African community in Macau, in: *African Studies* 71(1), 71–90.

Bodomo, A.B. (2009) The African presence in contemporary China, in: *The China Monitor* 36, 4–6.

Bodomo, A.B. (2010) The African trading community in Guangzhou: An emerging bridge for Africa-China relations, in: *The China Quarterly* 203, 693–707.

Bodomo, A.B. (2012) *Africans in China: A sociocultural study and its implications on Africa-China Relations.* Amherst, NY: Cambria Press.

Bodomo, A.B., Ma, E. (2012) We are what we eat: food in the process of community formation and identity shaping among African traders in Guangzhou and Yiwu, in: *African Diaspora* 5(1), 3–26.

Bodomo, A.B., Ma, G. (2010) From Guangzhou to Yiwu: Emerging facets of the African Diaspora in China, in: *International Journal of African Renaissance Studies - Multi-, Inter- and Trans-disciplinarity* 5(2), 283–289.

Bogdan, R., Taylor, S. J. (1975) *Introduction to qualitative research methods: A phenomenologi-cal approach to the social sciences.* New York [u.a.]: Wiley.

Boggs, J.S., Rantisi, N.M. (2003) The „relational turn" in economic geography, in: *Journal of Economic Geography* 3(2), 109–116.

Bohle, H.-G. (2005) Soziales oder unsoziales Kapital? Das Konzept von Sozialkapital in der Geo-graphischen Verwundbarkeitsforschung, in: *Geographische Zeitschrift* 93(2), 65–81.

Bohle, H.-G., Glade, Th. (2008) Vulnerabilitätskonzepte in Sozial- und Naturwissenschaften, in: Felgentreff, C., Glade, Th. (Hrsg.) *Naturrisiken und Sozialkatastrophen*. Berlin [u.a.]: Spektrum, 99–119.

Boissevain, J., Blaschke, J., Grotenberg, H., Joseph, I., Light, I., Sway, M., Waldinger, R., Werbner, P. (1990) Ethnic entrepreneurs and ethnic strategies, in: Waldinger, R.D., Aldrich, H., Ward, R. (Hrsg.) *Ethnic entrepreneurs: Immigrant business in industrial societies*. Newbury Park, CA [u.a.]: Sage, 131–156.

Bonacich, E. (1973) A theory of middlemen minorities, in: *American Sociological Review* 38(10), 583–594.

Booth, D., Cooksey, B., Golooba-Mutebi, F., Kanyinga, K. (2014) *East African prospects: An update on the political economy of Kenya, Rwanda, Tanzania and Uganda*. ODI report, Mai 2014.

Bork-Hüffer, T., Rafflenbeul, B., Kraas, F., Li, Z. (2014) Global change, national development goals, urbanisation and international migration in China: African migrants in Guangzhou and Foshan, in: Kraas, F., Aggarwal, S., Coy, M., Mertins, G. (Hrsg.) *Megacities: Our global urban future*. Dordrecht: Springer, 135–150.

Bork-Hüffer, T., Rafflenbeul, B., Li, Z., Kraas, F., Xue, D. (2015) Mobility and the *transiency* of social spaces: African merchant entrepreneurs in China, in: *Population, Space and Place*, 21.04.2015.

Bork-Hüffer, T., Yuan-Ihle, Y. (2014) The management of foreigners in China: Changes to the migration law and regulations during the late Hu-Wen and early Xi-Li eras and their potential effects, in: *International Journal of China Studies* 5(3), 571–597.

Bourdieu, P. (2012) *Entwurf einer Theorie der Praxis auf der ethnologischen Grundlage der kabylischen Gesellschaft*. 3. Auflage. Frankfurt a.M.: Suhrkamp.

Bourdieu, P. (1982) *Die feinen Unterschiede: Kritik der gesellschaftlichen Urteilskraft*. Frankfurt a.M.: Suhrkamp.

Bourdieu, P. (1983) Ökonomisches Kapital, kulturelles Kapital, soziales Kapital, in: Kreckel, G. (Hrsg.) *Soziale Ungleichheiten*. Göttingen: Schwartz, 183–198.

Bourdieu, P. (1986) The forms of capital, in: Richardson, J.G. (Hrsg.) *Handbook of theory and research for the sociology of education*. New York [u.a.]: Greenwood Press, 241–260.

Bourdieu, P., Wacquant, L.J.D. (1992) *An invitation to reflexive sociology*. Cambridge: Polity Press.

Boyd, R.L. (1990) Black and Asian self-employment in large metropolitan areas: A comparative analysis, in: *Social Problems* 37(2), 258–274.

Brady, A.-M. (2000) „Treat insiders and outsiders differently": The use and control of foreigners in the PRC, in: *China Quarterly* 164, 943–964.

Brady, A.-M. (2003) *Making the foreign serve China: Managing foreigners in the People's Republic*. Lanham, Maryland [u.a.]: Rowman & Littlefield.

Brady, A.-M. (2009) The Beijing Olympics as a campaign of mass distraction, in: *China Quarterly* 197, 1–24.

Brand, K.-W. (2011) Umweltsoziologie und der praxistheoretische Zugang, in: Groß, M. (Hrsg.) *Handbuch Umweltsoziologie*. Wiesbaden: VS, 173–198.

Bräutigam, D., Tang, X. (2011) *China's investment in African Special Economic Zones: Overview and initial lessons, in: Far*ole, T., Akinci, G. (Hrsg.) *Special Economic Zones: Progress, emerging challenges, and future directions*. Washington, D.C.: The World Bank, 69–100.

Bredeloup, S. (2012) African trading post in Guangzhou: Emergent or recurrent commercial form?, in: *African Diaspora* 5(1), 27–50.

Bredeloup, S. (2013) African migrations, work, and new entrepreneurs: The construction of African trading-posts in Asia, in: Peilin, L., Roulleau-Berger, L. (Hrsg.) *China's internal and international migration*. Abingdon [u.a.]: Routledge, 202–210.

Brickell, K., Datta, A. (Hrsg.) (2011a) *Translocal geographies: Spaces, places, connections*. Farnham [u.a.]: Ashgate.

Brickell, K., Datta, A. (2011b) Introduction: Translocal geographies, in: Brickell, K., Datta, A. (Hrsg.) *Translocal geographies: Spaces, places, connections*. Farnham [u.a.]: Ashgate, 3–20.

Briley, D.A., Morris, M.W., Simonson, I. (2005) Cultural chameleons: Biculturals, conformity motives, and decision making, in: *Journal of Consumer Psychology* 15(4), 351–362.

Broadman, H.G., Isik, G., Plaza, S., Ye, X., Yoshino, Y. (2007) *Africa's silk road: China and India's new economic frontier*. Washington, D.C.: World Bank.

Brooks, A. (2010) Spinning and weaving discontent: Labour relations and the production of meaning at Zambia-China Mulungushi Textiles, in: *Journal of Southern African Studies* 36(1), 113–132.

Bünger, A., Schiller, D., Revilla Diez, J. (2014) Regionalwirtschaftliche Maßnahmen und Wirkungen der Öffnungspolitik in China, in: *Geographische Rundschau* 66(4), 4–11.

Burt, R.S. (1992) *Structural holes: The social structure of competition*. Cambridge, MA: Harvard University Press.

Busse, D. (2012) *Frame-Semantik: Ein Kompendium*. Berlin [u.a.]: De Gruyter.

Caillault, C. (2012) The implementation of coherent migration management through IOM programs in Morocco, in: Geiger, M., Pécoud, A. (Hrsg.) *The new politics of international mobility: Migration management and its discontents*. Osnabrück: IMIS, 133–154.

Calhoun, C. (2002) The class consciousness of frequent travellers: Toward a critique of actually existing cosmopolitanism, in: *South Atlantic Quarterly* 101(4), 869–897.

Callahan, W.A. (2013) *China Dreams: 20 visions of the future*. Oxford [u.a.]: Oxford University Press.

Carey, K., Gupta, S., Jacoby, U. (2007) *Sub-Saharan Africa: Forging new trade links with Asia*. Washington, D.C.: International Monetary Fund.

Carling, J., Haugen, H.Ø. (2008) Mixed fates of a popular minority: Chinese migrants in Cape Verde, in: Alden, C., Large, D., de Oliveira, R.S. (Hrsg.) *China returns to Africa: A rising power and a continent embrace*. London: Hurst, 319–338.

Carlson, E.R. (2005) China's new regulations on religion: A small step, not a great leap, forward, in: *Brigham Young University Law Review* 3, 747–797. Online: http://digitalcommons.law. byu.edu/cgi/viewcontent.cgi?article=2243&context=lawreview (Zugriff: August 2014)

Cartier, C. (2001) *Globalizing South China*. Oxford [u.a.]: Blackwell.

Castagnone, E., Ciafaloni, F., Donini, E., Guasco, D., Lanzardo, L. (2005) *Vai e vieni. Esperienze di migrazione e lavoro di senegalesi tra Louga e Torino*. Mailand: F. Angeli.

Castells, M. (2010) *The information age: Economy, society and culture, Bd. 1: The rise of the network society*. 2. Auflage. Oxford [u.a.]: Blackwell.

Castells, M. (1997) *The information age: Economy, society and culture, Bd. 2: The power of identity*. Oxford [u.a.] : Blackwell.

Castells, M. (1998) *The information age: Economy, society and culture, Bd. 3: End of millennium*. Oxford [u.a.] : Blackwell.

Census and Statistic Department Hong Kong (2012) *2011 Population Census – Thematic report: Ethnic minorities*. Hong Kong: Population Census Office. Online: http://www.statistics.gov. hk/pub/B11200622012XXXXB0100.pdf (Zugriff: Mai 2014)

Cha, A.E. (2007) Chasing the chinese dream, in: *Washington Post Foreign Service*, 21. Oktober. Online: http://www.washingtonpost.com/wp-dyn/content/article/2007/10/20/AR20071020005 30.html (Zugriff: Mai 2014)

Chan, Y.W. (2013) *Vietnamese-Chinese relationships at the borderlands: Trade, tourism and cultural politics*. Hoboken: Taylor and Francis.

Charlton, M. (2008) Locational analysis in Human Geography (1965): Peter Haggett, in: Hubbard, Ph., Kitchin, R., Valentine, G. (Hrsg.) *Key texts in Human Geography*. London [u.a.]: Sage, 17–24.

Chelpi-den Hamer, M., Mazzucato, V. (2010) The role of support networks in the initial stages of integration: The case of West African newcomers in the Netherlands, in: *International Migration* 48(2), 31–57.

Cheuk, K.K. (2011) From migrant entrepreneurs to transnational merchants: An anthropological study oft he Indians in Shaoxing, in: *Journal of Shaoxing University* 31(5), 113–115.

Chiahemen, J. (2005) Africa fears „tsunami" of cheap Chinese imports, in: *Reuters News*, 18. Dezember. Online: http://www.diageoafricabusinessreportingawards.com/downloads/2007 ReutersArticles.pdf (Zugriff: Juni 2014)

Chintu, N., Williamson, P.J. (2013) Chinese state-owned enterprises in Africa: Myths and realities, in: *Ivey Business Journal*, März/April 2013. Online: http://iveybusinessjournal.com/topics/ global-business/chinese-state-owned-enterprises-in-africa-myths-and-realities#_edn8 (Zugriff: Juni 2014)

Chodorow, G. (2012) New Exit-Entry Law enacted by China's Congress, 29. August. Online: http://lawandborder.com/wp-content/uploads/2012/07/GC-Article-on-New-PRC-EEAL-2012-08-29.pdf (Zugriff: Juli 2014)

Ciccariello-Maher, G., Hughey, M.W. (2011) Obama and global change in perceptions of group status, in: Parks, G.S., Hughey, M.W. (Hrsg.) *The Obamas and a (post) racial America?* Oxford [u.a.]: Oxford University Press, 193–214.

Cissé, D. (2013) South-south migration and sino-african small traders: A comparative study of Chinese in Senegal and Africans in China, in: *African Review of Economics and Finance* 5(1), 17–28.

CNTA – Nationale Tourismus Verwaltung der VR China (2014) Foreign visitors arrivals by purpose, Jan-Dec 2013, 16. Januar. Online: http://en.cnta.gov.cn/html/2014-1/2014-1-16-15-53-25572.html (Zugriff: Mai 2014)

Coe, N.M., Dicken, P., Hess, M., Yeung, H.W.-C. (2010) Making connections: Global production networks and world city networks, in: *Global Networks* 10(1), 138–149.

Cohen, A. (2004) *Custom and politics in urban Africa: A study of Hausa migrants in Yoruba towns*. Nachdruck. Hoboken: Taylor and Francis.

Cohen, M.D. (2007) Reading Dewey: Reflections on the study of routine, in: *Organization Studies* 28(5), 773–786.

Cohen, R. (2006) *Migration and its enemies: Global capital, migrant labour and the nation-state*. Aldershot [u.a.]: Ashgate.

Cohen, R. (2008) *Global diasporas: An introduction*. London [u.a.]: Routledge.

Cohen, R., Toninato, P. (Hrsg.) (2010) *The creolization reader: Studies in mixed identities and cultures*. London [u.a.]: Routledge.

Coleman, J.S. (1988) Social capital in the creation of human capital, in: *American Journal of Sociology* 94, 95–120.

Coleman, J.S. (1991) *Grundlagen der Sozialtheorie, Bd. 1: Handlungen und Handlungssysteme*. München: Oldenbourg.

Coleman, J.S. (2000) *Foundations of social theory*. Cambridge, MA [u.a.]: Belknap Press of Harvard University Press.

Connell, J. (2009) *The Global Health Care Chain: From the Pacific to the World*. New York [u.a.]: Routledge.

Conzelmann, H. (2011) *Der erste Brief an die Korinther*. Göttingen: Vandenhoeck & Ruprecht.

Cook, S.D.N., Brown, J.S. (1999) Bridging epistemologies: The generative dance between organizational knowledge and organizational knowing, in: *Organization Science* 10(4), 381–400.

Corradi, G., S. Gherardi, Verzelloni, L. (2010) Through the practice lens: Where is the bandwagon of practice-based studies heading?, in: *Management Learning* 41(3), 265–283.

Cotrell, C. (o.A.) Guangzhou's Little Africa, in: *ForeignerCN.com*. Online: http://www.foreign ercn.com/index.php?option=com_content&view=article&id=244:guangzhous-little-africa&catid=40:foreigners-in-china&Itemid=70 (Zugriff: August 2014)

Cresswell, T. (2006) *On the move: Mobility in the modern Western world*. New York [u.a.]: Routledge.

Cruise O'Brien, D.B. (1971) *The Mourides of Senegal: The political and economic organization of an islamic brotherhood*. Oxford: Clarendon Press.

Curtin, P.D. (1998) *Cross-cultural trade in world history*. Nachdruck. Cambridge [u.a.]: Cambridge University Press.

Dai, C. (2007) *Social Cohesion: The construction of international communities in Shanghai*. Peking: China Electric Power Press.

Datta, A. (2009) Places of everyday cosmopolitanisms: East-European construction workers in London, in: *Environment and Planning A* 41(2), 353–370.

de Haas, H. (2008) *Irregular migration from West Africa to the Maghreb and the European Union: An overview of recent trends*. Genf: IOM Migration Research Series 32.

Deffner, V. (2007) Soziale Verwundbarkeit im „Risikoraum Favela" – Eine Analyse des sozialen Raumes auf der Grundlage von Bourdieus „Theorie der Praxis", in: Wehrhahn, R. (Hrsg.) *Risiko und Vulnerabilität in Lateinamerika*. Kiel: Selbstverlag des Geographischen Instituts Kiel, 207–232.

Delaney, M. (2006) Chinese bid to get overseas fee boost, in: *Times Higher Education Supplement*, 17. Februar. Online: http://www.timeshighereducation.co.uk/201392.article (Zugriff: August 2014)

Delanty, G. (2006) The cosmopolitan imagination: Critical cosmopolitanism and social theory, in: *British Journal of Sociology* 57(1), 25–47.

Dewey, J. (2001) *Die Suche nach Gewissheit: Eine Untersuchung des Verhältnisses von Erkenntnis und Handeln*. Frankfurt a. M.: Suhrkamp.

Dicken, P. (2011) *Global shift: Mapping the changing contours of the world economy*. 6. Auflage. Los Angeles [u.a.]: Sage.

Dicken, P., Kelly, P.F., Olds, K., Yeung, H.W.-C. (2001) Chains, networks, territories and scales: Towards a relational framework for analysing the global economy, in: *Global Networks* 1(2), 89–112.

Diekmann, A. (1993) Sozialkapital und das Kooperationsproblem in sozialen Dilemmata, in: *Analyse & Kritik* 15, 22–35.

Dittgen, R. (2010) *From isolation to integration? A study of Chinese retailers in Dakar*. Johannesburg: South African Institute of International Affairs (SAIIA), Occasional Papers 57. Online: http://www.saiia.org.za/images/stories/pubs/occasional_papers/saia_sop_57_dittgen_20100326.pdf (Zugriff: Juni 2014)

Dittgen, R. (2011) From China to Johannesburg, in: *Extra, The essential Supplement of the French Institute of South Africa*, 7. März. Online: http://issuu.com/french-institute/docs/extra7_2011-03 (Zugriff: Juni 2014)

Dobler, G. (2008) Solidarity, xenophobia and the regulation of Chinese businesses in Namibia, in: Alden, C., Large, D., de Oliveira, R.S. (Hrsg.) *China returns to Africa: A rising power and a continent embrace*. London: Hurst and Company, 237–255.

Doevenspeck, M., Mwanabiningo, N.M. (2012) Navigating uncertainty: Observations from the Congo-Rwanda Border, in: Bruns, B., Miggelbrink, J. (Hrsg.) *Subverting borders: Doing research on smuggling and small-scale trade*. Wiesbaden: VS, 85–106.

Dong, L., Chapman, D.W. (2008) The Chinese government scholarship program: An effective form of foreign assistance?, in: *International Review of Education* 54(2), 155–173.

Drucker, P.F. (1993) *Post-capitalist society*. New York: HarperCollins.

Drysdale, P., Wei, S.-J. (Hrsg.) (2012) China's investment abroad, in: *East Asia Forum Quarterly* 4(2).

Durand, J., Massey, D.S., Capoferro, C. (2005) The new geography of Mexican immigration, in: Zúñiga, V., Hernández-León, R. (Hrsg.) *New destinations: Mexican immigration in the United States*. New York: Russel Sage Foundation, 1–22.

Durkeim, É. (1984) *The division of labour in society*. 8. Auflage. London [u.a.]: Macmillan.

Düvell, F. (2006) *Europäische und internationale Migration: Einführung in historische, soziologische und politische Analysen*. Hamburg: Lit.

Edenharder, R.H. (2009) *Der Zehnte in der Bibel und in Freikirchen: Dogma, Tabu und die Folgen*. Bruchsal: GloryWorld-Medien.

EKD – Evangelische Kirche in Deutschland (2010) Versammlungsverbot für Hauskirchen in China während Olympia, 14. August. Online: http://www.ekd.de/aktuell_presse/news_2008_08_14_2_olympiade_china_hauskirchen.html (Zugriff: August 2014)

Emirbayer, M., Goodwin, J. (1994) Network analysis, culture and the problem of agency, in: *American Journal of Sociology* 99(6), 1411–1454.

Esser, H. (2002) *Soziologie. Spezielle Grundlagen, Bd. 1: Situationslogik und Handeln.* Frankfurt a.M.: Campus.

Everts, J., Lahr-Kurten, M., Watson, M. (2011) Practice matters! Geographical inquiry and theories of practice, in: *Erdkunde* 65(4), 323–334.

Faist, Th. (1997) Migration und der Transfer sozialen Kapitals oder: Warum gibt es relativ wenige internationale Migranten?, in: Pries, L. (Hrsg.) *Transnationale Migration*. Baden-Baden: Nomos, 63–83.

Faist, Th. (2004) *The volume and dynamics of international migration and transnational social spaces*. Oxford: Clarendon Press.

Faist, Th. (2006) *The transnational social spaces of migration*. Bielefeld: Center on Migration, Citizenship and Development, WP 10.

Falk, R. (2003) Resisting „globalization-from-above" through „globalization-from-below", in: Robertson, R., White, K.E. (Hrsg.) *Globalization: Critical concepts in sociology*, Vol. 6. London [u.a.]: Routledge, 369–377.

Fan, C.C. (2008) *China on the move: Migration, the state, and the household.* London [u.a.]: Routledge.

Farrer, J. (2010) „New Shanghailanders" or „New Shanghainese": Western expatriates' narratives of emplacement in Shanghai, in: *Journal of Ethnic and Migration Studies* 36(8), 1211–1228.

Fassmann, H. (2008) Zirkuläre Arbeitsmigration in Europa: Eine kritische Reflexion, in: Friedrich, K., Schultz, A. (Hrsg.) *Brain Drain or Brain Circulation? Konsequenzen und Perspektiven der Ost-West-Migration*. Leipzig: Leibniz Institut für Länderkunde, 21–31.

Faulconbridge, J.R. (2006) Stretching tacit knowledge beyond a local fix? Global spaces of learning in advertising professional service firms, in: *Journal of Economic Geography* 6, 517–40.

Faulconbridge, J.R., Beaverstock, J.V. (2009) Globalization: Interconnected worlds, in: Cliffrod, N.J., Holloway, S.L., Rice, S.P., Valentine, G. (Hrsg.) *Key concepts in Geography*. London [u.a.]: Sage, 331–343.

Featherstone, D., Phillips, R., Waters, J. (2007) Introduction: Spatialities of transnational networks, in: *Global Networks* 7(4), 383–91.

Fenn, A. (2010) The pride, passion and purpose of HK's Africans, in: *China Daily HK*, 6. Juli. Online: http://www.chinadaily.com.cn/hkedition/2010-07/06/content_10067689.htm (Zugriff: Mai 2014)

Fielding, T. (2010) The occupational and geographical location of transnational immigrant minorities in Japan, in: Kee, P., Yoshimatsu, H. (Hrsg.) *Global Movements in the Asia Pacific*. Singapore: World Scientific, 93–122.

Fillmore, C.J. (1976) Frame semantics and the nature of language, in: *Annals of the New York Academy of Sciences* 208, 20–32.

Fillmore, C.J. (2006) Frame semantics, in: Geeraerts, D. (Hrsg.) *Cognitive linguistics: Basic readings*. Berlin [u.a.]: Mouton de Gruyter, 373–400.

Fine, B. (2010) *Theories of Social Capital: Researchers behaving badly*. London [u.a.]: Pluto Press.

Fitzsimmons, C. (2008) Dakar welcomes Chinese migrants but businesses fret, in: *South China Morning Post,* 17. Januar. Online: http://www.caitlinfitzsimmons.com/wp-content/uploads/2008/01/caitlin1.pdf (Zugriff: August 2014).

Flick, U. (2011) *Qualitative Sozialforschung: Eine Einführung*. Reinbek bei Hamburg: Rowohlt.

FlorCruz, J. (2011) In Beijing's Yabaolu, „good friends" come to trade, in: *CNN International*, 12. August. Online: http://edition.cnn.com/2011/WORLD/asiapcf/08/12/china.russia.traders/ (Zugriff: Mai 2014)

Florida, R.L. (2008) *Who's your city? How the creative economy is making where to live is the most important decision of your life*. New York: Basic Books.

FOCAC – Forum on China-Africa Cooperation (2010) African academics hail Confucius Institutes as bridge of culture, partnership, 17. August. Online: http://www.focac.org/eng/zfgx/t724757.htm (Zugriff: Juni 2014)

FOCAC – Forum on China-Africa Cooperation (2011) China's trade rush with Africa, 05. Mai. Online: http://www.focac.org/eng/zfgx/t820242.htm (Zugriff: Juni 2014)

FOCUS MIGRATION (2007) Länderprofil Senegal. Online: http://focus-migration.hwwi.de/typo3_upload/groups/3/focus_Migration_Publikationen/Laenderprofile/ LP_10_Senegal.pdf (Zugriff: August 2014)

Franzen, A., Freitag, M. (Hrsg.) (2007) *Sozialkapital: Grundlagen und Anwendungen*. Wiesbaden: VS.

Freitag, U., von Oppen, A. (Hrsg.) (2010a) *Translocality: The study of globalising processes from a Southern perspective*. Leiden [u.a.]: Brill.

Freitag, U., von Oppen, A. (2010b) Introduction: „Translocality": An approach to connection and transfer in area studies, in: Freitag, U., von Oppen, A. (Hrsg.) *Translocality: The study of globalising processes from a Southern perspective*. Leiden [u.a.]: Brill, 1–24.

Friedberg, E. (1995) *Ordnung und Macht: Dynamiken organisierten Handelns*. Frankfurt a.M. [u.a.]: Campus.

Fuchs, M.R., Berg, E. (1999) Phänomenologie der Differenz: Reflexionsstufen ethnographischer Repräsentation, in: Berg, E., Fuchs, M.R. (Hrsg.) *Kultur, soziale Praxis, Text: Die Krise der ethnographischen Repräsentation*. Frankfurt a.M.: Suhrkamp, 11–108.

Gadamer, H.-G. (2010) *Hermeneutik I: Wahrheit und Methode: Grundzüge einer philosophischen Hermeneutik*. 7. Auflage. Tübingen: Mohr Siebeck.

Gadamer, H.-G. (1986) Vom Zirkel des Verstehens, in: Gadamer, H.-G. (Hrsg.) *Hermeneutik II: Wahrheit und Methode: Ergänzungen und Register*. Tübingen: Mohr Siebeck, 57–65.

Gagnon, S., Lirio, P. (2012) Follow the experts: Intercultural competence as knowing-in-practice, in: Christiansen, B. (Hrsg.) *Cultural variations and business performance: Contemporary globalism*. Hershey: Business Science Reference, 23–41.

Gambetta, D. (2001) Können wir dem vertrauen?, in: Hartmann, M., Offe, C. (Hrsg.) *Vertrauen: Die Grundlage des sozialen Zusammenhalts*. Frankfurt a.M. [u.a.]: Campus, 204–240.

GDUFS – Guangdong University of Foreign Studies (2008) Prospectus for international students (nicht veröffentlichte Broschüre).

GDUFS – Guangdong University of Foreign Studies (2014) Prospectus for 2014 springs semester Chinese programme. Online: http://www.gdufs.edu.cn/info/1006/41265.htm (Zugriff: Juni 2014)

Geertz, C. (2012) *Dichte Beschreibung: Beiträge zum Verstehen kultureller Systeme*. Nachdruck. Frankfurt a.M.: Suhrkamp.

Geertz, C. (2006) *The interpretation of cultures: Selected essays*. Nachdruck. New York: Basic Books.

Gertler, M.S. (2003) Tacit knowledge and the economic geography of context, or The undefinable tactiness of being (there), in: *Journal of Economic Geography* 3, 75–99.

Gertler, M.S. (2004) *Manufacturing culture: The institutional geography of industrial practice*. Oxford: Oxford University Press.

GFMD – Global forum on migration and development (2007) *How can circular migration and sustainable return serve as development tools?* Background Paper for the first GMDF Meeting, Roundtable Session 1.4. Brüssel, 9.–11. Juli. Online: http://www.gfmd.org/files/documents/gfmd_brussels07_rt1-4_en.pdf (Zugriff: August 2014)

Gherardi, S. (2000) Practice-based theorizing on learning and knowing in organizations, in: *Organization* 7(2), 211–223.

Gherardi, S. (2001) From organizational learning to practice-based knowing, in: *Human Relations* 54(1), 131–139.

Gherardi, S. (2008) Situated knowledge and situated action: What do practice-based studies promise?, in: D. Barry and H. Hansen (eds) *SAGE handbook of the new and emerging in management and organization.* London: Sage, 516–25.

Gherardi, S., Nicolini, D. (2003) To transfer is to transform: The circulation of safety knowledge,
in: Nicolini, D., Gherardi, S., Yanow, D. (Hrsg.) *Knowing in organizations: A practice-based
approach.* Armonk, New York [u.a.]: Sharpe, 204–224.

Giddens, A. (1984) *The constitution of society: Outline of the theory of structure.* Berkeley, CA:
University of California Press.

Giddens, A. (1997) *Die Konstitution der Gesellschaft: Grundzüge einer Theorie der Strukturierung.* 3. Auflage. Frankfurt [u.a.]: Campus.

Giddens, A. (2008) *The consequences of modernity. Nachdruck.* Cambridge [u.a.]: Polity Press.

Gielis, R. (2009) A global sense of migrant places: Towards a place perspective in the study of
migrant transnationalism, in: *Global Networks* 9(2), 271–287.

Giese, K., Thiel, A. (2014) The vulnerable other – distorted equity in Chinese-Ghanaian employment relations, in: *Ethnic and Racial Studies* 37(6), 1101–1120.

Gilles, A. (forthcoming) The social construction of Guangzhou as a translocal trading place, in:
Journal of Current Chinese Affairs, x–xx.

Glick Schiller, N. (2010) A global perspective on transnational migration: Theorising migration
without methodological nationalism, in: Bauböck, R., Faist, T. (Hrsg.) *Diaspora and transnationalism: Concepts, theories and methods.* Amsterdam: Amsterdam University Press, 109-
129.

Glick Schiller, N., Basch, L., Szanton Blanc, C. (1995) From immigrant to transmigrant: Theorizing transnational migration, in: *Anthropological Quarterly* 68, 48–63.

Glick Schiller, N., Basch, L., Szanton Blanc, C. (eds) (1992) *Towards a transnational perspective
on migration: Race, class, ethnicity, and nationalism reconsiderHrsg.* New York: New York
Academy of Sciences.

Glick Schiller, N., Darieva, T., Gruner-Domic, S. (2011) Defining cosmopolitan sociability in a
transnational age: An introduction, in: *Ethnic and Racial Studies* 34(3), 399–418.

Glückler, J., Meusburger, P., El Meskioui, M. (2013) Introduction: Knowledge and the geography
of the economy, in: Meusburger, P., Glückler, J., El Meskioui, M. (Hrsg.) *Knowledge and the
economy.* Dordrecht [u.a.]: Springer, 3–14.

Goffman, E. (1977) *Rahmen-Analyse: Ein Versuch über die Organisation von Alltagserfahrungen.*
Frankfurt a.M.: Suhrkamp.

Gold, R.L. (1958) Roles in sociological field observations, in: *Social Forces* 36(3), 217–223.

Gold, S.J. (2001) Gender, class and networks: Social structure and migration patterns among
transnational Israelis, in: *Global Networks* 1(1), 19–40.

Gold, S.J. (2005) Migrant networks: A summary and critique of relational approaches to international migration, in: Romero, M., Margolis, E. (Hrsg.) *The Blackwell companion to social
inequalities.* Malden, MA [u.a.]: Blackwell, 257–285.

Goldstein, A., Pinaud, N., Reisen, H., Chen, X. (2006) *The rise of China and India: What's in it
for Africa?* Paris: *OECD Development Centre Policy Insights* 19. Online: http://www.oecd-
ilibrary.org/docserver/download/5kzsp7x2kgg0.pdf?expires=1401968469&id=id&accname=
guest&checksum=9E4F25A08949A1F81E0C68D940D3A44D (Zugriff: Juni 2014)

Goss, J, Lindquist, B. (1995) Conceptualizing international labor migration: A structuration perspective, in: *International Migration Review* 29(2), 317–351.

Grabher, G., Ibert, O. (2011) Projects ecologies: A contextual view on temporary organizations, in:
Morris, P.W.G., Pinto, J.K., Söderlund, J. (Hrsg.) *The Oxford handbook of project management.* Oxford [u.a.]: Oxford University Press, 175–198.

Granovetter, M. (1973) The strength of weak ties, in: *American Journal of Sociology* 78(6), 1360–
1380.

Granovetter, M. (1983) The strength of weak ties: A network theory revisited, in: *Sociological
Theory* 1, 201–233.

Granovetter, M. (1985) Economic action and social structure: The problem of embeddedness, in: *American Journal of Sociology* 91(3), 481–510.

Granovetter, M. (1995) The economic sociology of firms and entrepreneurs, in: Portes, A. (Hrsg.) *The Economic Sociology of Immigration: Essays on networks, ethnicity, and entrepreneurship.* New York: Russell Sage Foundation, 128–165.

Granovetter, M. (2005) The impact of social structure in economic outcomes, in: *Journal of Economic Perspectives* 19(1), 33–50.

Gransow, B. (2012) *Binnenmigration in China: Chance oder Falle?* Focus Migration Kurzdossier 19. Osnabrück: IMIS [u.a.]. Online: https://repositorium.uni-osnabrueck.de/bitstream/urn:nbn :de:gbv:700-2013081511234/1/Kurzdossier%20Binnenmigration%20in%20China_2012.pdf (Zugriff: Mai 2014)

Grant, R. M., Baden-Fuller, C. (2004) A knowledge accessing theory of strategic alliances, in: *Journal of Management Studies* 41(1), 61–84.

Greimas, A.J. (1971) *Strukturale Semantik: Methodologische Untersuchungen.* Braunschweig: Vieweg.

Greshoff, R. (2009) Strukturtheoretischer Individualismus, in: Kneer, G., Schroer, M. (Hrsg.) *Handbuch soziologische Theorien.* Wiesbaden: VS, 445–467.

GTAI – Germany Trade and Invest (2014a) Recht kompakt – VR China, 17. Juni. Online: https:// www.gtai.de/GTAI/Navigation/DE/Trade/Recht-Zoll/wirtschafts-und-steuerrecht,did=103322 8.html (Zugriff: Juni 2014)

GTAI – Germany Trade and Invest (2014b) Recht kompakt – Hong Kong, SVR, 13. Juni. Online: https://www.gtai.de/GTAI/Navigation/DE/Trade/Recht-Zoll/wirtschafts-und-steuerrecht,did= 1031206.html (Zugriff: Juni 2014)

Gu, C., Shen, J., Wong, K.-Y., Zhen, F. (2001) Regional polarization under the socialist-market system since 1978: A case study of Guangdong province in south China, in: *Environment and Planning A* 33(1), 97–119.

Guarnizo, L.E. (2003) The economics of transnational living, in: *International Migration Review* 37(3), 666–699.

Guarnizo, L.E., Smith, M.P. (2006) The locations of transnationalism, in: Smith, M.P., Guarnizo, L.E. (Hrsg.) *Transnationalism from below.* 6. Auflage. New Brunswick, NJ [u.a.]: Transaction Publishers, 3–31.

Haggett, P. (1965) *Locational analysis in Human Geography.* London: Edward Arnold.

Haggett, P., Chorley, R.J. (1969) *Network analysis in Geography.* London: Edward Arnold.

Hannerz, U. (2009) *Transnational connections: Culture, people, places.* Nachdruck. New York [u.a.]: Routledge.

Hannerz, U. (2010) Cosmopolitans and locals in world culture, in: Featherstone, M. (Hrsg.) *Global culture: Nationalism, globalization and modernity.* Nachdruck. London [u.a.]: Sage, 237–251.

Hannerz, U. (1992) *Cultural complexity: Studies in the social organization of meaning.* New York: Colombia University Press.

Hansen, M. H., Perry, L. T., Reese, C. S. (2004) A Bayesian operationalization of the resource-based view, in: *Strategic Management Journal* 25(13), 1279–1295.

Harney, N.D. (2007) Transnationalism and entrepreneurial migrancy in Naples, Italy, in: *Journal of Ethnic and Migration Studies* 33(2), 219–232.

Hathat, Z.-E. (2012) *Soziale Vulnerabilität afrikanischer Migranten in China: Das Beispiel subsaharischer, muslimischer Händler in Guangzhou.* Kiel: Unveröffentlichte Diplomarbeit, Universität Kiel.

Haug, S. (1997) *Soziales Kapital: Ein kritischer Überblick über den aktuellen Forschungsstand.* Mannheim: Mannheimer Zentrum für Europäische Sozialforschung, Arbeitsbereich II, WP 15.

Haug, S., Pointner, S. (2007) Soziale Netzwerke, Migration und Integration, in: Franzen, A., Freitag, M. (Hrsg.) *Sozialkapital: Grundlagen und Anwendungen.* Wiesbaden: VS, 367–396.

Haugen, H.Ø. (2011) Chinese exports to Africa: Competition, complementarity and cooperation between micro-level actors, in: *Forum for Development Studies* 38(2), 157–176.

Haugen, H.Ø. (2012) Nigerians in China: A second state of immobility, in: *International Migration* 50(2), 65–80.

Haugen, H.Ø. (2013a) African Pentecostal migrants in China: Marginalization and the alternative geography of mission theology, in: *African Studies Review* 56(1), 81–102.

Haugen, H.Ø. (2013b) China's recruitment of African university students: Policy efficacy and unintended outcomes, in: *Globalisation, Societies and Education* 11(3), 315–334.

Häußling, R. (Hrsg.) (2009) *Grenzen von Netzwerken.* Wiesbaden: VS.

He, S., Wu, F. (2009) China's emerging neoliberal urbanism: Perspectives from urban redevelopment, in: *Antipode* 41(2), 282–304.

Held, D., McGrew, A., Goldblatt, D., Perraton, J. (1999) *Global transformations: Politics, economics, and culture.* Oxford: Polity Press.

Hermanns, H., Tkocz, C. & Winkler, H. (1984) *Berufsverlauf von Ingenieuren: Biografieanalytische Auswertung narrativer Interviews.* Frankfurt [u.a.]: Campus.

Hess, S. (2009) *Globalisierte Hausarbeit: Au-pair als Migrationsstrategie von Frauen aus Osteuropa.* Wiesbaden: VS.

Hillmann, F. (2005) Migrants care work in private households or: The strength of bilocal and transnational ties as a last(ing) resource in global migration, in: Pfau-Effinger, B., Geissler, B. (Hrsg.) *Care and social integration in European societies.* Bristol: Policy Press, 93–112.

Hillmann, F. (2007) *Migration als räumliche Definitionsmacht?: Beiträge zu einer neuen Geographie der Migration in Europa.* Stuttgart: Steiner.

Hillmann, F. (2010) Editorial: New geographies of migration, in: *Die Erde* 141(1–2), 1–13.

Hitchings, R., Jones, V. (2004) Living with plants and the exploration of botanical encounter within human geographic research practice, in: *Ethics, Place and Environment* 7 (1–2), 3–18.

Hollstein, B. (2010) Strukturen, Akteure, Wechselwirkungen: Georg Simmels Beiträge zur Netzwerkforschung, in: Stegbauer, Ch. (Hrsg.) *Netzwerkanalyse und Netzwerktheorie: Ein neues Paradigma in den Sozialwissenschaften.* Wiesbaden: VS, 91–103.

Hong, Y.-Y., Morris, M.W., Chiu, C.-Y., Benet-Martinez, V. (2000) Multicultural minds: A dynamic constructivist approach to culture and cognition, in: *American Psychologist* 55(7), 709–720.

Hörning, K.H. (2004) Soziale Praxis zwischen Beharrung und Neuschöpfung: Ein Erkenntnis- und Theorieproblem. in: Hörning, K.H., Reuter, J. (Hrsg.) *Doing Culture: Neue Positionen zum Verhältnis von Kultur und sozialer Praxis.* Bielefeld: Transcript, 19–39.

Howard-Grenville, J.A. (2005) The persistence of flexible organizational routines: The role of agency and organizational context, in: *Organization Science* 16(6), 618–636.

Hughes, A. (2006) Geographies of exchange and circulation: Transnational trade and governance, in: *Progress in Human Geography* 30(5), 635–643.

Hughes, A. (2007) Geographies of exchange and circulation: flows and networks of knowledgeable capitalism, in: *Progress in Human Geography* 31(4), 527–535.

Hühn, M., Lerp, D., Petzold, K. Stock, M. (2010) In neuen Dimensionen denken? Einführende Überlegungen zu Transkulturalität, Transnationalität, Transstaatlichkeit und Translokalität, in: Hühn, M., Lerp, D., Petzold, K. Stock, M. (Hrsg.) *Transkulturalität, Transnationalität, Transstaatlichkeit, Translokalität. Theoretische und empirische Begriffsbestimmungen.* Berlin: Lit, 11–46.

Ibert, O. (2006) Zur Lokalisierung von Wissen durch Praxis: Die Konstitution von Orten des Lernens über Routinen, Objekte und Zirkulation, in: *Geographische Zeitschrift* 94(2), 98–115.

Ibert, O. (2007) Towards a geography of knowledge creation: The ambivalence between „knowledge as an object" and „knowing in practice", in: *Regional Studies* 41(1), 103–114.

Ibert, O., Kujath, H.J. (Hrsg.) (2011) *Räume der Wissensarbeit: Zur Funktion von Nähe und Distanz in der Wissensökonomie.* Wiesbaden: VS.

IMMD – Einwanderungsbehörde Hong Kong (2014) Visit Visa / Entry Permit Requirements for the Hong Kong Special Administrative Region, April 2014. Online: http://www.immd.gov. hk/en/services/hk-visas/visit-transit/visit-visa-entry-permit.html (Zugriff: Juni 2014)

IPR – Intellectual Property Rights in China (2011) Guangdong enhancing intellectual property protection on commodities to be exported to Africa, 10. März. Online: http://www.chinaipr. gov.cn/newsarticle/news/local/201103/1208473_1.html (Zugriff: August 2014)

Itzigsohn, J., Dore, C., Hernandez, E., Vazquez, O. (1999) Mapping Dominican transnationalism, in: *Ethnic and Racial Studies* 22(2), 316–339.

Ivakhnyuk, I. (2009) *Crisis-related redirections of migration flows: The case of the Eurasian migration system*. Oxford: COMPAS-Konferenzpaper zu „New Times? Economic crisis, geopolitical transformation and the emergent migration order", 21.–22. September. Online: https://www.compas.ox.ac.uk/fileadmin/files/Events/Annual_conferences/conference_2009/Ir ina%20Ivakhnyuk%20-%20Crises-related%20redirections%20of%20migration%20flows.pdf (Zugriff: Mai 2014)

Jaffe, G. (2012) Tinted prejudice in China, in: *CNN International*, 24. Juli. Online: http://edition. cnn.com/2012/07/24/world/asia/china-tinted-prejudice/ (Zugriff: August 2014)

James, A. (2007) Everyday effects, practices and causal mechanisms of „cultural embeddedness": Learning from Utah's high tech regional economy, in: *Geoforum* 38, 393–413.

Jansen, D., Wald, A. (2007) Netzwerktheorien, in: Benz, A., Lütz, S., Schimank, U., Simonis, G. (Hrsg.) *Handbuch Governance: Theoretische Grundlagen und empirische Anwendungsfelder*. Wiesbaden: VS, 188–199.

Joas, H. (2012) *Die Kreativität des Handelns*. 4. Auflage. Frankfurt a.M.: Suhrkamp.

Johnston, G., Percy-Smith, J. (2003) In search of social capital, in: *Policy and Politics* 31(3), 321–34.

Jones, A. (2008) Beyond embeddedness: Economic practices and the invisible dimensions of transnational business activity, in: *Progress in Human Geography* 32(1), 71–88.

Jones, A. (2009) Phase space: Geography, relational thinking, and beyond, in: *Progress in Human Geography* 33(4), 487–506.

Jones, A., Murphy, J.T. (2010) Theorizing practice in economic geography: Foundations, challenges, and possibilities, in: *Progress in Human Geography* 35(3), 366–392.

Kallungia, S.K. (2001) *Impact of informal cross-border trade in eastern and southern Africa*. [s.l.]: COMESA, Regional integration research network.

Kane, S., Passicousset, L. (1998) Migranten als erste Opfer der Krise in Südostasien, in: *Le Monde Diplomatique* No. 5509, 17. April. Online: http://www.monde-diplomatique.de/pm/1998/04/ 17/a0342.text.name,askFyVPP0.n,59 (Zugriff: Juni 2014).

Karakayali, J. (2010) *Transnational Haushalten: Biografische Interviews mit care workers aus Osteuropa*. Wiesbaden: VS.

Katenkamp, O. (2011) *Implizites Wissen in Organisationen: Konzepte, Methoden und Ansätze im Wissensmanagement*. Wiesbaden: VS.

Keller, R. (2012) *Das interpretative Paradigma: Eine Einführung*. Wiesbaden: Springer.

Kellerman, A. (2010) Mobile broadband services and the availability of instant access to cyberspace, in: *Environment and Planning A* 42(12), 2990–3005.

Kelsall, T. (2011) Rethinking the relationship between neo-patrimonialism and economic development in Africa, in: *IDS Bulletin* 42(2), 76–87.

Keng, S., Schubert, G. (2010) Agents of Taiwan-China unification? The political roles of Taiwanese business people in the process of cross-strait integration, in: *Asian Survey* 50(2), 287–310.

Kim, D.Y. (1999) Beyond co-ethnic solidarity: Mexican and Ecuadorean employment in Korean-owned businesses in New York City, in: *Ethnic and Racial Studies* 22(3), 581-605.

Kim, H. (2003) Ethnic enclave economy in urban China: The Korean immigrants in Yanbian, in: *Ethnic and Racial Studies* 26(5), 802–828.

Kim, H. (2010) *International ethnic networks and intra-ethnic conflict: Koreans in China*. New York: Palgrave Macmillan.

King, K. (2010) China's cooperation in education and training with Kenya: A different model?, in: *International Journal of Educational Development* 30(5), 488–496.

King, R. (2012) Geography and Migration Studies: Retrospect and prospect, in: *Population, Space and Place* 18, 134–153.

Kivisto, P. (2003) Social spaces, transnational immigrant communities, and the politics of incorporation, in: *Ethnicities* 3(1), 5–28.

Kivisto, P., Faist, T. (2010) *Beyond a border: The causes and consequences of contemporary immigration*. Los Angeles [u.a.]: Pine Forge Press.

Klaerding, C. (2011) *Cultural aspects of managing interfirm collaboration: Evidence from returned Chinese executives in Shanghai*. Kiel: Universität Kiel, Dissertation.

Kloosterman, R.C. (2000) Immigrant entrepreneurship and the institutional context: A theoretical exploration, in: Rath, J. (Hrsg.) *Immigrant Businesses: The economic, political and social environment*. Basingstoke, Hampshire [u.a.]: Macmillon [u.a.], 90–106.

Kloosterman, R.C., Rath, J. (2001) Immigrant entrepreneurs in advanced economies: Mixed embeddedness further explored, in: *Journal of Ethnic and Migration Studies* 27(2), 189–202.

Klute, G., Hahn, H.P. (2007) Cultures of migration: Introduction, in: Hahn, H.P., Klute, G. (Hrsg.) *Cultures of migration: African perspectives*. Berlin: Lit, 9–27.

Kneer, G. (1996) Rationalisierung, Disziplinierung und Differenzierung: Zum Zusammenhang von Sozialtheorie und Zeitdiagnose bei Jürgen Habermas, Michel Foucault und Niklas Luhmann. Opladen: Westdeutscher Verlag.

Knibbe, K. (2009) „We did not come here as tenants, but as landlords": Nigerian Pentecostals and the power of maps, in: *African Diaspora* 2(2), 133–158.

Knorr Cetina, K., Bruegger, U. (2002) Global microstructures: The virtual societies of financial markets, in: *American Journal of Sociology* 107(4), 905–950.

Köckritz, A. (2011) Hier stehen wir! In Chinas größter Untergrundkirche proben sie jeden Sonntag den Aufstand gegen die Obrigkeit, in: *Zeit Online*, 19. Juni. Online: http://www.zeit.de/2011/25/China-Untergrundkirche/komplettansicht (Zugriff: August 2014).

Koehn, P.H., Rosenau, J.N. (2002) Transnational competence in an emergent epoch, in: *International Studies Perspectives* 3, 105–127.

Kohnert, D. (2010) *Are Chinese in Africa more innovative than Africans? Comparing cultures of innovation of Chinese and Nigerian entrepreneurial migrants*. Hamburg: GIGA, WP 140.

Kontos, M. (2005) Übergänge von der abhängigen zur selbständigen Arbeit in der Migration: Sozialstrukturelle und biografische Aspekte, in: Geisen, Th. (Hrsg.) *Arbeitsmigration: WanderarbeiterInnen auf dem Weltmarkt für Arbeitskraft*. Frankfurt a.M. [u.a.]: Verlag für Interkulturelle Kommunikation, 217–236.

Kraas, F. (2004) Urbanisierungsprozesse in China, in: *Petermans Geographische Mitteilungen* 148(5), 58–59.

Kriesi, H. (2007) Sozialkapital: Eine Einführung, in: Franzen, A., Freitag, M. (Hrsg.) *Sozialkapital: Grundlagen und Anwendungen*. Wiesbaden: VS, 23–46.

Kusenbach, M. (2003) Street phenomenology: The go-along as ethnographic research tool, in: *Ethnography* 4(3), 455–485.

Labazée, P. (1993) Les échanges entre le Mali, le Burkina Faso et le nord de la Côte-d'Ivoire, in: Grégoire, E., Labazée, P. (Hrsg.) *Grands commerçants d'Afrique de l'Ouest: Logiques et pratiques d'un groupe d'hommes d'affairs contemporains*. Paris: Karthala et L'Orstom, 125–174.

Lagarde, S. (2013) La petite Afrique de Canton, quand les footballeurs devinennent buisness men, Radiobeitrag für *Radio France Internationale*, 2. Oktober. Online: http://africansinchina.net/2014/08/10/la-petite-afrique-de-canton-quand-les-footballeurs-devinennent-business-men/ (Zugriff: August 2014)

Lagrée, J.C. (2013) Coping with the internationalization of higher education in China, in: Peilin, L., Roulleau-Berger, L. (Hrsg.) *China's internal and international migration*. Abingdon [u.a.]: Routledge, 174–201.

Lamnek, S. (2010) *Qualitative Sozialforschung*. Weinheim: Beltz.

Lampert, B., Mohan, G. (2014) Sino-African encounters in Ghana and Nigeria: From conflict to conviviality and mutual benefit, in: *Journal of Current Chinese Affairs* 43(1), 9–39.

Landau, L.B., Haupt, I.S.M. (2007) *Tactical cosmopolitanism and idioms of belonging: Insertion and self-exclusion in Johannesburg*. Johannesburg: University of the Witwatersrand, Forced Migration Studies Programme, Migration Studies, WPS 32.

Latour, B. (2010) *Eine neue Soziologie für eine neue Gesellschaft: Einführung in die Akteur-Netzwerk-Theorie*. Frankfurt a.M.: Suhrkamp.

Law, J. (2009) Actor network theory and material semiotics, in: Turner, B.S. (Hrsg.) *The new Blackwell companion to social theory*. Malden, MA: Wiley-Blackwell, 141–158.

Lazăr, A. (2011) Transnational migration studies: Reframing sociological imagination and research, in: *Journal of Comparative Research in Anthropology and Sociology* 2(2), 69–83.

Le Bail, H. (2009) Foreign migration to China's city markets: The case of African merchants, in: *Asie Visions* 19, August. Online: http://www.ifri.org/downloads/av19lebailgb.pdf (Zugriff: Mai 2014)

Lee, C.K. (2009) Raw encounters: Chinese managers, African workers and the politics of casualization in Africa's Chinese enclaves, in: *The China Quarterly* 199, 647–666.

Lee, F. (2013) Das Steuerparadies von Chinas Bonzen, in: *Zeit Online*, 27. September. Online: http://blog.zeit.de/china/2013/09/27/das-steuerparadies-von-chinas-bonzen/ (Zugriff: Juni 2014)

Lee, J., Ingold, T. (2006) Fieldwork on foot: Perceiving, routing and socializing, in: Coleman, S., Collins, P. (eds) *Locating the field: Space, place and context in anthropology*. Oxford [u.a.]: Berg, 67–86.

Leitner, H., Pavlik, C., Sheppard, E.S. (2002) Networks, governance, and the politics of scale: Inter-urban networks and the European Union, in: Herod, A., Wright, M.W. (Hrsg.) *Geographies of power: Placing scale*. Malden, MA [u.a.]: Blackwell, 274–303.

Leitner, H., Sheppard, E.S., Sziarto, K., Maringanti, A. (2007) Contesting urban futures: Decentering neoliberalism, in: Leitner, H., Peck, J., Sheppard, E. (Hrsg.) *Contesting neoliberalism: Urban frontiers*. New York [u.a.]: Guilford Press, 1–25.

Levi, M. (1996) Social and unsocial capital: A review essay of Robert Putnam's *making democracy work*, in: *Politics and Society* 24(1), 45–55.

Levitt, P. (2012) The transnational villagers, in: Lechner, F., Boli, J. (Hrsg.) *The globalization reader*. Chichester [u.a.]: Wiley-Blackwell, 123–130.

Levitt, P., Glick Schiller, N. (2004) Conceptualizing simultaneity: A transnational social field perspective on society, in: *International Migration Review* 38(3), 1002–1039.

Levitt, P., Jaworsky, B.N. (2007) Transnational migration studies: Past development and future trends, in: *Annual Review of Sociology* 33, 129–56.

Ley, D. (2004) Transnational spaces and everyday lives, in: *Transactions of the Institute of Geographers* 29(2), 151–164.

Li, Z., Lyons, M., Brown, A. (2012) China's „Chocolate City": An ethnic enclave in a changing landscape, in: *African Diaspora* 5(1), 51–72.

Li, Z., Ma, L.J.C., Xue, D. (2009) An African enclave in China: The making of a new transnational urban space, in: *Eurasian Geography and Economics* 50(6), 699–719.

Li, Z., Ma, L.J.C., Xue, D. (2013) The making of a new transnational urban space: The Guangzhou African enclave, in: Peilin, L., Roulleau-Berger, L. (Hrsg.) *China's internal and international migration*. Abingdon [u.a.]: Routledge, 150–173.

Li, Z., Xue, D., Lyons, M., Brown, A. (2007) *Ethnic enclave of transnational migrants in Guangzhou: A case study of Xiaobei*. Hong Kong: Konferenzpaper zur ‚International Conference on China's Urban Land and Housing in the 21st Century' vom 13.–15. Dezember.

Li, Z., Xue, D., Lyons, M., Brown, A. (2008) The African enclave of Guangzhou: A case study of Xiaobeilu, in: *Acta Geographica Sinica* 63(2), 207–218.

Liefner, I. (2008) Ausländische Direktinvestitionen und Wissenstransfer nach China, in: *Geographische Rundschau* 60(5), 4–11.

Liefner, I., Schätzl, L. (2012) *Theorien der Wirtschaftsgeographie.* Paderborn: Schöningh.

Light, I.H. (2004) The ethnic ownership economy, in: Stiles, C.H., Galbraith, C.S. (Hrsg.) *Ethnic entrepreneurship: Structure and Process.* Amsterdam [u.a.]: Elsevier, 3–44.

Light, I.H. (2005) The ethnic economy, in: Smelser, N.J., Swedberg, R. (eds) *The Handbook of Economic Sociology.* Princeton, NJ: Princeton University Press, 650–677.

Light, I.H. (2010) Transnational entrepreneurs in an English-speaking world, in: *Die Erde* 141(1–2), 87–102.

Light, I.H. (2011) Entrepreneurship in the ethnic ownership economy, in: Dana, L.P. (Hrsg.) *World encyclopedia of entrepreneurship.* Cheltenham [u.a.]: Elgar, 101–110.

Light, I.H., Bonacich, E. (1988) *Immigrant entrepreneurs: Koreans in Los Angeles, 1965–1982.* Berkley [u.a.]: University of California Press.

Light, I.H., Gold, S.J. (2000) *Ethnic economies.* San Diego [u.a.]: Academic Press.

Light, I.H., Karageorgis, S. (1994) The ethnic economy, in: Smelser, N.J., Swedberg, R. (eds) *The Handbook of Economic Sociology.* Princeton, NJ: Princeton University Press, 647–671.

Light, I.H., Rosenstein, C. (1995) *Race, ethnicity, and entrepreneurship in urban America.* New York: Aldine de Gruyter.

Light, I.H., Zhou, M., Kim, R. (2002) Transnationalism and American exports in an english-speaking world, in: *International Migration Review* 36(3), 702–725.

Lin, N. (2003) *Social capital: A theory of social structure and action.* Cambridge [u.a.]: Cambridge University Press.

Lin, N., Cook, K., Burt, R.S. (2001) *Social capital: Theory and research.* New York: Aldine de Gruyter.

Lin, P. (2013) Taiwanese women in China: Integration and mobility in gendered enclaves, in: *China Information* 27(1), 107–123.

Liu, G. (2009) Changing Chinese migration law: From restriction to relaxation, in: *Journal of International Migration and Integration* 10(3), 311–333.

Liu, G. (2011) *Chinese Immigration Law.* Farnham [u.a.]: Ashgate.

Lo, K., Wang, M. (2013) The development and localisation of a foreign gated community in Beijing, in: *Cities* 30, 186–192.

Logan, J.R., Alba, R.D., McNulty, T.L. (1994) Ethnic economies in metropolitan regions: Miami and beyond, in: *Social Forces* 72(3), 691–724.

Lorenz, A., Thielke, T. (2007) The age of the dragon: China's conquest of Africa, in: *Spiegel Online International*, 30. Mai. Online: http://ml.spiegel.de/article.do?id=484603&p=2 (Zugriff: Juni 2014)

Loury, G.C. (1977) A dynamic theory of racial income difference, in: Wallace, Ph.A., LaMond, A.M. (Hrsg.) *Women, minorities, and employment discrimination.* Lexington, MA [u.a.]: Heath, 153–162.

Luna, D., Ringberg, T., Peracchio, L.A. (2008) One individual, two identities: Frame switching among biculturals, in: *Journal of Consumer Research* 35(2), 279–293.

Lustig, M.W., Koester, J. 1993 (2012) *Intercultural competence: Interpersonal communication across cultures.* New York: HarperCollins College Publishers.

Lyons M., Brown, A., Li, Z. (2008) The „third tier" of globalization: African traders in Guangzhou, in: *City: Analysis of Urban Trends, Culture, Theory, Policy, Action* 12(2), 196–206.

Lyons M., Brown, A., Li, Z. (2012) In the Dragon's Den: African traders in Guangzhou, in: *Journal of Ethnic and Migration Studies* 38(5), 869–888.

Ma Mung, E. (2004) Dispersal as a resource, in: *Diaspora: A Journal of Transnational Studies* 13(2), 211–225.

MacGaffey, J., Bazenguissa-Ganga, R. (2000) *Congo-Paris: Transnational traders on the margins of the law.* Bloomington [u.a.]: Indiana University Press.

Machlup, F. (1980) *Knowledge: Its creation, distribution, and economic significance. Volume I: Knowledge and Knowledge Production.* Princeton, NJ [u.a.] Princeton University Press.

Macho, Th. (2008) Glossolalie in der Theologie, in: Kittler, F., Macho, Th., Weigel, S. (Hrsg.) *Zwischen Rauschen und Offenbarung: Zur Kultur- und Mediengeschichte der Stimme.* Berlin: Akademie-Verlag, 3–17.

Maller, C., Strengers, Y. (2013) The global migration of everyday life: Investigating the practice memories of Australian migrants, in: *Geoforum* 44, 243–252.

Malliat, A. (1998) Vom „Industrial District" zum innovativen Milieu: ein Beitrag zur Analyse der lokalisierten Produktionssysteme, in: *Geographische Zeitschrift* 86(1), 1–15.

Malmberg, A., Maskell, P. (2002) The elusive concept of localization economies: Towards a knowledge-based theory of spatial clustering, in: *Environment and Planning A* 34(3), 429–449.

Marfaing, L. (2011) Wechselwirkungen zwischen der europäischen Migrationspolitik der Europäischen Union und Migrationsstrategien in Afrika, in: Baraulina, T., Kreinbrink, A., Riester, A. (Hrsg.) *Potenziale der Migration zwischen Afrika und Deutschland.* Nürnberg: Bundesamt für Migration und Flüchtlinge, 63–89.

Marfaing, L., Thiel, A. (2011) *Chinese commodity imports in Ghana and Senegal: Demystifying Chinese business strength in Urban West Africa.* Hamburg: GIGA, WP 180.

Marienstras, R. (1989) On the notion of diaspora, in: Chaliand, G. (Hrsg.) *Minority peoples in the age of nation-states.* London: Pluto Press, 119–125.

Marshall, N. (2008) Cognitive and practice based theories of organizational knowledge and learning: Incompatible or complementary?, in: *Managment Learning* 39(4), 413–435.

Martin, A. (2012) *Entwicklung organisationaler Routinen und Kompetenzen: Praxistheoretische Annäherung und empirische Fundierung eines jungen Technologieunternehmens.* München [u.a.]: Hampp.

Marx, K. (1894) *Das Kapital: Kritik der politischen Ökonomie, Bd. 3.* Hamburg: Meissner.

Maskell, P., Malmberg, A. (2007) Myopia, knowledge development and cluster evolution, in: *Journal of Economic Geography* 7(5), 603–618.

Massey, D. (1994) *Space, place and gender.* Cambridge: Polity Press.

Massey, D. (1999) Imagining globalization: Power-geometries of time-space, in: Massey, D. (Hrsg.) *Power-geometries and the politics of space-time.* Heidelberg: Department of Geography, 9–26.

Massey, D. (2012) *For space.* Nachdruck. Los Angeles, CA [u.a.]: Sage.

Massey, D.S., Arango, J., Hugo, K., Kouaouci, A., Pellegrino, A., Taylor, J.E. (1998) *Worlds in motion: Understanding international migration at the end of the millennium.* Oxford [u.a.]: Clarendon Press.

Mathews, G. (2011) *Ghetto at the center of the world: Chungking Mansions, Hong Kong.* Chicago [u.a.]: University of Chicago Press.

Mathews, G. (2012a) Neoliberalism and globalization from below in Chungking Mansions, Hong Kong, in: Mathews, G., Ribeiro, G.L., Vega, C.A. (Hrsg.) *Globalisation from below: The world's other economy.* London [u.a.]: Routledge, 69–85.

Mathews, G. (2012b) African traders in Chungking Mansions, Hong Kong, in: Haines, D.W., Yamanaka, K., Yamashita, S. (Hrsg.) *Wind over water: Migration in East Asian context.* New York [u.a.]: Berghahn Books, 208–218.

Mathews, G., Yang, Y. (2012) How Africans pursue low-end globalisation in Hong Kong and mainland China, in: *Journal of Current Chinese Affairs* 41(2), 95–120.

Matoba, K., Scheible, D. (2007) *Interkulturelle und transkulturelle Kommunikation.* Berlin: International Society for Diversity Managment e.V., WP 3.

Mattissek, A., Pfaffenbach, C., Reuber, P. (2013) *Methoden der empirischen Humangeographie.* Braunschweig: Westermann.

Mattsson, H. (2006) How does knowledge production take place? On locating and mapping science and similar unruly activities, in: Baraldi, E., Fors, H., Houltz, A. (Hrsg.) *Taking place:*

The spatial contexts of science, technology and business. Sagamore Beach, MA: Science History Publications, 351–371.

Mau, S., Mewes, J., Zimmermann, A. (2008) Cosmopolitan attitudes through transnational social practices?, in: *Global Networks* 8(1), 1–24.

Mauer, A. (2008) Institutionalismus und Wirtschaftssoziologie, in: Maurer, A. (Hrsg.) *Handbuch der Wirtschaftssoziologie.* Wiesbaden: VS, 62–86.

Maxwell, J.A. (2013) *Qualitative research design: An interactive approach.* Los Angeles [u.a.]: Sage.

Mayring, Ph. (1996) *Einführung in die qualitative Sozialforschung: Eine Anleitung zu qualitativem Denken.* Weinheim: Beltz

Mazlish, B. (2005) Roudometof: A dialogue, in: *Current Sociology* 53(1), 137–141.

McNamee, T., Mills, G., Manoeli, S., Mulaudzi, M., Doran, S., Chen, E. (2012) *Africa in their words: A study of Chinese traders in South Africa, Lesotho, Botswana, Zambia and Angola.* Johannesburg: The Brenthurst Foundation Discussion Paper 3. Online: http://www.thebrent hurstfoundation.org/files/brenthurst_commisioned_reports/Brenthurst-paper-201203-Africa-in-their-Words-A-Study-of-Chinese-Traders.pdf (Zugriff: Juni 2014)

Mead, G.H. (1968) *Geist, Identität und Gesellschaft aus Sicht des Sozialbehaviorismus.* Frankfurt a.M.: Suhrkamp.

Meier Kruker, V., Rauh, J. (2005) *Arbeitsmethoden der Humangeographie.* Darmstadt: Wissenschaftliche Buchgesellschaft.

Meinsen, S. (2003) *Konstruktivistisches Wissensmanagement: Wie Wissensarbeiter ihre Arbeit organisieren.* Weinheim [u.a.]: Beltz.

Menzies, T.V., Brenner, G.A., Filion, L.J. (2003) Social capital, networks and ethnic minority entrepreneurs: Transnational entrepreneurship and bootstrap capitalism, in: Etemad, H., Wright, R. (eds) *Globalization and entrepreneurship: Policy and strategy perspectives.* Cheltenham [u.a.]: Elgar, 125–151.

Merabet, O., Gendreau, F. (2007) *Les question migratoire au Mali: Valeurs, sens et contresens.* Paris: CIVI-POL, TRANSTEC.

Meusburger, P., Glückler, J., El Meskioui, M. (2013) *Knowledge and the Economy.* Dordrecht [u.a.]: Springer.

Meusburger, P., Koch, G., Christmann, G.B. (2011) *Nähe- und Distanz-Praktiken in der Wissenserzeugung – Zur Notwendigkeit einer kontextbezogenen Analyse, in: Ibert, O., Kujath, H.J. (Hrsg.) Räume der Wissensarbeit: Zur Funktion von Nähe und Distanz in der Wissensökonomie. Wiesbaden: VS, 221–249.*

Meuser, M. (2011) Interpretatives Paradigma, in: Bohnsack, R. Marotzki, W., Meuser, M. (Hrsg.) Hauptbegriffe qualitativer Sozialforschung. Opladen [u.a.]: Budrich, 92–94.*

Miebach, B. (2010) Soziologische Handlungstheorie: Eine Einführung. Wiesbaden: VS.*

Mijere, N.J.N. (2009) *Informal cross-border trade in the southern African Development Community (SADC).* Addis Ababa: OSSREA.

Miles, M. (2001) Women's groups and urban poverty: The Swaziland experience, in: Tostensen, A., Tvedten, I., Vaa, M. (Hrsg.) *Associational life in African cities: Popular responses to the urban crisis.* Stockholm: Almqvist & Wiksell [u.a.], 64–73.

Min, P.G., Bozorgmehr, M. (2000) Immigrant entrepreneurship and business patterns: A comparison of Koreans and Iranians in Los Angeles, in: *International Migration Review* 34(3), 707–738.

Mitchell, J.C. (1969) The concept and use of social networks, in: Mitchell, J.C. (Hrsg.) *Social networks in urban situations: Analyses of personal relationships in Central African towns.* Manchester: Manchester University Press, 1–50.

Mitchell, K. (1997) Transnational discourse: Bringing geography back in, in: *Antipode* 29(2), 101–114.

Modell, J. (1977) *The economics and politics of racial accommodation. The Japanese of Los Angeles 1900–1942.* Urbana [u.a.]: University of Illinois Press.

Moebius, S. (2008) Handlung und Praxis: Konturen einer poststrukturalistischen Praxistheorie, in: Moebius, S., Reckwitz, A. (Hrsg.) *Poststrukturalistische Sozialwissenschaft*. Frankfurt a.M.: Suhrkamp, 58–74.

MOFCOM – Ministry of Commerce of the PR of China (2014a) Upgraded China-Africa cooperation to bring opportunities, benefit both sides, 9. Mai. Online: http://english.mofcom.gov.cn/sys/print.shtml?/counselorsreport/europereport/201405/20140500580094.shtml (Zugriff: Juni 2014)

MOFCOM – Ministry of Commerce of the PR of China (2014b) China-Africa trade cooperation has broad prospects: Chinese minister, 6. Mai. Online: http://english.mofcom.gov.cn/sys/print.shtml?/counselorsreport (Zugriff: Juni 2014)

Mohan, G., Lampert, B. (2013) Negotiating China: Reinserting African agency into China-Africa relations, in: *African Affairs* 112(446), 92–110.

Mok, K.-H. (2000) Marketizing higher education in post-Mao China, in: *International Journal of Educational Development* 20(2), 109–126.

Mok, K.-H. (2006) *Education reform and education policy in East Asia*. London: Routledge.

Morais, I. (2009) „China Wahala": The tribulations of Nigerian „Bushfallers" in a Chinese territory, in: *Transtext(e)s Transcultures: Journal of Global Cultural Studies* 5. Online: http://transtexts.revues.org/281 (Zugriff: Mai 2014)

Morales, M.C. (2004) *Ethnic niches, pathway to economic incorporation or exploitation? Labor market experiences of Latina/os*. El Paso, TX: University of Texas at El Paso, Dissertation.

Moyo, D. (2012) *Winner take all: China's race for resources and what it means for the world*. London [u.a.]: Lane.

MPS – Ministerium für öffentliche Sicherheit der VR China (2013) Exit and Entry Administration Law of the People's Republic of China, 02. Juli. Online: http://www.mps.gov.cn/n16/n84147/n84196/3837042.html (Zugriff: Juni 2014)

Mu, X. (2014) Xinhua insight: Sino-African trade a win-win strategy, 6. Mai. Online: http://news.xinhuanet.com/english/indepth/2014-05/06/c_126465100.htm (Zugriff: Juni 2014)

Müller, A. (2008) *Internationale Migration nach Europa: Analyse der Migrationsbiographien senegalesischer Einwanderer in Turin (Senegal)*. Kiel: Universität Kiel, unveröffentlichte Diplomarbeit.

Müller, A., Romankiewicz, C. (2013) Mobilität zwischen westafrikanischer Freizügigkeit und europäischer Grenzziehung, in: *Geographische Rundschau* 65(9), 12–18.

Müller, A., Wehrhahn, R. (2011) New migration processes in contemporary China: The constitution of African trader networks in Guangzhou, in: *Geographische Zeitschrift* 99(2–3), 104–122.

Müller, A., Wehrhahn, R. (2013) Transnational business networks of African intermediaries in China: Practices of networking and the role of experiential knowledge, in: *Die Erde* 144(1), 82–97.

Murdoch, J. (2005) *Post-structuralist Geography: A guide to relational space*. London: Sage.

NBS – Nationales Statistikbüro der VR China (2012) Statistisches Jahrbuch China 2012. Online: http://www.stats.gov.cn/english/statisticaldata/AnnualData/ (Zugriff: Juni 2014)

NBS – Nationales Statistikbüro der VR China (2014a) Statistical communiqué of the People's Republic of China on the 2013 national economic and social development (1), 24. Februar. Online: http://www.stats.gov.cn/english/PressRelease/201402/t20140224_515103.html (Zugriff: Mai 2014)

NBS – Nationales Statistikbüro der VR China (2014b) Major figures on residents from Hong Kong, Macau and Taiwan and foreigners covered by 2010 population census, 29. April. Online: http://www.stats.gov.cn/english/NewsEvents/201104/t20110429_26451.html (Zugriff: Mai 2014)

Nederveen Pieterse, J. (2003) Social capital and migration: Beyond ethnic economies, in: *Ethnicities* 3(1), 29–58.

Nee, V., Sanders, J.M., Sernau, S. (1994) Job transition in an immigrant metropolis: Ethnic boundaries and the mixed economy, in: *American Sociology Review* 59(6), 849–872.

Neuweg, G.H. (2004) *Könnerschaft und implizites Wissens: Zur lehr-lerntheoretischen Bedeutung der Erkenntnis- und Wissenstheorie Michael Polanyis*. Münster [u.a.]: Waxmann.

Ng, S. (2004) Taiwanese gold rush to China, in: *Asia Times online*, 30. Juni. Online: http://www. atimes.com/atimes/China/FF30Ad04.html (Zugriff: Mai 2014)

Nicholls, W. (2009) Place, networks, space: Theorising the geographies of social movements, in: *Transactions of the Institute of British Geographers* 34(1), 78–93.

Nicolini, D., Gherardi, S., Yanow, D. (2003): Introduction: Toward a practice- based view of knowing and learning in organizations, in: Nicolini, D., Gherardi, S., Yanow, D. (Hrsg.): *Knowing in organizations: A practice-based approach*. Armonk, NY: Sharpe, 3–31.

Nippa, M. (2007) Zur Komplexität der Innovationsorganisation: Ein Plädoyer für eine ganzheitliche und kritische Perspektive, in: Engel, K., Nippa, M (Hrsg.) *Innovationsmanagement: Von der Idee zum erfolgreichen Produkt*. Heidelberg [u.a.]: Physica, 15–33.

Nonaka, I. (1994) A dynamic theory of organizational knowledge creation, in: *Organization Science* 5(1), 14–37.

Nonaka, I., Takeuchi, H. (1995) *The knowledge-creating company: How Japanese companies create the dynamics of innovation*. Oxford: Oxford University Press.

Nordtveit, B.H. (2011) An emerging donor in education and development: A case study of China in Cameroon, in: *International Journal of Educational Development* 31(2), 99–108.

Nowicka, M., Rovisco, M. (2009) Introduction: Making sense of cosmopolitanism, in: Nowicka, M., Rovisco, M. (Hrsg.) *Cosmopolitanism in practice*. Farnham [u.a.]: Ashgate, 1–16.

Nurse, D., Philippson, G. (2006) *The Bantu languages*. London [u.a.]: Routledge.

O'Hara, M. (2011) *Market microstructure theory*. Malden, MA: Blackwell.

Ogen, O. (2008) Contemporary China-Nigeria economic relations: Chinese imperialism or south-south mutual partnership?, in: *Journal of Current Chinese Affairs* 37(3), 78–102.

Ohmae, K. (1995) *The end of the nation state: The rise of regional economies*. London [u.a.]: HarperCollins.

Onyx, J., Ho, C., Edwards, M., Burridge, N., Yerbury, H. (2011) Scaling up connections: Everyday cosmopolitanism, complexity theory and social capital, in: *Cosmopolitan Civil Societies Journal* 3(3), 47–67.

Orlikowski, W.J. (2002) Knowing in practice: Enacting a collective capability in distributed organizing, in: *Organization Science* 13(3), 249–273.

Otten, M. (2009) Was kommt nach der Differenz? Anmerkungen zur konzeptionellen und praktischen Relevanz des Theorieangebots der Transkulturalität im Kontext der interkulturellen Kommunikation, in: Moosmüller, A. (Hrsg.) *Konzepte kultureller Differenz*. Münster [u.a.]: Waxmann, 47–66.

Pan, X., Chen, Z., Yang, D. (2008) „Qiaokelicheng – feizhouren xunmeng zhongguo" [Chocolate City – Africans seek their dreams in China], in: Southern Weekend, 23. Januar. Online: http://www.infzm.com/content/trs/raw/35302 (chinesische Version), http://blog.foolsmoun tain.com/2008/06/14/chocolate-city-africans-seek-their-dreams-in-china/   (englische Übersetzung) (Zugriff: August 2014)

Parsons, T. (1973) Systematische Theorie in der Soziologie: Gegenwärtiger Stand und Ausblick, in: Parsons, T. (Hrsg.) *Beiträge zur soziologischen Theorie*. Darmstadt [u.a.]: Luchterhand, 31–64.

Parsons, T. (1976) *Zur Theorie sozialer Systeme*. Opladen: Westdeutscher Verlag.

Pécoud, A. (2010) What is ethnic in an ethnic economy?, in: *International Review of Sociology* 20(1), 59–76.

People's Daily Online (2012) Senegalese merchant Mamadou: China is my second hometown, 12. Dezember. Online: http://english.peopledaily.com.cn/102774/8056102.html (Zugriff: Juli 2014)

People's Daily Online (2014) „African Street" in Guangzhou, 29. April. Online: http://english. people.com.cn/98649/8612323.html (Zugriff: Mai 2014)

Perrone, L. (2001) I Senegalesi sulle due rive tra viaggio e migrazioni. Dai *Commis*, ai *Modou-Modou*, dai *Bana-Bana* ai „*Vu Cumpra*", in: *Sociologia Urbana e Rurale* 64–65, 107–147.

Petzold, K. (2010) Wenn sich alles um den Locus dreht: Multilokalität, Multilokation, multilokales Wohnen, Inter- und Translokalität als Begriffe der Mehrfachverortung, in: Hühn, M., Lerp, D., Petzold, K. Stock, M. (Hrsg.) *Transkulturalität, Transnationalität, Transstaatlichkeit, Translokalität. Theoretische und empirische Begriffsbestimmungen*. Berlin: Lit, 235–257.

Petzold, K. (2013) *Multilokalität als Handlungssituation: Lokale Identifikation, Kosmopolitismus und ortsbezogenes Handeln unter Mobilitätsbedingungen*. Wiesbaden: Springer.

Pieke, F.N. (2010) China's Immigrant population, in: *China Review* 50, Summer 2010, 20–22.

Pieke, F.N. (2012) Immigrant China, in: *Modern China* 38(1), 40–77.

Pliez, O. (2010) Toutes les routes de la soie mènent in Yiwu (Chine): Entrepreneurs et migrants musulmans dans un comptoir économique chinois, in: *L'Espace Géographique* 39(2), 132–145.

Polanyi, M. (1958) *Personal knowledge: Towards a post-critical philosophy*. Chicago: University of Chicago Press.

Polanyi, M. (1966) *The tacit dimension*. London: Routledge & Kegan Paul.

Polanyi, M. (1978) *The great transformation: The political and economic origins of our time*. Wiesbaden: VS.

Pollock, S., Bhabha, H.K., Breckenridge, C.A., Chakrabarty, D. (2002) Cosmopolitanisms, in: Breckenridge, C.A., Pollock, S., Bhabha, H.K., A., Chakrabarty, D. (Hrsg.) *Cosmopolitanism*. Durham [u.a.]: Duke University Press, 1–14.

Poros, M.V. (2008) A social network approach to migrant mobilization in southern Europe, in: *American Behavioral Scientist* 51(11), 1611–1626.

Poros, M.V. (2011) *Modern migrations: Gujarati Indian networks in New York and London*. Stanford, CA: Stanford University Press.

Portes, A. (1995) Economic Sociology and the sociology of immigration: A conceptual overview, in: Portes, A. (Hrsg.) *The Economic Sociology of Immigration: Essays on networks, ethnicity, and entrepreneurship*. New York: Russell Sage Foundation, 1–41.

Portes, A. (1998) Social capital: Its origins and applications in modern sociology, in: *Annual Review of Sociology* 24, 1–24.

Portes, A. (2003) Conclusion: Theoretical convergencies and empirical evidence in the study of immigrant transnationalism, in: *International Migration Review* 37(3), 874–892.

Portes, A., Guarnizo, L.E. (1991) Tropical capitalists: U.S.-bound immigration and small-enterprise development in the Dominican Republic, in: Díaz-Briquets, S., Weintraub, S. (Hrsg*.) Migration, remittances, and small business development: Mexico and Caribbean Basin countries*. Boulder [u.a.]: Westview Press, 101–129.

Portes, A., Guarnizo, L.E., Landholt, P. (1999) The study of transnationalism: Pitfalls and promise of an emergent research field, in: *Ethnic and Racial Studies* 22(2), 217–237.

Portes, A., Landholt, P. (1996) The downside of social capital, in: *The American Prospect* 94(7), 8–21.

Portes, A., Rumbaut, R.G. (2007) *Immigrant America: A portrait*. 3. Auflage. Berkely [u.a.]: University of California Press.

Portes, A., Sensenbrenner, J. (1993) Embeddedness and immigration: Notes on the social determinants of economic action, in: *The American Journal of Sociology* 98(6), 1320–1350.

Portes, A., Wilson, K.L. (1980) Immigrant enclaves: An analysis of the labour market experiences of Cubans in Miami, in: *American Journal of Sociology* 86(2), 295–319.

Portes, A., Zhou, M. (1992) Gaining the upper hand: Economic mobility among immigrant and domestic minorities, in: *Ethnic and Racial Studies* 15(4), 491–522.

Pott, A. (2005) Kulturgeographie beobachtet Probleme und Potenziale der geographischen Beobachtung von Kultur, in: *Erdkunde* 59(2), 89–101.

Price, O., Johnsson, M., Scheeres, H., Boud, D., Solomon, N. (2012) Learning organisational practice that persist, perpetuate and change: A Schatzkian view, in: Hager P., Lee, A., Reich, A. (Hrsg.) *Practice, learning and change: Practice-theory perspectives on professional learning.* Dordrecht [u.a.]: Springer, 233–247.

Pries, L. (2001a) *Internationale Migration.* Bielefeld: Transcript.

Pries, L. (2001b) The approach of transnational social spaces: Responding to new configurations of the social and the spatial, in: Pries, L. (Hrsg.) *New transnational social spaces: International migration and transnational companies in the early twenty-first century.* London [u.a.]: Routledge, 3–33.

Pries, L. (2005) Configurations of geographic and societal spaces: a sociological proposal between „methodological nationalism" and the „spaces of flows", in: *Global Networks* 5(2), 167–190.

Pries, L. (2008) *Die Transnationalisierung der sozialen Welt. Sozialräume jenseits von Nationalgesellschaften.* Frankfurt a.M.: Suhrkamp.

Putnam, R.D. (1993) *Making democracy work: Civic traditions in modern Italy.* Princeton, NJ [u.a.]: Princeton University Press.

Putnam, R.D. (1995) Tuning in, tuning out: the strange disappearance of social capital in America, in: *Political Science and Politics* 28(4), 664–683.

Putnam, R.D. (2000) *Bowling alone: The collapse and revival of American community.* New York [u.a.]: Simon & Schuster.

PWC – PriceWaterCoopers (2008) Das neue chinesische Devisenrecht, in: *pwc: China Compass,* Herbst/Winter 2008, 5–8. Online: http://www.pwc.de/de_de/de/newsletter/laender/assets/china_compass_herbst_winter_2008.pdf (Zugriff: Juni 2014)

PWC – PriceWaterCoopers (2012) Grenzüberschreitende Kapitalkonten in Renminbi: Lockerung der Vorschriften, in: *pwc: China Compass,* Frühjahr 2012, 36–39. Online: http://www.pwc.de/de/newsletter/laender/assets/pwc-china-compass-fruehjahr-2012.pdf (Zugriff: Juni 2014)

Quian, M. (2008) Muslims join together for annual festival, in: *China Daily,* 10. Dezember. Online: http://www.chinadaily.com.cn/china/2008-12/10/content_7288721.htm (Zugriff: August 2014)

Raeymakers, T. (2009) The silent encroachment of the frontier: A politics of transborder trade in the Semliki Valley (Congo–Uganda), in: *Political Geography* 28(1), 55–65.

Rajman, R., Tienda, M. (2000) Immigrants' pathways to business ownership: A comparative ethnic perspective, in: *International Migration Review* 34(3), 682–706.

Rampton, B. (2006) *Crossing: Language and ethnicity among adolescents.* Manchester, UK [u.a.]: St. Jerome Publication.

Rath, J. (Hrsg.) (2000a) *Immigrant Businesses: The economic, political and social environment.* Basingstoke, Hampshire [u.a.]: Macmillon [u.a.].

Rath, J. (2000b) Introduction: Immigrant businesses and their economic, politico-institutional and social environment, in: Rath, J. (Hrsg.) *Immigrant Businesses: The economic, political and social environment.* Basingstoke, Hampshire [u.a.]: Macmillon [u.a.], 1–19.

Reckwitz, A. (2012) *Die Transformation der Kulturtheorien: Zur Entwicklung eines Theorieprogramms.* 3. Auflage. Weilerswist: Velbrück Wissenschaft.

Reckwitz, A. (2003) Grundelemente einer Theorie sozialer Praktiken: Eine sozialtheoretische Perspektive, in: *Zeitschrift für Soziologie* 32(4), 282–301.

Reckwitz, A. (2004) Die Entwicklung des Vokabulars der Handlungstheorien: Von den zweck- und normorientierten Modellen zu den Kultur- und Praxistheorien, in: Gabriel, M. (Hrsg.) *Paradigmen der akteurszentrierten Soziologie.* Wiesbaden: VS, 303–328.

Reckwitz, A. (2007) Anthony Giddens, in: Kaesler, D. (Hrsg.) *Klassiker der Soziologie: Von Talcott Parsons bis Anthony Giddens.* München: Beck, 311–337.

Reckwitz, A. (2008a) *Unscharfe Grenzen: Perspektiven der Kultursoziologie.* Bielefeld: Transcript.

Reckwitz, A. (2008b) Praktiken und Diskurse: Eine sozialtheoretische und methodologische Relation, in: Kalthoff, H., Hirschauer, S., Lindenauer, G. (Hrsg.) *Theoretische Empirie: Zur Relevanz qualitativer Forschung*. Frankfurt a.M.: Suhrkamp, 188–209.

Reitz, J. G. (1980) *The survival of ethnic groups*. Toronto: McGraw-Hill Ryerson.

Reuters (2011) Chinesische Polizei nimmt Christen an Ostern fest, in: *Zeit Online*, 24. April. Online: http://www.zeit.de/politik/ausland/2011-04/china-christen-festnahmen-2 (Zugriff: August 2014)

Riccio, B. (2002) Senegal is our home: The anchored nature of Senegalese transnational networks, in: Al-Ali, N., Koser, K. (Hrsg.) *New approaches to migration? Transnational communities and the transformation of home*. London [u.a.]: Routledge, 68–83.

Richman, B.D. (2002) *Community enforcement of infromal contracts: Jewish diamond merchants in New York*. Cambridge, MA: The Harvard John M. Olin Discussion Paper Series 384. Online: http://www.law.harvard.edu/programs/olin_center/papers/pdf/384.pdf (Zugriff: Juni 2014)

Ricketts Hein, J., Evans, J., Jones, P. (2008) Mobile methodologies: Theory, technology and practice, in: *Geography Compass* 2(5), 1266–1285.

Ricopurt, M. (2002) *Dominicans in New York City: Power from the margins*. New York [u.a.]: Routledge.

Robertson, R. (1998) Glokalisierung: Homogenität und Heterogenität in Raum und Zeit, in: Beck, U. (Hrsg.) *Perspektiven der Weltgesellschaft*. Frankfurt a.M.: Suhrkamp, 192–220.

Rogers, A., Cohen, R., Vertovec, S. (2001) Editorial Statement, in: *Global Networks* 1(1), iii–vi.

Roudometof, V. (2005) Transnationalism, cosmopolitanism and glocalization, in: *Current Sociology* 53(1), 113–135.

SAFE – Staatliche Aufsichtsbehörde für Devisen der VR China (2013) Decision of the State Council on the devision of the measures for the collection of statistics and declaration of the balance of payments, 09. November. Online: http://www.safe.gov.cn/wps/portal/!ut/p/c5/04_SB8K8xLLM9MSSzPy8xBz9CP0os3gPZxdnX293QwP30FAnA8_AEBc3C1NjI3czI_1wkA48Kgwg8gY4gKOBvp9Hfm6qfkF2dpqjo6IiABQXMys!/dl3/d3/L2dJQSEvUUt3QS9ZQnZ3LzZfSEN-EQ01LRzEwT085RTBJNkE1U1NDRzNMTDQ!/?WCM_GLOBAL_CONTEXT=/wps/wcm/connect/safe_web_store/state+administration+of+foreign+exchange/rules+and+regulations/d255218044542e279ca5dcf85aefd566 (Zugriff: Juni 2014)

Samers, M. (2010) *Migration*. London [u.a.]: Routledge.

Sandberg, J., Dall'Alba, G. (2009) Returning to practice anew: A world-life perspective, in: *Organization Studies* 30(12), 1349–1368.

Sassen, S. (2012) *Cities in a world economy*. 4. Auflage. Thousand Oaks, CA [u.a.]: Pine Forge Press.

Schank, R.C., Abelson, R.P. (1977) *Scripts, plans, goals and understanding: An inquiry into human knowledge structures*. Hillsdale, NJ: Erlbaum.

Schatzki, T.R. (2002) *The site of the social: A philosophical account of the constitution of social life and change*. University Park, PA: Pennsylvania State University Press.

Schatzki, T.R. (2005) Introduction: Practice theory, in: Schatzki, T.R., Cetina, K.K., von Savigny, E. (Hrsg.) *The practice turn in contemporary theory*. London [u.a.]: Routledge, 10–23.

Schatzki, T.R. (2006) On organization as they happen, in: *Organization Studies* 27(12), 1863–1873.

Schatzki, T.R. (2010) *The timespace of human activity: On performance, society, and history as indeterminate teleological events*. Lanham [u.a.]: Lexington Books.

Schatzki, T.R. (2011) *Where the action is (On large social phenomena such as sociotechnical regimes)*. [s.l.]: Sustainable Practices Research Group, WP 1. Online: http://www.sprg.ac.uk/uploads/schatzki-wp1.pdf (Zugriff: September 2014)

Schatzki, T.R., Cetina, K.K., von Savigny, E. (Hrsg.) (2005) *The practice turn in contemporary theory*. London [u.a.]: Routledge.

Scheld, S. (2010) The „China challenge": The global dimensions of activism and the informal economy in Dakar, Senegal, in: Lindell, I. (Hrsg.) *Africa's informal workers: Collective agency, alliances and transnational organizing in urban Africa.* London: Zed Books, 153–168.

Schmiz, A. (2011) *Transnationalität als Ressource? Netzwerke vietnamesischer Migrantinnen und Migranten zwischen Berlin und Vietnam.* Bielefeld: Transcript.

Schmoll, C. (2012) The making of transnational marketplaces: Naples and the impact of Mediterranean cross-border trade on regional economies, in: *Cambridge Journal of Regions, Economy and Society* 5(2), 221–237.

Scholvin, S., Strüver, G. (2013) Infrastrukturprojekte in der SADC-Region: Die Rolle Chinas, in: *GIGA-Focus* 2013/2.

Scholz, A. (2000) *Verständigung als Ziel interkultureller Kommunikation: Eine kommunikationswissenschaftliche Analyse am Beispiel des Goethe-Instituts.* Münster [u.a.]: Lit.

Schramm, H.-J. (2012) *Freight forwarder's intermediary role in multimodal transport chains: A social network approach.* Berlin: Physica.

Schreyögg, G., Geiger, D. (2003) Kann die Wissensspirale Grundlage des Wissensmanagements sein?, in: *Diskussionsbeiträge des Instituts für Management* 20. Berlin: Freie Universität Berlin.

Schütz, A. (2004) *Der sinnhafte Aufbau der sozialen Welt: Eine Einleitung in die verstehende Soziologie.* Nachdruck. Konstanz: UVK Verlagsgesellschaft.

SCIO – State Council Information Office of the PR of China (2010) Die wirtschaftliche Zusammenarbeit zwischen China und Afrika, Dezember 2010. Online: http://german.china.org.cn/pressconference/2011-02/14/content_21919057.htm (Zugriff: Juni 2014)

SCIO – State Council Information Office of the PR of China (2013) China-Africa economic and trade cooperation – White Paper, 29. August. Online: http://www.scio.gov.cn/zxbd/wz/Document/1344818/1344818.htm (Zugriff: Juni 2014)

Sheller, M., Urry, J. (2006) The new mobilities paradigm, in: *Environment and Planning A* 38(2), 207–226.

Shelton, G., Kabemba, C. (2012) *Win-win Partnership? China, Southern Africa and the Extractive Industries.* Johannesburg: Southern Africa Resource Watch. Online: http://www.osisa.org/sites/default/files/china-africa_web_sarw_0.pdf (Zugriff: Juni 2014)

Shen, H.-H. (2005) „The first Taiwanese wives" and „the Chinese mistresses": The international division of labour in familial and intimate relations across the Taiwan Strait, in: *Global Networks* 5(4), 419–437.

Shen, X. (2013) *Private Chinese investment in Africa: Myths and realities.* Washington, D.C.: World Bank Policy Research, WPS 6311.

SIBC – Siebenburg International Business Consultancy (2013) Representative Office China – Gründungsprozess und Unterhaltung, 12. Januar. Online: http://siebenburg-international.com/RepOffice-China/RepOffice_China.pdf (Zugriff: Juni 2014)

Siegel, D. (2009) *The Mazzel ritual: Culture, customs and crime in the diamond trade.* New York: Springer.

Simmel, G. (1908) *Soziologie: Untersuchungen über die Formen der Vergesellschaftung.* Berlin: Duncker & Humblot.

Simpson, B. (2009) Pragmatism: Mead and the practice turn, in: *Organization Studies* 30(12), 1329–1347.

Skeldon, R. (2011) China: An emerging destination for economic migration, in: *Migration Information Source*, 31. Mai. Online: http://www.migrationpolicy.org/article/china-emerging-destination-economic-migration (Zugriff: Mai 2014)

Smart, A. (1993) Gifts, bribes, and Guanxi: A reconsideration of Bourdieu's social capital, in: *Cultural Anthropology* 8(4), 388–408.

Smelser, N.J., Swedberg, R. (Hrsg.) (1992) *The handbook of Economic Sociology.* Princeton: Princeton University Press.

Smith, M.P. (2003) *Transnational urbanism: Locating globalisation*. Malden, MA: Blackwell.

Smith, M.P. (2005) Transnational urbanism revisited, in: *Journal of Ethnic and Migration Studies* 31(2), 235–244.

Smith, M.P., Eade, J. (2008) Transnational ties: Cities, migrations and identities, in: Smith, M.P., Eade, J. (Hrsg.) *Transnational ties: Cities, migrations and identities*. New Brunswick, NJ [u.a.]: Transaction Publishers, 3–13.

Smith, M.P., Favell, A. (Hrsg.) (2008) *The human face of global mobility: International highly skilled migration in Europe, North America and the Asia-Pacific*. New Brunswick, NJ [u.a.]: Transaction Publishers.

Smith, M.P., King, R. (2012) Editorial introduction: Re-making migration theory, in: *Population, Space and Place* 18(2), 127–133.

Sole, D., Edmondson, A. (2002) Situated knowledge and learning in dispersed teams, in: *British Journal of Managment* 13(S2), 17–34.

Sommer, E. (2011) „Unauffällige" russischsprachige Selbständige, in: Hillmann, F. (Hrsg.) *Marginale Urbanität: Migrantisches Unternehmertum und Stadtentwicklung*. Bielefeld: Transcript, 131–154.

Southern Weekly (2008) Chocolate City: Africans searching for the Chinese dreams, 31. Januar. Online: http://www.infzm.com/content/6446/0 (Zugriff: Mai 2014)

Spittler, G. (2001) Teilnehmende Beobachtung als dichte Teilnahme, in: *Zeitschrift für Ethnologie* 126(1), 1–25.

Spulber, D.F. (1999) *Market microstructure: Intermediaries and the theory of the firm*. Cambridge: Cambridge University Press.

Stark, O. (1991) *The migration of labor*. Cambridge, MA [u.a.]: Blackwell

Steinbrink, M. (2009) *Leben zwischen Land und Stadt: Migration, Translokalität und Verwundbarkeit in Südafrika*. Wiesbaden: VS.

Stening, B.W., Yu, Y. (2006) *Expatriates in China: A review of the literature*. Canberra, Australia: School of Management, Marketing, and International Business, WPS 1.

Stephan, J.-H. (2013) Der Einfluss internationaler Migranten auf die Raumproduktion in Xiaobei – Guangzhou (China). Kiel: Unveröffentlichte Diplomarbeit, Universität Kiel.

Strüder, I. (2003) Self-employed Turkish-speaking women in London, in: *The International Journal of Entrepreneurship and Innovation* 4(3), 185–195.

Subramanian, U., Matthijs, M. (2007) *Can Sub-Saharan Africa leap into global network trade?* Washington, D.C.: World Bank Policy Research, WPS 4112.

Sun, Q., Qiu, L.D., Li, J. (2012) The Pearl River Delta: A world workshop, in: Zhang, K.H. (Hrsg.) *China as the world factory*. London [u.a.]: Routledge, 27–52.

Swidler, A. (1986) Culture in action: Symbols and strategies, in: *American Sociological Review* 51(2), 273–286.

Sylvanus, N. (2009) Commerçantes togolaises et diables chinois. Une approche par la rumeur, in: *Politique Africaine* 113, 55–71.

Taylor, M. (2010) Embedded local growth: a theory taken too far?, in: Boschma, R.A., Kloosterman, R.C. (Hrsg.) *Learning from clusters: A critical assessment from an economic-geographical perspective*. Dordrecht: Springer, 69–88.

Taylor, P.J. (2004) *World city network: A global urban analysis*. London [u.a.]: Routledge.

Taylor, P.J., Hoyler, M., Walker, D.R.F., Szegner, M.J. (2001) A new mapping of the world for the new millennium, in: *The Geographical Journal* 167(3), 213–222.

Taylor, P.J., Ni, P., Derudder, B., Hoyler, M., Huang, J., Witlox, F. (Hrsg.) (2011) *Global Urban Analysis: A survey of cities in Globalization*. London [u.a.]: Earthscan.

Taylor, S., Osland, J.S. (2011) The Impact of intercultural communication on global organizational learning, in: Easterby-Smith, M., Lyles, M.A. (Hrsg.) *The Blackwell Handbook of organizational learning and knowledge management*. Oxford: Blackwell, 581–604.

Teravaninthorn, S., Raballand, G. (2009) *Transport Prices and Costs in Africa: A Review of the Main International Corridors*. Washington, D.C.: World Bank.

Thompson, M. P. A., Walsham, G. (2004): Placing Knowledge Management in Context, in: *Journal of Management Studies* 41, 725–747.

Tihanov, G. (2009) Cosmopolitans without a polis: Towards a hermeneutics of the East-East exilic experience (1929–1945), in: Neubauer, J., Török, Z. (Hrsg.) *The exile and return of writers from East-Central Europe.* New York: Walter de Gruyter, 123–143.

TRALAC – Trade Law Center NPC (2014a) Africa-China trading relationship. Online: http://www.tralac.org/images/docs/4795/africa-china-synopsis.pdf (Zugriff: Juni 2014)

TRALAC – Trade Law Center NPC (2014b) Africa-China trade data. Online: http://www.tralac.org/images/docs/4795/africa-china-trade-data-updated-2014-05.xls (Zugriff: Juni 2014)

Trappmann, M., Hummell, H.J., Sodeur, W. (2011) *Strukturanalyse sozialer Netzwerke: Konzepte, Modelle, Methoden.* 2. Auflage. Wiesbaden: VS.

Trautmann-Voigt, S., Voigt, B., Damm, M. (2012) *Grammatik der Körpersprache: Ein integratives Lehr- und Arbeitsbuch zum Embodiment.* Stuttgart: Schattauer.

Tsoukas, H. (2011) How should we understand tacit knowledge? A phenomenological view, in: Easterby-Smith, M. Lyles, M.A. (Hrsg.) *Handbook of organizational learning and knowledge management.* Chichester, U.K.: Wiley, 453–476.

Tsoukas, H., Chia, R. (2002) On organizational becoming: Rethinking organizational change, in: *Organization Science* 13(5), 567–582.

Turner, B.S. (2002) Cosmopolitan virtue, globalization and patriotism, in: *Theory, Culture and Society* 19(1–2), 45–63.

Udehn, L. (2001) *Methodological individualism: Background, history and meaning.* London [u.a.]: Routledge.

Udehn, L. (2002) The changing face of methodological individualism, in: *Annual Review of Sociology* 28, 479–507.

van der Horst, G.H. (2011) We are scared to say no: Facing foreign timber companies in Sierra Leone's Community Woodlands, in: *The Journal of Development Studies* 47(4), 574–594.

van Halen, M. (2012) China-Africa: You want it; they can build it, in: *Africa Report* 42, 82–84.

Verne, J. (2012a) *Living translocality: Space, culture and economy in contemporary Swahili Trade.* Stuttgart: Steiner.

Verne, J. (2012b) Ethnographie und ihre Folgen für die Kulturgeographie: Eine Kritik des Netzwerkkonzepts in Studien zu translokaler Mobilität, in: *Geographica Helvetica* 67, 185–194.

Verne, J., Doevenspeck, M. (2012) „Bitte dableiben!" Sedentarismus als Konstante der Migrationsforschung in Afrika, in: Geiger, M., Steinbrink, M. (Hrsg.) *Migration und Entwicklung: Geographische Perspektiven.* Osnabrück: IMIS, 61–94.

Vertovec, S. (2007) Super-diversity and its implications, in: *Ethnic and Racial Studies* 30(6), 1024–54.

Vertovec, S. (2009a) *Transnationalism.* London [u.a.]: Routledge.

Vertovec, S. (2009b) *Cosmopolitanism in attitude, practice and competence.* Göttingen: MMP, WP 09–08.

Vertovec, S., Cohen, R. (2011) Introduction: Conceiving cosmopolitanism, in: Vertovec, S., Cohen, R. (Hrsg.) *Conceiving cosmopolitanism: theory, context and practice.* Nachdruck. Oxford [u.a.]: Oxford University Press, 1–22.

Vogel, E.F. (1989) *One step ahead: Guangdong under reform.* Cambridge, MA [u.a.]: Harvard University Press.

Wagenaar, H. (2004) „Knowing" the rules: Administrative work as practice, in: *Public Administration Review* 64(6), 643–655.

Waldinger, R.D. (1993) The two sides of ethnic entrepreneurship – reply to Bonacich, in: *International Migration Review* 27(103), 692–701.

Waldinger, R.D. (1994) The making of an immigrant niche, in: *International Migration Review* 28(1), 3–30.

Waldinger, R.D. (1995) The „other side" of embeddedness: A case-study of the interplay of economy and ethnicity, in: *Ethnic and Racial Studies* 18(3), 555–580.

Waldinger, R.D., Aldrich, H., Ward, R. (Hrsg.) (1990a) *Ethnic entrepreneurs: Immigrant business in industrial societies*. Newbury Park, CA [u.a.]: Sage.

Waldinger, R.D., Aldrich, H., Ward, R. (1990b) Opportunities, group characteristics, and strategies, in: Waldinger, R.D., Aldrich, H., Ward, R. (Hrsg.) *Ethnic entrepreneurs: Immigrant business in industrial societies*. Newbury Park, CA [u.a.]: Sage, 13–48.

Waldinger, R.D., Lichter, M.I. (2003) *How the other half works: Immigration and the social organization of labor*. Berkely [u.a.]: University of California Press.

Wang, J., Lau, S.S.Y. (2008) Forming foreign enclaves in Shanghai: State action in globalization, in: *Journal of Housing and the Built Environment* 23(2), 103–118.

Ward, R. (1987) Ethnic entrepreneurs in Britain and Europe, in: Goffee, R., Scase, R. (eds) *Entrepreneurship in Europe*. London [u.a.]: Croom Helm, 83–104.

Wariboko, N. (2012) Pentecostal paradigms of national economic prosperity in Africa, in: Attanasi, K., Yong, A. (Hrsg.) *Pentecostalism and prosperity: The socio-economics of the global charismatic movement*. New York [u.a.]: Palgrave Macmillan, 35–60.

Wasserman, St., Faust, K. (2009) *Social network analysis: Methods and application*. 19. Auflage. Cambridge [u.a.]: Cambridge University Press.

Wax, R. H. (1979) Das erste und unangenehmste Stadium der Feldforschung, in: Gerdes, K. (Hrsg.) *Explorative Sozialforschung: Einführende Beiträge aus „Natural Sociology" und Feldforschung in den USA*. Stuttgart: Enke, 68–74.

Weber, M. (1976) *Wirtschaft und Gesellschaft: Grundriss der verstehenden Soziologie*. 5. Auflage. Tübingen: Mohr.

Weber, M. (1934) *Die protestantische Ethik und der Geist des Kapitalismus*. Tübingen: Mohr.

Wehrhahn, R., Bercht, A.L. (2008) Konsequenzen der Weltmarktintegration für die mega-urbane Entwicklung in China: Das Beispiel Guangzhou/Perlflussdelta, in: *Geographie und Schule* 173, 18–27.

Wehrhahn, R., Müller, A., Hathat, Z.-E. (2014) Multilokale afrikanische Händler und städtischer Wandel in China, in: *Geographische Rundschau* 66(4), 44–49.

Weichhart, P. (2009) Multilokalität – Konzepte, Theoriebezüge und Forschungsfragen, in: *Informationen zur Raumentwicklung* 2009(1–2), 1–14.

Weichhart, P. (2010) Das „Trans-Syndrom": Wenn die Welt durch das Netz unserer Begriffe fällt, in: Hühn, M., Lerp, D., Petzold, K. Stock, M. (Hrsg.) *Transkulturalität, Transnationalität, Transstaatlichkeit, Translokalität. Theoretische und empirische Begriffsbestimmungen*. Berlin: Lit, 47–70.

Wenger, E. (2000) Communities of practice and social learning systems, in: *Organization* 7(2), 225–246.

Werbner, P. (1999) Global pathways: working class cosmopolitans and the creation of transnational ethnic worlds, in: *Social Anthropology* 7(1), 17–35.

Werbner, P. (2008) Introduction: Towards a new cosmopolitan anthropology, in: Werbner, P. (Hrsg.) *Anthropology and the New Cosmopolitanism: Rooted, feminist and vernacular perspectives*. Oxford [u.a.]: Berg Publishers, 1–31.

Westerlund, D. (Hrsg.) (2009) *Global pentecostalism: Encounters with other religious traditions*. London [u.a.]: I.B. Tauris.

Williams, A.M. (2005) *International Migration and knowledge*. University of Oxford: Centre on Migration, Policy and Society, WP 17.

Williams, A.M. (2006) Lost in translation? International migration, learning and knowledge, in: *Progress in Human Geography* 30(5), 588–607.

Williams, A.M., Baláž, V. (2008) *International migration and knowledge*. London [u.a.]: Routledge.

Wilson, K.L., Portes, A. (1980) Immigrant enclaves: An analysis of the labor market experiences of Cubans in Miami, in: *The American Journal of Sociology* 86(2), 295–319.

Wimmer, A. (2007) *How (not) to think about ethnicity in immigrant societies: A boundary-making perspective*. Oxford: COMPAS, WP 44.

Windeler, A. (2002) *Unternehmungsnetzwerke: Konstitution und Strukturation.* Wiesbaden: Westdeutscher Verlag.

Wishnick, E. (2005) Migration and economic security: Chinese labour migrants in the Russian Far East, in: Akaha, T., Vassilieva, A. (Hrsg.) *Crossing national borders: Human migration issues in Northeast Asia.* Tokyo [u.a.]: United Nations University Press, 68–92.

Wisner, B., Blaickie, P., Cannon, T., Davis, I. (2010) *At risk: Natural hazards, people's vulnerability, and disasters.* 2. Auflage. London [u.a.]: Routledge.

Wittgenstein, L. (2005) *Bemerkungen über die Philosophie der Psychologie: Letze Schriften über die Philosophie der Psychologie.* Werksausgabe, Bd. 7. [8. Druck]. Frankfurt a.M.: Suhrkamp.

Witzel, A. (1982) *Verfahren der qualitativen Sozialforschung: Überblick und Alternativen.* Frankfurt a.M. [u.a.]: Campus.

Wong, O. (2013) Hole in Hong Kong's population figures revealed, in: *South China Morning Post HK,* 01. Februar. Online: http://www.scmp.com/news/hong-kong/article/1140586/hole-hong-kongs-population-figures-revealed?page=all (Zugriff: Mai 2014)

Woolcock, M. (2001) The place of social capital in understanding social and economic outcomes, in: *ISUMA Canadian Journal of Policy Research* 2(1), 11–17.

Woolcock, M., Narayan, D. (2010) Social capital: Implications for development theory, research, and policy, in: Ostrom, E.L., Ahn, T.K. (Hrsg.) *Foundations of Social Capital.* Nachdruck. Cheltenham [u.a.]: Elgar, 416–440.

Wu, F., Webber, K. (2004) The rise of „foreign gated communities" in Beijing: Between economic globalization and local institutions, in: *Cities* 21(3), 203–213.

Wu, F., Xu, J., Yeh, A.G.O. (2007) *Urban development in post-reform China: State, market, and space.* London [u.a.]: Routledge.

Wu, F., Zhang, F., Webster, C. (Hrsg.) (2014) *Rural migrants in urban China: Enclaves and transient urbanism.* London [u.a.]: Routledge.

Xinhua – staatliche Nachrichtenagentur China (2013) African communities in China hail Xi's visit, 24. März. Online: http://english.people.com.cn/90883/8180309.html (Zugriff: Mai 2014)

Xinhua – staatliche Nachrichtenagentur China (2014) Xinhua Insight: Sino-African trade a winwin strategy, 6. Mai. Online: http://www.china.org.cn/china/Off_the_Wire/2014-05/06/content_32293226.htm (Zugriff: August 2014)

Xu, J., Yeh, A.G.O. (2003) City profile: Guangzhou, in: *Cities* 20(5), 361–374.

Xu, J., Yeh, A.G.O. (2005) City repositioning and competitiveness building in regional development: New development strategies in Guangzhou, China, in: *International Journal of Urban and Regional Research* 29(2), 283–308.

Xu, L., Liang, Z. (2012) The reconstruction of social support systems for African merchants in Guangzhou, China, in: Liang, Z., Messner, S.F., Chen, C., Huang, Y. (Hrsg.) *The emergence of a new urban China: Insiders' perspectives.* Lanham [u.a.]: Lexington Books, 123–140.

Xu, T. (2013) The social relations and interactions of black African migrants in China's Guangzhou province, in: Peilin, L., Roulleau-Berger, L. (Hrsg.) *China's internal and international migration.* Abingdon [u.a.]: Routledge, 133–149.

Yan, H., Sautman, B. (2010) Chinese farms in Zambia: From socialist to „Agro-Imperialist" engagement?, in: *African and Asian Studies* 9(3), 307–333.

Yan, H., Sautman, B. (2013) The beginning of a world empire? Contesting the discourse of Chinese copper mining in Zambia, in: *Modern China* 39(2), 131–164.

Yang, Y. (2012) African traders in Guangzhou: Routes, reasons, profits, dreams, in: Mathews, G., Ribeiro, G.L., Vega, C.A. (Hrsg.) *Globalisation from below: The world's other economy.* London [u.a.]: Routledge, 154–170.

Yanshan, Z. (2009) Largest number of Africans in Guangzhou, in: *LifeofGuangzhou.com,* 27. Juni. Online: http://www.lifeofguangzhou.com/node_10/node_37/node_85/2009/06/27/124606817966419.shtml (Zugriff: August 2014)

Yao, G.M. (2008) Africa: A promising land for Chinese enterprises to invest, in: *Africa Investment* 1(3), 17.

Yeoh, B.S.A., Willis, K.D. (2005) Singaporean and British transmigrants in China and the cultural politics of „contact zones", in: *Journal of Ethnic and Migration Studies* 31(2), 269–285.

Yeung, H.W.C. (1998) *Transnational corporations and business networks: Hong Kong firms in the ASEAN Region.* London [u.a.]: Routledge.

Ying, F.-T. (2006) New wine in old wineskins: An appraisal of religious legislation in China and the regulations on religious affairs of 2005, in: *Religion, State & Society* 34(4), 347–373.

Yiwu-market.cn – Webseite der privat-staatlichen Kapitalgesellschaft *Zhejiang Yiwu China Small-Commodities City Trade Co., Ltd.* (Zugriff: Mai 2014)

Yong, A. (2012) A typology of prosperity theology: A religious economy of global renewal or a renewal economics?, in: Attanasi, K., Yong, A. (Hrsg.) *Pentecostalism and prosperity: The socio-economics of the global charismatic movement.* New York [u.a.]: Palgrave Macmillan, 15–34.

Zafar, A. (2007) The growing relationship between China and Sub-Saharan Africa: Macroeconomic, trade, investment, and aid-links, in: *The World Bank Research Observer* 22(1), 103–130.

Zhang, G. (2005) *Islam in China.* Peking: China Intercontinental Press.

Zhang, L. (2008) Ethnic congregation in a globalizing city: The case of Guangzhou, China, in: *Cities* 25(6), 383–395.

Zhao, S.X.B., Zhang, L. (2007) The foreign direct investment and the formation of global city-regions in China, in: *Regional Studies* 41(7), 979–994.

Zheng, C. (2011) Plaza business haulted after sales of fakes, 02. März. Online: http://www.china daily.com.cn/china/2011-03/02/content_12099255.htm (Zugriff: August 2014)

Zhou, M. (1992) *Chinatown: The socioeconomic potential of an urban enclave.* Philadelphia: Temple University Press.

Zhou, M. (2010) Revisiting ethnic entrepreneurship: Convergencies, controversies, and conceptual advancements, in: Portes, A., DeWind, J. (Hrsg.) *Rethinking migration: New theoretical and empirical perspectives.* Nachdruck. New York [u.a.]: Berghahn Books, 219–253.

Zhou, M. (2009) *Contemporary Chinese America: Immigration, ethnicity, and community transformation.* Philadelphia: Temple University Press.

Zhou, M., Cho, M. (2010) Noneconomic effects of ethnic entrepreneurship: A focused look at the Chinese and Korean enclave economies in Los Angeles, in: *Thunderbird International Business Review* 52(2), 83–96.

Zhou, Y., Tseng, Y.-F. (2001) Regrouping the „ungrounded empires": Localization as the geographical catalysts for transnationalism, in: *Global Networks* 1(2), 131–153.

ERDKUNDLICHES WISSEN
Schriftenreihe für Forschung und Praxis

Begründet von Emil Meynen.
Herausgegeben von Martin Coy, Anton Escher und Thomas Krings.

Franz Steiner Verlag   ISSN 0425–1741

Die Großstadt Angloamerikas im Wandel des 18. und 19. Jahrhunderts
Versuch einer sozialgeographischen Strukturanalyse anhand ausgewählter Beispiele der Nordostküste
1987. 200 S. mit 12 Abb., 32 Ktn., kt.
ISBN 978-3-515-04433-2

78. Claudia Erdmann
Aachen im Jahre 1812
Wirtschafts- und sozialräumliche Differenzierung einer frühindustriellen Stadt
1986. VIII, 257 S. mit 6 Abb., 44 Tab., 80 Ktn., 19 Fig., kt.
ISBN 978-3-515-04634-3

79. Josef Schmithüsen †
Die natürliche Lebewelt Mitteleuropas
Hg. von Emil Meynen
1986. 71 S. und 1 Taf., kt.
ISBN 978-3-515-04638-1

80. Ulrich Helmert
Der Jahresgang der Humidität in Hessen und den angrenzenden Gebieten
1986. 108 S. mit 11 Abb. und 37 Ktn. im Anh., kt.
ISBN 978-3-515-04630-5

81. Peter Schöller
Städtepolitik, Stadtumbau und Stadterhaltung in der DDR
1986. 55 S. mit 12 Ktn. und 4 Taf. mit 8 Fotos, kt.
ISBN 978-3-515-04703-6

82. Hans-Georg Bohle
Südindische Wochenmarktsysteme
Theoriegeleitete Fallstudien zur Geschichte und Struktur polarisierter Wirtschaftskreisläufe im ländlichen Raum der Dritten Welt
1986. XIX, 291 S. mit 43 Abb. und 12 Taf., kt.
ISBN 978-3-515-04601-5

83. Herbert Lehmann
Essays zur Physiognomie der Landschaft
Mit einer Einleitung von Renate Müller, hg. von Anneliese Krenzlin und Renate Müller
1986. 267 S., 25 s/w- und 12 Farbtaf., kt.
ISBN 978-3-515-04689-3

84. Günther Glebe / John O'Loughlin (Hg.)
Foreign Minorities in Continental European Cities
1987. 296 S. mit zahlr. Ktn. und Fig., kt.
ISBN 978-3-515-04594-0

85. Ernst Plewe †
Geographie in Vergangenheit und Gegenwart
Ausgewählte Beiträge zur Geschichte und Methode des Faches. Hg. von Emil Meynen und Ute Wardenga
1986. 438 S., kt.
ISBN 978-3-515-04791-3

86. Herbert Lehmann †
Beiträge zur Karstmorphologie
Hg. von Friderun Fuchs, Armin Gerstenhauer und Karl-Heinz Pfeffer
1987. 251 S. mit 60 Abb., 2 Ktn., 94 Fotos, kt.
ISBN 978-3-515-04897-2

87. Karl Eckart
Die Eisen- und Stahlindustrie in den beiden deutschen Staaten
1988. 277 S. mit 167 Abb., 54 Tab., 7 Übers., kt.
ISBN 978-3-515-04958-0

88. Helmut Blume / Herbert Wilhelmy (Hg.)
Heinrich Schmitthenner Gedächtnisschrift
Zu seinem 100. Geburtstag
1987. 173 S. mit 42 Abb. und 8 Taf., kt.
ISBN 978-3-515-05033-3

89. Benno Werlen
Gesellschaft, Handlung und Raum
1987. X, 315 S. mit zahlr. Abb., kt.
ISBN 978-3-515-04886-6

90. Rüdiger Mäckel / Wolf-Dieter Sick (Hg.)
Natürliche Ressourcen und ländliche Entwicklungsprobleme der Tropen
Festschrift für Walther Manshard
1988. 334 S. mit zahlr. Abb., kt.
ISBN 978-3-515-05188-0

91. Gerhard Engelmann †
Ferdinand von Richthofen 1833–1905. Albrecht Penck 1858–1945
Zwei markante Geographen Berlins.
Aus dem Nachlaß hg. von Emil Meynen
1988. 37 S. mit 2 Abb., kt.
ISBN 978-3-515-05132-3

92. Gerhard Hard
Selbstmord und Wetter – Selbstmord und Gesellschaft
Studien zur Problemwahrnehmung in der Wissenschaft und zur Geschichte der Geographie
1988. 356 S. mit 11 Abb., 13 Tab., kt.
ISBN 978-3-515-05046-3

93. Siegfried Gerlach
Das Warenhaus in Deutschland
Seine Entwicklung bis zum Ersten Weltkrieg in historisch-geographischer Sicht
1988. 178 S. mit 33 Abb., kt.
ISBN 978-3-515-05103-3

Aspekte der territorialen Entwicklung und
des sozio-ökonomischen Wandels
1993. 298 S. und 20 Taf., kt.
ISBN 978-3-515-06217-6

110. Hans-Jürgen Nitz (Hg.)
**The Early Modern World-System
in Geographical Perspective**
1993. XII, 403 S. mit 67 Abb., kt.
ISBN 978-3-515-06094-3

111. Eckart Ehlers / Thomas Krafft (Hg.)
Shâhjahânâbâd / Old Delhi
Islamic Tradition and Colonial Change
1993. 106 S. mit 14 Abb., 1 fbg. Frontispiz
und 1 mehrfbg. Faltkt., kt.
ISBN 978-3-515-06218-3

112. Ulrich Schweinfurth (Hg.)
Neue Forschungen im Himalaya
1993. 293 S. mit 50 Abb., 1 Diagr., 6 Ktn., 35
Fotos, kt.
ISBN 978-3-515-06263-3

113. Rüdiger Mäckel / Dierk Walther
**Naturpotential und Landdegradie-
rung in den Trockengebieten Kenias**
1993. 309 S. mit 66 Abb., 49 Tab., 36 Fotos
(davon 4 fbg.), kt.
ISBN 978-3-515-06197-1

114. Jürgen Schmude
**Geförderte Unternehmens-
gründungen in Baden-Württemberg**
Eine Analyse der regionalen Unterschiede
des Existenzgründungsgeschehens am
Beispiel des Eigenkapitalhilfe-Programms
(1979 bis 1989)
1994. XVII, 246 S. mit 13 Abb., 38 Tab., 21
Ktn., kt.
ISBN 978-3-515-06448-4

115. Werner Fricke / Jürgen Schweikart (Hg.)
Krankheit und Raum
Dem Pionier der Geomedizin Helmut
Jusatz zum Gedenken
1995. VIII, 254 S. mit 46 Abb. und 1 Taf., kt.
ISBN 978-3-515-06648-8

116. Benno Werlen
**Sozialgeographie alltäglicher
Regionalisierungen. Bd. 1**
Zur Ontologie von Gesellschaft und Raum
1995. X, 262 S., kt.
ISBN 978-3-515-06606-8

117. Winfried Schenk
**Waldnutzung, Waldzustand
und regionale Entwicklung
in vorindustrieller Zeit
im mittleren Deutschland**
1995. 326 S. mit 48 Tab., 65 Fig., kt.
ISBN 978-3-515-06489-7

118. Fred Scholz
Nomadismus
Theorie und Wandel einer sozio-
ökologischen Kulturweise
1995. 300 S. mit 30 Abb., 41 Fotos und
3 fbg. Beilagen, kt.
ISBN 978-3-515-06733-1

119. Benno Werlen
**Sozialgeographie alltäglicher
Regionalisierungen. Bd. 2**
Globalisierung, Region und
Regionalisierung
1997. XI, 464 S., kt.
ISBN 978-3-515-06607-5

120. Peter Jüngst
**Psychodynamik
und Stadtgestaltung**
Zum Wandel präsentativer Symbolik und
Territorialität von der Moderne zur Post-
moderne
1995. 175 S. mit 12 Abb., kt.
ISBN 978-3-515-06534-4

121. Benno Werlen (Hg.)
**Sozialgeographie alltäglicher
Regionalisierungen. Bd. 3**
Ausgangspunkte und Befunde empirischer
Forschung
2007. 336 S. mit 28 Abb., 5 Tab., kt.
ISBN 978-3-515-07175-8

122. Zoltán Cséfalvay
**Aufholen durch regionale
Differenzierung?**
Von der Plan- zur Marktwirtschaft –
Ostdeutschland und Ungarn im Vergleich
1997. XIII, 235 S., kt.
ISBN 978-3-515-07125-3

123. Hiltrud Herbers
Arbeit und Ernährung in Yasin
Aspekte des Produktions-Reproduktions-
Zusammenhangs in einem Hochgebirgstal
Nordpakistans
1998. 295 S. mit 40 Abb., 45 Tab. und 8 Taf.,
kt.
ISBN 978-3-515-07111-6

124. Manfred Nutz
**Stadtentwicklung
in Umbruchsituationen**
Wiederaufbau und Wiedervereinigung als
Streßfaktoren der Entwicklung ostdeut-
scher Mittelstädte, ein Raum-Zeit-Vergleich
mit Westdeutschland
1998. 242 S. mit 37 Abb., 7 Tab., kt.
ISBN 978-3-515-07202-1

125. Ernst Giese / Gundula Bahro / Dirk Betke
Umweltzerstörungen in Trocken-

2007. 238 S. mit 8 s/w-Abb. und 4 Farbtaf., kt.
ISBN 978-3-515-08485-7

141. Felicitas Hillmann
Migration als räumliche Definitionsmacht
2007. 321 S. mit 12 Abb., 18 Tab., 3 s/w- und 5 Farbktn., kt.
ISBN 978-3-515-08931-9

142. Hellmut Fröhlich
Das neue Bild der Stadt
Filmische Stadtbilder und alltägliche Raumvorstellungen im Dialog
2007. 389 S. mit 85 Abb., kt.
ISBN 978-3-515-09036-0

143. Jürgen Hartwig
Die Vermarktung der Taiga
Die Politische Ökologie der Nutzung von Nicht-Holz-Waldprodukten und Bodenschätzen in der Mongolei
2007. XII, 435 S. mit 54 Abb., 31 Tab., 22 Ktn., 92 z.T. fbg. Fotos, geb.
ISBN 978-3-515-09037-7

144. Karl Martin Born
Die Dynamik der Eigentumsverhältnisse in Ostdeutschland seit 1945
Ein Beitrag zum rechtsgeographischen Ansatz
2007. XI, 369 S. mit 78 Abb., 39 Tab., kt.
ISBN 978-3-515-09087-2

145. Heike Egner
Gesellschaft, Mensch, Umwelt – beobachtet
Ein Beitrag zur Theorie der Geographie
2008. 208 S. mit 8 Abb., 1 Tab., kt.
ISBN 978-3-515-09275-3

146. *in Vorbereitung*

147. Heike Egner, Andreas Pott
Geographische Risikoforschung
Zur Konstruktion verräumlichter Risiken und Sicherheiten
2010. XI, 242 S. mit 16 Abb., 3 Tab., kt.
ISBN 978-3-515-09427-6

148. Torsten Wißmann
Raum zur Identitätskonstruktion des Eigenen
2011. 204 S., kt.
ISBN 978-3-515-09789-5

149. Thomas M. Schmitt
Cultural Governance
Zur Kulturgeographie des UNESCO-Welterberegimes
2011. 452 S. mit 60 z.T. farb. Abb., 17 Tab., kt.
ISBN 978-3-515-09861-8

150. Julia Verne
Living Translocality
Space, Culture and Economy in Contemporary Swahili Trade
2012. XII, 262 S. mit 45 Abb., kt.
ISBN 978-3-515-10094-6

151. Kirsten von Elverfeldt
Systemtheorie in der Geomorphologie
Problemfelder, erkenntnistheoretische Konsequenzen und praktische Implikationen
2012. 168 S. mit 13 Abb., kt.
ISBN 978-3-515-10131-8

152. Carolin Schurr
Performing Politics, Making Space
A Visual Ethnography of Political Change in Ecuador
2013. 213 S. mit 36 Abb., 2 Ktn. und 10 Tab., kt.
ISBN 978-3-515-10466-1

153. Matthias Schmidt
Mensch und Umwelt in Kirgistan
Politische Ökologie im postkolonialen und postsozialistischen Kontext
2013. 400 S. mit 26 Abb., 12 Tab. und 16 Farbtafeln mit 8 Fotos und 12 Karten, kt.
ISBN 978-3-515-10478-4

154. Andrei Dörre
Naturressourcennutzung im Kontext struktureller Unsicherheiten
Eine Politische Ökologie der Weideländer Kirgisistans in Zeiten gesellschaftlicher Umbrüche
2014. 416 S. mit 29 Abb., 14 Tab. und 35 Farbabb. auf 24 Taf., kt.
ISBN 978-3-515-10761-7

155. Christian Steiner
Pragmatismus – Umwelt – Raum
Potenziale des Pragmatismus für eine transdisziplinäre Geographie der Mitwelt
2014. 290 S. mit 9 Abb., 7 Tab., kt.
ISBN 978-3-515-10878-2

156. Juliane Dame
Ernährungssicherung im Hochgebirge
Akteure und ihr Handeln im Kontext des sozioökonomischen Wandels in Ladakh, Indien
2015. 368 S. mit 49 s/w- und 28 fbg. Abb., 4 fb. und 2 s/w-Ktn sowie 2 fbg. Faltkte., kt.
ISBN 978-3-515-11032-7